BIOLOGICAL
AND
MEDICAL SCIENCES

DE DIVERSIS ARTIBUS

COLLECTION DE TRAVAUX
DE L'ACADÉMIE INTERNATIONALE
D'HISTOIRE DES SCIENCES

COLLECTION OF STUDIES
FROM THE INTERNATIONAL ACADEMY
OF THE HISTORY OF SCIENCE

DIRECTION
EDITORS

EMMANUEL
POULLE

ROBERT
HALLEUX

TOME 54 (N.S. 17)

BREPOLS

PROCEEDINGS OF THE XXth INTERNATIONAL CONGRESS
OF HISTORY OF SCIENCE (Liège, 20-26 July 1997)

VOLUME XI

BIOLOGICAL
AND
MEDICAL SCIENCES

Edited by

Denis BUICAN and Denis THIEFFRY

BREPOLS

The XXth International Congress of History of Science was organized by the Belgian National Committee for Logic, History and Philosophy of Science with the support of :

ICSU
Ministère de la Politique scientifique
Académie Royale de Belgique
Koninklijke Academie van België
FNRS
FWO
Communauté française de Belgique
Région Wallonne
Service des Affaires culturelles de la Ville de Liège
Service de l'Enseignement de la Ville de Liège
Université de Liège
Comité Sluse asbl
Fédération du Tourisme de la Province de Liège
Collège Saint-Louis
Institut d'Enseignement supérieur "Les Rivageois"

Academic Press
Agora-Béranger
APRIL
Banque Nationale de Belgique
Carlson Wagonlit Travel - Incentive Travel House

Chambre de Commerce et d'Industrie de la Ville de Liège
Club liégeois des Exportateurs
Cockerill Sambre Group
Crédit Communal
Derouaux Ordina sprl
Disteel Cold s.a.
Etilux s.a.
Fabrimétal Liège - Luxembourg
Generale Bank n.v. - Générale de Banque s.a.
Interbrew
L'Espérance Commerciale
Maison de la Métallurgie et de l'Industrie de Liège
Office des Produits wallons
Peeters
Peket dè Houyeu
Petrofina
Rescolié
Sabena
SNCB
Société chimique Prayon Rupel
SPE Zone Sud
TEC Liège - Verviers
Vulcain Industries

D/2002/0095/17
ISBN 2-503-51361-1
Printed in the E.U. on acid-free paper

TABLE OF CONTENTS

Part three

PATHOLOGIES - MEDICINE - HYGIENE

Part four
FROM PHYSIOLOGY TO BIOCHEMISTRY
20th CENTURY

PRIMA VERBA

Denis BUICAN

Un premier mot d'introduction peut, d'emblée, souligner la diversité sélective d'une multitude de communications qui font montre de l'intérêt suscité par l'histoire contemporaine des Sciences biologiques et médicales, dans le cadre de ce Congrès International, dont ce volume offre le témoignage.

Une telle manifestation scientifique internationale, et l'initiative de publier les communications retenues, ne manqueront pas de s'avérer utiles pour le développement de l'Histoire des Sciences qui — dans certains pays, et non des moindres — passe pour une sorte de Cendrillon de la recherche et de l'enseignement. Or, cette discipline fondamentale jette un pont entre les sciences exactes et les sciences humaines, indispensable à une circulation normale de la connaissance. Car l'Histoire des Sciences révèle de nombreux aspects positifs : grâce à elle, les sciences humaines s'enrichissent d'un regard plus rigoureux, tandis que les sciences pures trouvent une perspective historique ouverte sur un monde multipolaire. De surcroît, l'exemple de ce siècle — qui devait connaître une biologie détournée dans le nazisme d'un Hitler et une génétique massacrée dans l'affaire Lyssenko selon le marxisme-léninisme de Staline — pourrait sans doute, grâce à une Histoire des Sciences bien comprise, éviter l'éternel retour de telles horreurs en parvenant, s'il est possible, à une bioéthique adéquate à une espèce autobaptisée, non sans une exquise humilité, *Homo sapiens sapiens*... deux fois sage. Puisse-t-elle être, tout simplement, sage...

Or, sur cette voie de la compréhension de la biosphère et de son évolution — placée, sans doute, à un carrefour qui peut mener, comme la langue d'Esope, vers le meilleur comme vers le pire —, l'Histoire et la Philosophie des Sciences biologiques et médicales ne peut manquer d'apporter quelques graines de lumière. L'évolution synergique, qui s'appuie sur la sélection multipolaire, n'apparaît pas réservée au seul monde biologique mais, aussi, au monde des idées dont s'occupe l'Histoire des Sciences.

Ainsi l'évolution épistémologique se développe par une sélection multipolaire s'adressant autant aux micro-découvertes qu'aux méga-découvertes qui parsèment une vie des sciences marquée par des périodes de stabilité — tant que l'ancien archétype ou paradigme scientifique apparaît valable — et par des mutations et révolutions scientifiques aboutissant à des néotypes épistémologiques, c'est-à-dire à de nouveaux modèles théoriques, ou paradigmes, plus adéquats à englober les faits mis en évidence par les résultats les plus récents de la recherche.

La diversité des communications présentées dans le cadre de ce volume ne fait qu'illustrer ce cheminement — à la fois probabiliste et sélectif — qui caractérise le mouvement perpétuel du fleuve de la vie et de la connaissance selon une biognoséologie rappelant l'antique assertion — *panta rhei* — d'un Héraclite, revue à la lumière de l'épistémologie contemporaine.

La biodiversité comme la diversité de la pensée ne font que mettre en relief ce singulier de la multiplicité des êtres et des idées issus du tronc commun de l'arbre généalogique de la vie et de la connaissance, qui canalise les méandres de l'orthodrome évolutif vers des mondes nouveaux situés au bord de l'inconnu, voire de l'inconnaissable…

Sur cette voie, ce qui peut apparaître essentiel c'est le cheminement, la dynamique du fleuve de la vie et de la connaissance où, parfois, la Voûte d'en haut dont parlait Kant laisse ses étoiles sillonner les vagues, et leur lumière brosser l'ombre des ombres des choses. Or la connaissance scientifique — qui appartient à la connaissance tout court — ne peut manquer d'envisager les repères successifs qui lui permettraient de naviguer de plus en plus loin ; et dans cette perspective, une manifestation internationale présentant différentes recherches et des points de vue divers sur l'Histoire des Sciences ne peut que se révéler bénéfique pour l'avenir.

Même s'il est une impossible trinité — félicité, lucidité, sensibilité, que l'on ne peut aucunement réunir ensemble dans l'hypostase humaine —, même alors un surcroît de connaissance enrichit le noyau de la vie par la souffrance de l'accomplissement, tandis que les ténèbres de l'ignorance — fertiles en monstres — aboutissent aux affres de l'inaccomplissement, à une pensée qui risque de se rétrécir comme une peau de chagrin.

En mettant le point final à ce mot d'introduction au présent volume, puis-je rappeler l'ancien dicton latin — *Habent sua fata libelli* — selon lequel les écrits connaissent un destin qui leur est propre ? Acceptons-en l'augure en offrant ce spicilège à son imprévisible futur.

REGARD D'UN HISTORIEN SUR LES MALADIES ÉMERGENTES

Mirko D. GRMEK †

Le XXe siècle approche aujourd'hui de sa fin. Tout au long de ce siècle, on a constaté dans l'ensemble du monde, et tout particulièrement dans les pays industrialisés, une chute spectaculaire de la plupart des maladies infectieuses. C'est grâce au recul de l'impact de ces maladies sur la mortalité générale que, en l'espace d'environ cent ans, l'espérance de vie à la naissance (durée moyenne de vie) des habitants de l'Europe occidentale a presque doublé, passant d'environ 40 ans en 1870 à plus de 70 ans en 1970. Dans les années 70 de notre siècle, on parle de la victoire définitive de l'homme sur les germes pathogènes. Ce triomphalisme atteint son apogée avec l'éradication de la variole. Cependant, le dernier quart de ce siècle nous fait déchanter. Au moment même où la variole était vaincue, une autre maladie, de nature insoupçonnée, commençait à sévir. L'apparition du sida fut non seulement un désastre sanitaire mais aussi un véritable choc intellectuel et culturel. Et nous ne sommes pas au bout de nos surprises.

Dans son rapport annuel pour 1995, l'O.M.S. (Organisation Mondiale de la Santé) annonce une crise mondiale due à la résurgence des maladies infectieuses. Près de 50.000 personnes — constate ce rapport — meurent tous les jours à cause de ces maladies alors que la plupart d'entre elles pourraient être prévenues ou soignées. En effet, après trois décennies de succès spectaculaires dans la lutte contre les maladies d'origine microbiologique, décennies qui ont suivi la deuxième guerre mondiale, une sorte de renversement s'est produit : au moins trente maladies infectieuses graves ressenties comme nouvelles sont apparues dans le monde, tandis que d'autres, qui semblaient en voie de disparition, ont redoublé de virulence. Il y a un quart de siècle, nous avons cru à la victoire finale dans la lutte contre ces maladies. Nous nous apercevons avec étonnement et effroi que nous avons gagné des batailles contre les micro-organismes pathogènes mais non la guerre.

C'est donc pour de bonnes raisons que la *Journée mondiale de la santé*, fêtée le 7 avril, a été consacrée cette année (1997) aux " Maladies infectieuses

émergentes ". Maladies " nouvelles ", disait-on il y a quelques années à peine ;
maladies " émergentes ", proclame le dernier rapport de l'O.M.S. Pour l'historien, ce changement de vocabulaire est significatif. Un regard, même rapide,
sur la littérature médicale permet de constater à la fois l'ancienneté du concept
de " maladie nouvelle " et la nouveauté du concept de " maladie émergente ".

ANCIENNETÉ DES IDÉES SUR L'APPARITION DES MALADIES NOUVELLES

La notion de maladie nouvelle est, elle, très ancienne. Il en est question, par
exemple, dans des textes aussi archaïques que les décrets oraculaires de
l'Egypte pharaonique. Les anciens médecins égyptiens avaient élaboré le concept de maladie non encore rencontrée, ou plus précisément non encore
" inventée " par les puissances divines hostiles. Stratagèmes nouveaux de ces
puissances, ces maladies sont créées pour déjouer les traitements habituels et
pour nuire encore plus que les anciennes. A côté de cette acception forte de la
nouveauté d'une maladie, ces médecins connaissaient aussi une acception
faible : la maladie pouvait être nouvelle du fait de son importation de l'étranger.

La première épidémie européenne d'une maladie collective à haute mortalité dont on connaît les symptômes, la fameuse " peste d'Athènes " qui a commencé à sévir en Attique en 430 avant J.-C., fut ressentie à l'époque comme
un fléau nouveau. Thucydide, témoin bien au fait des connaissances historiques
et médicales de son époque, note qu'" on n'avait nulle part souvenir de rien de
tel comme pestilence ni comme destruction de vies humaines ". Les médecins,
dit-il, étaient désemparés et impuissants, car " ils soignaient le mal pour la première fois et se trouvaient devant l'inconnu ".

Le diagnostic rétrospectif de la " peste d'Athènes " est aujourd'hui encore
une pomme de discorde pour les spécialistes. Ce n'était certainement pas,
comme on le pensait autrefois, la peste proprement dite (c'est-à-dire l'infection
par *Yersinia pestis*), ni la fièvre hémorragique dite d'Ebola, comme le vou-
draient quelques auteurs très récents. A mon avis, cette pestilence était probablement le typhus exanthématique sur un terrain immunologique vierge,
combiné avec des troubles carentiels et des infections secondaires. Quoi qu'il
en soit, la maladie était peut-être nouvelle pour la Grèce, comme l'affirmaient
les Athéniens, mais elle ne l'était certainement pas pour l'ensemble de l'humanité. Thucydide rapporte qu'" elle a fait, dit-on, sa première apparition en
Ethiopie, dans la région située en arrière de l'Egypte ". Depuis la plus haute
antiquité, l'Afrique avait la réputation d'être le berceau des pestilences et de la
plupart des maladies qui passaient pour nouvelles.

Pendant les premiers siècles de notre ère, à la suite de l'unification des pays
méditerranéens sous la domination romaine, plusieurs maladies se sont répandues dont les ouvrages médicaux antérieurs ignoraient l'existence. Pline et
Sénèque mentionnent ces " maladies nouvelles " et attribuent leur apparition

en Europe à l'importation par des étrangers et au changement du mode de vie, notamment à l'intempérance de la nouvelle classe dominante de Rome. Plutarque parle à ce propos d'une aporie philosophique : ou bien ces maladies nouvelles sont vraiment apparues pour la première fois, ce qui nous oblige à admettre qu'il y a des changements dans la nature même des choses, ou bien toutes les maladies existent depuis toujours mais leur apparition a pu échapper à l'attention des médecins. Il penche pour la deuxième opinion, en admettant toutefois que certaines maladies peuvent se présenter comme nouvelles parce qu'elles arrivent des pays lointains ou même du monde extraterrestre. Démocrite aurait déjà supposé que certaines maladies surviennent à cause du transfert de particules nocives par le rayonnement cosmique.

Pour les médecins du Moyen Age, l'irruption de la " peste noire " au XIVe siècle fut une terrible surprise, tout comme l'apparition de la syphilis à l'extrême fin du XVe siècle. On n'expliquait ces faits médicaux nouveaux qu'en invoquant un facteur surnaturel, l'intervention du Tout-puissant, et en se culpabilisant, le Juge suprême n'agissant ainsi que pour punir la corruption morale des hommes. Les hécatombes des fléaux nouveaux n'étaient au fond qu'une thérapie sociale.

Les écrits d'Hippocrate et de Galien ne contenant aucune information sur la peste bubonique ou sur la syphilis, il fallait admettre leur nouveauté, fournir des descriptions originales et tenter des remèdes non traditionnels. C'est surtout au XVIIe siècle, au cours de ce que j'ai appelé la première révolution biologique, que les médecins européens ont observé et décrit une multitude de maladies qui leur paraissaient nouvelles. Pour expliquer les aspects inhabituels de certains maux, les auteurs des XVIIe et XVIIIe siècles invoquent la variabilité intrinsèque des maladies, les conjonctions astrales nouvelles, l'accroissement de la population, le contact plus intense avec des races non européennes et la dégénérescence de l'homme en général ou de la race blanche en particulier.

L'apparition d'un nombre élevé de maladies " nouvelles ", sans gravité exceptionnelle pour la plupart, était due non seulement, comme à la fin du Moyen Age, aux changements importants des conditions de vie, au brassage des populations et à des bouleversements consécutifs dans la structure de la morbidité, mais aussi à une nouvelle conceptualisation clinique du modèle médical de la maladie. Ce processus s'est répété au XIXe siècle, d'abord avec la mise au point de la méthode anatomoclinique, puis, l'urbanisation et la révolution industrielle aidant, avec l'essor de la bactériologie médicale. Au XXe siècle, avec le progrès des connaissances biomédicales, notamment l'essor de l'imagerie médicale et des tests biochimiques et immunologiques, assorti des conceptions nouvelles qui situent la lésion élémentaire à un niveau subcellulaire, on assiste à la découverte, ou plutôt à la création d'entités nosologiques qu'auparavant on n'aurait pas pu imaginer.

La découverte et la définition de la plupart de ces maladies " nouvelles " résultaient plus du progrès des sciences médicales que des transformations de la réalité clinique sous-jacente. Néanmoins, certaines maladies paraissaient " nouvelles " au sens fort de ce terme. Elles appartenaient surtout au groupe d'états pathologiques transmissibles d'homme à homme ou de l'animal à l'homme. Ainsi, c'est essentiellement grâce à l'essor de la microbiologie médicale et du darwinisme que se forge, à partir de la seconde moitié du XIXᵉ siècle, le concept moderne de " maladie nouvelle ". Tout comme les espèces vivantes, les maladies naissent, se transforment et meurent. Pour de nombreux auteurs, ce n'est pas une simple métaphore, car ils définissent la maladie, en tant qu'espèce nosologique, par son agent causal. Comme le dit le titre d'un ouvrage célèbre de Charles Nicolle, les maladies ont un destin historique (1930). Certes, cela ne s'applique en fait qu'aux maladies dites infectieuses, mais depuis Pasteur et Koch, leur rôle est perçu comme décisif.

L'APPARITION DU SYNDROME D'IMMUNODÉFICIENCE ACQUISE (SIDA)

C'est en deux occasions fort différentes que je me suis trouvé confronté au problème des maladies " nouvelles " : d'abord en étudiant la dénomination latine des maladies considérées comme nouvelles par les auteurs antiques, puis lors de mes recherches sur l'histoire du sida.

Dès la première définition clinique et épidémiologique du sida, le public et les médecins eux-mêmes se sont posé des questions sur l'ancienneté de ce fléau. Il est devenu rapidement évident que cette maladie est, en un certain sens, " nouvelle " et, en un autre sens, ne l'est probablement pas. Tout d'abord, elle est forcément nouvelle dans la mesure où un tel état pathologique ne pouvait même pas être conçu comme maladie avant l'élaboration de concepts nouveaux liés à certaines acquisitions récentes des sciences biomédicales. Autrefois, la maladie était définie par des symptômes cliniques ou par des lésions pathologiques. On entendait par lésion un changement morphologique des structures organiques, tissulaires ou cellulaires. Or, on ne connaissait rien de tel dans le cas du sida, du moins pas au moment de sa conceptualisation initiale. Le sida est marqué par des lésions subcellulaires insaisissables et incompréhensibles pour le savoir médical avant le milieu de notre siècle. On n'a reconnu aucun symptôme pathognomonique. Les symptômes constatés sont en fait une sorte de déguisement, car ils proviennent des maladies dites opportunistes et non directement du mal fondamental. Une personne malade du sida dans une ville européenne du siècle dernier aurait été considérée comme victime d'une " phtisie galopante " ou d'une autre affection secondaire. Restant sporadique ou limitée à de petites épidémies circonscrites, la maladie serait passée inaperçue.

Une nouveauté certaine est aussi, pour le début des années 80, l'expansion pandémique d'un mal infectieux jusqu'alors non décrit dans la littérature médicale et fauchant de préférence des gens dans la fleur de l'âge. La gravité des symptômes et l'impuissance de la thérapie antimicrobienne surprenaient.

Jusqu'à ces années-là, les maladies qu'on ne réussissait pas à contrôler tuaient des personnes de plus en plus âgées. L'apparition d'un tel fléau devait donc être ressentie comme un véritable scandale médical.

Ajoutons que le germe de cette maladie n'était pas décelable avant l'usage très récent de moyens analytiques particuliers et signalons un fait curieux : l'épidémie du sida commence juste au moment historique où, après la découverte de l'interleukine II, on dispose pour la première fois des moyens d'en identifier le germe.

Mais tout cela signifie-t-il que les virus de l'immunodéficience humaine — nous savons qu'ils sont au moins deux — n'existaient pas avant le début de l'épidémie actuelle et que leurs ancêtres n'ont jamais été pathogènes ? On a de bonnes raisons d'en douter. Si le sida est certainement une maladie nouvelle dans sa dimension pandémique, cela n'implique pas nécessairement que les virus HIV-1 et HIV-2 soient de nouveaux venus au sens absolu, des mutants avec des propriétés pathogènes complètement inédites. Bien au contraire, il semble de plus en plus probable que des lentivirus du groupe HIV/SIV existent depuis bien longtemps et que, derrière l'écran des autres maladies infectieuses, ils ont provoqué des états pathologiques sporadiques ou même collectifs mais limités dans le temps et dans l'espace. Le sida ne serait donc pas une maladie nouvelle au sens fort de ce terme.

L'AMBIGUÏTÉ DES EXPRESSIONS " MALADIE NOUVELLE " ET " NAISSANCE ET MORT DES MALADIES "

Pour répondre correctement à la question concernant la " nouveauté " du sida, il fallait donc réviser et définir avec plus de précision la terminologie habituelle. Que signifie exactement le syntagme " maladie nouvelle " ? Nouvelle parce que non reconnue avant une certaine date par les médecins ou parce que non existante " en réalité " ? Et dans ce dernier cas, nouvelle dans un certain endroit ou dans le monde entier, nouvelle dans un passé immédiat ou dans toute l'histoire de l'humanité ?

Les maladies, dit-on, " naissent " et " meurent ". Il y en a qui " naissent " par la modification des rapports entre l'homme et les germes, par l'exposition de l'organisme humain à des agents physiques et chimiques nouveaux ou par des événements d'ordre génétique ; d'autres " meurent ", soit sans raison connue, soit à la suite de mesures sanitaires, soit parce que la cause physique ou sociale est éliminée. Toutefois, les maladies viennent toujours de quelque part et ne disparaissent pas complètement et à tout jamais. Est-ce que les germes pathogènes qui paraissent nouveaux, " naissent " ou " se réveillent " ?

Pour éviter des confusions d'idées et des malentendus, un changement de vocabulaire s'impose : on doit remplacer la notion de " nouveauté " par celle d'" émergence " et la notion de " disparition " ou d'" éradication " par celle de " déclin ". On a signé officiellement en 1980 l'acte de décès de la variole : avec

un cas enregistré en 1977 sur le terrain en Somalie et avec deux cas d'infection
de laboratoire signalés en 1978 la maladie se serait définitivement éteinte. Il est
difficile pour un historien de cacher son scepticisme face à cette vérité officielle. Le virus de cette maladie est encore conservé dans certains laboratoires
et pourrait resurgir par accident ou même comme arme de guerre. Ce n'est pas
le seul danger. Dix ans après l'éradication, la variole est réapparue au Zaïre
chez une centaine de personnes : infectées par une souche provenant des singes, ces patients souffrent officiellement de l'orthopoxvirose simienne mais
présentent en fait tous les symptômes de la variole humaine. L'arrêt de la vaccination antivariolique, efficace aussi contre la forme simienne, permet ce
retour du mal.

LA NOUVEAUTÉ DU CONCEPT DE " MALADIE ÉMERGENTE "

Nous devons aux chercheurs américains, notamment à Joshua Lederberg et
à Stephen Morse, les premiers succès dans l'emploi épidémiologique du terme
" émergent ". La conférence sur les " virus émergents ", tenue à Washington en
1989, à été particulièrement significative et à plusieurs égards prémonitoire.

Le qualificatif en question était donc au départ réservé aux infections virales. Si l'émergence du sida, en particulier après l'identification de son agent
viral par Luc Montagnier et son équipe en 1983, a pris une place privilégiée
dans les publications scientifiques, dans les médias et dans l'imaginaire populaire, d'autres viroses jusqu'alors inconnues commencent dès les années 70 à
intriguer et à inquiéter les spécialistes. En 1975, on isole comme infection
nosocomiale le parvovirus humain B-19.

La première flambée connue de la fièvre hémorragique d'Ebola date de
1976 : elle a tué alors en un mois plusieurs centaines de personnes dans la
brousse près des sources de cette rivière africaine. On isole la même année
1976 le virus delta, puis, en 1980, le premier rétrovirus humain pathogène
(HTLV-1). On soupçonne l'origine rétrovirale du syndrome adéno-cutanéo-
muqueux de l'enfant, ou la maladie de Kawasaki, décrit pour la première fois
au Japon en 1967 et retrouvé depuis 1974 dans plusieurs autres pays. La
gamme des hépatites virales s'élargit par l'identification de l'agent de l'hépatite C en 1989 et de l'hépatite E en 1990.

On a isolé en 1976 dans le fluide pulmonaire d'un rongeur vivant dans la
région de la rivière Hantaan en Corée un virus d'un type nouveau, appelé par
la suite hantavirus, et on a démontré qu'il cause une fièvre hémorragique
accompagnée d'un syndrome rénal, endémique chez les paysans chinois. Sur
le continent asiatique, au moins un demi-million de personnes sont frappées
chaque année, avec une létalité de 10 %. Le hantavirus semblait limité à ce
continent, mais dans les années 80, on a constaté qu'il est responsable de né-
phropathies épidémiques dans des pays aussi éloignés les uns des autres que
les pays scandinaves, la République Centrafricaine et la Bosnie, où le mal sévit

au moins depuis la première guerre mondiale. Même une maladie à première vue " mystérieuse " qui a frappé les tribus des Indiens Navajo vivant dans les réserves arides du Sud-Ouest des Etats-Unis, a fini par être identifiée comme hantavirose. La sortie du virus de sa niche écologique était liée à l'accroissement explosif du nombre des souris des champs dans cette partie des Etats-Unis, en mai 1993, après un hiver exceptionnellement doux.

La fièvre d'Ebola est revenue au Zaïre en 1979, puis au Kenya en 1983 et, de manière très brutale en 1995 dans l'agglomération zaïroise de Kikwit. Sa létalité est terrible (80 %), mais heureusement l'extension épidémique reste circonscrite. Le passage des cas sporadiques à de petites épidémies est dû en fait à l'application inadéquate des pratiques médicales modernes. La fièvre d'Ebola n'est pas la plus importante ni la plus dangereuse des fièvres hémorragiques africaines. Cet honneur revient à la fièvre de Lassa qui sévit surtout en Afrique occidentale. L'arenavirus de la fièvre de Lassa infecte tout les ans entre 200.000 et 400.000 personnes et en tue environ 5.000.

Il faudrait ajouter à ces exemples particulièrement spectaculaires une vingtaine d'autres maladies virales " émergentes " et même des viroses connues depuis longtemps mais réapparaissant brusquement sous des aspects inédits. Des récits romancés et des films répandent la peur d'un " supervirus " et nourrissent le fantasme d'un ennemi redoutable qui nous guette et qui pourrait dans un avenir proche mettre en danger l'existence même de l'espèce humaine. Avec l'explication de l'étiologie du kuru par Carleton Gajdusek et la définition des prions par Stanley Prusiner, entrent sur la scène épidémiologique des agents d'un type nouveau que de prime abord on croyait limités à des situations exceptionnelles et qui, par l'affaire des " vaches folles ", deviennent un danger de premier ordre. Les exemples en ce moment les plus en vogue sont une variante de la maladie de Creutzfeld-Jacob que l'on croit associée à une maladie analogue du bétail (encéphalopathie spongiforme bovine ou maladie des " vaches folles ") et une maladie respiratoire mortelle provoquée par un virus appelé sans doute provisoirement *sin nombre* (" sans nom "). On reste perplexe et encore sans réponse définitive devant ce qu'on appelle le syndrome de fatigue chronique (ou syndrome yuppie) et le syndrome de la guerre du Golfe.

Cependant, outre les méfaits des viroses autrefois ignorées, ce qui alarme les spécialistes, c'est l'identification de quelques maladies bactériennes apparemment nouvelles (par exemple la maladie des légionnaires, reconnue en 1976), ce sont aussi les ravages produits par des souches bactériennes mutées, notamment des infections à streptocoque virulent, au bacille coli modifié (le syndrome hémolytique et urémique dû à *Escherichia coli* O 157.H7), et au vibrion du choléra d'un type nouveau. Enfin, c'est également le retour de la tuberculose qu'on croyait contrôler, du paludisme qu'on espérait pouvoir éradiquer et de la syphilis qu'on ne craignait plus dans les rapports amoureux.

Ainsi la notion d'" émergence " s'est-elle étendue au cours de notre décennie à l'ensemble des maladies infectieuses.

En effet, lorsque, en 1993, j'ai proposé une classification des maladies émergentes, je ne me suis pas limité aux viroses. Je pensais alors à toutes les maladies infectieuses quelle que soit la nature du germe causal. Aujourd'hui je me rends compte qu'il faut aller plus loin encore et appliquer ce concept à toutes les maladies. Considérant l'éventualité des effets pathogènes dus à la pollution chimique, aux radiations, aux drogues nouvelles, à la production industrielle des aliments, aux changements de mode de vie, aux interventions médicales et aux manipulations affectant le patrimoine génétique, etc., on ne peut plus négliger l'aspect émergeant de nombreuses affections non infectieuses. D'autant que, les maladies à étiologie microbiologique sont intimement liées aux maladies à étiologie physico-chimique et que les facteurs écologiques jouent un rôle capital dans les changements historiques de toutes les maladies.

CLASSIFICATION DES MALADIES ÉMERGENTES

Il faut, à mon avis, non seulement remplacer la notion ambiguë de " maladie nouvelle " par celle de " maladie émergente ", mais aussi préciser le niveau de l'émergence.

Une maladie peut en effet se présenter comme émergente dans au moins cinq situations historiques différentes :

(1) elle existait avant sa première description mais échappait au regard médical parce qu'elle ne pouvait pas être conceptualisée comme entité nosologique ;

(2) elle existait mais n'a été remarquée qu'à la suite d'un changement qualitatif et/ou quantitatif de ses manifestations ;

(3) elle n'existait pas dans une région déterminée du monde et y a été introduite à partir d'une autre région ;

(4) elle n'existait dans aucune population humaine mais affectait une population animale ;

(5) elle est absolument nouvelle, le germe causal et/ou les conditions nécessaires du milieu n'ayant pas existé avant les premières manifestations cliniques.

On peut aussi envisager la possibilité théorique qu'une maladie soit produite artificiellement, c'est-à-dire émerge soit comme résultat intentionnel (préparation de la guerre biologique), soit comme accident indésirable lors de manipulations biotechnologiques.

Ce serait un sous-groupe de la catégorie des maladies absolument nouvelles.

Première catégorie : émergence des entités nosologiques en tant que concepts ou " modèles médicaux ".

Les auteurs anglophones récents distinguent deux aspects du concept de maladie et n'attribuent plus le même sens aux mots *illness* (désignant la maladie telle qu'elle est vécue par le malade et perçue par son entourage) et *disease* (signifiant la maladie en tant que concept construit dans le cadre d'un système nosologique). Une " maladie " (au sens large) peut émerger comme une nouveauté inattendue aussi bien du côté de la souffrance, du vécu individuel et collectif, que du côté de sa " cause objective " et de son élaboration scientifique (" modèle médical de la maladie "). Par exemple, le typhus exanthématique, la coqueluche et la varicelle étaient présentées par les médecins de la Renaissance comme des maladies " nouvelles ". Or, on trouve dans les textes médicaux de l'Antiquité les tableaux cliniques indubitables du typhys et de la coqueluche. Il n'en est pas de même pour la varicelle, mais cette maladie est provoquée par le même virus que le zona, état pathologique connu par les anciens médecins grecs. Comme un bon nombre d'autres maladies d'enfants, la varicelle est probablement passée inaperçue ou plutôt a été confondue avec d'autres exanthèmes aigus des enfants. Mais on ne peut pas exclure la possibilité que le virus en question ait provoqué autrefois de préférence ou peut-être même exclusivement le zona.

Depuis la seconde moitié du XVIIe siècle jusqu'à nos jours, on a découvert un nombre considérable de maladies dites " nouvelles ". Bien entendu, la plupart de ces maladies sévissaient depuis la nuit des temps mais ne sont devenues " visibles ", accessibles au regard médical, que grâce au changement dans la conceptualisation des entités nosologiques et à l'application de procédés nouveaux d'analyse anatomoclinique, bactériologique, biochimique, radiologique et autres.

Deuxième catégorie : émergence des maladies par suite d'un changement qualitatif ou quantitatif de leurs manifestations.

Contrairement aux idées dominant depuis le triomphe de la microbiologie médicale, la présence d'un germe pathogène spécifique ne suffit pas pour " expliquer " une épidémie ou une endémie. L'éclosion et le maintien d'une maladie infectieuse au sein d'une population dépendent aussi d'autres facteurs, à la fois biologiques (état immunologique de l'hôte, vecteurs, germes concomitants) et sociaux (particularités du comportement, niveau de vie, etc.). Des phénomènes microbiologiques tels que la mutation des germes pathogènes jouent un rôle indéniable dans la transformation historique des maladies comme des phénomènes immunologiques concernant l'organisme humain, mais cela ne doit pas nous faire oublier l'impact décisif du comportement. L'agriculture, l'élevage, le changement du milieu, le brassage des populations et les mœurs ont certainement plus influencé l'apparition et le déroulement des maladies épidémiques que les modifications du génome des germes. Les épidémies sont dues presque toujours non pas aux parasites nouveaux mais aux occasions nouvelles offertes aux parasites anciens par les actions humaines.

Si certaines maladies épidémiques, comme la grippe, la dengue et même la variole, ou endémiques, comme le paludisme (notamment de type falciparum), ont parfois été ressenties comme des fléaux " nouveaux ", ceci est dû au caractère cyclique de leurs manifestations.

La grippe revient assez régulièrement, au moins depuis la fin du Moyen Age, à intervalles déterminés par un processus très particulier de recombinaison génétique qui se produit dans le monde animal et qui déjoue de manière cyclique les défenses immunitaires de l'homme. Il s'agit donc d'un processus de nature essentiellement biologique et non sociale qui déclencha, à la fin de la première guerre mondiale, la terrible " grippe espagnole ". Ce processus semble même avoir été responsable de l'émergence de l'encéphalite léthargique de von Economo, maladie jusqu'alors inconnue et disparue ensuite. Processus essentiellement biologique, avons-nous dit ; essentiellement mais non exclusivement, car il nous paraît significatif que la pandémie de grippe espagnole se soit produite à la suite d'importants déboires sociaux et de brassages massifs de populations.

La dengue hémorragique doit ses résurgences périodiques à un processus de recombinaison qui semble s'opérer lors de l'infection avec deux ou plusieurs types d'arbovirus. Dans d'autres maladies, l'émergence pourrait être due à l'action synergique de germes qui diffèrent fortement entre eux. Il n'est pas exclu que ce soit le cas du sida, le cofacteur du HIV étant soit un mycoplasme, comme le pense Luc Montagnier, soit un virus du groupe herpès, comme l'affirme Robert Gallo. Nos connaissances sur ce sujet sont encore assez restreintes, car la recherche microbiologique a été dominée par le principe méthodologique de spécificité (" une maladie - un germe ").

Les maladies transmises par des arthropodes (le paludisme, la fièvre jaune, la maladie du sommeil, les rickettsioses et autres) peuvent émerger à cause de changements dans la répartition géographique des vecteurs. Des effets graves peuvent se produire non seulement à la suite de modifications importantes de l'écosystème de ces vecteurs, telles que par exemple la déforestation ou l'aménagement des eaux, mais aussi de manière tout à fait inattendue par des variations en apparence minimes du comportement humain.

Les auteurs médicaux de l'Antiquité ne connaissaient pas la scarlatine. Cette maladie ne s'est pas manifestée sous sa forme typique avant la fin du Moyen Age, même s'il est certain que le germe existait déjà. Dans les temps modernes, on a décrit aussi des maladies infectieuses non connues auparavant et pour lesquelles les études rétrospectives ont montré que l'agent causal existait avant l'épidémie manifeste et que la flambée visible du mal n'est pas due à une mutation biologique spontanée du germe mais à des facteurs socio-écologiques.

Particulièrement instructifs sont les exemples de la maladie des légionnaires, de la maladie de Lyme, de la poliomyélite et du syndrome de choc toxique (TSS, *Toxic Shock Syndrome*). Ce dernier, décrit en 1978 par les médecins américains comme une maladie féminine " nouvelle ", n'est, en fait, qu'une forme particulière de l'action pathogène du vieux et ubiquitaire staphylocoque doré.

La maladie des légionnaires est une pneumonie d'allure inhabituelle qui a frappé, en juillet 1976, plusieurs participants à l'assemblée de l'*American Legion* de Pennsylvanie qui se tenait dans un luxueux hôtel de Philadelphie. On a découvert qu'elle est provoquée par une bactérie jusqu'alors inconnue, *Legionella pneumophila*. A la grande surprise des microbiologistes, on a constaté que des espèces du genre Legionella existent depuis toujours dans notre environnement ; elles y sont très répandues, mais généralement ne provoquent pas de maladie. Elles sont devenues dangereuses parce que leur multiplication dans l'eau stagnante des dispositifs de climatisation et leur distribution par des aérosols ont ouvert une nouvelle voie d'infection. D'autres petites épidémies de cette maladie ont suivi celle de Philadelphie, toujours dans des lieux où les installations sanitaires étaient très perfectionnées.

Le développement technique peut donc provoquer des maladies non seulement par la dégradation du milieu naturel et par des polluants mais aussi par les effets pervers de conditions de vie apparemment plus " hygiéniques ".

Au milieu de notre siècle a été identifiée une forme particulière d'arthrite, avec des complications cardiaques et neurologiques, due à la morsure des tiques, ou plus exactement à l'infection par une spirochète dont ces insectes sont porteurs. On l'a nommée maladie de Lyme, d'après la petite ville du Connectitut où elle est apparue comme un mal nouveau. Or, cette maladie est bien ancienne, mais certaines habitudes estivales modernes en ont modifié la fréquence, la rendant ainsi accessible au regard médical.

L'augmentation notable des formes paralytiques de la poliomyélite pendant la première moitié de notre siècle en Suède, aux Etats-Unis et dans certains autres pays est un des résultats paradoxaux de la révolution industrielle et des mesures sanitaires. En effet, avant la mise au point de la vaccination spécifique, une population fortement infectée par ce virus et avec une basse hygiène infantile en souffrait moins qu'une population faiblement infectée !

Dans cette catégorie des maladies qui ne sont pas vraiment nouvelles mais changent d'aspect et d'importance, on peut classer la plupart des affections iatrogènes émergentes, par exemple l'hospitalisme, l'hépatite consécutive à la transfusion, et surtout des maladies dues aux carences alimentaires et à des intoxications par des drogues traditionnelles. Le scorbut, par exemple, est apparu comme une maladie nouvelle avec la navigation au long cours.

L'apparente nouveauté de ces maux tient exclusivement aux changements du comportement humain.

*Troisième catégorie : émergence des maladies par suite de leur introduction
à partir d'une autre région.*

Si les cas appartenant à cette catégorie sont particulièrement nombreux, ils
sont aussi tellement connus que nous nous contenterons à leur propos d'un sur-
vol rapide.

La lèpre, maladie très ancienne puisque son germe est probablement la
branche humaine de l'évolution foisonnante du genre Mycobacterium, est
mentionnée par Pline et Celse comme une maladie " nouvelle " (nommée par
eux *elephantiasis*). En effet, elle n'a pénétré en Europe qu'au moment de
l'apogée de l'Empire Romain.

Les exemples les plus spectaculaires sont fournis par l'échange des germes
entre le Vieux monde et le Nouveau : l'arrivée, en Europe, de la syphilis vénérienne et, en Amérique, de la variole et d'un syndrome grippal très meurtrier.
L'histoire de la syphilis est assez compliquée et ne se réduit pas à un simple
transfert de germes précédemment absents d'Europe. Des tréponèmes pathogènes pour l'homme étaient probablement présents dans l'Ancien monde bien
avant l'épidémie de 1494, mais il n'empêche que l'émergence de la " grande
vérole " résulte de l'introduction dans les pays européens d'un mutant américain particulier. Il se peut que la syphilis américaine soit elle-même d'origine
africaine. C'est là que l'affection serait passée du singe à l'homme ou, plus
probablement, que l'ancêtre commun de l'homme et des singes supérieurs
aurait été parasité par un paléo-tréponème.

Les conquistadors européens ont mené à leur insu une véritable guerre biologique. Ils avaient des alliés puissants dans les virus apportés à l'intérieur de
leurs propres corps et de leurs animaux domestiques. Les effets de la variole et
de la rougeole, maladies nouvelles pour les populations indiennes, furent dra-
matiques. D'autres virus ont agi plus subrepticement mais leur impact sélectif
sur les populations autochtones a eu des conséquences militaires et démographiques non moins graves. Un virus jusqu'alors absent du continent américain,
peut-être le germe de la grippe des porcs, a provoqué des épidémies dévasta-
trices.

Mais les germes pathogènes ne sont pas les seuls à voyager. Par exemple, la
pellagre, une avitaminose qui a sévi notamment en Italie du Nord au siècle
dernier, ne peut exister dans un pays que d'une manière sporadique et insigni-
fiante avant l'introduction de la culture du maïs, plante autrefois exclusivement
américaine.

Les toxicomanies se transmettent aussi d'une partie du monde à l'autre. Le
tabagisme est une maladie dont l'installation passe par deux phases : d'abord,
dès la Renaissance, l'exportation du tabac de l'Amérique vers les autres continents, puis, à partir du XIXe siècle, suite à la production industrielle des ciga-
rettes et au prolongement de la durée moyenne de vie, la généralisation de la
consommation, responsable de l'émergence du cancer des fumeurs.

Quatrième catégorie : émergence des maladies suite au passage à l'homme de germes qui parasitent les animaux.

On peut considérer comme véritablement " nouvelles " plusieurs maladies apparues au Néolithique par la transmission interspécifique de certains germes à partir d'animaux domestiques. Les plus importantes sont sans doute la tuberculose et les fièvres éruptives aiguës provoquées par les virus du groupe pox.

La tuberculose est une mycobactériose d'origine extra-humaine qui émerge chez l'homme probablement en deux étapes, la première étant l'adaptation à l'homme d'une souche bovine, la seconde sa mutation en souche spécifiquement humaine. Il est possible qu'un très long laps de temps sépare les deux événements.

La variole date probablement, elle aussi, du Néolithique, tout comme la rougeole, dont le virus est apparenté à ceux qui provoquent la " peste " des bovins et une maladie virale du chien. Ces virus ne sont pas nés en Europe, mais ont été importés dans l'aire méditerranéenne soit d'Afrique, soit d'Asie. La variole est — ou plutôt était — une maladie strictement humaine, mais des virus appartenant au même groupe infectent de nombreux animaux domestiques. Le parent le plus proche du poxvirus humain est un germe pathogène propre aux petits singes d'Afrique. Les observations récentes prouvent qu'il peut passer à l'homme et réintroduire ainsi la variole qu'on croyait définitivement éliminée.

Le virus de la grippe est sans doute originaire d'une souche qui parasitait au début une ou plusieurs espèces animales, notamment des oiseaux aquatiques. On ne sait pas quand ce virus s'est adapté à l'homme mais il est certain que la grippe est restée une zoonose et que la recombinaison génétique, responsable de l'apparition cyclique des épidémies chez l'homme, a lieu dans le corps des animaux, peut-être des porcs. Notons que la grippe n'affecte pas les singes, ce qui pourrait indiquer qu'elle a épargné aussi l'homme préhistorique.

La vraie peste n'a pas sévi en Europe avant la fin de l'Antiquité. Il est même très probable qu'avant le début des âges historiques, elle n'existait nulle part dans le monde comme maladie humaine épidémique. C'est une maladie des rongeurs qui n'affecte l'homme qu'accessoirement. Elle fit à trois reprises une apparition pandémique terrible sans précédents immédiats : la peste dite de Justinien au VIe siècle (censée avoir commencé en Afrique), la " mort noire " au XIVe siècle (la pandémie la plus meurtrière de tous les temps, originaire de Chine) et la peste de Mandchourie au XIXe siècle. On peut distinguer aujourd'hui trois variétés sauvages de *Yersinia pestis*, chacune de ces variétés descendant probablement d'une des souches responsables de ces trois pandémies. Une épizootie de peste sévit actuellement chez les rongeurs sylvestres des Etats-Unis, progresse depuis la côte occidentale, décime les chats errants et les chiens de prairie, en passant même sporadiquement à l'homme. Les autorités sanitaires sont en état d'alerte, mais elles restent discrètes car la peste, bien que facilement combattue aujourd'hui par les antibiotiques, conserve dans l'imaginaire collectif une aura terrifiante.

Les virus des fièvres africaines désignés par les toponymes de Marburg, Lassa et Ebola ont émergé entre 1967 et 1976 comme facteurs pathogènes jusqu'alors inconnus. Ils ne sont pas réellement nouveaux mais se présentent comme tels uniquement parce qu'ils sortent de leurs niches écologiques délimitées. Leurs hôtes naturels, ou du moins leurs vecteurs pour l'homme, sont des singes (pour la fièvre de Marburg et d'Ebola) ou des rongeurs sylvestres (pour la fièvre de Lassa). Les rongeurs sont aussi porteurs des arbovirus du groupe hanta, tels que le virus Hantaan proprement dit et ses cousins, le virus Séoul, transmis par les rats en Asie, et le virus Pumala, présent en Europe. On commence seulement à comprendre leur extraordinaire danger potentiel pour l'espèce humaine.

Cinquième catégorie : émergence des maladies nouvelles au sens fort.

Une certaine continuité avec le passé existe même dans l'émergence des maladies infectieuses de cette catégorie, car le germe pathogène provient nécessairement d'un ancêtre qui devait avoir des caractéristiques génétiques voisines et qui se perpétuait quelque part, dans une population humaine ou animale. La maladie nouvelle résulte nécessairement de la transformation adaptative d'un germe qui n'est pas nécessairement pathogène, ou ne l'est que faiblement, pour la population animale ou humaine originelle. Ces transformations sont rarissimes et il est difficile de les prouver.

Le cas historique le plus instructif est à mon avis celui de l'émergence du choléra au XIXe siècle. A partir de 1817, sept vagues pandémiques du choléra ont balayé presque tous les pays du monde. Avant 1830, cette maladie n'existait pas en Europe. Son arrivée à partir du delta du Gange ne fait pas de doute. Du point de vue européen ou américain, il s'agit donc d'une émergence de troisième catégorie (introduction à partir d'un pays étranger). Mais devons-nous accepter encore aujourd'hui l'opinion généralement admise selon laquelle cette maladie aurait existé en Inde depuis la nuit des temps ? Les recherches récentes semblent accréditer une autre hypothèse : le choléra pourrait être une maladie réellement nouvelle. Elle aurait débuté en Inde comme maladie infectieuse grave seulement vers la fin du XVIIIe ou le début du XIXe siècle par la transformation génétique d'un vibrion non pathogène, probablement par la recombinaison génétique entre un microbe saprophyte vivant dans les fleuves et un bacille coli commensal de l'homme.

L'agent responsable des six premières pandémies de choléra est la souche pathogène dite classique de ce vibrion (*Vibrio cholerae O 1*). La septième pandémie a été provoquée par une souche nouvelle, dite El Tor (apparue en 1960). Nous sommes peut-être au seuil de la huitième pandémie. En fait, le choléra est revenu récemment en deux vagues. Une épidémie a éclaté fin janvier 1991 au Pérou pour s'étendre sur le continent américain, frappant tout particulièrement les régions pauvres de l'Amérique latine. L'analyse bactériologique prouve qu'il s'agit de la souche El Tor. L'épidémie américaine est due sans doute aux facteurs écologiques, tout comme le choléra qui continue de sévir en Afrique. En revanche, la deuxième vague du choléra actuel, débutant à Madras vers la fin de l'année 1992, a pour agent microbiologique un germe avec des caractéristiques génétiques nouvelles (on lui a attribué le sigle *O 139*).

Nouvelles au sens fort sont évidemment les maladies dues à des substances toxiques de synthèse qui n'existaient pas auparavant ou à des facteurs chimiques et physiques auxquels l'homme des sociétés préindustrielles n'a jamais été exposé.

UNE EXPLICATION BIOLOGICO-SOCIALE DE L'ORIGINE DU SIDA

Revenons à la première partie de ma conférence pour réfléchir encore sur le problème de l'origine du sida. Il a été reconnu comme une maladie particulière en 1981, mais les descriptions cliniques et les tests sur des sérums congelés permettent aujourd'hui de prouver l'existence de cas sporadiques dès le milieu de ce siècle aussi bien aux Etats-Unis qu'en Afrique subsaharienne et en Europe.

Pour rendre compte de l'émergence de la pandémie, on propose des explications d'ordre biologique ou d'ordre sociologique. Une mutation accidentelle de l'ancêtre des HIV se serait produite ou une recombinaison génétique particulière, disent certains, ce qui est une solution verbale, une sorte de magie moderne. Selon Robert Gallo et Max Essex, l'épidémie aurait commencé par le passage du virus simien à l'homme dans les conditions habituelles de vie en Afrique. Il arrive, disent-ils, qu'on y chasse, découpe et mange des singes. Même en admettant cette hypothèse reste à expliquer pourquoi le passage interspécifique du virus se serait produit à ce moment précis de l'histoire.

D'après les accusations portées par la presse au cours de ces dernières années — accusations qui sont loin d'être prouvées —, il s'agirait d'un passage dû aux expériences médicales sur des populations africaines (essais des vaccins contre la malaria ou contre la polio).

Il n'est pas exclu qu'il y ait eu vers le milieu de notre siècle ou même dans un passé assez lointain des passages occasionnels de rétrolentivirus entre les singes et l'homme, passages qui auraient pu donner naissance à des souches de HIV, mais le facteur décisif n'est pas l'apparition de telles souches. Ce qui compte est leur chance statistique d'être transmises dans une population. Même hautement pathogène, un virus n'est qu'une allumette qui, certes, va consumer l'individu infecté mais qui, s'il n'y a pas assez de combustible à sa portée, ne provoquera pas d'incendie. L'endémie à bas niveau de la peste aux Etats-Unis illustre bien le fait que les passages interspécifiques — répétés mais isolés — d'un germe très pathogène pour l'homme ne suffisent pas pour déclencher une épidémie.

Les études sur la généalogie des rétrolentivirus éclairent les conditions biologiques sans lesquelles la pandémie actuelle n'aurait pu avoir lieu, mais elles ne répondent pas à la question fondamentale : pourquoi à ce moment-là ? Cette question dépasse le cadre de la virologie. Pour résoudre le problème de l'origine de la pandémie actuelle, il faut prendre en considération un ensemble de facteurs dans lequel le biologique et le social sont inextricablement enchevêtrés.

Une série de coïncidences chronologiques m'a étonné. En 1978, l'homme se trouve pour la première fois en possession des moyens conceptuels et techniques lui permettant l'identification et l'isolement d'un rétrovirus humain pathogène. C'est à peu près à cette année que remontent les premiers cas de sida diagnostiqués en 1981. Supposer que le germe du sida est né à ce moment précis par une mutation brusque, n'est-ce pas trop accorder au hasard ? Autre événement simultané : la variole s'est officiellement éteinte en 1977. Le dernier malade fut un Africain et c'est d'Afrique que serait parti le germe qui prenait le relais. Ces coïncidences m'ont intrigué. D'une part, je ne pouvais admettre que ces événements soient totalement indépendants et que leur rencontre soit un pur hasard, dépourvu de toute signification. D'autre part, il était difficile de les enchaîner l'un à l'autre par un lien causal direct. La solution m'est apparue à la suite d'un colloque scientifique tenu en 1987 à la Fondation Mérieux, au bord du lac d'Annecy. Les événements mentionnés ne se conditionnent pas mutuellement mais découlent tous d'une source commune : ils résultent du progrès de la médecine ou, plus généralement, des bouleversements technologiques du monde moderne.

L'émergence des souches virulentes du HIV n'est pas nécessairement, comme le soutiennent même quelques grands spécialistes, un événement de courte durée, le *big bang* du sida, qui se serait produit vers 1950, mais il pourrait s'agir plutôt d'un processus étalé dans le temps et dépassant un seuil critique dans les années 70. Cette réflexion m'a amené à considérer l'émergence du sida comme un événement dont l'explication ne peut être ni exclusivement biologique ni exclusivement sociale. Les deux groupes de facteurs doivent être pris en considération et la pandémie actuelle résulte justement de leur interaction.

Il y a dix ans déjà, dans mon livre sur l'histoire du sida, j'ai tenté d'expliquer l'émergence du sida par cette interaction des facteurs biologiques et sociaux ou, plus précisément, par la sélection darwinienne des souches virales sous la pression des événements sociaux et biologiques facilitant la transmission de ce germe. C'est l'élargissement des anciennes voies de transmission virale et l'ouverture de nouvelles voies qui a agi comme facteur de sélection en faveur de souches de plus en plus virulentes. Le processus qui donna naissance au sida dans sa forme épidémique est un événement " catastrophique " au sens mathématique de ce terme : on peut le comparer à celui qui fait éclore un cancer par la rupture de l'équilibre entre les mécanismes de défense immunitaire et les désordres cellulaires inévitables et incessants, ou à celui qui, par le dépassement de la masse critique du matériau fissible, fait exploser une bombe atomique.

Il est évident que l'émergence de la pandémie du sida est liée à certains changements sociaux caractéristiques de la seconde moitié du XXe siècle : le brassage des populations, les rapports sexuels d'un type nouveau (libéralisation des mœurs, promiscuité homosexuelle organisée), l'usage massif de drogues intraveineuses, les progrès de la transfusion sanguine, etc. Le volet sociologique de mon explication de l'origine du sida n'a rien de particulièrement original, sinon l'insistance sur un aspect commun de ces facteurs : les effets pervers du progrès technologique. Quant à la situation particulière de l'Afrique, il faut rappeler les bouleversements sociaux et les guerres qui ont suivi la décolonisation, une urbanisation effrénée, le développement de la prostitution, les conséquences imprévues des procédés médicaux occidentaux non adaptés à ce milieu (mauvais usage des seringues, dangers sous-estimés de la contamination des vaccins, etc.).

Invoquer tous ces facteurs sociaux dans les explications des débuts de l'épidémie du sida me paraît parfaitement légitime, mais non suffisant. Leur rôle reste incompréhensible, si nous ne complétons pas le volet sociologique par son pendant biologique. Ce volet biologique de mon hypothèse explicative est original. Il comporte deux idées principales : la première concerne les propriétés du HIV, notamment sa très grande variabilité, et les règles de la sélection darwinienne ; la seconde consiste dans l'application du concept général de pathocénose au cas particulier du sida. A mon avis, la diminution très forte de la fréquence de certaines maladies infectieuses a orienté de façon décisive la pression sélective favorisant les souches virulentes du HIV. Avant les succès de la lutte antimicrobienne, la tuberculose et quelques autres maladies rendaient invisibles les cas sporadiques du sida et empêchaient sa dissémination épidémique. Ces maladies n'étaient pas seulement un écran qui cachait les méfaits des précurseurs des souches actuelles du HIV, mais constituaient aussi un barrage efficace.

LA PATHOCÉNOSE

Un défaut de l'épidémiologie traditionnelle est d'étudier les maladies une à une ou, au mieux, par groupes cohérents. Or, l'étude globale de la morbidité d'une population me paraît indispensable pour comprendre l'évolution historique de chacune de ses composantes. C'est dans ce but que, en 1969, j'ai défini et nommé le concept de *pathocénose* selon lequel la distribution des fréquences des maladies qui affectent une population obéit à certaines règles et peut être étudiée en utilisant des modèles mathématiques. La pathocénose est l'ensemble des états pathologiques présents dans une population à un moment donné (tout comme la biocénose est l'ensemble quantifié de tous les êtres vivants dans un territoire donné à un moment donné). La fréquence de chaque maladie dépend pour une grande part de la fréquence des autres maladies dans la même population. L'histoire de chaque maladie est donc tributaire de l'histoire de toutes les maladies. Le temps me manque pour entrer ici dans les détails concernant la dynamique des pathocénoses et les situations historiques d'équilibre et de rupture. Il suffit de dire que l'application de ce concept aux conditions de l'émergence du sida et de plusieurs autres maladies mentionnées ici ouvre des perspectives qui me paraissent particulièrement riches. L'émergence des maladies au cours de la seconde moitié du XXe siècle n'est qu'une des facettes d'un phénomène complexe de rupture de la pathocénose.

CONDITIONS D'ÉMERGENCE

De ce que vient d'être dit, il apparaît déjà clairement que les maladies émergentes ne sont ni l'effet d'un hasard aveugle ni une punition divine, mais résultent des conditions démographiques et des comportements humains qui perturbent des équilibres biologiques. De la multitude de facteurs et de circonstances qui favorisent l'éclosion d'états pathologiques ressentis comme nouveaux (citons notamment l'accroissement et le brassage des populations, l'urbanisation, la multiplication des contacts interhumains, la préparation industrielle des aliments, la déforestation et autres modifications de l'environnement, les variations du climat, etc.), nous ne nous arrêterons ici que sur une seule catégorie, à la fois particulièrement importante et en quelque sorte paradoxale, à savoir le progrès de la technologie biomédicale et alimentaire.

La transfusion du sang, par exemple, sauve souvent la vie des patients mais ouvre aussi une nouvelle voie de transmission aux agents infectieux filtrables. Responsable de l'accroissement des hépatites avec la kyrielle de cirrhoses et de cancers, la transfusion du sang a joué un rôle non négligeable dans la diffusion initiale du sida et contribue peut-être à l'émergence des maladies à germes dits non conventionnels. Plus que de la transfusion même, c'est-à-dire du passage du sang d'une personne à une autre, le danger vient des techniques nouvelles dans la préparation du sang et des produits sanguins par le mélange des substances provenant de nombreux donneurs. La production en masse et les impératifs économiques peuvent ainsi être à l'origine de maladies iatrogènes. Un exemple saisissant est la multiplication récente des cas humains de maladie de Creutzfeldt-Jacob due à l'alimentation des vaches par un produit industriel, la farine de viande et d'os de moutons. Rappelons que les moutons sont assez fréquemment atteints d'une encéphalopathie appelée la tremblante. L'établissement d'une chaîne nouvelle dans la circulation des substances organiques ouvre des possibilités insoupçonnées aux agents biologiques à la frontière entre les germes et les poisons. La notion de prion, proposée par Stanley Prusiner en 1982, est fascinante pour un historien des idées médicales, car elle nous fait revenir en fait à la conceptualisation prépastorienne de l'infection : il y aurait des agents infectieux qui ne se multiplient pas eux-mêmes dans l'organisme mais se font produire par l'organisme corrompu.

Quoi qu'il en soit, les transmissions accidentelles lors d'opérations sur le cerveau et le traitement du nanisme par des extraits impurs d'hypophyse ont démontré que la maladie de Creutzfeldt-Jacob peut être inoculée et l'histoire de l'encéphalopathie spongiforme bovine, détectée pour la première fois en Grande Bretagne en 1986, montre comment on est passé d'accidents iatrogènes isolés à l'éclosion d'une grave épidémie.

Il n'est pas exclu qu'un virus animal puisse passer à l'homme par l'intermédiaire d'expériences sur les singes et par l'usage des tissus animaux pour les cultures cellulaires. Cela est arrivé par exemple avec le filovirus de la fièvre de Marburg. La fabrication des vaccins n'est pas sans danger. Encore plus risquées me paraissent les expériences récentes de xénogreffe (par exemple la greffe du coeur de cochon transgénique ou de moelle osseuse de baboin). En transplantant un tissu ou un organe d'un animal à l'homme, on pourrait transmettre des agents biologiques contre lesquels nous ne possédons pas de défenses immunitaires adéquates.

Mais revenons de la prévision des risques à ce qui se passe déjà effectivement. L'usage des antibiotiques et des hormones dans l'élevage des animaux et dans l'industrie alimentaire n'est pas moins nocif que la pollution de l'air. La chimiothérapie elle-même comporte un effet collatéral indésirable : elle rend par la sélection naturelle les souches bactériennes et virales non seulement plus résistantes mais parfois aussi plus virulentes, plus agressives. D'après une enquête réalisée en 1997 par la Direction générale de la santé en France, environ 7 % des malades hospitalisés souffrent, à un moment donné, d'infection nosocomiale. Il n'y a pas de doute que la concentration des patients dans les hôpitaux et les examens et traitements de routine augmentent les risques de transmission des germes et facilitent même les échanges d'informations génétiques entre diverses souches et même entre diverses espèces microbiennes. Nos connaissances sur les virus sont encore relativement restreintes. On estime que seulement environ 5 % des virus de l'homme et des animaux supérieurs sont identifiés. La plupart vivent à bas bruits, parfaitement adaptés à l'hôte, mais restent très variables et prêts à saisir toute occasion de se multiplier davantage. On sait maintenant qu'ils interviennent aussi dans la pathogenèse de plusieurs maladies non vraiment transmissibles.

Tout compte fait, l'espèce humaine n'a sur cette planète que deux ennemis réellement dangereux : l'homme lui-même et les virus. L'homme et les virus réalisent les procédés les plus parfaits de parasitisme, d'exploitation des ressources vitales d'autres êtres vivants. L'homme le fait, pour ainsi dire, par le haut (en dominant les organismes entiers et leur association), les virus le font par le bas (en prenant le contrôle au niveau élémentaire des structures vivantes). Dans la lutte actuelle entre l'homme et les virus pathogènes, l'intelligence, c'est-à-dire le traitement de l'information stockée dans les réseaux des neurones, s'oppose aux ruses qui dérivent du traitement de l'information dans les génomes.

La leçon qu'un historien peut tirer de ce regard sur l'ancienneté des maladies nouvelles se résume à une recommandation aussi facile à formuler que difficile à suivre : il faudrait plus d'humilité dans nos jugements et plus de circonspection dans les actions susceptibles de bouleverser les équilibres millénaires de la nature vivante.

PART ONE

BIOLOGY IN THE CLASSICAL AGE

CAUSES AND CURES FOR FEMALE INFERTILITY, PREMATURE DELIVERY, AND UTERINE DISEASE IN THE WORK OF AMBROISE PARÉ AND LOUISE BOURGEOIS

Alison KLAIRMONT LINGO

During the early modern period, infertility, premature delivery and uterine diseases were some of the most troubling medical problems which afflicted women. This essay will compare the opinions of the midwife Louise Bourgeois (1563-1636), the first woman in France to publish a midwifery text with those of her predecessor, the barber surgeon Ambroise Paré (1510-1590) concerning the primary cause(s) and cures for these afflictions. While Paré and Bourgeois were influenced profoundly by the Graeco-Roman medical tradition, both diverged from it at various points in their writings. Bourgeois, in particular deviated from her medical roots when she claimed that anger (sometimes in the form of choleric humors) was the major cause of female infertility, premature delivery, and certain uterine problems.

INFERTILITY PROBLEMS

Bourgeois stated at the outset of her first chapter that " the chief and most frequent impediment [to conception] is that the feminine sex is extremely humid and nevertheless choleric and because the womb is [a] receptacle and place dedicated to receive (...) and expel [blood] "[1]. Bourgeois had to qualify " choleric " with " nevertheless " because a choleric person was hot and dry, not cold and moist, as women were believed to be. Women's internal heat was the result of having a womb.

Since Antiquity, the womb was compared to an oven which provided a

---

1. Page references henceforward will refer to a modern edition of the L. Bourgeois, *Observations diverses sur la stérilité, perte de fruits, fécondité, accouchements et maladies des femmes et enfants nouveau-nés,* preface by Françoise Olive, Paris, 1992, 39 (orig. 1652).

warm environment for the gestating fetus[2]. However, the womb's heat could also create choleric blood when no fetus was present. Indeed, Bourgeois argued that an overabundance of choleric blood predisposed women to conceive " moles " or " bad germs ", *i.e.* incomplete or malformed fetuses. Bourgeois, thus, saw the production of moles as a form of infertility. Bourgeois advised bleeding and purging. In addition, she counseled the infertile woman to refrain from " abandoning herself to passions of anger which troubled the blood "[3] and caused fertility problems.

Paré did not single out any particular cause as more likely than any other to bring about female infertility. He discussed physical impediments to conception such as uterine and vaginal obstructions as well as humoral imbalances and how to detect them. For example, a womb that was too hot, too cold, too dry or too moist could prevent conception. Eating raw, unripe fruit and cold water could " render the body cold and full of undigestible superfluities which could cause an obstruction [in the birth canal] "[4]. In addition, Paré discussed the role which excessive work, obesity and other factors played in causing female infertility. Nowhere, however, did Paré argue that choleric blood or anger were involved in the problems of female infertility nor did he believe anger could cause a woman to have moles[5]. Bourgeois's emphasis on female wrath is all the more intriguing to me because of the absence of such an emphasis in Paré. One wonders if Bourgeois detected emotions in her female patients which Paré did not. Her discussion of premature deliveries suggests that this is the case.

Premature Deliveries

Bourgeois identified anger not only as a major cause of infertility, but also as " the most ordinary occasion which makes women deliver " prematurely[6]. Anger, Bourgeois told her readers, disturbed, agitated, and thickened the blood (various meanings of the verb *troubler*). Bourgeois went on to warn her readers that women who had an inadequate amount of blood in the uterus or who had very " thin " blood were prone to miscarry if they became angry. Indeed, Bourgeois claimed that " the least anger or emotion (...) causes early delivery " in such cases[7]. She advised that thin-blooded, hasty-tempered women drink thick

---

2. See L.S. Dixon, *Perilous Chastity : Women and Illness in Pre-Enlightenment Art and Medicine*, Ithaca, 1995, 101-109 ; H. King, " Once Upon A Text ", in S.L. Gilman, H. King, R. Porter, G.S. Rousseau, E. Showalter (eds), *Hysteria Beyond Freud*, Berkeley, 1993, 31.

3. L. Bourgeois, *Observations diverses sur la stérilité, ... op. cit.*, 39.

4. A. Paré, *Oeuvres completes d'Ambroise Paré*, vol. 2, in J.F. Malgaigne (ed.), Paris, 1840, 734.

5. *Ibid.*

6. L. Bourgeois, *Observations diverses sur la stérilité, ... op. cit.*, 47.

7. *Ibid.*, 51.

wine and eat beef, rice, lamb, and Damascene grapes to increase the density and quantity of their blood.

"Above all ", Bourgeois emphasized, a woman must " control herself, picturing to herself that those who are not able [and] are not meant to command other people, are [nevertheless] capable of healing themselves "[8]. Bourgeois seemed to suggest that although a woman did not have the right to command or order people to behave one way or the other, she could govern herself in such a way as to prevent miscarriages. This is an interesting idea which indicates again Bourgeois's attempt to give women some control and responsibility for their health and the health of their unborn children.

Women who became very vexed when they discovered that they were pregnant also were at risk for premature delivery, according to Bourgeois. She described a woman who became upset when she discovered she was pregnant, and who then got angry " at the least thing ". Her cheeks swelled up so that her whole body became swollen and turgid. This swelling pressed on the uterus making it expel the baby prematurely[9]. Again, control of one's emotions would have avoided this tragedy.

Paré believed that there were many causes for premature delivery including strong emotions such as anger or joy[10]. However, he emphasized physical, organic causes such as " a great flux of the stomach, obstruction of urine, accompanied by excessive straining, a deep cough, violent vomiting, over work and agitation, such as running, leaping, and dancing "[11]. He also identified loud noises, illnesses, fasting, fluxes of blood, hot baths and stays as common causes of premature delivery. In addition, he claimed that travel in the second or third month of pregnancy, fasting, a long illness, and eating large quantities of meat could trigger an abortion. Thus, Paré offered a long list of possible causes for premature delivery. His discussion does not impose the kind of moral and social imperative on women to avoid such situations as does the Bourgeois text. Rather, he seemed to want to inform his intended reader, the young barber surgeon of what brought about premature delivery and move on to the next medical problem.

UTERINE PROBLEMS

Besides affecting conception and fetal development, Bourgeois described how anger could have a deleterious effect on the uterus itself. " Choleric and hasty-tempered women " were prone to the build up of acrid, biting and watery

---

8. L. Bourgeois, *Observations diverses sur la stérilité, ... op. cit.*, 51. Or as Bourgeois put it, " carry in themselves the true remedy ".

9. *Ibid.*, 51.

10. *Ibid.*, vol. 2, 715.

11. See A. Paré, *Oeuvres completes d'Ambroise Paré*, vol. 2, *op. cit.*, 714.

humors which could lead to a condition called hardening of the womb. As the uterus absorbed these humors it became big, heavy, hard, and blackish in color[12]. Paré discussed hardening of the womb in order to distinguish this condition from that of tumors or swellings of the pancreas and mesentery. He did not mention causes or cures for uterine hardening[13]. In contrast, Bourgeois not only claimed that anger contributed to the hardening of the uterus but also suggested that a woman could prevent such hardening by controlling her anger. Bourgeois described a woman she had treated whose " uterus became smaller and softer " as soon as she stopped getting angry. The same woman also observed her womb, enlarging as soon as her wrath reoccurred. Bourgeois discussed this case in order to convince her reader of the necessity and utility of mastering anger.

Bourgeois also claimed that anger was one of three possible causes for *des étouffements* or " choking of the womb ". Bourgeois discussed this problem under the rubric of " uterine illnesses ". Choking was one of many problems which afflicted the womb. Bourgeois believed that " a great plenitude of humors often causes choking at the least agitation, whether from talking too much, working, or at the least anger "[14]. It was, Bourgeois claimed, a milder form of the uterine disorder, called, *des suffocations de matrice* or " suffocations of the womb " or sometimes " suffocations of the mother ".

The meaning of " suffocation " and/or " choking of the womb " is ambiguous and a matter of scholarly debate[15]. The two conditions as described by Bourgeois and Paré became known as " hysteria " in the nineteenth century[16]. During the early modern period, Galen's interpretation of this disease was most influential. Galen had argued that suffocation of the womb was caused by retained substances which contaminated the womb's environment[17]. His remedies suggest that he believed sexual deprivation precipitated the retention of uterine fluids, whether they be retained " seed " or menstrual blood.

Bourgeois clearly distinguished choking from suffocation and saw the former as having no sexual component. She described how the womb chokes or pushes on the stomach, " not so violently as suffocation, but more leisurely, lasting as long "[18]. Bourgeois counseled the stricken woman to purge herself frequently[19]. The purgative should be mild so as to " tame that anger " and the remedies should be refreshing, laxative, purgative, and sharp.

12. L. Bourgeois, *Observations diverses sur la stérilité, ... op. cit.*, 168.

13. A. Paré, *The Collected Works of Ambroise Paré*, trans. T. Johnson (from first English edition), London, 1634 ; New York, 1968, Chapter XXXVI, 929-930.

14. L. Bourgeois, *Observations diverses sur la stérilité, ... op. cit.*, 162.

15. See H. King, " Once Upon A Text ", *op. cit.*, 28-33.

16. *Ibid*, 28-29 ; 41-43.

17. *Ibid.*, 41.

18. *Ibid.*, 162.

19. *Ibid.*, 163.

Paré did not distinguish " choking " from " suffocation ". Rather, Paré described an illness he called " suffocation of the uterus " whose symptoms ranged from rumbling in the belly, choking, swooning, drowsiness to madness and even death. Following Galen, Paré stated that any of these conditions could " prove as malign as the biting of a mad dog, or the stinging or bites of venemous insects "[20]. Paré also claimed that the worst cases of uterine suffocation occurred among young virgins and widows who ate copiously and were lazy[21]. Their womb swelled up with a rotted substance which turned into a vapor. This corrupt substance was either retained menstrual blood, semen, " white flowers ", a tumor or other bad humors " which putrefy in the womb "[22]. The symptoms of uterine suffocation varied according to which bodily fluid was retained and which part of the body the humors and their vapors disturbed.

Paré's recommendations indicate that he believed that uterine suffocation was a dangerous, sometimes fatal disease caused, in the final analysis, by sexual deprivation — indicated by the presence of retained menstrual blood or female seed. Bourgeois, on the other hand, downplayed the seriousness of suffocation and never mentioned the worst form which Paré claimed was caused by retention of female seed. Bourgeois only mentioned retention of the monthlies as was one of several possible causes of the condition, without ever mentioning other causes.

Bourgeois prefaced her account of uterine maladies with a discussion about why women were subject to such problems at all. She believed that God made women subject to many womb-related illnesses, including " suffocation, choking, weaknesses, fainting, heart palpitations, arterial throbbing at the bottom of the womb, colic, relaxation and uterine collapse, uterine callouses, hardening and ulcerated womb " to create hierarchy and harmony between the sexes. " If not for the illnesses that [the womb] causes, women would be able to equal men in health, as much of body as of spirit, but God wanted to render women less than that to obviate envy that one sex would have for the other and to move men to pity and love them "[23].

Bourgeois's explanation implied that envy between the sexes would have had a destructive effect on society. To avoid envy and discontent God made men " better " than women in certain respects and women weaker and more vulnerable to reproductive problems. Yet these ideas did not prevent Bourgeois from attempting to help women who suffered from uterine maladies and indirectly give women a chance of equalling men in physical and mental health.

How did Bourgeois come to such conclusions ? On the one hand, Bourgeois argued that God made women subject to uterine-related problems in order to

20. H. King, " Once Upon A Text ", 43-44 and 163.
21. A. Paré, *Oeuvres completes d'Ambroise Paré*, vol. 2, *op. cit.*, 751, 756.
22. *Ibid.*, vol. 2, 750.
23. L. Bourgeois, *Observations diverses sur la stérilité, ... op. cit.*, 160-161.

make men pity them. On the other hand, Bourgeois's insistence that women could, at least under certain circumstances, control their anger and improve their health tempered traditional beliefs which portrayed women as subject to their bodies and therefore less predictable and rational than men. It also suggests that Bourgeois wanted women to " govern " themselves, even if they were not permitted to govern others. That anger played a large role in women's lives probably does not seem surprising to us today, although we cannot assume that we know what precipitated it. As we just discussed, Bourgeois revealed one instance where a woman became angry when she found out she was pregnant. Bourgeois's desire to have women control this fury had a moral and pragmatic punch. Bourgeois perceived women to be responsible for the health of their unborn children and strongly believed that women needed to temper their feelings in order to do so. Also Bourgeois believed that if women could control their emotions they might be able to help themselves overcome some of the medical problems which often afflicted women.

Paré, on the other hand, emphasized physical problems as primary factors in causing infertility and premature delivery and sloth, over-eating and sexual deprivation as the major contributing factors causing uterine disease among wealthier women. While women could have had some control over these factors, Paré did not stress this possibility. Indeed, he did not express the same kind of concern for his female patients in regard to their overall health and social situation as did Bourgeois. Rather he was offering advice to the surgeon who might encounter patients who suffered from infertility, premature delivery, " hysteria " and many other problems. The difference in outlook between the two authors is quite striking in this regard. One cannot help but consider that Bourgeois's experience as a midwife and a woman informed her perceptions and responses. While Bourgeois wanted to be in charge of her patients in the birthing room and certainly wanted their respect[24], she also seemed to want to help women help themselves.

---

24. See W. Perkins, " The Relationship between Midwife and Client in the Works of Louise Bourgeois ", *The Seventeenth Century,* 11 (1989), 28-45.

LAURENT JOUBERT'S CONCEPT OF MODERATE LAUGHTER :

A SIXTEENTH CENTURY PROPOSITION TO AN OLD-TIME DILEMMA

Vera Cecília MACHLINE

Written by the Montpellier physician Laurent Joubert (1529-1582), the *Traité du ris* may be the sole *Cinquecento* publication in a vernacular language entirely dedicated to laughter. This applies to both its initial and complete versions, respectively published in 1560 and 1579[1]. Since early this century familiar to scholars interested in the therapeutical intentions of the medical humanist François Rabelais (c. 1494-1552) with his funny chronicles *Gargantua et Pantagruel*[2], Joubert's treatise on laughter should also concern historians of early modern medicine. For one thing, rather than accounting for Rabelais' exorbitant ridiculing, the *Traité du ris*, grounded on time-honored principles of temperance, advocates moderation in laughter. For another, it seems akin to the brand of popular medical literature Joubert inaugurated with his *Erreurs populaires*[3]. As hinted by the title, this work engages in amending misconceptions held by the commonalty. Such enterprise, however, soon reveals a means to vindicate the superiority of university-trained physicians over medical

1. L. Joubert, *Traité dv ris, contenant son essance, ses cavses, et mervelheus effais, curieusemant recerchés, raisonnés & observés, par [...]*, in his *Traité du ris, suivi d'un Dialogue sur la Cacographie française*, Paris, Chez Nicolas Chesneav, 1579, facsimile reprint, Geneva, 1973, 1-375. English readers may resort to the American translation by G.D. de Rocher, *Treatise on Laughter*, Tuscaloosa, 1980. For further information about the 1560 version, see the penultimate, unnumbered page of the dedicatory letter opening the *Traité du ris* of 1579, besides C. Longeon, " Loys Papon, Laurent Joubert et le *Traicté du Ris* ", *Réforme Humanisme Renaissance*, 7 (1978), 9-11.

2. See for instance J. Plattard, *The Life of François Rabelais*, British translation, London, 1968, 99, including footnote 2 ; M.M. Bakhtin, *Rabelais and His World*, American translation, Bloomington, 1984, 67-70 ; and G.D. de Rocher, *Rabelais's Laughers and Joubert's " Traité du Ris "*, Tuscaloosa, 1979, particularly 1-4 and 138-142.

3. Besides a recent French edition, both parts of the *Erreurs populaires* are also available in English. Titled *Popular errors*, and *The Second Part of the Popular Errors,* they were respectively published in 1985 and 1995. Otherwise, they share the same bibliographical details : American translation by G.D. de Rocher, Tuscaloosa, London.

practitioners ; or else, the supremacy of bookish knowledge over empirical experience[4].

Joubert turned to laughter in the prime of his career because it was a topic in fashion at his time. As it is well-known, the Renaissance revival of Stoic ideas by way of Roman classics fostered a renewed interest in the intricacies of human psychology. Deemed proper to mankind alone owing to an Aristotelian tradition, our risible faculty was mandatory on the humanistic agenda[5]. Another significant factor was the new code of social intercourse, initially shaped in courtly households in the later Middle Ages and gradually extended to bourgeois homes from the Renaissance onwards. Nowadays called " manners ", these norms of decorum have compelled Westerners to police the body and the language to achieve gracefulness[6]. Furthermore, by the turn of the sixteenth century, they gave rise to a keen, non-clerical bias against boisterous laughing and abusive deriding, as testified by the book on manners written by Baltassare Castiglione (1479-1529), originally published by the Aldine press in 1528. Titled *Il Cortegiano*, one fourth of its pages are dedicated to reviewing socially acceptable forms of witticism within the art of conversation[7]. Needless to say, Castiglione was emulating similar enterprises by ancient instructors in oratory. For instance, carrying on Peripatetic writings on the subject, Cicero (106-43 B.C.) and Quintilian (c. 25-c. 96), reassert throughout their painstaking survey of rhetorical jokes that, when handled skilfully, laughter can be a valuable asset in social rapport among Roman freemen[8].

In Joubert's time, laughter tended to be considered one amongst nearly thirty cardinal passions of the soul, or the mind. Currently known as emotions,

4. The *Erreurs populaires* were reviewed in the seventies by N.Z. Davis in *Society and Culture in Early Modern France* ; this analysis comprise 182-185 and 210-217 of its Brazilian translation, *Culturas do Povo : Sociedade e cultura no início da França Moderna, oito ensaios*, Rio de Janeiro, 1990. For further details on the struggles of physicians for maintaining their status at Joubert's time, see A.K. Lingo, " Empirics and charlatans in Early Modern France : The genesis of the classification of the " other " in medical practice ", *Journal of Social History*, 19 (4) (Summer 1986), 583-603.

5. J. Le Goff, " Le rire dans les règles monastiques du Haut Moyen Age ", in M. Sot (ed.), *Haut Moyen Age Culture, Education et Société : Etudes offertes à Pierre Riché*, La Garenne-Colombes, 1990, 93-103 ; M.A. Screech, R. Calder, " Some Renaissance Attitudes to Laughter ", in A.H.T. Levi (ed.), *Humanism in France at the end of the Middle Ages and in the Early Renaissance*, Manchester, New York, 1970, 216-228.

6. N. Elias, *The Civilizing Process*, British translation, Oxford, Cambridge, 1994 ; see especially Part II of " The History of Manners ", which comprises 42-215. See also J. Palmer, *Taking Humour Seriously*, London, New York, 1994, 132-143.

7. The portion here referred to comprises 89-197 of *The Book of the Courtier*, American translation by C.S. Singleton, Garden City, 1959. For further details about the art of conversation in early modern times, see Chapter Four of P. Burke's *The Art of Conversation*, which comprises 119-160 in the Brazilian translation, titled *A Arte da Conversação*, São Paulo, 1995.

8. Cicero, *De oratore*, vol. 1, British translation, Cambridge, London, 1988, 356-419 ; Quintilian, *The Institutio oratoria of Quintilian*, vol. 2, British translation, Cambridge, London, 1985, 439-501. It is also worth seeing P. Burke, *The Fortunes of the Courtier : The European Reception of Castiglione's " Cortegiano "*, University Park, 1995 ; on 8-18, for instance, Elias' " civilizing process " is interwoven with Cicero's concept of *urbanitas*.

they were regarded as sensual " movements ", aroused by the imagination of some good or ill thing. Thought capable of bringing physical changes in the body, they relied on a corporeal instrument, analogously to the organs of our five senses. According to Aristotelian physiology, as the seat of all vital and mental powers, the heart expanded or contracted, depending on the heating or cooling nature of the ongoing passion. For example, joy and pleasure dilated the heart and warmed up the body, whereas grief and fear were responsible for its constriction and the ensuing feeling of coldness[9]. The heart remained the center of life with Galen (129-c.199), in spite of his Platonizing view, which led him to give the liver, heart, and brain their respective share of the soul. Thus, unless reason intervened, the heart continued subservient to the passions, whose somatic effects on the body included not only cardiac commotions, but also possible changes in the qualitative mixture, or in the mutual balance, of bodily humors[10].

This physiological understanding explains why emotions had long been taken into consideration by medical theory. Formally speaking, however, they were incorporated into medicine in the wake of twelfth-century Galenism by either the Arabic author, or the Latin translator, of the primer *Isagoge Johannitii* — a work attributed to the Nestorian scholar Hunayn ibn Ishaq al-'Ibodi (809-c. 877), better known in the Latin West as Joannitius. According this primer, together with ambient air, food and drink, sleep and watch, motion and rest, evacuation and repletion, the passions were one of the *sex res non naturales*. In other words, they comprised the six " non-natural " sets of factors that, despite being exogenous, could either promote or undermine health. The actual outcome was determined by their use or abuse, as well as the physical condition of each person[11].

Recognized for its health-giving properties since biblical times, mirth in particular was often stressed in late medieval *consilia* and *regimina sanitatis*[12]. For that matter, well-known among historians of medicine is the prescription

9. Two secondary sources are T.S. Hall, " Greek Medical and Philosophical Interpretations of Fear ", *Bulletin of the New York Academy of Medicine* (Second Series), 50 (7) (July-August 1974), 821-832 ; and L.J. Rather, " Old and New Views of the Emotions and Bodily Changes : Wright and Harvey versus Descartes, James and Cannon ", *Clio Medica*, 1 (1) (November 1965), 1-25. A valuable primary source, originally published in 1538, is J.L. Vives, *The Passions of the Soul : The Third Book of " De Anima et Vita "*, American translation by C.G. Noreña, Lewiston, Queenston, Lampeter, 1990.

10. O. Temkin, *Galenism : Rise and Decline of a Medical Philosophy*, Ithaca, 1973, 88-89, 121, 181.

11. *Ibid.*, 97-114. Among other works on the " non-naturals ", see J.J. Bylebyl, " Galen on the Non-Natural Causes of Variation in the Pulse ", *Bulletin of the History of Medicine*, 45 (5) (September-October 1971), 482-485 ; and L.J. Rather, " The " Six Things Non-Natural " : A Note on the Origins and Fate of a Doctrine and a Phrase ", *Clio Medica*, 3 (4) (November 1968), 337-347.

12. In *Proverbs* 17 : 22, for instance, we are told that " A merry heart doeth good like a medicine : but a broken spirit drieth the bones ". For the subtleties distinguishing *consilia* from *regimina sanitatis*, see J. Agrimi and C. Crisciani, *Les " Consilia " Médicaux*, French translation, Turnhout, 1994, 18-24.

in the *Regimen Sanitatis Salernitanum* of resorting to " Doctor Merry-man " to assure good health[13]. By the same token, reading or listening to cheerful stories was a customary medical advice in *consilia sanitatis*[14]. This fact, coupled with the trend towards bluffing among Renaissance authors[15], makes clear why comic authors such as Rabelais often boasted about mitigating the sufferings of readers with their funny stories[16].

While gaiety was encouraged, there was much reticence about laughing[17]. This was because, apparently akin to excessive joy, laughter seemed to transgress the doctrine of the mean, nowadays known as the principle of moderation. In classical Greece called *sophrosyne*, this long-standing physiological canon, possibly dating back to Pythagorean cosmology, was consecrated by Galenism as *mediocritas*. In brief, it contended that temperance was the key to health and virtue[18]. This was also true of emotions. For instance, as taught by the Homeric epics, inordinate passions were deemed capable of bringing about widespread misfortune, such as warfare. Moreover, they were thought to be fatal if reaching paroxysmal proportions, amounting to a hazardous expansion or contraction of the heart[19].

Aware of ancient reports of casualties from excessive joy, but actually lacking a good account of death from laughing[20], early modern intelligentsia was eager to assess the emotional make-up of laughter. Far from easy, this meant determining the nature of the laughable. Or else, it imported pondering over a matter that had long remained open-ended, as rightfully claimed by Joubert in the opening of the *Traité du ris*[21].

Even nowadays a vexed question, in classical times it was first formulated in Plato's *Philebus* and the Aristotelian *Poetics*. According to the first, " at a comedy the soul experiences a mixed feeling of pain and pleasure ". A little more detailed, the second maintains that the laughable is " a species of the

---

13. [The School of Salernum], *Regimen Sanitatis Salernitanum,* British version by John Harington, London, 1608 ; reprint, New York, 1970, [75].

14. G. Olson, *Literature as Recreation in the Later Middle Ages*, Ithaca, London, 1986, 39-89.

15. B.C. Bowen, *The Age of Bluff : Paradox & Ambiguity in Rabelais & Montaigne*, Urbana, Chicago, London, 1972, 3-102.

16. D.N. Losse, *Sampling the Book : Renaissance Prologues and French Conteurs*, Lewisburg, London, Toronto, 1994, 57-78.

17. G. Olson, *Literature as Recreation in the Later Middle Ages, op. cit.*, 11.

18. For further details, see for instance W.J. Oates, " The Doctrine of the Mean ", *The Philosophical Review,* 45 (1936), 382-398 ; and T.J. Tracy, *Physiological Theory and the Doctrine of the Mean in Plato and Aristotle*, Chicago, The Hague, 1969.

19. J.L. Vives, *The Passions of the Soul : The Third Book of " De Anima et Vita "*, *op. cit.*, 213-218.

20. Obviously, one source was Pliny, the Elder (29-79) ; for further details, see his *Natural History*, vol. 2, British translation, Cambridge, London, 1989, 584-585 and 626-627. Rather carelessly, since not properly distinguishing joy from laughter, Bakhtin also deals with the subject in his study of Rabelais, see M.M. Bakhtin, *Rabelais and His World, op. cit.*, 408-410.

21. L. Joubert, *Traité du ris, contenant son essance, ..., op. cit.*, 14.

Ugly. " More precisely, " it is a mistake or deformity not productive of pain or harm to others "[22]. Apart from its overwhelming conciseness, the later definition was otherwise unknown to most Renaissance scholars, due to the late recovery of the *Poetics*. In its place, and rather than the *Philebus,* Cinquecento propositions mainly relied on Cicero's cautious speculations on the subject. Afterwards seconded by Quintilian, Rome's greatest orator advocates that, even though the actual cause of laughter is uncertain, its basis appears to be unseemly, deformed, or ugly things[23].

However meager these appraisals of these Roman scholars may be, they were taken into consideration even by sixteenth-century commentators of the *Poetics* dwelling upon the laughable. That was the case, for instance, of the Brescian humanist Vincenzo Maggi (c. 1500-1564), who suggested in his *De ridiculis* that laughing was a double movement of expansion and contraction of the heart, occasioned by painful turpitude and pleasurable wonder[24]. Besides Cicero's and Maggi's commentaries, the Paduan man of letters Antonio Riccoboni (1541-1599) resorted to other relevant works, such as Plato's *Sophist* and Aristotle's *Rhetoric* and *Nicomachean Ethics*, to write the chapter of *De ridiculo* in his *Ex Aristotele ars comica*. According to Riccoboni, laughter sprung from joy and pleasure, derived from a feigned, painless ugliness or mistake[25].

Seldom bothering to detail his sources, the Paduan physician Girolamo Fracastoro (c. 1478-1553) propounded in his *De sympathia et antipathia liber unus* that, unless ensuing from tickling, laughter was a twofold movement conveying an intrinsic contradiction. While wonder kept the soul in suspense, joy promoted its expansion. Consequently, laughing became difficult after the heart reached its maximum limit of normal expansion. This problem, however, only concerned people tending to be easily surprised, such as immature youngsters and simple-minded people[26].

Differently from the assumptions seen so far, the Turin professor of medicine François Valeriole (1504-1580) contended in his *Enarrationes medicinales* that laughter was a hazardous fit of intense joy[27]. Explicitly wishing to rebut Valeriole's extreme position and to improve Fracastoro's hint of a half-

22. Plato, *Philebus* [48], in *The Dialogues of Plato,* British translation, Chicago, 1979, 629 ; Aristotle, *On Poetics* [1449^a 31-37], in *The Works of Aristotle*, vol. 2, in W. David Ross (ed.), British translation, Chicago, 1979, 683.

23. Cicero, *De oratore*, vol. 1, *op. cit.*, 356-359 and 371-373 ; Quintilian, *The Institutio oratoria of Quintilian*, vol. 2, *op. cit.*, 441-443.

24. Maggi's gloss comprises his and Bartolomeo Lombardi's *In Aristotelis librum de poetica communes explanationes*, Venice, Officina Erasmina Vicentij Valgrisij, 1550 ; facsimile reprint, München, 1969, 301-317.

25. The chapter " De ridiculo " comprises 164-168 of Riccoboni's larger publication *Poetica Aristotelis Latine Conversa*, Padua, Apud Paulum Meietum, 1587 ; facsimile reprint, München, 1970.

26. Fracastoro's ideas on laughter are on 199-203 of the German translation of his *De sympathia...*, Zurich, 1979.

27. *Apud* L.L Joubert, *Traité du ris, contenant son essance, ..., op. cit.*, 163-164.

way alternative[28], Joubert came up with a fascinating, third proposition. Making the most of the doctrine of the mean, the Montpellier physician defined laughter as practically " the middle ground between joy and sadness, each of which, in their extremities, [can] cause loss of life ". Presumably only based on Cicero's sketch of the laughable, Joubert assumed that risible things are " ugly or improper, yet unworthy of pity or compassion ". Consequently, grief derives from their ugliness or impropriety, while joy results from the awareness that, in everything that is ridiculous, " there is nothing to pity (other than a false appearance) ". The reason why happiness always outweighs sorrow is that no serious harm or evil occurs in laughable matters[29].

The possibility of laughter being wholesome applied only to the variant Joubert considered " genuine ", or natural. Maybe derived from Fracastoro's cursory distinction, this type was supposed to spring from the heart of healthy individuals, after they apprehended a ridiculous deed or word. Conversely, the kind Joubert named " bastard ", or illegitimate, with the exception of tickling, usually was a sign of ill health. As detailed throughout the *Traité du ris*, such laughter stemmed from assorted maleficent causes, the most common being humoral imbalance, rupture of the diaphragm or certain nerves, an ill-functioning spleen, the poison of the spider popularly called *tarantula*, or excessive consumption of wine or saffron. Furthermore, according to ancient reports reviewed by Joubert, these included two plants legendarily known as *gelotophyllis* and *sardonia*[30].

Conspicuous facial signs of intemperance were common to both false and true modes of laughing. According to Joubert, when laughter is " dissolute or of long duration, the throat opens wide and the lips draw back to an extreme. [...] And because of this, laughter becomes ugly, improper, and lascivious ". This happens because immoderate laughing tires " the muscles, which are then unable to draw up the mouth and put it back in its right position, due to which it remains indecently open ". Another effect of inordinate laughing was the appearance of wrinkles in the face and around the eyes. For this reason, as explained in the *Traité du ris*, " young girls are warned not to laugh foolishly, and threatened that they will become old sooner "[31].

In short, consistent with the trend at his time, Joubert advocates that only laughter occasioned by a risible drive is truly congenial to mankind. Neverthe-

---

28. L.L Joubert, *Traité du ris, contenant son essance, ..., op. cit.*, 13-15 and 163-170.

29. The two passages quoted herewith come from p. 16 and 88 of Joubert's *Traité du ris*. Interestingly enough, in *Proverbs* 14 : 13, one reads that " Even in laughter the hearth is sorrowful ; and the end of that mirth is heaviness. "

30. *Ibid.*, 103-115. For further details of the three plants that, according to Joubert, once consumed, could raise laughter, see V.C. Machline, " O Traité du ris de Laurent Joubert : uma remontagem quinhentista de antigas noticias acerca de matéria médica e riso ", in I. Alves, E.M. Garcia (eds), *Anais do VI Seminário Nacional de História da Ciência e da Tecnologia*, Rio de Janeiro, 1997, 75-79.

31. L.L Joubert, *Traité du ris, contenant son essance, ..., op. cit.*, 103-115.

less, one should be sparing even of it to avoid not only exhibiting an indecorous countenance, but also jeorpardizing one's health. This was because, like all " non-naturals ", depending on the physical condition of a particular individual, even a sober laugh could be dangerous, as warned in the final chapters of the *Traité du ris*[32].

Although much more could be said about Joubert's treatise, rich in bygone bibliographical references worth exploring, the time has come to draw some conclusions. Having initially pointed out that the present existence of a literary interest in the *Traité du ris*, this paper has suggested that there may be a medical bond between this work and the *Erreurs populaires*. Such link, however, only reveals itself once there is an acquaintance with the complexities involving a sixteenth-century definition of laughter.

In the light of the background outlined herewith, Joubert should be credited for having arrived at a proposition to an old-time dilemma that complies with both the standards of decorum and the physiological premises in fashion at his time. Furthermore, in view of his initiative to disclose in French his ideas on the subject, he may also be acknowledged for having fashioned a work intending to advocate among a non-scholarly public the notion that solely moderate laughing is not only socially acceptable, but also actually wholesome. A clear indication of these goals, apart from his effort of display the scholarly expertise of a university-trained physician on the intriguing wonders of our risible disposition, is the fact that he chose to comment on the giggling disposition of young girls, rather than on the fits of laughter of simpletons, decried in Latin by Fracastoro.

---

32. L.L Joubert, *Traité du ris, contenant son essance, ..., op. cit.*, 330-352.

BETWEEN ASTROLOGY AND ECOLOGY.
THE POLISH HERBAL BY SYRENIUSZ (1613)

Alicja ZEMANEK

The change of thinking in natural sciences which began in Renaissance contributed to the modern methodology of biology in the centuries which followed. Commenting works of ancient authors, which had been a method of medieval science, was replaced then by observation of living nature. The birth of a new paradigm did not take place in a revolutionary way, but as a slow change in the empirical approach to studies of nature. A marriage between old and new knowledge of plants is seen most evidently in the herbals — the illustrated compendia of information on herbs of the world and their uses. Together with the results of observations of plants we can find there the notes on magical properties of herbs, and astrological considerations. Some of them also contained data on animals and precious stones. Within the period of 15th, 16th and 17th centuries, several hundred herbals were published in many countries, and written in various languages[1]. One of the interesting example of the herbal was *Zielnik* [= The Herbal] (1613) by Syreniusz. This is the largest work of the Central-European botanical literature published before 1800. It is hardly known by western historiographers of natural sciences because of the "language barrier" (it was written in Polish). In Poland, Russia and the Ukraine it was very popular until the end of the 18th century[2]. Now Syreniusz's herbal is being investigated from the botanical, historical, and pharmaceutical points of view[3].

1. B. Henrey, *British botanical and horticultural literature before 1800*, vol. 1, London, 1975, 290 ; K.E. Heilmann, *Kräuterbücher in Bild und Geschichte*, München, 1973, 422, 424 ; F.J. Anderson, *An illustrated history of the herbals*, New York, 1977, XIV, 270 ; A. Arber, *Herbals. Their origin and evolution*, 3rd ed. with an introduction and annotations by W.T. Stearn, Cambridge, 1988, 32, 358 ; W. Blunt, S. Raphael, *The Illustrated Herbal*, London, 1994, 192.
2. W. Briuchun, A. Zemanek, " Rekopisy rosyjskich przekladow *Zielnika* (1613) Syreniusza w Petersburgu, (Sum. : The manuscripts of Russian translations of the Polish herbal [*Zielnik*] (1613) by Syreniusz in Petersburg) ", *Kwartalnik Historii Nauki i Techniki*, 41, 3-4 (1996), 189-195.
3. Scientific Research Committee, Warsaw, Research project n° 6 P204 005 05.

SZYMON SYRENIUSZ (C. 1540-1611)

Szymon Syrenski, who used latinized forms of his name Syreniusz, Syrenius, Sacranus, was born at Oswiecim in southern Poland. He studied philosophy and medicine at Cracow University (1560-1569), where he obtained the
degree of Doctor of Philosophy (1569). Appointed as a private tutor of young
noblemen, he left for Germany and studied philosophy at the catholic Ingol-
stadt University (1569/1570). In the following years, Syreniusz studied medicine at Padua University, where he was granted the degree of Doctor of
Medicine in 1577. After returning to Poland, he practised medicine in Lvov.
From 1590 he was a professor of medicine at Cracow University. Syreniusz
built up a wide knowledge of the plants in many countries, on the basis of literature and his own observations. During his travels to Germany, Hungary,
Italy, Switzerland, and The Netherlands, he visited many private and university
gardens, e.g. in Augsburg, Mainz, Heidelberg, Padua and Venice. He also
observed plants occurring in the southern regions of the Polish lands, e.g. the
Carpathian Mountains, Podolia, Cracow and Lvov environs.

Opus magnum of Syreniusz' life, *Zielnik* [The Herbal][4] was being prepared
during about 30 years, from c. 1580 to 1610. At his old age (c. 1610) Syreniusz
started to publish (by his own), the first chapters of the herbal in the printing
house of Nicolaus Lob of Cracow. Unfortunately, the author's death on 29
March 1611 and the shortage of financial support caused printing to cease.
Eventually, the publication was finished in 1613 by another publisher, Bazyli
Skalski. The herbal was prepared for printing by Syreniusz' pupil, Gabriel
Joannicy (Ioannicius, c. 1567-1613), a professor of medical botany at Cracow
University. The printing was supported by princess Anna Vasa, an amateur-bot-
anist, a sister of the Polish king Zygmunt III Vasa[5].

THE SOCIAL BACKGROUND TO SYRENIUSZ'S WORK

Syreniusz's interest in plants was shaped during his studies in two centres
of Renaissance botany : Padua and Cracow.

A famous Padua University (called once *Studium Patavinum* or *Gymnasium
Patavinum*) founded in 1222, was an international scientific centre from the
13th through 17th centuries. The scholars of Gymnasium Patavinum and other
Italian universities put forward new concepts which contributed to a progress
in medicine and the natural sciences, particularly in botany. It was in Padua
University, where the first professional botanical institutions were founded,

4. S. Syrenius, *Zielnik* [...] [The Herbal], Cracoviae, Bazyli Skalski, 1613.
5. R. Zurkowa, " Wokól Zielnika Szymona Syreniusza ", [On *Zielnik* (The Herbal) by Szymon
Syreniusz], *Rocznik Biblioteki PAN w Krakowie*, 30 (1985), 169-183 ; S. Feliksiak (ed.),
" Syrefiski (Syreniusz) Szymon (1541-1611) ", *Stownik biologów polskich* [Dictionary of Polish
biologiste], Warszawa, 1987, 517 ; H.E. Szopowicz, *Vita Simonis Syrennii Sacrani atque thera-
peutico-bibliographica illius medico-botanici operis disquisitio* [...], Cracoviae, 1841, 6, 52.

that is to say, the chair of medical botany (*Lectura dei Semplici - Lectura Simplicium*) set up in 1543, and the botanical garden (*Hortus Botanicus Patavinus*) established in 1545. The main purpose of these institutions was to teach knowledge of herbal drugs. In the course of time this practical current was enriched by theoretical studies on plants in themselves. Professors appointed at Padua University were among the first naturalists to make field investigations of European flora. They travelled much, not only throughout Italy and elsewhere around the Mediterranean, but also in Western Asia and Africa. Introducing new species of plants brought to Europe from overseas voyages, became a very important task for them[6]. They also renewed the observations of relationships between plants and their environment, initiated in ancient Greece by Theophrastos[7]. Italian botanists started also scientific documentation of flora. They gathered the first herbaria, and the so-called " painted herbaria ", that is, collections of plant drawings. Syreniusz was a pupil of Melchior Wieland (Guilandino) (1520-1589), a professor of medical botany at Padua University, and a famous traveller throughout Europe, Egypt, and Western Asia. Guilandino's lectures were based on Dioscorides' *Materia Medica*, and Plinius' *Historia naturalis*[8]. Syreniusz shared his admiration for these two authors, especially for Dioscorides. He also adopted Guilandino's interest in the acclimatisation of foreign plants in Europe, and in recording the folk names of plants. Like many Italian botanists Syreniusz was interested in the relationships between plants and their environment.

Cracow, where Syreniusz spent a great part of his life, was the most eastern centre of herbalism in Europe[9]. Cracow University (which is called now " The Jagiellonian University "), founded in 1364, developed close connections with the University of Padua, which brought up some generations of Polish scholars and was a source of some new ideas[10]. In 1609 a chair of medical botany (*Sim-*

6. G. Gola, *Università Degli Studi di Padova. L'Orto Botanico. Quattro secoli di attività (1545-1945)*, Padova, 1947, 122 ; A. Minelli (ed.), *The Botanical Garden of Padua 1545-1995*, Venice, 1995, 312.

7. Ubrizsy, " Approach to the environment concept in the history of life sciences in the 16th century ", *Polish Botanical Studies*, Cracow, (in press).

8. A. Mieli (ed.), " Melchiorre Guilandino ", *Gli scienziati italiani dall'inizio del medio evo al nostri giorni,* vol. 1, Roma, 1921, 73-76 ; G.E. Ferrari, " Le opere a stampa del Guilandino ", *Libri e Stampatori in Padova*, Padova, 1959, 378-463 ; R. Trevisan, " Melchiorre Guilandino ", in A. Minelli (ed.), *The Botanical Garden of Padua 1545-1995*, Venice, 1995, 59-62 ; Ubrizsy, " The botanical garden of Padua in Guilandino's day ", in A. Minelli (ed.), *The Botanical Garden of Padua 1545-1995*, Venice, 1995, 173-195.

9. A. Zemanek, " Herbals and Other Botanical Works of the Polish Renaissance - Present State and Prospect for Research ", in J.H. Dickson, R.R. Mill (eds), *Plants and People. Economic Botany in Northern Europe AD 800-1800, Botanical Journal of Scotland*, 46 (4) (1994), 637-643.

10. A. Zemanek, " The influence of Padua University on the development of botany in Poland at the time of the Renaissance ", *Orti botanici : passato, presente, futuro (Botanic gardens : past, present, future). 450th anniversary of the foundation of the Botanic Garden of Padua (29 June 1545). Programme and abstracts*, Padova, 1995, 31 ; A. Zemanek, " Z dziejów botaniki Renesansu - padewskie inspiracje polskich zielnikarzy ", (Sum. : On the Renaissance botany. Paduan inspirations of Polish herbalists), *Kwartalnik Historii Nauki i Techniki,* 41 (1) (Warsaw, 1996), 31-58.

plicium) was founded by Jan Zemelka (Zemelius) (c. 1524-1607), another disciple of Guilandino. In the 16th and 17th centuries five titles of the Polish herbals were published here[11]. At that time Cracow was also a famous centre of astrology and secret sciences. Like in the universities of Bologna or Vienna chairs of astrology existed there, the Cracow chairs were set up consecutively in 1459 and in 1522.

In the 17th century, the professors of medical botany published the calendars containing astrological prognoses for each year. Some famous astrologers prepared horoscopes for noblemen and kings. The Polish kings at Syreniusz's time, were fond of secret sciences. They invited alchemists and astrologers from all over Europe to the royal court in Cracow, for example, John Dee from England. King Stephen Batory corresponded with Leonard Thurneisser (1530-1595), a famous German astrologer and master of secret sciences, who inscribed to him the work on astrological botany entitled *Historia sive descriptio plantarum*, published in Berlin in 1578[12].

ZIELNIK [THE HERBAL]

Zielnik by Syreniusz is a large volume (24 cm by 36 cm) comprising 1.588 pages (1.540 numbered, and 44 not numbered) (Syrenius 1613) (Fig. 1). It consists of five parts called " books " : I. On various herbs, II. On simple drugs from Dioscorides and from many others collected, books III, IV, V — are without titles. Syreniusz also prepared three other books (VI-VIII), dealing with trees, animals and minerals, but they have never been published, and have not been preserved until today. Each book of the herbal consists of some chapters devoted to separate species, adorned by the woodcuts of plants. The illustrations were copied partly from other authors, but some of them were made probably from nature (Fig. 2). Each chapter includes the name of the plant (in Latin, Polish and German), its description, and a long list of its uses. The herbal describes about 900 taxa (species and varieties) from all over the world, including a large group of Mediterranean plants, widely used for ages, and also many species occurring in Poland.

The Polish terminology and nomenclature of Syreniusz, taken mostly from everyday language, has partly survived until today.

---

11. A. Zemanek, " Herbals and Other Botanical Works of the Polish Renaissance - Present State and Prospect for Research ", in J.H. Dickson, R.R. Mill (eds), *Plants and People. Economic Botany in Northern Europe AD 800-1800, Botanical Journal of Scotland*, 46 (4) (1994), 637-643. ; A. Zemanek, " Botanika Renesansu w swietle wspólczesnej nauki " [Renaissance botany in the light of contemporary science], *Wiadomosci Botaniczne*, 41 (1) 1(1997), 7-20.

12. R. Bugaj, *Nauki tajemne w dawnej Polsce - mistrz Twardowski* [Secret sciences in old Poland - Master Twardowski], Wroclaw-Warszawa-Kraków-Gdansk-Lódz, Zaklad Narodowy im. Ossolinskich, 1986, 145-146.

Figure 1 : *Zielnik* [The Herbal] (1613) by Szymon Syreniusz - a title-page.

ALICJA ZEMANEK

Figure 2 : Illustration of sweet flag - *Acorus calamus* L.

Syreniusz based himself on three main categories of sources : literature, his own observations, and folk knowledge of plants. As for the literature, he refers to about 50 ancient, medieval, and Renaissance authors. His main authority was Dioscorides and his *Materia Medica* on which he patterned his herbal. He also quotes ancient and medieval authorities like Plinius, Galen, Avicenna, and others. Apart from this he refers to many 16th century herbalists, e.g. Hieronim Bock (Tragus), Charles de L'Ecluse (Clusius), Pierandrea Mattioli — Dioscorides' commentator, Jacob Dietrich Theodorus (Tabernaemontanus) and many others. Syreniusz commented botanical authorities and extended their information with his own observations, which concerned plant descriptions, ecological data, localities, recording the examples of acclimatisation, and plant uses. A great part of Syreniusz's work consists of documentation on the folk knowledge of plants in the 16th century Polish society. He questioned his coun-trymen, folk-doctors, women-herborists in order to obtain information on herbs and their uses. First of all he collected the Polish plant names. He also gathered information on the uses of herbs in folk medicine, crafts, everyday-life, in tra-ditional folk rites and in magic.

SYRENIUSZ'S ECOLOGY

The term " ecology " for the discipline dealing with the relationships between organism and environment, was introduced by Ernst Haeckel in 1869, but as early as the classical period, we can find information on plant and ani-mal environments. A pioneer of plant ecology and phytogeography was Theo-phrastos (c.371-287 B.C.), who included in his *Historia plantarum* data on a variety of plant habitats, the relationships between conditions of climate and types of vegetation. Many Renaissance herbalists, such as Ulisses Aldrovandi, Hieronim Bock (Tragus), Francisco Calzolari, Jacques Daléchamps, Charles de L'Ecluse (Clusius), and others, were interested in plant habitats, and types of vegetation in different climatic conditions[13].

In *Zielnik*, Syreniusz included information on the environment of particular species in a special sub-chapter. The variety and versatility of these data make the Polish herbalist a pioneer of ecological thinking in Central Europe (Fig. 3). He considers such problems as the time of flowering and frutification, time for collecting roots, flowers, and fruits for medicinal purposes, the means of dis-semination (by wind, water, or man). Other interesting questions for him were the types of landscape and vegetation. In the herbal, we can find information on the places where particular species of vegetation prefer to grow : e.g. moun-tains, meadows, forests, fields, wetlands, or seashores. He also notes many types of ruderal sites. Syreniusz describes a lot of synanthropic species associ-

---

13. Ubrizsy, " Approach to the environment concept in the history of life sciences in the 16th century ", *Polish Botanical Studies*, Cracow, (in press).

ated with man, e.g. *Capsella bursa-pastoris* (L.) Medicus or *Chelidonium maius* L.

Figure 3 : Ecological and astrological information in Syreniusz' herbal.

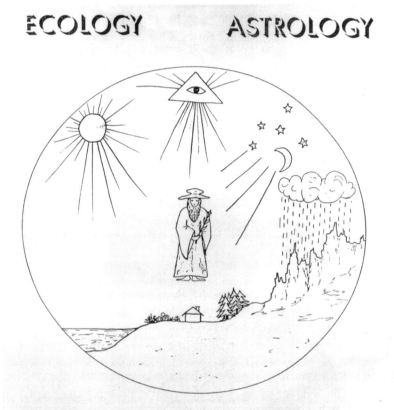

ECOLOGY   ASTROLOGY

ECOLOGY

TIME OF FLOWERING , FRUTIFICATION
TIME FOR COLLECTING
 ROOTS, FLOWERS, FRUITS etc.
MEANS OF DISSEMINATION
TYPE OF VEGETATION

ASTROLOGY

-TIME FOR COLLECTING
 ROOTS, FLOWERS, FRUITS

Following the example of Italian and German herbalists, he tried to find in Poland examples of the Mediterranean species described by the ancient authors, but he assumed that only some of them could have survived in the severe Central European climate. He also knew that different soils supported quite different species. Syreniusz was aware of the fact that such factors as light, water, and temperature were constantly acting on plants. To these factors he also added the Moon and stars. In Syreniusz's vision of the world, God was very important as a creator of the universal who arranged plants distribution in the world, and was responsible for beauty and multiformity of living organisms.

ASTROLOGY AND OTHER SYRENIUSZ'S SUPERSTITIONS

Like other herbals, *Zielnik* comprises elements of astrology and magic. Very often, the historiographers of botany interested in the origin of empirical science, tend to underestimate this kind of information. Perceiving the history of science as alterations of paradigms on the background of wide cultural context, these remnants of the old knowledge were essential because they enable us to understand " cultural ecology " of Renaissance, as well as the character of botany as a science at that time.

Astrology which looks at the influence of planets and stars on living creatures is now out of the realm of science, and it is also the symbol of superstitions spread out by popular magazines. In the 16th and 17th centuries many naturalists understood astrology as a branch of science, and taught it at the universities. In Syreniusz's time, one of the main topics of discussion among professors of medicine in Cracow was " whether astrology and alchemy should be applied to medicine ". Syreniusz was on the side of astrology, and against alchemy and magic.

For about 20 % of the species, he includes astrological data concerning the precise time for the collection of different roots and herbs. According to his view, the same herb gathered in different astrological periods can have quite different healing properties. Very significant is the fact that astrological data are attached to ecological notes. Syreniusz's concept of the natural environment includes not only soil and climate, but also stars and planets which continuously influenced herbs, animals and men. That is why he should be listed, together with other herbalists, among the pioneers of cosmobiology. Syreniusz was not an astrologer himself but only an empiric-physician, and most of his astrological data were taken from literature, mainly from Leonard Thurneisser's work *Historia sive descriptio plantarum* (1578).

The folk knowledge of plants recorded by Syreniusz contained a lot of superstitions and elements of magic. He included such kind of information into his herbal, but mostly with critical remarks. For instance he wrote that *Verbena officinalis* L. was used for chasing away devil power, but he added " we use this plant only for decent drugs against illnesses. Magic and superstitions are practised only by indicent devils "[14].

14. S. Syrenius, *Zielnik* [...] [The Herbal], Cracoviae, Bazyli Skalski, 1613, 854.

OLD AND NEW PARADIGM IN *ZIELNIK*

Similarly to other herbals, Syreniusz's *Zielnik* was a true mosaic of the old and new methods and problems. Commenting on the ancient, medieval, and Renaissance authors — is a feature which belongs to the old, medieval methods. The layout of the herbal patterned on Dioscorides', abundant ethnobotanical and ethnopharmaceutical notes, astrological data — it all can be also recognised as the features of the old paradigm. Plant observation (empirical methods) belongs to the new paradigm, practised on a wide scale in the 16th century. The new view on nature could be also seen in large, careful morphological descriptions of particular species, extensive ecological data, geographical notes on plant localities, as well as information on the acclimatisation of foreign species in Poland.

SYRENIUSZ'S HERBAL TODAY

Apart from information on plant environment, Syreniusz' herbal comprises many other data which are interesting for scientists of our century. For instance, it contains some plant localities which are among the first data on the flora of Central Europe, especially southern Poland, Cracow, the Carpathians and Podolia. Data about the acclimatisation of the foreign species in Poland are unique for the investigation on the history of plant cultivation, and migrations of the useful plants. Linguists can see a plant nomenclature in Polish and in German. Botanists are interested in the history of biodiversity in Europe, and the history of plant cultivation. Historians of botany could find in the herbals the beginnings of contemporary disciplines, such as taxonomy, ecology, plant geography, plant morphology and so on. History of botany and ethnobotany looks at information on plant uses in many ways of life and at the relationships between man and plants in the course of time. Historians of pharmacy could find in the herbals materials for the history of natural drugs, and the records of ethnopharmaceutical knowledge in the societies of the16[th] and 17th centuries. For historians of culture and ethnologists, the data on the role of plants in culture, in the folk customs, magic, and in the traditional rites are invaluable[15].

As I tried to prove above, the herbals are fascinating from many points of view. They show us how the limits of scientific thinking have changed over the last 400 years. Astrology, magic, and the folk knowledge of plants were rejected from scientific botany in the 17th and 18th centuries. As a result of the

15. K. Wasylikowa, A. Zemanek, " Plant and man in the medieval Cracow ", *Materialy Archeologiczne*, 28 (1995), 37-48 ; A. Zemanek, " Botanika Renesansu w swietle wspólczesnej nauki " [Renaissance botany in the light of contemporary science], *Wiadomosci Botaniczne,* 41 (1) 1 (1997), 7-20.

My participation in the xx[th] International Congress of History of Science was sponsored by the Université de Liège and the Jagiellonian University of Cracow.

so called "Newtonic-Carthesian revolution", observation and experiment became the basic methods of investigating nature. This revolution brought about the great successes of contemporary science, and also a great ecological crisis in our world. Now, at the end of the 20th century, some philosophers of culture talk about the necessity of returning to the holistic vision of man and nature. In this vision a man is a small part of nature, and an even smaller part of the Cosmos. Maybe this holistic vision of man, environment, and the celestial bodies, represented by the herbalists, would give inspiration to future generations of people, who could probably create a new revolution in scientific thinking.

CARTESIAN PHYSICS AND THE INCORPOREAL MIND

Zuraya MONROY-NASR

INTRODUCTION

In the *Discourse*[1], Part V, Descartes gives some empirical reasons against the possibility of explaining thought and language[2] in mechanistic terms. In the light of the development of neuroscience, these arguments have led to some contemporary interpretations of Cartesian dualism which suggest that it was motivated by limitations in Descartes' mechanistic conception. It is maintained that Descartes was not able to see how the brain or the nervous system could generate all the complex responses necessary for the production of thought and language. As a consequence, Descartes remained a dualist[3].

I disagree with this interpretation and I maintain that Descartes adopted dualism for a very different reason ; namely to lay the foundations of his physical science[4]. In my view, Descartes' dualism makes possible the scientific knowledge of nature. Cartesian dualist metaphysics has important consequences for his physics : epistemologically, the incorporeality of the mind is required to establish the certainty and truth of knowledge ; on an ontological

---

1. The editions of Descartes' works used are : F. Alquié (selection, présentation and notes), *Descartes, Oeuvres Philosophiques,* Paris, 1963-1973, following the canonic notation from Adam and Tannery [AT] ; J. Cottingham, R. Stoothoff, D. Murdoch [CSM], *The philosophical Writings of Descartes,* New York, 1985.

2. For Descartes, language is an expression of thought ; through it we declare our thoughts to others [AT VI 56 ; CSM I 140].

3. *Cf.* J. Cottingham, " Cartesian Dualism : Theology, Metaphysics, and Science ", in J. Cottingham (ed.), *The Cambridge Companion to Descartes,* Cambridge, 1992, 242-253 ; P.M. Churchland, *Matter and Conciousness : A Contemporary Introduction to the Philosophy of Mind,* Cambridge, Mass., 1988, 8-10.

4. I refer to " science " or " scientific " in the context of the emerging modern science, in the seventeenth century. Some authors prefer the terms " Natural Philosophy ", or " Philosophy of Nature ", *cf.* S.V. Keeling, *Descartes,* London, 1968, 131-132, quoted by L. Benítez, " Estudio Introductorio ", in *R. Descartes El Mundo o Tratado de la Luz,* México, 1986, 101 ; also *cf.* B. Baertschi, " Mechanical Philosophy ", [Philosophie mécanique], *Les Rapports de l'Ame et du Corps,* Paris, 1992), 471.

level, the substantial distinction is required for the conception of the object of Cartesian physics, a matter whose essence is extension.

In this paper, I examine some of John Cottingham's arguments regarding Cartesian dualism. Whereas this author finds a certain harmony between Descartes' theological and dualist metaphysical strands, he also finds a certain tension between Descartes' dualism and his scientific stance regarding the nature of the mind. According to Cottingham, Descartes' " scientific ", discussions on the nature of the mind, are far less dogmatic than his metaphysical arguments — which rule out the possibility that dualism might be false. The Cartesian scientific stance seems to Cottingham far more sensitive to empirical evidence. He also thinks that limitations on Descartes' ability to accept the possibility of a mechanistic explanation of thought and language, did not allow him to banish the soul from science[5].

I argue here that these relationships should be understood in a different way. Despite the possible concordance in some aspects, there is a tension between Descartes' dualism and some theological matters that cannot be resolved without sacrificing the possibility of scientific explanation. There is also a bond of harmony between Cartesian metaphysical dualism and physics, intentionally created by Descartes, in order to lay the foundations of his scientific works.

INCORPOREALITY OF THE MIND : THE LIMITS OF MECHANISM ?

The most controversial aspect of Cartesian dualism, since Descartes' own days, is the *non-corporeality* of the mind. Cottingham strongly disagrees with the Cartesian distinction between substances and the conception of an incorporeal mind, and argues in favor of understanding thought as a physical process[6].

Cottingham acknowledged in his *Descartes*[7] that, although the non-physical soul is in accordance with theology, the reasons which led Descartes to such a conception were not theological ones. But, in a more recent work[8], Cottingham examines the relation between Cartesian dualism and theology, arguing that there is a certain harmony between the theological and the metaphysical considerations that motivated Descartes' dualism. He also thinks that there is a certain tension between Descartes' metaphysical and scientific stances on the nature of the mind.

Regarding the relation between theology and metaphysics, Cottingham maintains that Descartes offered the theologians " a metaphysic in which consciousness was a *sui generis* phenomenon, wholly detached from corporeal

---

5. *Cf.* J. Cottingham, " Cartesian Dualism...", *op. cit.*, 237, 253.
6. J. Cottingham, *Descartes,* Oxford, 1986, Ch. 5.
7. *Ibid.*, 111.
8. J. Cottingham, " Cartesian Dualism...", *op. cit.*

events of any kind, and therefore inherently immune to the effects of bodily dissolution "[9].

But many theologians did not agree with Descartes' dualistic conception, as we can clearly observe in Caterus' and Gassendi's objections to the *Meditations*, and as can be confirmed through his correspondence with Mersenne and many others. This basically happened because his conception of the essence of the rational soul — that allowed him to conceive it as a complete thing — did go against the Scholastic tradition and the Aristotelian conception so close to it[10].

Despite Descartes' attempts to show the harmonious links between his dualism and theological problems as the immortality of the soul, his dualism had an important and quite inharmonious consequence regarding theology. Cartesian dualism set limits to theological knowledge. The radical distinction between the rational soul and the body, conceived now as independent substances with exclusive properties, leads to a separation in the domain of knowledge. The soul and its immortality can be a matter of study and discussion for Christian philosophers, but the physical world cannot be known by the same procedure. For Descartes, the soul's properties cannot be quantified and it cannot be the object of any mechanical explanation, while the body and its properties are completely quantifiable and fall under the laws of mechanics. Cartesian dualism traces a boundary that can hardly be a source of concordance between theology and metaphysics.

This does not mean that Descartes was seeking for a face-to-face confrontation with the theologians. Far from this, he wanted to convince them, imperceptibly if possible, through the force and truth of his principles[11]. But as a matter of fact, the subject matters of physics and theology were redefined in the Cartesian philosophy. An example of this transformation can be observed in the distinction between divine heaven and the sky.

The nature of the soul in Aristotle's metaphysics and physics, allowed theologians to see them as the same thing. Also, theological knowledge could not contradict the teachings of the Church and the biblical revelations, and as Galileo learned, with the authority of the Church they could have the last word, for instance, on astronomical knowledge. Under Descartes' soulless physics, due to his metaphysical dualism, astronomical knowledge could justify its independence from theological restrains and depend upon mechanical explanations.

Cottingham also argues that the dualist conception is in tension with Descartes' scientific and mechanistic approach to the nature of the mind. Des-

---

9. J. Cottingham, " Cartesian Dualism...", *op. cit.*, 240-241.

10. *Cf.* Alanen, " On Descartes's Argument for Dualism and the Distinction between Different Kinds of Beings ", in S. Knuuttila, J. Hintikka (eds.), *The Logic of Being,* Dordrecht, Boston, Lancaster, Tokyo, 1986, 224-229.

11. *Cf.* the letter to Mersenne, 28 January 1641, [AT III 297].

cartes' unificatory and reductionist vision, says Cottingham, " led him progressively to banish the soul from science "[12]. Cottingham is here referring to Descartes' psychophysiology, initially developed in the *Treatise on Man.* In this work, Descartes explained functions traditionally ascribed to the soul (sense perception, memory, internal sensations and even voluntary actions) as operations of a self-moving machine [AT XI 120, 202 ; CSM I 99, 108].

According to Cottingham, it is not in the *Treatise on Man,* but in Part V of the *Discourse* that Descartes makes clear " the reason why he saw his science of man as unable ultimately to dispense with the soul… "[13]. In effect, Descartes' position concerning the human capacity to form concepts and express them through language is that, for all practical purposes, it would be impossible for a machine to have a sufficiently large number of different organs to act in all contingencies of life the way humans do. Reason is a " universal instrument " that makes possible the human ability to respond in all kinds of situations [AT VI 57 ; CSM I 140].

Cottingham thinks that in this sense Descartes opens his scientific stance on the nature of mind to empirical evidence, and then : " What makes a physical realization of the " instrument of reason ", hard for him to envisage is, at least partly, a matter of *number and size* — of how many structures of the appropriate kind could be packed into a given part of the body "[14].

Thus, according to Cottingham, for empirical reasons, Descartes could not accept a mechanistic explanation of the nature of mind, leaving thought and language out of a scientific account[15].

I first object this interpretation, because the soul was not progressively banished from Descartes' science. It was abruptly expelled from the beginning, as a consequence of the real distinction between mind and body. The mind and body distinction was already present in the *Regulae* and the *Treatise on Man*[16]. Also, while referring to his early work the *Treatise on Man,* in Part V of the *Discourse,* and after examining the difference between man and beast (conceived as a machine), Descartes says that : " …I described the rational soul and showed that, unlike the other things of which I had spoken, it cannot be derived in any way from the potentiality of matter, but must be specially created " [AT VI 59 ; CSM I 141].

Thus, due to its incorporeal nature, the mind cannot be known through any mechanistic explanations or principles, as they only apply to the soulless mat-

---

12. J. Cottingham, " Cartesian Dualism…", *op. cit.,* 253.

13. *Ibid.,* 247.

14. *Ibid.,* 249.

15. *Ibid.,* 242-253.

16. In Rule XII Descartes says that " …the power through which we know things in the strict sense is purely spiritual, and is no less distinct from the whole body than blood is distinct from bone, or the hand from the eye " [AT X 415 ; CSM I 42. *Cf.* too AT XI 119-120 ; CSM I 99].

ter. As a matter of logic, beyond empirical reasons, if the mind lacks any of the properties of extension, it would be completely pointless to look for mechanical explanations of the mind.

In the second place, it is important to notice that what Cottingham calls the " traditional functions of the soul " are what the Aristotelian Scholastic philosophers regarded as such, but they were not the functions of the soul in Descartes. In my opinion Descartes attempted a redefinition of the functions traditionally ascribed to the soul (sense perception, memory, internal sensations and even voluntary actions) and maintained they were operations of a self-moving machine [AT XI 120, 202 ; CSM I 99, 108]. These functions can receive a mechanical explanation because they are understood, by Descartes, as bodily functions that do not belong to the essence of the mind : " As far as the souls of the brutes are concerned, this is not the place to examine the subject, and, (…), I cannot add to the explanatory remarks I made in Part 5 of the *Discourse on the Method*. But to avoid passing over the topic in silence, I will say that I think the most important point is that, both in our bodies and those of the brutes, no movements can occur without the presence of all the organs or instruments which would enable the same movements to be produced in a machine... Now a very large number of motions occurring inside us do not depend in any way on the mind. These include heartbeat, digestion, nutrition, respiration when we are asleep, and also waking actions as walking, singing and the like, when these occur without the mind attending to them " [AT IX 177178 ; CSM II 161][17].

We find here that for Descartes, to the extent that the functions considered *do not depend in any way on the mind,* they are proper subjects of physical investigation. When mental attention is required they are in the domain of the mind.

My third objection to Cottingham's interpretation refers to the expression " Descartes' science of the mind ", heading of the third section of his work[18]. This phrase suggests that Descartes attempted to examine the soul from a scientific stance, applying mechanistic explanations to the mind as if it could be understood as a physical event. But he did not. What he did from the beginning was to redefine the nature of the human soul, as we saw in his arguments for dualism and in his replies. Everything else, natural bodies, human bodies and all their functions involving corporeal properties or, in other words, all the functions performed without any mental attention involved, are part of the physical world.

Instead of the tension that Cottingham seems to find, I think that Descartes intended to build a harmonious bond between his metaphysics and his science, as he asserts in this famous passage from the " Preface to the French edition "

17. *Cf.* too *Passions,* Part I.
18. J. Cottingham, " Cartesian Dualism...", *op. cit.*, 245.

of the *Principles*. " The first part of philosophy is metaphysics, which contains the principles of knowledge, including the explanation of the principal attributes of God, the non-material nature of our souls and all the clear and distinct notions which are in us. The second part is physics, where, after discovering the true principles of material things, we examine the general composition of the entire universe and then, in particular the nature of this earth and all the bodies (…) Next we need to examine the nature of plants, of animals and, above all, of man (…) Thus, the whole of philosophy is like a tree. The roots are metaphysics, the trunk is physics, and the branches emerging from the trunk are all the other sciences… " [AT IX 14 ; CSM I 186].

I think Descartes' philosophy succeeded in relating metaphysics and physics in this way, because of his revolutionary distinction between mind and body, that made possible the development of modern science[19]. Descartes' physics and its mechanistic explanations presuppose this real distinction.

The Cartesian geometric conception of the world, where the essence of all bodies is extension only, and their properties are figure, size and motion, is also based on the clear distinction between body and mind. The mathematical order and measure, the quantitative and mechanistic physical explanation had to be separated from the qualities of the rational soul, indescribable in geometrical terms. At the same time, only as an incorporeal substance (any corporeality would introduce the possibility of doubt), the mind could play its basic epistemic role concerning the truth and certainty of knowledge of the physical world. Thus, to be coherent with his scientific achievements and with the metaphysical foundations that he required, Descartes defended his dualist conception and, despite the opposition of many of his contemporaries, he made no concessions about the incorporeal nature of the mind[20].

CONCLUSIONS

Under the influence of the findings of contemporary neuroscience, some authors consider Cartesian dualism as the result of a failure to envisage the enormous potential of the nervous system. J. Cottingham wonders whether Descartes would " have maintained his stance on the incorporeality of mind had he been alive today ? "[21]. Following a similar line, Paul Churchland

19. *Cf.* A. Koyré, *From the Closed World to the infinite Universe*, Baltimore, 1973 ; *Etudes d'Histoire de la Pensée Scientifique*, Paris, 1957) ; also G. Gusdorf, *Les Sciences Humaines et la Pensée occidentale*, Paris, 1967, 1969.

20. Cartesian dualism finds its limits in human nature. The ontological separation of the corporeal and mental domains is a general doctrine about the universe. Once separated, Descartes establishes the relation between the human mind and body through the primitive (and polemic) notion of " union ", in an effort to maintain his dualism intact [*Cf.* Monroy-Nasr, *De las Meditaciones a las Pasiones de R. Descartes (Distinción e Interacción Substancial)*, Doctoral thesis, Mexico, 1997, Ch. 21.

21. J. Cottingham, " Cartesian Dualism…", *op. cit.*, 250.

acknowledges Descartes as an imaginative physicist, who thought that the conscious reason of man could not be accounted in terms of the mechanics of matter. " This was his motive for proposing a second and radically different kind of substance (…) whose essential feature is the activity of thinking "[22].

It is interesting that Churchland places thought as a second substance. For Descartes, the mind is not a second substance. Certainly the *res cogitans* is always the first. When Descartes approaches the problem of substances, either through the methical doubt *(Discourse* and *Meditations)*, axiomatically (Second Set of Replies) or as a principle *(Principles* Part 1, art. 8), the mind is the first one reached or asserted.

As Cottingham and Churchland acknowledge, Descartes was an imaginative physicist, and he had no problem conceiving microstructures or physical mechanisms operating at a micro level. I add that, at the same time, he was a careful philosopher who wanted complete certainty about the knowledge that he produced as a scientist.

In his time, Descartes did not admit the suggestions to modify his substantial real distinction. I have examined two main reasons : 1) the non-extended mind was necessary for his criterion of truth (though we can be quite dissatisfied with God's role as a guarantee, Descartes found it philosophically valid). Thus, relying on his epistemology, he considered that the knowledge of the physical world was legitimate, and 2) the natural world, composed exclusively by extended matter, allowed him to elaborate a quantitative physics, opposed to the qualitative physics inherited from the Aristotelian tradition. This was a major contribution that made possible the emergence of modern science.

I have argued against the interpretation that understands Cartesian dualism as motivated by certain empirical limitations in extending Descartes, mechanical conception of the world to mental phenomena. Descartes' works show that the incorporeal mind is not a remnant. If Descartes excluded thought (and language) from the possibility of being physically explained, it was not some failure or lack of imagination that forced him to retain the doctrine of an unextended soul. Exploring the relation between Descartes, metaphysics and his physics, we find that the main motivations that made him persist in his dualism are deeply rooted in his philosophical and scientific project[23].

22. P.M. Churchland, *Matter and Conciousness*, 1988, 8.

23. This paper is part of a larger work *Cartesian Dualism : a Limited Vision or an Inevitable Conception*. In preparing this work I received support from the Faculty of Psychology and the DGAPA/UNAM. I am grateful to Prof. Martha B. Bolton (Rutgers University) and Prof. Laura Benítez (IIF/UNAM) for their advise and support. I am also thankful to Prof. C. Lorena García (IIF/UNAM) and Prof. P. Joray (CRS/U. de Neuchâtel) for their helpful comments.

I would like to thank the grant offered by the Université de Liège.

DU MERVEILLEUX ET DE L'UTILE. EVOLUTION DES RHÉTORIQUES MÉTHODOLOGIQUES AU XVIIIᵉ SIÈCLE

M.J. RATCLIFF

Dans la première partie du XVIIIᵉ siècle, l'influence de la théologie naturelle est bien représentée dans les textes des sciences de la vie : le merveilleux constitue une catégorie de pensée qui s'exprime à travers une terminologie déterminée et qui remplit diverses fonctions dans la prose scientifique. Un premier thème qui traverse les textes, tant de John Ray, William Derham, de Jan Swammerdam, que de nombreux auteurs italiens ou français, pourrait être caractérisé par une phénoménologie de l'étonnement : on veut bien s'étonner du ciron, du castor chez Perrault et Mariotte, de la liqueur séminale avec Leeuwenhoek ou, pour l'Abbé Pluche, des procédés ingénieux du fourmilion. On ne peut négliger, sous couvert d'une critique de l'idéologie de l'admiration, que c'est par des motivations en bonne partie de cette espèce que la science naturelle a forgé ses outils de travail— tant instrumentaux que conceptuels et procéduraux — dégageant avec toujours plus de précision les conditions d'une bonne observation, les circonstances qui fondent l'expérience ou les déterminations du rapport entre cause et effet. C'est durant la seconde partie du XVIIᵉ siècle que l'observation commence à acquérir une certaine durée, avec, par exemple, l'intérêt que l'école naturaliste hollandaise porte au problème de transformations des organismes chez Séba, Swammerdam ou dans les planches in-folio de Maria-Sybilla Mérian. Dans le suivi du développement d'où résulte un papillon, dans l'embryologie des *Bufo,* les discours sont empreints de la rhétorique de l'étonnement pour qualifier l'attitude de l'observateur, et de la merveille comme statut de la nature dans ses mutations, qui masque une unité organique que le savant à la tâche de dévoiler.

L'école italienne se caractérise à cette époque par une grande créativité expérimentale portant sur les sciences de la vie. L'école anglaise intéressée aussi à la systématique, étudie les comportements animaux et veut comprendre la relation entre l'organisme et son " milieu ", thèmes porteurs pour l'idée de merveille, incarnée ici dans les causes finales. Ainsi au début du XVIIIᵉ siècle, pour Derham les dents sont-elles " merveilleusement appropriés à la nourriture particulière et aux différentes conditions ou se trouvent les animaux ". Un autre lieu important où se terre l'aspect merveilleux de la nature, à partir de Ray, réside dans ces modèles d'équilibre populationnel entre les ressources et les besoins, dont la sagesse divine nous a gratifiés, et que Linné reprendra dans une dissertation devenue célèbre. Deux grandes figures temporelles liées aux merveilles en dominent l'usage dans la prose scientifique. D'une part, la nature admirable et merveilleuse est miroir du divin et donc, pour ces savants dressés à l'éducation religieuse, elle fonde leur origine. La nature est ici création et appelle le retour aux sources. La seconde figure temporelle s'aperçoit dans l'étude des mœurs et du développement. Ces *topoi* privilégiés déroulent le temps des organismes, approfondissant leur " présent " tant par le texte que par l'image, et les objets se naturalisent en conservant une stabilité à travers le temps de l'observation.

Au milieu du XVIIIe siècle, les critiques ne vont pas manquer envers ces conceptions, et ceci, tant de la part des encyclopédistes, des philosophes et de Buffon, que de Charles Bonnet. Buffon veut une science " qui ne soit pas soumise à l'étonnement ". Pour Diderot, " l'utile circonscrit tout ", et l'*Encyclopédie* dénoncera fréquemment la vanité des merveilles. De manière générale on pourrait ici rendre paradigmatique l'opposition entre un ensemble d'auteurs qui cherche à interpréter la nature, à en donner une grammaire ou un code, tels que Diderot, d'Holbach, Morelly, face aux naturalistes et surtout aux théologiens naturalistes, compilateurs masqués sous la " Contemplation ". Morelly ouvre son *Code de la nature* en critiquant les spectacles : l'idée de bienfaisance, dit-il en 1755 " est la seule qui élève les hommes à celle d'un Dieu, plutôt et plus sûrement que le spectacle de l'univers "[1]. Bonnet même critiquera l'étonnement en l'opposant parfois à la bonne logique de l'observateur.

Cependant, le spectacle et les merveilles restent construits à partir de la méthode analytique portée sur l'observation, par exemple dans le choix des objets à observer. Prenons Bonnet. Sa *Contemplation de la nature* de 1764 semblerait s'inscrire comme une sorte d'offrande visuelle des merveilles de la nature, faisant explicitement recours à l'imagination. Mais les rôles y sont vite répartis entre l'observateur et le contemplateur. L'observateur peut atteindre des vues plus " profondes " et plus nettes que celles du contemplateur, qui se contente de " vues générales ". L'observateur seul enseigne à " voir " la nature. Le changement est net face aux conceptions du début du siècle, où l'observation et la contemplation n'avaient de sens presque qu'en astronomie. Dans ce cadre, l'origine de ce discours visuel est analytique, liée à l'usage instrumental, aux microscopes, aux loupes, et au passage obligatoire par les observations et les expériences sélectionnées, maîtrisées par l'analyste observateur. Le spectateur en a pour son compte, car le savant, dans le mouvement même d'exposi-

---

1. Morelly, *Code de la nature*, 1755, nouvelle édition Paris, 1953, 112.

tion des merveilles, en occulte jusqu'à l'essence : le *s*pectacle est la plus-value de l'analyse, il faut donc la gérer, et les controverses sur le spectacle expérimental entre Franklin et l'abbé Nollet sont assez porteuses de sens à cet égard.

Face à cette répartition déjà ancienne des rôles entre celui qui dévoile, par sa maîtrise du visuel analytique et celui qui reçoit, une autre rhétorique, un changement progressif de focalisation gagnent progressivement du terrain durant le XVIIIe siècle. L'utile commence à devenir une référence nécessaire dans les textes des savants naturalistes. On en trouve certes des traces depuis la Renaissance, et à partir du renouvellement de l'Académie en France en 1699, il semble possible de parler d'une sorte de jeu de concurrence du merveilleux et de l'utile : la nature est encore merveilleuse, cependant on établit des commissions, avec Réaumur, pour vérifier si la production de la soie des araignées peut être moins coûteuse que celle du ver à soie, ou encore Buffon et Duhamel proposent des programmes expérimentaux de reboisement du pays. On sait que Réaumur, Duhamel et l'apothicaire Baumé ont été parmi les grands interprètes de ce courant utilitariste au sein de l'Académie des sciences. Le *Dictionnaire des arts et métiers* de 1766, après l'*Encyclopédie,* viendra diffuser cette pensée.

La rhétorique de l'utile, adoptée dans les écrits des naturalistes expérimentalistes de la seconde partie du XVIIIe siècle — Bonnet, Buffon, Guettard, Spallanzani —, peut être caractérisée par sa mise en relation privilégiée avec plusieurs thèmes méthodologiques : l'invitation aux recherches par exemple, appel où le savant demande publiquement à la communauté de porter son regard expérimental ou observationnel dans une direction donnée. L'utile peut aussi se circonscrire au plan méthodologique de la répétition expérimentale. Cette figure montre une science en marche, et deux indices font saisir ce statut transitoire de certaines recherches, qui alimentent le navire des connaissances utiles : la probabilité des connaissances, thème fortement diffusé au XVIIIe siècle, et le " stockage des faits bruts " dont l'utilité n'est pas encore connue. Une expression présente chez beaucoup d'auteurs de la deuxième partie du XVIIIe siècle en atteste : des " observations détachées ", qui, chez de nombreux naturalistes expérimentalistes, constituent des phénomènes observés, mais isolés de tout système d'explication, et que l'on thésaurise pour l'avenir dans des recueils préparés expressément. On hypothèque la recherche en attendant que l'avenir dévoile une nouvelle théorie susceptible d'absorber ces observations. Et l'importance de ce pari sur l'avenir, de ce stockage des connaissances trop vertes encore pour déjà être utiles, se mesure sans doute à l'aune de l'idée de progrès, de cette perfectibilité indéfinie partagée par Turgot, Bonnet ou Condorcet, et qui veut lancer des ponts vers un avenir meilleur. La rhétorique des merveilles, comme on l'a vu, visait à concilier le passé avec le présent, pour se pencher ensuite sur la profondeur du présent — par exemple sa profondeur microscopique. Face à elle, la fonction de l'utile au sein des processus gouver-

nant la pensée scientifique vient exprimer ce besoin de futur qui marque les
dernières décennies du XVIIIe siècle.

Il y a certes une dimension plus directe de l'utile. Généralement parlant,
l'ensemble des rhétoriques de l'utile, telles qu'on les trouve engagées dans la
prose scientifique, vise aussi à remplir la catégorie de mise en relation de
l'activité scientifique avec le développement de la société : ce genre d'engagement se trouve fortement diffusé entre les travaux du premier Duhamel et le
Tableau historique des progrès de l'esprit humain de Condorcet, écrit à la
veille de sa mort et publié en 1795. Aussi la diffusion de l'utile se met-elle en
place grâce à des découvertes immédiatement exploitées dans les arts et
métiers, c'est-à-dire les techniques pratiques, artisanat et " industrie ". Exalté
par les savants du XVIIIe siècle qui le dissocient peu de l'activité scientifique
avant la Révolution, l'utile s'en sépare dès la fin du XVIIIe siècle pour laisser
émerger une nouvelle forme de science, dotée d'une méthodologie de plus en
plus soustraite à l'utilité directe. De ce point de vue, la science du XIXe siècle
naît de sa séparation de l'utilitaire. Aussi la réalisation de l'utile biologique
dans des pratiques de pisciculture, de sylviculture, sériciculture ou d'incuba-
tion artificielle, son institution dans des écoles spécialisées fait abandonner la
rhétorique des merveilles de la nature, pour chercher à entrer dans le rythme
de la production.

En même temps, le discours des merveilles ne sera certes pas complètement
disqualifié. Encore garant d'un certain traditionalisme face à l'avenir de l'utile,
son lieu sera tout naturellement à partir du XIXe siècle l'expression pédagogi-
que. Les contemplations de la nature constituent des best-sellers pédagogiques
de la première moitié du XIXe, avec notamment les écrits de Cousin-Despréaux,
Sturm, les reprises sélectives de Buffon, Pluche, Bonnet et autres. Ces panégy-
riques de l'alliance entre nature et religion — l'homme se trouvant au centre
de ce rapport, en n'ayant d'autres choix que de voir dans la première le reflet
de la cosmologie divine — investiront jusque vers la fin du XIXe siècle les
manuels scolaires, qui diffuseront l'ancienne rhétorique des merveilles, en
cachant l'utilitarisme empiriste dans lequel l'activité scientifique s'est engagée
dès le début de son projet. De manière générale, dans la deuxième partie du
XVIIIe siècle, la machine de la science s'est donc mise à tourner selon une propre inertie, voyant bien que certaines de ses découvertes, observations, recherches et expériences, ne pouvaient produire immédiatement leurs fruits. En
garantissant leur valeur future, la rhétorique de l'utile aura donc été un des sup-
ports de la conception du progrès durant les Lumières, participant, contre les
merveilles, à temporaliser, à élargir le spectre et la visée d'avenir de la recherche naturaliste, pour fournir à la science la dimension de la perspective future.

PART TWO

NATURAL HISTORY AND WORLD EXPLORATION
(18th-20th CENTURIES)

THE TRANSPLANTATION OF SPECIES IN COLONIAL BRAZIL[1]

Maria Elice DE BRZEZINSKI PRESTES

Manuel Arruda da Câmara was one among several luso-brazilians[2] who looked for higher education at European universities, at the end of the 18th century. As soon as he got his doctoral degree, he returned to Brazil due to " his avowed love for his country ", to accomplish " his endeavour of making it prosperous and independent "[3], and to write about " the nation that was his muse ". He registered in the Philosophical Course of the University of Coimbra for two years and, in 1788, he took the course in Philosophy together with another in Mathematics. In the year of the French Revolution, 1789, he left Coimbra and went to register, on August the fifteenth, in the Medical Course of the University of Montpellier, where he defended his doctoral thesis in 1791[4].

As is known, the University of Coimbra was under the statutory reform that had taken place in 1772, when, among others, the Italian naturalist Domingos Vandelli was called in order to organize a cabinet of natural history, a botanical garden, a cabinet of experimental physics and a laboratory of chemistry, besides teaching Chemistry and Natural History. Arruda, among other members of the Brazilian rural élite of that time, was contaminated by the Portuguese pragmatism and by the physiocratic ideas of Domingos Vandelli. The result was the development of a great interest in the agriculture in the Portu-

1. I should thank the grant offered by the University of Liège to present this paper at the Biological and Medical Approaches to Improve Life Symposium on the xx[th] International Congress of History of Science, 20-26 July, 1997.

2. Those born in Brazil during the Portuguese Colonial period and holding Portuguese citizenship.

3. J.A.G. Mello, " Manuel Arruda da Câmara. Estudo biográfico ", in M.A. Câmara (ed.), *Obras reunidas c. 1752-1811,* Coligidas e com estudo biográfico por José Antonio Gonsalves de Mello, Recife, 1982, 331, cit., 12.

4. See B. Herson, *Cristãos-novos e seus descendentes na Medicina brasileira - 1500-1850*, São Paulo, 1996.

guese Colony. His research and memoirs had, almost always, the more general objective of contributing to such art, besides being oriented by the " illustrative " thought : " by means of repeated experiments, it could find rules, when not all exact, at least approximate, that would serve as guide and constitute art, what so far has been a blind route "[5], as can be read in *Memória sobre a cultura dos algodoeiros* (*Memoirs about the Culture of the Cotton Plants*), probably written in 1797 and published in 1799[6].

The spirit of the modern science, the substitution of the " disorientated " or hasty investigation for a methodical research, derived from " repeated experiments " and from the search for the natural laws, reflect his naturalistic practice. Convinced that the direct observation of nature is more profitable than the instructions written by the " indoor naturalists ", he embarked on several expeditions through the remote interior of Piauí, between 1794-1795, and through Paraíba and Ceará from 1797 to 1799, besides others which are difficult to date and to specify the itinerary.

In *Dissertação sobre as plantas que podem dar linhos* (*Dissertation about the Plants that Can Produce Flax*), Arruda da Câmara highlights the criteria of the " good " science. He is criticizing the descriptions of tucum[7] given by his contemporary Manuel Ferreira da Câmara and by the seventeenth century naturalist, Wilhelm Piso in his *História Natural do Brasil* (*Natural History of Brazil*). Piso " wrote in due time that there was no true knowledge about Natural History yet, and Manuel Ferreira da Câmara wrote in Lisbon, though the plant was in Brazil "[8].

" The experiment is the only language that people understand (...) all these obstacles will be overcome through the work of whom, in the same place where he grows the produce which he wants to instruct about, makes repeated experiments concerning the most favourable influences of the climate, of the various qualities and mixtures of the most appropriate soils, of the easiest means of growing, of harvesting, of improving the harvest, reducing the labor cost and, as a result of that, increasing the profits. Such advantages are so interesting that they have compelled men of great merit to live in the countryside, in order to observe nature more closely and to write the instructions to their fellows with skill (...) at the same time that the knowledge in Chemistry and

5. J.A.G. Mello, " Manuel Arruda da Câmara. Estudo biográfico ", in M.A. Câmara (ed.), *Obras reunidas c. 1752-1811,* cit., 113, *op. cit.*

6. This and all the other titles and excerpts taken from the works quoted here were translated to English by myself.

7. Tucum is a Brazilian spiny club palm (*Bactris setosa*) whose fiber is used in hammock-weaving.

8. We found the same note in the VIIIth letter from Linné to Domingos Vandelli, where is written : " (...) Marcgrave as well as Piso (...) were from a time when there were no lights on Natural History " ; *cf.* M.A. Guedes, *Domingos Vandelli. Cronologia Integrada*, Texto Mimeografado.

Physics is enhanced, at whose side Agriculture walks by, the modern ones think they have to add, abolish and change "[9].

Arruda da Câmara is a good portrayal, at least on the level of the intentions and opportunities, of the professional naturalist that the illuminist reform of the University of Coimbra longed for : some of his memoirs, for having been published, were available among the agriculturalists ; moreover, from 1797 on, he officially took on the position of " traveller naturalist " in the service of the Portuguese Crown, when he began to earn an income of 400$ per year plus an expense allowance of 200$ on the orders of the queen Maria I[10]. Since 1795, he performed tasks given through *Royal Notices* issued by D. Tomás José de Melo, then governor and general captain of Pernambuco, such as the search for flax for the manufacture of paper and the discovery and preparation of natural and artificial products of the Indians of such Captaincies, of plants, of seeds and whatsoever were included in the instructions.

Nevertheless, there was a great distance between the intentions of the illustrated reforms and their effective implementation. Arruda da Câmara also illustrates the abandonment with which the great initiatives, dreamed of in Coimbra, were lost among the changes and turbulence of the economic policies destined for the development of the Portuguese Colony. A good part of his work disappeared without being published, and there is little evidence of what has really become known among the agriculturalists[11] as far as his published works are concerned.

After this brief introduction of Arruda da Câmara, let us tackle the theme proposed here and discussed by him in *Discurso sobre a Utilidade da Institui-ção de Jardins nas Principais Províncias do Brasil* (*Discourse on the Utility of the Institution of Gardens in the Main Provinces of Brazil*), in 1810. The purpose of the author is clearly expressed since the very beginning of the text : " The Pome, that came from the Persian Nation / 'Was improved on the alien land " (*Lusíad.* Cant. 10. estân. 58). Besides the epigraph, the title of the first part of the Discourse, is very explicit : " the need for the institution of Gardens in the main Captaincies of Brazil for the transplantation of the useful plants from different parts of the World ".

9. M.A. Câmara (ed.), *Obras reunidas c. 1752-1811*, cit., 112, *op. cit.*

10. J.A.G. Mello, " Manuel Arruda da Câmara. Estudo biográfico ", cit., 31, *op. cit.*

11. It is believed that the scientific and literary's estate of Arruda da Câmara that disappeared would have : 1) The Flora from Pernambuco (*Flora Pernambucana*) ; 2) " New Study of Insects " (*Nova Insetologia*) ; 3) " The Translation of the compendium Elements of Chemistry of Lavoisier, which would have been done in consultation by the author himself during the time Arruda da Câmara lived in France ; 4) " Treatise on Distillation " ; 5) " Compendium of Logic ", maybe a translation of the *Logic of Condillac* (*Lógica de Condillac*) ; 6) Translation of the works of Condillac ; 7) Compendium of the Brazilian Agriculture (*Compêndio de Agricultura Brasiliense*) ; 8) " 'Letters about natural produce and useful manufactures', that would be the reports and writings at the request of Ministers and Governors, 'giving an account of the objects he was in charge' ", besides his personal correspondence " ; 9) " Poetic Works ".

The purpose of the creation of the gardens is clear : the promotion of the exchange of species, or even better, of the introduction of exotic species in Brazilian territory, as well as the expansion of such species and of native ones inside the country. The gardens would allow the cultivation of different kinds of plants useful for nourishment or for the preparation of medicaments, in order to guarantee independence from the purchase of foreign plants, whose prices used to be very high due to the mercantilist practices.

Such economic concern is in harmony with the dominant spirit in France, in the second half of the 18th century. Especially between the 1750s and 1770s, when the development of agriculture and economics was spread, due to the thesis that the land is the real source of all wealth that a country has. The enthusiasm for agriculture is present in many works of that period, yet not without criticism to the doctrines which derived from it. There are authors who are more concerned with politics and economics, such as the Commerce Administrator, Gournay, who, from 1751 on, defends a political system more directed to agriculture, and stimulates the production of works on economics, or such as Quesnay, whose *Economic Painel* (1758), together with the article " Grains " published in *Encyclopédie* (1757), are considered the founding texts of the " physiocratic school ". There are also authors that could be called specialists, such as Duhamel du Monceau. All of them are interested in agriculture because of its global aspects so that, during that time, " the term agronomy often means the world of the economists and the world of the connoisseurs of agriculture simultaneously "[12].

This comprehensive approach of the agricultural issue is clearly seen in *Discourse on the Gardens* of Arruda da Câmara, whose first part is dedicated to the exposition of the importance of the Botanic Garden and of the " rules to create and keep them " ; and a list of the plants to be cultivated there is suggested in the second part. The author begins his exposition arguing about the economic and political value of the viable cultures in the tropics, where fertile lands, suitable for the cultivation of useful plants from all over the world, would be found. Arruda notes that the lack of many of such plants " has often aroused the war among the nations "[13]. Moreover, the past experience is evidence of the necessity of giving a new impulse towards the agriculture of species that are from " alien countries " : " the possibility of being able to take from the East Indies their main trade, and of ruling it with manifest advantage. Such truth is even more confirmed by the success, achieved in Bahia, with the plantation of the pepper of India, sent from Goa ".

" Haven't we got a great amount of wealth from the transplantations of

---

12. G. Dennis, " A Agronomia e a Naturalização de Vegetais Estrangeiros na França do Fim do Século XVIII ", in A.M. Alfonso-Goldfarb, C.A. Maia, *História da Ciência : o mapa do conhecimento*, São Paulo, 1994), 653-692, cit., 657 and 659.

13. M.A. Câmara (ed.), *Obras reunidas c. 1752-1811*, cit., 198, *op. cit.*

sugar cane, cotton, tobacco, coffee (…), manioc (cassava), wheat, corn, mango, jackfruit, African oil palm, yam, palms, and other plants ? None of these plants is originally from Brazil : some came from Arabia, others from India, others from Africa, and the corn came from Northern America "[14].

Arruda argues in favor of the " transplantation of the species ", not without discoursing, in some detail, upon the means of nutrition and development of the plants with the intent to demonstrate the viability of the cultures, something that did not have universal acceptance at that time[15].

The creation of botanic gardens is designed as the best way for the Portuguese Crown promote the increment of agriculture in the Colony, so that " not only the native, but also the exotic plants can be cultivated and have plant nurseries and reservoirs "[16]. The emphasis given by the author to the utility and, even, to the urgency of the undertaking is evident : " It is convenient to the nation that this is made with the greatest promptness and vigor, not only for the convenience and abundance of the whole State, but also for the growth of commerce and development of its ports ; and it is also something that cannot fail to favour the population, that needs it so much "[17].

What we can see in his text is a mix of an argumentation of political and economic order and another of scientific order. The naturalist Arruda da Câmara discourses upon the nutrition of plants and upon a variety of fertile lands in the country. The undertaking is not only useful, but potentially viable — and, what ensures it, is the scientific discourse. The interest in agriculture is very clear. There is no doubt that the *Discourse* is represented, above all, as a

14. M.A. Câmara (ed.), *Obras reunidas c. 1752-1811*, cit., 199 and 200, *op. cit.*

This short list of the species introduced in Brazil mistakenly includes the cassava and the tobacco : both of them had already been cultivated by the Indians before the arrival of the white man. The cassava, *Manihot esculenta* was the basis of the nourishment among the Brazilian Indians. J.A.G. Mello, had already pointed out the mistake, without mentioning, though, the tobacco. According to Hill, *Nicotiana tabacum* is native of the Antilles, Central America, and South America. C. França notes that Damião de Goes had already mentioned its introduction in Portugal and he discusses its introduction in France and Spain, besides attesting its existence " since 1500 in the hands of the residents of Brazil ". Hoehne, on the other hand, argues that : " being a fact that the majority of the representatives of the genus *Nicotiane*, … is native and comes from the regions of North, Central and South America, it is indubitable that its origin and centre of dissemination is America. Nevertheless, it is believed, nowadays, that is not possible that *Nicotiana tabacum* is from our continent … because it is thought to be a hybrid form, and it is hard to admit the possibility that the natives of this continent were able of having one of such forms ".

As far as the places of origin are concerned, Arruda did not mention the archipelago of Indo-Malaysia for the jackfruit. Except for cassava, which was cited since the first chroniclers of the 16th century, the misunderstandings of Arruda reflect the knowledge of that time. He was not a layman on the subject, since the second part of the *Dissertation about the Gardens* presents the species in groups according to their origin.

15. L.F. Almeida, " Aclimatação de plantas do oriente no Brasil durante os séculos XVII e XVIII ", *Revista Portuguesa de História*, 15 (1975), 339-481.

16. M.A. Câmara (ed.), *Obras reunidas c. 1752-1811*, cit., 203, *op. cit.*

17. M.A. Câmara (ed.), *Obras reunidas c. 1752-1811*, cit., 202, *op. cit.*

petition, therefore, it is characterized by persuasion and by a detailed record of the indications that would ensure the return of the investments.

Another characteristic aspect of the *Discourse* is the fact that it is directed to agriculturalists, who are the feasible beneficiaries of the existence of the Gardens, and such fact poses the following question : Was Arruda exclusively directed to the pragmatic ideals of agriculture or, by making use of such utilitarianism he would be trying to guarantee an institutional space for the development of a " pure " investigation, that is, in the field of Natural History ? Would there be anything else that the naturalist Arruda da Câmara was interested in promoting or investigating behind the text purposely persuasive ? One way of investigating this is by looking for other possible readers of Arruda. Besides the governors and the agriculturalists, who else is the *Discourse* directed to ?

Such as it happens to other of his works, this one is also dedicated to those that would use it as a guide, that is, to those that would create the garden and keep it. The longest part of the text, which contains his contribution as a specialist in the botanical activity, is directed to the naturalists in charge of the creation and maintenance of the Gardens. Arruda suggests the provinces where they should be established and the most appropriate places ; recommends the kind of instruction that it should have, besides the tasks it should carry out, and the one who should occupy the post of " Inspector " of the institution ; he mentions the need of a " Gardener that helps to put into execution the projects of the Inspector and serves as the foreman for the slaves or for the workers of the garden, adding that the number of helpers would be decided according to the services needed "[18] ; he also gives a list of the " useful plants that are entitled to be transplanted and cultivated ". Furthermore, Arruda discriminates in some details the activities that were expected to be performed in the gardens.

Arruda da Câmara is concerned with advising that the gardens should be managed by an " Active Inspector, instructed under the principles of agriculture ", but it would be much better if he had " the knowledge of Botany ", besides knowing how " to draw, in order to describe and draw the species of the new and rare plants that were cultivated in his Botanic Garden "[19].

The activities of the Botanic Garden, which are determined through the obligations of this Inspector, can be summed up in eight functions. The first four correspond to the strictly scientific work of the botanist : select plants, cultivate them, treat them ; to get new plants ; to determine their names and utility ; to document these data and those related to the most appropriate lands for each plant. The fifth and sixth functions are concerned with the exchange with other Gardens, what also can be included in the list of the scientific

18. M.A. Câmara (ed.), *Obras reunidas c. 1752-1811*, cit., 204, *op. cit.*
19. M.A. Câmara (ed.), *Obras reunidas c. 1752-1811*, cit., 203, *op. cit.*

activities : to provide the means of distribution of its plants and of the information about them. The seventh function has a more bureaucratic character and serves, more directly, the interests of the Portuguese Crown : it is related to the elaboration of reports that give an accounting of the activities of the Botanic Garden, of its profits and of the improvements that are necessary, besides providing an evaluation of the results achieved by the agriculturalists who benefited from the plants they had got. In the last function, the author stresses again the economic advantages, by making a list of the plants that should receive prior treatment, since the undertaking " does not have as object only what is pleasant and the growth of Botany, but its main purpose is what is useful, and in order to prevent its maintenance from being so burdensome to the State, the Inspectors should do their utmost to promote the culture of those plants that are more profitable "[20].

The details of the functions of the Garden show that it should not be restricted to the reception and maintenance of the seedlings destined to agriculture, but be an institution with a more scientific performance. The activities that it should keep were perfectly introduced in the field of action of the Natural History of that time. The role of the naturalist was of investigating nature through an inventory of the living beings. Arruda knew well the field trips that were made to collect data about the plants, about the place where they grow, about the soils and lands proper to each kind, about the collecting of the species, seedlings and seeds, about the need for investigating their medicinal and nourishing properties and uses, and of naming and classifying the species. All these activities are included in the functions listed by Arruda.

Thus, the question raised about the merely utilitarian and economic intentions, on the one hand, and the " pure " botanic research, on the other hand, should be answered in Arruda da Câmara according to a notion of " utility " very specific. Something " useful " does not necessarily mean having a practical application. For the naturalist botanist, the utility of the knowledge about a plant could be measured out of the subsidies it would provide according to its growth, bear fruit, florescence, and nutrition, removing in this way the old doctrines of the efficient and final causes.

Arruda had the influence of the *Elements of Chemistry* of Lavoisier and was aware of its contribution for the development of the Art of Agriculture. On the other side, he attended, though without getting a degree, the courses designed by Domingos Vandelli, professor of Chemistry and Natural History in Coimbra. His work shows the characteristics of this double influence. The recent Chemistry is very close to the botanical investigation of the agronomist. The notions of " chemical mix " and " economic mix " that guide the interaction of economics, politics, chemistry, and botany, converge on the cultivated plant. Add to this the constant and explicit criticism to the botanists exclusively ded-

20. M.A. Câmara (ed.), *Obras reunidas c. 1752-1811*, cit., 203-204, *op. cit.*

icated to the setting-up of herbaria and catalogues of systematics, busy with the nomenclature, this " Art of repeating, in other words, what has already been said ", such as proclaims the encyclopaedia of the Abbot Tessier, in 1787. A new botany is wanted, one that is engaged in the broader agronomic or agricultural issue, but without losing sight of its project of knowing the true nature of the plants. The differences among the kinds of plants, understood as derived from the peculiarities of the climates and lands where they grow, begin to delimit the classifications. The botanists approach the interest in the cultivation and transplantation of species.

Interested in the field studies such as the botanists, Arruda is more engaged in the cultivation of plants such as the agronomists. He is concerned with showing that the Botanist should not keep his distance from the interest in useful plants, at the same time that he cannot relegate to the gardener the task of taking care of his cultivation, as it can be noted in the *Discourse on the Institution of the Gardens*. He also believes in the power of the chemistry for explaining the nutrition and development of plants.

As a conclusion, we have to think about the implementation of botanic gardens as something evaluated in relation to the broader context of the colonial economic practices of the period, not being Brazil, an isolated case. According to Warren Dean, the garden of Olinda is likely to have been proposed by the king, under the influence of the solicitation of Arruda. But it should be noted that, in the 18th century, the botanic gardens arose obeying a double orientation, in conformity with the place where they were planned. In Europe, they formed the herbaria of the plants which were collected in the exploration of different parts of the world, together with the living collections of the gardens. The herbaria grew even more intensively, as a reflection of the acceleration of the ultramarine explorations. The huge amount of material brought in needed not only to be stocked, but also organized and identified, leading to the development of taxonomy and to the establishment of its professionalization[21].

In the colonies of the time, the activities of the gardens were much more oriented to the medicinal aspects and the more general economic applications through the search for wood, spices, food, sources of pigments, resins and wax, fabrics, paper. When classifying the creation of the Calcutta botanic garden, in 1787, and comparing it to others, V.H. Heywood came to the conclusion that the botanical gardens of the tropical countries " were generally created by the government as instruments of colonial expansion and commercial development, playing an important role in the establishment of the patterns of the agriculture in several parts of the world ", therefore, their motivation was much more due to the commerce than to the science[22]. Not only England favoured

21. V.H. Heywood, " Botanic gardens and taxonomy - their economic role ", *Bull. Bot. Survey India*, 25 (1983) 134-147, cit., 7.

22. V.H. Heywood, " Botanic gardens and taxonomy - their economic role ", *Bull. Bot. Survey India*, 25 (1983) 134-147, cit., 7-10.

the interchange with India through the creation of Gardens, but also Holland with Cayenne and Cape of Good Hope and Portugal with the islands in the Atlantic, Goa and Brazil. The botanical gardens emerge in these colonies not so much for the taxonomic research, or for the impulse of the botany, but as " new and powerful instruments of exchange of tropical species " destined for the development of agriculture and of the ultramarine commerce[23].

As far as Portugal is concerned various elements contributed to a recovery or a " rebirth " of the agriculture in the Metropolis and its colonies at the end of the eighteenth century. One of them was the policy aiming at the industrialization of Portugal — giving Brazil the role of the major producer and supplier of the raw materials necessary for the enterprise. Another one was the decadence of gold and a political reform in Brazil, " Mainly for the necessity of forming elements indispensable to the administration and to the life of the nation in the New World "[24]. Add all this and you will see the emergence of a new phase for the development of colonial Brazil, a phase marked by the increment in agriculture and in trade. The measures that should make the recovery of the agricultural tendency viable were concentrated, with emphasis, on the transplantation and acclimatization of the species economically worthy.

Thus, the *Discourse* of Manuel Arruda da Câmara should be understood according to the scientific and economic official orientations of his time. The naturalist from Pernambuco brought from his stay of three years in Coimbra the political orientations that were the basis of his scientific texts. The moment was propitious to the dissemination of instructions to the agriculturalists, to the transmission of the new knowledge of Botany and to the increment of agriculture in Brazil. Arruda accomplished his task, in a moment when the ideals of the French Revolution were censured by the Portugues Crown, and that the claims for the development of the colony would sound as dangerous attempts for obtaining independence from Portugal.

23. W. Dean, " A botânica e a política imperial : introdução e adaptação de plantas no Brasil colonial e imperial ", *Instituto de Estudos Avançados da Universidade de São Paulo*, *Coleção Documentos*, Série História das Ideologias e Mentalidades, 1 (1992), 1-22, cit., 7. See W. Dean, *A Ferro e Fogo. A História e a Devastação da Mata Atlântica Brasileira*, São Paulo, 1996, 484

24. M.O.S. Dias, " Aspectos da Ilustração no Brasil ", Separata da *Rev. Inst. Hist. Geog. Bras*, 278 (1969), 105-170, cit., 131.

La matière médicale américaine : le quinquina et les dictionnaires d'histoire naturelle

Marcelo Frías Núñez

A Jean-Pierre Pacou, quelque part dans l'Univers.

INTRODUCTION

L'incorporation de remèdes américains dans l'arsenal thérapeutique euro-péen entraîna une augmentation des moyens élémentaires de lutte dont on dis-posait jusqu'alors contre les différents phénomènes liés à la maladie.

Au cours du XVIIIe siècle, les diverses expéditions européennes en Amérique s'attachèrent surtout à inventorier les ressources naturelles de ce continent et, dans ce cadre, s'intéressèrent surtout aux produits susceptibles d'être utilisés dans le traitement des différentes maladies. Parmi les produits dont l'introduc-tion eut le plus d'impact sur la nouvelle organisation des applications thérapeu-tiques, au tournant des XVIIIe-XIXe siècles, figure le quinquina. Sur le plan des thérapies, cette époque est considérée comme de modération ; les médecins agissant en auxiliaires de la nature et limitant leur intervention à un rétablisse-ment de l'équilibre perdu[1]. Au-delà de ce discours issu du milieu médical, on assista, dès le début du XIXe siècle à une médicalisation massive, interprétée plutôt comme un transfert que comme un " abandon des manières anciennes de considérer le corps, la maladie et la santé "[2].

Prenant en considération cette double prémisse, notre travail — qui s'intè-gre dans une étude générale, relative à la présence des remèdes américains en Europe — se fondera sur l'analyse d'un produit particulier : le quinquina.

---

1. Un des exemples les plus significatifs de cette attitude sceptique du milieu médical en ce qui concerne la thérapeutique est celui de Philipe Pinel. Nous trouvons une vision précise de cette position dans le chapitre IX du travail classique de E.H. Ackerknecht, *Medecine at the Paris Hos-pital (1794-1848)*, Baltimore, 1967. Une version française est parue chez Payot, Paris, 1986. Les références sur Pinel, dans cette dernière édition, se trouvent notamment aux p. 168 et 169.

2. O. Faure, *Les Français et leur médecine au XIXe siècle*, Paris, 1993, 5-76 ; citation p. 6. Ega-lement, O. Faure, *Histoire sociale de la médecine (XVIIIe-XIXe siècles)*, Paris, 1994.

Nous examinerons le rôle de cette plante dans la thérapeutique : son utilisation et son influence, afin d'essayer d'éclairer le débat sur les pratiques thérapeutiques en vigueur pendant les dernières décennies du XVIIIe siècle et les premières du XIXe siècle.

ENTRE LE CHANGEMENT ET LA PERMANENCE

Pourquoi s'attacher à l'impact de ces plantes américaines sur la pharmacopée juste avant le début de ce que l'on a considéré comme la " médecine scientifique " ? Olivier Faure nous aide à répondre en faisant remarquer que, même dans le cas des plantes, le maintien de leur emploi au XIXe siècle " n'est pas une manifestation d'archaïsme mais bien le reflet d'une expérience séculaire ". Autrement dit, il ne s'agit pas d'une attitude de résistance des époques révolues, face aux changements exigés par le nouvelle médecine mais plutôt du maintien d'agissements dont l'expérience quotidienne est venue réévaluer le bien-fondé.

De plus, l'utilisation de plantes dans l'arsenal thérapeutique apparaît comme un fil conducteur des précautions sanitaires au cours des années qui nous intéressent. Nous savons que la pharmacopée occidentale, avant l'arrivée des Européens en Amérique et l'introduction sur le Vieux Continent des plantes indigènes américaines, avait incorporé, bien que modérément, des plantes asiatiques (rhubarbe, salsepareille), arabes (asa-foetida) et africaines (séné)[3]. Cependant, quel degré de reconnaissance cette contribution reçut-elle dans les tribunes scientifiques européennes ? Comment fut appréciée l'originalité de ces apports ? Arriva-t-on à reconnaître aux indigènes américains, qui utilisaient des plantes du Nouveau Monde, le statut d'authentiques pionniers en ce qui concerne la thérapeutique ? Répondre à ces interrogations, c'est poser une nouvelle série de questions. D'une part, les allusions que l'on trouve dans les publications de l'époque n'atteignent pas une notoriété suffisante pour éclaircir ce sujet, ce qui constitue déjà un premier symptôme. D'autre part, nous nous trouvons face au dilemme de décrire les paramètres qui définissent ces pratiques thérapeutiques comme relevant soit de la médecine " populaire ", soit de la médecine considérée comme institutionnelle[4]. Dans le cas de l'Europe, l'utilisation et la diffusion de ces plantes se firent grâce aux apports des membres des expéditions et des scientifiques qui avaient travaillé sur le territoire américain ainsi que grâce à l'accueil reçu par ces travaux, en particulier dans les milieux académiques. Nous allons, donc, centrer notre travail sur le suivi des réseaux de diffusion dans ces milieux, en nous limitant, pour le moment, au

---

3. F. Lebrun, *Médecins, saints et sorciers aux XVIIe et XVIIIe siècles*, Paris, 1983 ; O. Faure, O. Faure, *Histoire sociale de la médecine (XVIIIe-XIXe siècles), op. cit.*, 25.

4. Voir M. Ramsey, *Professional and popular medicine in France, 1779-1830*, New York, 1988.

milieu français et en nous intéressant, à la plante qui est peut-être la plus caractéristique et la plus célèbre de celles venues d'Amérique : le quinquina.

A PROPOS DU VÉGÉTAL PRÉCIEUX ET " *DORADO* "

Dès son introduction en France au XVIIe siècle, on avait déjà remarqué les
vertus du quinquina. Le cas de la guérison de la comtesse de Chinchon, atteinte
de paludisme, est une référence traditionnelle, citée dès les premières lignes
dans la plupart des histoires concernant la relation entre cette plante, cette
maladie et sa diffusion en Europe. Eduardo Estrella nous rappelle que " cette
belle légende a été mise en doute par plusieurs auteurs mais son contenu a été
totalement intégré à l'histoire de la plante "[5] ; on peut aller jusqu'à dire que
cette histoire est à l'origine de la grande réputation du quinquina dans les
milieux européens. Grâce au quinquina, le paludisme, dès le milieu du XVIIe
siècle et tout au long du XVIIIe, devint une des rares maladies " susceptibles
d'être traitées d'une façon efficace "[6]. Le quinquina bénéficia d'un double
soutien : l'un venant du monde du savoir ; l'autre, de la sphère du pouvoir[7]. A
l'appui que lui assura Louis XIV à la fin du XVIIe siècle s'ajouta, quelques
décennies plus tard, au cours des années 1730, le fameux *Mémoire* que La
Condamine présenta devant l'Académie des sciences de Paris[8]. Au fur et à
mesure que s'écoulait le siècle, le débat augmentait sur les bons et les mauvais
quinquinas ainsi que sur le besoin d'en découvrir dans de nouvelles régions.
C'est un débat qui naît en Amérique et qui se répercute en Europe. Comme
nous avons déjà fait allusion par ailleurs à ce thème[9], nous n'allons pas une
nouvelle fois y revenir mais en faire un simple rappel, la position prise par les
publications françaises n'étant pas étrangère à ces disputes.

5. C.E. Paz Soldan, *Las Tercianas del Conde de Chinchón*, Lima, 1938 ; A.W. Haggis,
" Fundamental errors in the early History of Cinchona ", *Bulletin of the History of the Medecine*,
10 (1941), 417-479 et 568-592 ; et J. Jaramillo Arango, " Estudio crítico acerca de los hechos bási-
cos acerca de la historia de la quina ", *Revista de la Academia Colombiana de Ciencias Físicas,
Exactas y Naturales,* 8 (1951), 245-274. Citations signalées par E. Estrella, " Ciencia ilustrada y
saber popular en el conocimiento de la quina en el siglo XVIII ", dans M. Cueto (éd.), *Saberes andi-
nos. Ciencia y tecnología en Bolivia, Ecuador y Perú*, Lima, 1995, 38.

6. P. Hillemand, E. Gilbrin, " Maladies et médecines du Grand Siècle et du Siècle des
Lumières ", dans M. Sendrail (éd.), *Histoire culturelle de la maladie*, Paris, 1980, 354. Dans le cas
espagnol, nous trouvons déjà des allusions aux propriétés fébrifuges du quinquina dans l'ouvrage
de Barva, *Vera praxis de curatione tertianae*, Hispalis, 1642.

7. Nous suivons ici la *formule* de Jacques Léonard, qui a précisé d'une manière très claire et
simple la situation de la science médicale entre les différents savoirs — qui " ne sont pas toujours
des vérités scientifiques ni même des connaissances objectives " — et les divers pouvoirs —
" puissances sociales, des influences morales ou des autorités politiques " —. J. Léonard, *La médecine entre les pouvoirs et les savoirs*, Paris, 1981 ; les citations, p. 7 et 8.

8. De la Condamine, " Sur l'arbre de quinquina ", *Histoire et Mémoires de l'Académie des
sciences*, t. 40, Paris, 1738, 226-243.

9. M. Frías Núñez, *Tras el Dorado Vegetal. José Celestino Mutis y la Real Expedición Botánica del Nuevo Reino de Granada (1783-1808)*, Sevilla, 1994.

En France, le sujet du quinquina a été abordé aussi bien du point de vue des milieux considérés comme appartenant à l'histoire naturelle que de ceux appartenant à la médecine. Les cercles naturalistes apparaissent comme la première étape pour la présentation de la plante américaine, et c'est sur eux que nous porterons particulièrement notre attention. Nous avons choisi les publications sous forme de *dictionnaires* étant donné que leur influence et le but généralisateur qui les guidait nous permettent d'aborder cette période initiale de la présentation de ces remèdes américains dans le milieu européen[10]. Il nous a paru nécessaire de centrer notre attention sur ceux que l'on considère comme les trois plus importants dictionnaires d'histoire naturelle de cette époque allant de la fin du XVIIIᵉ siècle au début du XIXᵉ siècle : le *Dictionnaire Raisonné* de Valmont de Bomare — dans ses différentes éditions[11] —, le *Nouveau Dictionnaire* — connu le plus souvent sous le nom de son éditeur, Déterville[12] —, et le *Dictionnaire de Sciences Naturelles* — édité par Levrault[13] — ; nous leur ajouterons le dénommé *Dictionnaire Classique* — sous la direction de Bory de Saint-Vincent[14] — réalisé dans le but de compléter les précédents. Comme le fait a été signalé par Raichvarg et Jacques, l'analyse des dictionnaires envisage une série de problèmes tels que le domaine qu'ils recouvrent et le public qu'ils visent, les méthodes d'exposition, leur vieillissement et leur mise à jour[15]. Cependant, il n'est pas dans notre intention d'aborder cet inventaire qui, d'ailleurs, est incomplet ; notre angle d'approche sera dans un premier temps plus circonscrit : celui d'aborder la diffusion du savoir concernant l'image du quinquina.

LES VRAIS ET LES FAUX QUINQUINAS

Dans le cas de la présentation du quinquina, la confusion terminologique est évidente. On rencontre différentes dénominations pour la même plante — quina, quinquina, kina, kinakina... — ou bien le quinquina est identifié mais

---

10. D. Raichvarg, J. Jacques, *Savants et Ignorants. Une histoire de la vulgarisation des sciences*, Paris, 1991, en particulier le premier chapitre de la quatrième partie. Sur les différentes formes de lecture et de pratiques de l'imprimé voir R. Chartier, *Lectures et lecteurs dans la France de l'Ancien Régime*, Paris, 1987.

11. *Dictionnaire raisonné universel d'Histoire Naturelle* (dorénavant DRHN), par M. Valmont de Bomare, 1ʳᵉ éd. Paris, 1764 ; 2ᵉ éd. Paris, 1768 ; 3ᵉ éd. Paris, 1775 et Lyon, 1776 ; 4ᵉ éd. Paris, 1800.

12. *Nouveau Dictionnaire d'Histoire Naturelle appliquée aux arts, principalement à l'Agriculture et à l'Economie rurale et domestique...* (dorénavant *Nouveau Dictionnaire* dans le texte et NDHN dans les citations), Paris, Chez Déterville, An. XI-1803.

13. *Dictionnaire de Sciences Naturelles...* (désigné par DSN dans les citations suivantes), Strasbourg et Paris, 1816. Les cinq premiers volumes furent publiés entre 1804 et 1806.

14. *Dictionnaire classique d'Histoire Naturelle...* (les références se feront désormais sous le terme *Classique* — sous la forme DCHN pour les citations —), dirigé par Bory de Saint-Vincent, Paris, 1822.

15. D. Raichvarg, J. Jacques, *Savants et Ignorants. Une histoire de la vulgarisation des sciences*, op. cit., 133 ss.

porte le nom d'une autre plante — la cascarille, par exemple. Cette confusion dans la dénomination du quinquina a déjà été traitée ailleurs récemment[16] et il nous semble intéressant d'aborder maintenant le problème de l'identité de la plante.

Le thème de l'authenticité des exemplaires que l'on croit être du quinquina est lié au problème d'identification que nous venons de signaler, mais il introduit un élément d'étude peut-être encore plus intéressant. Nous ne sommes plus en train de traiter une simple confusion terminologique, un débat sur la définition appropriée d'une plante, mais nous sommes plutôt face à une dispute véritable dont les enjeux commerciaux autant que de prestige vont constituer les éléments-clés sur lesquels, d'une manière ou d'une autre, viendra s'appuyer la défense que l'on fera de l'authenticité de nombreux exemplaires contestés. Les dictionnaires que nous citons reflètent fidèlement cette dynamique. Autant pour les petites insinuations de Valmont de Bomare que pour la remarque de Poiret, en passant par le cas particulier que représente Dutour : nous avons affaire à différentes attitudes face à la classification de certains genres. Le spectre du doute plane sur leurs descriptions.

Au cours du XVIIIᵉ siècle la connaissance des bons effets du quinquina se précise, comme nous le signalions ci-dessus. La diffusion incessante de ses succès dans la lutte contre les fièvres provoqua par là même une forte et progressive augmentation de la demande de ce remède. La consolidation d'un marché favorable et en expansion fit entrer en scène des personnes que, seul, l'appât du gain motivait. C'est ainsi que la demande pour le remède américain donna lieu à toute une série de fraudes dont l'objectif était de " donner à des écorces sans vertu, la forme, la couleur et toutes les apparences " du quinquina. Avec ses antécédents, Dutour, en toute logique et en accord avec les intentions du *Nouveau Dictionnaire*, lancera un appel pour différencier la " véritable écorce péruvienne " de celles qui pouvaient être vendues à sa place, en faisant une présentation des caractères généraux du quinquina[17]. Ses véritables intentions, cependant, n'apparaissent pas de façon évidente puisque lui-même nous présente comme une espèce du genre cinchona un certain " quinquina des Antilles ou des Caraïbes " — connu sous le nom de " quinquina pitón " — dont il fait remarquer les propriétés fébrifuges et dont il finit par dire qu'elle agit plus vite que le quinquina du Pérou[18]. Comme il parait évident qu'il n'eut aucune connaissance personnelle de cette plante et de ses " propriétés fébrifuges ", nous ne pouvons que nous interroger sur la fiabilité des sources qu'il a utilisées — lui-même cite Badier. Comme on le sait, dans l'analyse éclairante du " quinquina pitón " de Fourcroy, l'acide quinique ne fut pas

---

16. M. Frías Núñez, " Problemas terminológicos en la identificación de la " quina americana " (1764-1828) ", *II Mesa Redonda de Historia de la Medicina Iberoamericana*, San Sebastián, 1997.

17. NDHN, 1803, 135, 136.

18. NDHN, 1803, 140.

mentionné ; Pelletier et Caventou, d'autre part, n'y trouvèrent ni cinchonine ni quinine, les deux principes actifs du quinquina contre la fièvre[19]. Si nous nous sommes attardés sur l'apparente facilité avec laquelle Dutour accepte comme bon le faux quinquina, c'est parce que cette prise de position est en accord avec les réserves que cet auteur émet quant aux remèdes provenant d'autres pays et la recommandation qu'il fait sur l'utilisation des plantes locales — le quinquina pitón était localisé dans les territoires français des Caraïbes. Nous reviendrons sur ce point un peu plus tard.

Valmont de Bomare, lui, nous parle du problème que posait aux indigènes, l'existence de faux quinquinas de cette plante, dans le commerce qu'ils faisaient avec les Espagnols. En effet, les indigènes devaient prouver que les écorces qu'ils proposaient provenaient bien de Loja, mais cela n'empêchait pas certains commerçants de mêler au vrai, de faux quinquinas comme celui qu'on appelle le " quinquina femelle "[20].

" Il y a d'ailleurs tant de falsifications, tant de prétendues écorces de quinquina, ou fausses ou de vertu faible, et il existe encore si peu de principes certains, même aux yeux des gens de l'art, pour les distinguer, que ce puissant fébrifuge ne produit pas toujours l'effet qu'on a droit d'en attendre ". C'est de cette façon que Poiret aborde le thème dans le *Dictionnaire de Sciences Naturelles*, signalant, à son tour, la difficulté de reconnaître sans se tromper les différentes espèces de quinquina[21].

La dynamique commerciale et la recherche de bénéfices économiques qui lui est liée interviennent dans le thème du quinquina comme une variation qui vient déformer les intentions d'éclaircissement provenant des milieux naturalistes.

L'ORIGINE DU QUINQUINA

Quels renseignements trouvons-nous sur l'origine de la plante ? Comment se diffuse-t-elle à partir du continent américain pour arriver en Europe ? Rares sont les mentions faites à ce sujet. Nous avons déjà parlé du parcours historique retracé par les différents dictionnaires qui, bien entendu, reprennent " l'aventure " plus ou moins officielle. Mis à part ce récit, les références sont brèves. Valmont de Bomare, au début de ses articles fait remarquer qu'il s'agit de la fameuse écorce fébrifuge qui vient du Pérou ; mais il ne donne aucune indication sur la façon de se la procurer, ni auprès de qui. La seule référence

19. A.F. comte de Fourcroy, " Analyse du quinquina du Pérou, comparé au quinquina de Saint-Domingue ", *La Médecine éclairée par les sciences physiques*, Paris, 1791. Pelletier et Caventou, *Analyse chimique des quinquinas, suivie d'observations médicales sur l'emploi de la quinine et de la cinchonine*, Paris, 1821. Pour l'analyse comparative de Fourcroy voir aussi *Annales de chimie*, VIII, 113 ; celui de Pelletier et Caventou dans le *Journal de pharmacie*, VII, 114.

20. *DRHN*, 1767, 257.

21. *DSN*, 1818, 228 et 229.

qu'il y fait c'est, à propos de l'écorce de Loja, de nous expliquer que ce sont les Indiens qui la commercialisent auprès des Espagnols. Il nous le dit dans l'édition de 1765[22]. Dans celle de 1775, on remarque avec intérêt qu'il a ajouté " naturellement " lorsqu'il évoque la provenance péruvienne[23]. Cela veut-il dire que Valmont de Bomare, dans le temps qui sépare ces deux éditions, s'est fait l'écho de quelque critique ou mise au point ? Nous ne disposons d'aucun élément précis pour l'affirmer mais il semble bien que tel soit le cas. Souvenons-nous que c'est durant ces années 70 que les disputes au sujet de la découverte de nouveaux quinquinas prennent le plus d'ampleur. Nous pouvons être certains que Valmont de Bomare suivait de près ces questions dans lesquelles nous savons que les botanistes espagnols jouèrent un grand rôle[24]. La référence au Pérou, bien que très succincte, apparaît aussi dans le *Nouveau Dictionnaire*, dont l'édition de 1775 nous apporte quelques précisions supplémentaires, non pas sur l'origine de la plante, mais sur le trajet qu'elle suit jusqu'en Espagne[25]. Nous y apprenons que Panamá est le pays intermédiaire de ce trafic vers le continent européen, en particulier pour le quinquina venant du Payta[26].

Comme nous l'avons dit, une référence est faite à la région de Loja, de manière très brève et elle permet d'identifier cette zone comme celle d'où provient le meilleur quinquina[27].

" Amérique méridionale " c'est le terme que l'on trouve aussi bien dans le *Dictionnaire de Sciences Naturelles* (1817) que dans le *Classique* (1828) — en référence à la provenance de la plante. Il pourrait paraître bizarre que plus les dictionnaires sont tardifs, moins ils nous en disent sur l'origine de la plante. L'influence des disputes sur l'origine des différents quinquinas semble y être pour quelque chose. Dans le cas du *Classique*, Richard signale précisément qu'on les trouve surtout en Colombie et au Pérou[28]. L'allusion à la Colombie est ici logique puisque dans la liste des différents quinquinas, on trouve les dénominations utilisées par José Celestino Mutis[29].

22. *DRHN*, 1767, 254-257.

23. *DRHN*, 1775, 470.

24. La revendication d'avoir été le découvreur du quinquina de Santa Fé, en Nouvelle Grenade, donna lieu à une dispute entre José Celestino Mutis et Sebastián José López Ruiz. Des années plus tard, Mutis soutint également une polémique avec Casimiro Gómez Ortega, le directeur du Jardin Botanique de Madrid et avec les disciples de ce dernier Hipólito Ruiz et José Pavón. Du coté de Mutis on trouva Antonio José Cavanilles et Francisco Antonio Zea ; F.J. Puerto Sarmiento, *Ciencia de Cámara*, Madrid, CSIC, 199-204. Cavanilles fit des études à Paris où il participa comme élève au cours d'Histoire Naturelle de Valmont de Bomare entre 1777 et 1778 ; F. Pelayo, M. Frías, " Antonio José Cavanilles y la Historia Natural francesa : del Curso de Valmont de Bomare a la Crítica del Método de A.L. de Jussieu ", *ASCLEPIO,* XLVII-1 (1995), 1979-204.

25. *NDHN*, 1803, 131.

26. *DRHN*, 1775, 472.

27. On rappelle les trois espèces qui — après " l'histoire des Incas " — poussent au Pérou : la rouge, la blanche et la jaune. *DRHN*, 1767, 5ª, 257.

28. *DCHN*, Sep. 1828, 422.

29. Cinchonas *lancifolia, cordifolia, oblongifolia y ovalifolia* ; chacune d'elles avec leur correspondante localisation géographique. Sur Mutis et l'Expédition botanique colombienne voir M. Frías Núñez, *Tras el Dorado Vegetal. José Celestino Mutis, ..., op. cit.*

LES EFFETS THÉRAPEUTIQUES

Le quinquina est le remède par excellence contre les fièvres. S'il y a bien une constante dans les discours dont nous nous occupons, c'est, sans aucun doute, la propriété fébrifuge de l'écorce américaine. Son pouvoir d'action contre les fièvres intermittentes, est présenté sous divers aspects : comme sa " vertu recommandable "[30], comme " l'essentiel "[31], comme sa propriété la plus caractéristique, en présentant le quinquina comme " un des médicaments les plus énergiques et les plus efficaces de la thérapeutique "[32].

En dehors des différents types de fièvres — intermittentes, malignes, putrides… —, nous trouvons l'usage du quinquina recommandé dans une longue liste de maladies dont, entre autres, la variole[33], la " phtisie pulmonaire ", les " sueurs trop abondantes ", la " toux catarrhale ancienne ", la " gangrène humide intérieurement, extérieurement ", et dans " plusieurs espèces de maladies avec redoublement régulier ". Quant à ses propriétés, on remarquera qu'il " réveille les forces vitales et musculaires " et " excite une légère évacuation des matières fécales "[34].

On va placer le quinquina au rang des remèdes " stomachiques ", en lui reconnaissant des propriétés digestives. On considère ainsi qu'il " fortifie l'estomac, rétablit l'appétit et aide à la digestion "[35].

Quels sont les composants du quinquina et comment agissent-ils ? Ces interrogations, apparemment des questions-clés pour la compréhension de l'action du remède, sont abordées de façon très succincte. Dutour, dans le *Nouveau Dictionnaire*, rapporte qu'il est convaincu que les Péruviens, pas plus que les Jésuites, ne savaient que le quinquina contenait de la résine, de la gomme, un sel acide, un sel alcalin, de l'huile, du fer…, mais que, malgré cela, ils l'utilisaient avec succès contre la fièvre. L'ignorance de la façon dont agissait le remède et de la cause de son efficacité continua au cours de sa diffusion en Europe ; cette reconnaissance était relativisée puisque peu importait son mode d'action, ce qui comptait c'était qu'il soignait et venait à bout de la fièvre[36].

DÉCOUVERTE EUROPÉENNE D'UN NOUVEAU REMÈDE ?

" Les nouvelles au sujet du quinquina atteignent les milieux européens grâce à la guérison de la Comtesse de Chinchon. Les Jésuites firent circuler ce pro-

---

30. *DRHN*, 1767, 256.

31. *NDHN*, 1803, 137.

32. *DCHN*, 1828, 424, 426.

33. *DRHN*, 1767, 256.

34. *NDHN*, 1803, 137, 138. Dutour suit les prescriptions que donne Vitet dans sa pharmacopée de Lyon. L. Vitet, *Matière médicale réformée ou Pharmacopée médico-chirurgicale contenant l'exposition méthodique des médicamens simples et composés, etc*, Lyon, 1770.

35. *DRHN*, 1767, 256.

36. *NDHN*, 1803, 137.

duit à travers l'Europe. C'est l'anglais Talbot qui lui donna vraiment le statut d'un authentique remède dans le milieu européen. C'est le français de La Condamine qui, à l'Académie des sciences de Paris présenta, le premier, la description de l'arbre qui fournissait l'écorce utilisée pour la lutte contre la fièvre ".

Ce sont des phrases de ce genre qui figurent dans le discours que nous trouvons dans les divers dictionnaires d'histoire naturelle, dans lesquels on ne tient pratiquement pas compte de la figure de l'indigène américain si ce n'est, dans le cas où l'on fait mention de " l'Indien ", pour le reléguer en arrière-plan. C'est un point qui n'est toujours pas réglé aujourd'hui et le débat continue selon des positions bien tranchées[37].

Valmont de Bomare reconnaît que lorsque les Européens arrivèrent en Amérique, il y avait bien longtemps que les Indiens avaient découvert les propriétés fébrifuges de l'écorce du quinquina. Il ne donne aucune autre précision quant à sa possible utilisation par les indigènes mais il remarque cependant que les Indiens ont fait cette découverte par hasard[38]. Le hasard, on le retrouve, mais cette fois-ci mis sur le compte des Européens, dans le *Dictionnaire de Sciences Naturelles*, où nous avons affaire à un Poiret qui tranche " à la Salomon " la question de la découverte : faisant, ainsi, référence à l'intérêt provoqué chez les Européens en 1639 par l'histoire de la comtesse de Chinchon, cela n'a, pour lui, aucune importance de savoir s'il s'agit d'un " hasard heureux " ou si c'est parce que les Indiens avaient " déjà reconnu ses propriétés fébrifuges ". Pour lui, le plus important, c'est la forte réputation acquise en peu de temps par le quinquina[39]. Dans le *Classique*, Achille Richard ouvre la porte à la reconnaissance du rôle qu'ont joué les Indiens : " il paraît que les habitants du Pérou connaissaient les propriétés fébrifuges des quinquinas avant même que leur pays fût découvert par les Européens ". Malgré cela, note-t-il, ce n'est que bien après leur arrivée sur le continent américain que ces derniers prirent connaissance du pouvoir de la plante[40]. Cette précision rapproche Valmont de Bomare du groupe de ceux qui considéraient que les Indiens connaissaient les vertus du quinquina avant l'arrivée des Espagnols mais qu'ils leur avaient caché ce savoir à cause de la haine qu'ils leur portaient. C'est la même idée que Dutour exprime dans le *Nouveau Dictionnaire*, prenant, lui clairement, position pour la primauté indigène dans la connaissance des propriétés du quinquina ; figurant dans l'histoire de la comtesse, c'est aussi un Indien qui aurait présenté la plante à un gouverneur de Loja, qui, à son tour, l'aurait fait parvenir au vice-roi du Pérou[41].

37. Ainsi, Eduardo Estrella a suggéré que les Indiens connaissaient et utilisaient le quinquina ; voir, par exemple, E. Estrella, " Ciencia ilustrada y saber popular en el conocimiento de la quina en el siglo XVIII ", *op. cit.,* 49-55. Guerra a soutenu la position contraire : F. Guerra, " El descubrimiento de la quina ", *Medicina e Historia,* 69 (1977).

38. DRHN, 1767, 255.

39. DSN, 1817, 228.

40. DCHN, Sep. 1828, 424.

41. NDHN, 1803, 133.

UNE OPINION CRITIQUE : CELLE DE DUTOUR

Nous venons de parler du rôle particulier joué par Dutour, responsable dans le *Nouveau Dictionnaire* de l'article principal traitant de la plante qui occupe notre intérêt. Il présente un véritable réquisitoire contre les plantes américaines, mettant en évidence l'avantage de leur trouver des substituts locaux. Cette idée, il la développe dans l'article " Plantes médicinales ". Pourquoi s'obstinerait-on à aller chercher, dans les pays les plus éloignés, des *plantes médicinales* dont on peut trouver les analogues à portée de main ? Cette question, qui résume la position de Dutour, concerne aussi le quinquina quand il ajoute : " pense-t-on que depuis la découverte de l'Amérique les fièvres soient devenues moins communes en Europe ? "[42]. Il est donc logique que, dans l'article " Quinquina " il fasse des louanges sur l'utilisation en Allemagne de l'écorce du saule comme substitut du quinquina péruvien. Lui-même présente, avec l'écorce de Pérou, deux autres espèces de quinquina dont celle des Antilles, la plus importante, connue sous le nom de " quinquina piton "[43]. Nous avons déjà parlé de la confusion au sujet de ce faux quinquina. Il serait, peut-être plus intéressant de noter comment Dutour va utiliser ce thème pour s'en prendre à la médecine non officielle : " il y a aujourd'hui, comme du temps d'Hippocrate, beaucoup d'empiriques et fort peu de médecins "[44].

LA PRATIQUE THÉRAPEUTIQUE

L'attitude en faveur des propriétés de la plante est bien marquée : le quinquina est bon et, s'il n'est pas possible de garantir absolument son pouvoir curatif dans tous les cas de " fièvres malignes ", cela ne veut pas dire qu'il ait des faiblesses dans ses effets. Cela peut provenir de diverses raisons : soit nous sommes confrontés à un malade mal préparé, soit il s'agit d'une mauvaise administration des substances correctives et des compléments associés à son utilisation. Malgré le manque de précision sur ces deux points chez Valmont de Bomare, il n'y a aucun doute sur le coupable : le facteur humain, notamment les médecins.

Avec l'utilisation du quinquina, nous nous trouvons face à une représentation de l'action contre la maladie dans laquelle on nous montre une Nature dont le pouvoir curatif échoue parfois à cause des erreurs faites dans son utilisation. Ce qui induit en erreur, c'est plus le moment concret où on va utiliser cette plante que l'ignorance que l'on a de ses propriétés[45]. Cette Nature *toute puissante* va agir contre la maladie avec efficacité. Ce qui pose problème, ce

---

42. *NDHN*, 1803, 94-97.

43. *NDHN*, 1803, 140.

44. *Idem*, 1803, 96.

45. Dans ce sens, Valmont rappelle que " les effets et la manière d'administrer ce remède, sont trop connus des Médecins Praticiens pour insister plus longtemps ". *DRHN*, 1767, 256.

n'est pas tant l'origine du possible bouleversement que le succès dans son éradication. Nous voilà, en fait, face à une médecine qui ne se soucie pas des véritables causes.

" L'humanité, tout au long de son histoire, a réussi à venir à bout de la plupart des maux qui l'assaillaient sans même parvenir à voir le visage de l'ennemi "[46]. Dans cette dynamique, où le pouvoir précède le savoir, le quinquina est un exemple significatif de la manière dont une thérapeutique peut être efficace bien avant que l'on ait pu identifier le véritable mal contre lequel elle agit[47] et, dans ce cas, cette thérapeutique est étrangère au milieu dans lequel on l'utilise, le milieu européen. Faisant partie du jeu des échanges intercontinentaux, la définition la plus précise serait peut-être celle d'Achille Richard, dans le *Classique*, quand il parle du quinquina comme du " précieux médicament, qu'on doit regarder comme un des plus beaux présents du Nouveau Monde à l'Ancien Continent "[48].

C'est dans la concordance au sujet de la valeur curative que se manifeste clairement le vrai changement provoqué par l'utilisation du quinquina en matière de pratique thérapeutique. La plante américaine fait l'unanimité des différentes positions sur le thème compliqué des fièvres. Dans la présentation des variétés de ces fièvres, les diverses tentatives de classifications de maladies ne vont pas toujours coïncider, mais l'allusion au quinquina comme remède essentiel, surtout dans le cas des fièvres intermittentes, leur sera, cependant, commune. Il ne s'agit pas là d'un changement de conception — nous avons déjà remarqué la permanence du rôle que joue la Nature dans cette action — ; et la relation entre le remède et la maladie, considérés comme forces opposées, ne va pas, non plus, changer. Ce qui permet d'introduire une différence dans la pratique thérapeutique — fait clairement reflété dans les dictionnaires d'histoire naturelle — c'est, précisément, la progression dans l'individualisation d'un remède contre une maladie.

46. F. Dagognet, *La raison et les remèdes*, Paris, 1984, 26 (1re édition en 1964).
47. J.-M. Pelt, *La médecine par les plantes*, Paris, 1986, 114 (1re édition en 1981).
48. DCHN, Sep. 1828, 424.
Ce travail a été élaboré dans le cadre du Projet de Recherche PB-94 0060, grâce au financement de la DGICYT, MEC, Espagne.

EL ESTUDIO DE LAS COLECCIONES RECOLECTADAS POR LOS NATURALISTAS HISPANOS EN LOS TERRITORIOS ESPAÑOLES DEL NORTE DE ÁFRICA (1860-1936)[1]

Alberto GOMIS

EXPOSICIÓN GENERAL

La formación de colecciones y su estudio posterior, son dos fases de la investigación científica absolutamente esenciales para conocer la fauna, flora y gea de cualquier lugar. Dicho conocimiento redunda en el aprovechamiento de las especies de mayor valor y en la optimización de los recursos del territorio.

Desde 1860 a finales de ese siglo, la formación de colecciones en los territorios que España iba teniendo en África, fue poco frecuente. Sumidos en continuas guerras, los primeros estudiosos hispanos de la naturaleza Norteafricana fueron aquellos viajeros y exploradores que, aun careciendo de los conocimientos propio del naturalista, se preocuparon en dar norticia de la naturaleza que obeservaron.

Sólo en algunos casos aislados, los viajeros se preocuparon, además, de formar colecciones, como lo hicieron el médico Amando Ossorio en 1885 en su viaje a Fernando Poo y a Golfo de Guinea, en el que reunió materiales geológicos, antropológicos, vertebrados, moluscos y articulados[2] ; el geólogo Francisco Quiroga, en esos momentos auxiliar de Mineralogía en el MNCN, que al año siguiente, durante la Comisión para estudiar, en el Sahara occidental, los

1. La realización del presente trabajo ha sido posible gracias al proyecto de investigación PR 179/91-3491 de la Universidad Complutense. Las principales conclusiones del mismo, formarán parte del libro *Viajeros, exploradores y colonialistas hispanos. Los estudiosos de la naturaleza en el África española (1860-1936)* que, realizado en colaboración con Antonio González Bueno, está próximo a editarse.

2. A. Ossorio, " Fernando Poo y el Golfo de Guinea ", *Anal. Soc. Esp. Hist. Nat.*, 15 (Madrid, 1886), 289-348. El estudio de las colecciones lo realizaron : Geología (José Macpherson) ; Antropología (M. Antón) ; Vertebrados (F. de P. Martínez y Saez) ; Moluscos (V. Reyes Prosper) ; y Articulados (I. Bolívar).

oasis de Adrar-et-Tmarr y del Suttuf y la zona comprendida entre esas regiones y la costa, formó colecciones de minerales, rocas y fósiles ; plantas ; animales (dentro de ellos, de equinodermos, crustáceos, arácnidos, insectos, moluscos, peces, reptiles y mamíferos) ; así como de objetos antropológicos[3] ; y el marino Luis Sorela que, por aquellos años, recogió materiales volcánicos en Fernando Poo y la costa occidental de África[4].

Con el nuevo siglo y con el empuje, sobre todo, de la Sociedad Española de Historia Natural, los naturalistes hispanos van a viajar con más frecuencia, y con mejores criterios, a las posesiones españolas en África. Los resultados científicos del viaje de Manuel Martínez de la Escalera al Golfo de Guinea en 1901 y la constitución en 1905 de la "Comisión de Estudios del Noroeste de África", fueron dos acicates para incentivar el estudio de la naturaleza del África española.

A propuesta de la SEHN, sociedad que en esos momentos contaba treinta años de existencia[5], Martínez de la Escalera fue nombrado por el Excmo. Sr. Ministro de Estado, por R.O. de 27 de mayo de 1901, vocal naturalista de la Comisión de límites de los territorios continentales del Golfo de Biafra. Llegó a Fernando Poo el 30 de julio de 1901, en compañía del también miembro de la SEHN Meliquiades Criado, si bien éste tuvo que regresar, al poco tiempo, por haber enfermado[6]. Durante los aproximadamente dos meses de estancia en el Golfo de Guinea, M. Martínez de la Escalera formó unas notables colecciones zoológicas que, de vuelta a Madrid, la SEHN puso un verdadero empeño en que se estudiasen y publicasen. Para ello, pidió fondos al Ministerio de Estado que permitieran la publicación de las Memorias que se debían escribir sobre las colecciones recogidas por la Comisión. En la sesión del 8 de octubre de 1902 de la SEHN se dió lectura a una comunicación del Ministerio de Estado, dirigida a Ignacio Bolívar como Presidente de la Comisión de estudios de los productos naturales de las posesiones españolas, en la que le comunicaba que por una R.O. se auxiliaba a la Sociedad para publicar las Memorias correspondientes[7].

3. F. Quiroga, "Apuntes de un viaje por el Sáhara Occidental", Anal. Soc. Esp. Hist. Nat., 15 (1886), 495-523. El estudio de las colecciones se llevó a cabo del modo siguiente : Minerales, rocas y fósiles (F. Quiroga) ; Plantas (B. Lázaro) ; Equinodermos (J. Gogorza) ; Crustáceos (I. Bolivar) ; Arácnidos (E. Simon) ; Miriápodo, Ortópteros e Hemípteros (I. Bolivar) ; Coleópteros (F. de P. Martínez y Saez) ; Moluscos (J. González Hidalgo) ; Peces (J. Gogorza), Reptiles y Mamíferos (F. de P. Martinez y Saez).

4. B. López Cañizares, "Algunos basaltos de la costa occidental de África", Anal. Soc. Esp. Hist. Nat., 18 (Madrid, 1889), 395-405.

5. La historia de la Sociedad puede seguirse en : A. Gomis Blanco, "Real Sociedad Española de Historia Natural 'Cumple 125 años de su existencia'", Mundo Científico, 166 (1996), 228-239.

6. M. Criado, "Notas tomadas en mi viaje al Golfo de Guinea", Bol. Soc. Esp. Hist. Nat., 1 (Madrid, 1901), 354-359.

7. En la sesión del 8 de octubre de 1902 de la SEHN se dió lectura a una comunicación del Ministerio de Estado, dirigida a Ignacio Bolívar como Presidente de la Comisión de estudios de los productos naturales de las posesiones españolas, en la que le comunicaba que por una R.O. se auxiliaba a la Sociedad para publicar las Memorias correspondientes. Cf. Bol. Soc. Esp. Hist. Nat., 2 (1902), 274.

A la postre, la subvención tuvo un montante de 4.000 pesetas. Por la importancia del viaje, un poco más adelante, analizamos los materiales recogidos y apuntamos los naturalistes que llevaron a cabo su estudio.

La constitución de la " Comisión de Estudios del Noroeste de África " también fue iniciativa de la RSEHN (como se llamaba la Sociedad desde 1903) que, en 1905 ante el posible reparto del Noroeste de África en zonas de influencia europea, juzgó conveniente para España comenzar cuanto antes el estudio científico del territorio marroquí. Dicha Comisión que nacía " con entera independencia de la gestión ordinaria de la Sociedad "[8] en lo que a asuntos económicos se refería, dependió muy estrechamente de la RSEHN. Ignacio Bolívar (1850-1944), en su triple condición de Tesorero de la RSEHN, Secretario de la " Comisión " y Director del MNCN, recabó las ayudas científicas y económicas que permitieron frecuentes viajes a las posesiones españolas, la comunicación con los principales especialistas nacionales y extranjeros que auxiliaron en las determinaciones, así como la publicación de los correspondientes estudios.

Llegados a este punto, surgen varias preguntas : ¿ los natualistas hispanos atendieron por igual a los estudios zoológicos, botánicos y geológicos ?, ¿ y dentro de ellos, centraron sus estudios en algunos grupos, o procuraron dar a todos igual extensión ?, ¿ hasta que punto, los naturalistas que colectaron en el Africa española publicaron, ellos mismos, los estudios correspondientes ?, ¿ cómo contribuyeron los naturalistas, españoles y extranjeros, que no estuvieron en el África española, en el conocimiento de aquella fauna, flora y gea ?, ¿ qué papel desempeñaron los colectores en el proceso de formación y estudio de las colecciones ?. Al final, del trabajo, intentaremos responderlas.

Ahora, volvamos a las colecciones formadas por el coleopterólogo Manuel Martínez de la Escalera en el Golfo de Guinea en 1901. Por las Memorias que se publicaron, sobre dichas colecciones, sabemos que los ejemplares colectados pertenecían a animales de tres tipos :

a) Tipo Vertebrata. Se publican cinco memorias. Las dos de mamíferos realizadas por Ángel Cabrera, mientras que George Albert Boulenger — encargado de las colecciones de reptiles del Museo Británico, miembro de la Sociedad Real de Londres y Vicepresidente de la Sociedad Zoológica de Londres — hizo las correspondientes a colecciones de anfibios, reptiles y peces, que como en todos los casos le había hecho llegar Ignacio Bolívar.

b) Tipo Mollusca. Un sólo trabajo, que es el que lleva a cabo Joaquín González Hidalgo, para el que emplea, además, ejemplares recogidos por el Dr. Pitaluga en una excursion a Fernando Poo y Guinea.

---

8. *Cf. Bol. R. Soc. Esp. Hist. Nat.*, 5 (Madrid, 1905), 186. Sobre la constitución de la " Comisión " puede consultarse, también : *El Yebala y el Bajo Lucus*, XXVIII-XXX.

c) Tipo Arthropoda. Veinticuatro trabajos, distribuidos en veintidos de insectos, uno de arácnidos y otro de crustáceos. Estudian los insectos, dos entomólogos españoles y dieciseis especialistas extranjeros. A otros dos extranjeros se encargan, respectivamente, el estudio de arañas y el de crustáceos.

Los entomólogos españoles son Ignacio Bolivar que es autor de cuatro Memorias, en las que estudia, respectivamente, los ortópteros acridioideos, los fasgonurídeos, los mántidos y los aquetidos ; y su discípulo Antonio García Varela, que lo es de una, sobre los redúvidos.

Los entomologos extranjeros más numerosos son los franceses, con seis : H. D'Orbigny estudia el género de coleópteros Onthophagus ; Pierre Lesne — assistant au Musée d'Histoire Naturelle de Paris — los bostríquidos ; Maurice Pic los coleópteros del género Hylophilos ; A. Grouvelle, en una misma memoria, los Nitidúlidos, Colídidos, Cucújidos y Mycetophagides ; Albert Fauvel, los Estafilínidos ; y René Martin, los odonatos.

Entre cuatro alemanes, se componen cinco Memorias, ya que Napoleón Manuel Kheil, dedica dos a los lepidopteros. Y una : J. Bourgeois a los coleópteros Malacodermos ; J. Weise a los Crisomélidos y Coccinelidos ; y H. Gebien a los Tenebriónidos.

Tres especialistas ingleses : Malcolm Burr — de la Sociedad Entomológica de Londres — redacta una memoria sobre los dermápteros ; G. Lewis, F.L.S., otra sobre los Histeridae ; y R. Shelford, la de los blátidos.

Cierran la nómina de entomólogos, el belga H. Schouteden — de las Sociedades Entomológica y Zoológica de Bélgica — que estudió los Pentatómidos ; el suizo J. Carl — assistant au Musée d'Histoire Naturelle de Genève — los diplopodes y el austriáco ; y F-Klapa'lek — de Praga — que describe dos neurópteros nuevos.

Por otra parte, al francés Eugéne Simon — miembro honorario de la Société entomologique de France — es el científico al que se encomendó el estudio de los arácnidos, mientras que al italiano Giuseppe Nobili el de los crustáceos decápodos.

En total, 30 memorias, de 23 autores diferentes, de ellos cuatro nacionales y diecinueve extranjeros, que se fueron publicando desde 1903 a 1910 para conformar el primer tomo de las *Memorias de la Real Sociedad Española de Historia Natural*, cuyo contenido aparecía luego del título " Materiales para el conocimiento de la fauna de la Guinea española " y en el que se decriben más de veinte géneros y docientas especies nuevas para la Ciencia.

Apuntados los autores y asuntos de cada una de las Memoria, algunos aspectos nos gustaría resaltar. En primer lugar, que ninguno de los autores señala haber estado personalmente en el Golfo de Guinea, la zona cuya fauna estaban estudiado. En el caso concreto de los cuatro zoólogos españoles, sólo Bolívar había estado en 1883 en Marruecos, pero no en Guinea. Angel

Cabrera, por su parte, no haría su primer viaje a las posesiones españolas en África hasta 1913, mientras que ni González Hidalgo ni García Varela debieron estar nunca allí. En segundo, hay que constatar el auge que, bajo el empuje de Ignacio Bolívar, estaba tomado la entomología en España, de ahí que enviara insectos a dieciséis especialistas extranjeros, en su mayoría coleopterólogos. Tercero, la clase de los aves, es dentro de los Vertebrados, la única que queda fuera de ser estudiada, cuando tampoco se habían recogido aves ni por Ossorio ni por Quiroga.

No es lugar aquí, de insistir en elevado número de expediciones, terrestres y maritimas, que la RSEHN va a mandar al África española a partir de 1905[9]. Sus resultados científicos pueden seguirse, fundamentalmente, en las publicaciones de la Sociedad y en las tres series de *Trabajos del Museo de Ciencias Naturales*. También, los de tema entomológico en la revista *Eos*, órgano de la Sección de Entomología del MNCN que comienza a publicarse en 1925. Concretamente, la SEHN dedica al estudio de Marruecos dos tomos de *Memorias*, el 8°, publicado entre 1911 y 1917, y el 12°, entre 1921 y 1929. Suman quince memorias, de las que catorce son de autor español y sólo una de autor extranjero, la de P. Blüthgen que estudia algunos Halictus, género de Himenópteros, de Marruecos. La distribución temática presenta nueve trabajos de zoología, seis de insectos y uno, respectivamente, de aves, mamíferos (restringido al caballo) y peces ; tres de botánica, dos de fanerogamia y uno de criptogamía ; y tres memorias de geología, las tres de Lucas Fernández Navarro sobre estudios geológicos en el Rif Oriental y la península Yebálica.

La proporción en el *Boletín* es similar. La RSEHN consiguió mayores éxitos en los trabajos zoológicos, que en los botánicos y geológicos. Lo cual no quiere decir que los desdeñara. En aquellos años, la Sociedad era, en palabras del geólogo Vicente Sos, el " lugar convergencia de los naturalistas españoles. Por su sede, el Museo, desfilaron todos los naturalistas de entonces "[10].

Se produjo lo que el propio Sos calificó de simbiosis Sociedad-Museo, Museo-Sociedad, ya que : " cada visitante en cada viaje, cosechaba alientos y recogía informaciénes de todo lo que se estaba verificando en el Museo, tareas que afin de cuentas, después, iban a aparecer en las páginas del Boletín. Asi, los naturalistas, formaban a manera de una gran familia y nuestra asociación era el aglutinante que le daba realidad "[11].

Y, sin embargo, los estudios geológicos recibirían un fuerte impulso desde fuera del Museo, ya que en 1915 se consituría la " Comisión de Estudios Geo-

9. Las expediciones patrocinadas por la RSEHN pueden seguirse en : J.L. Martinez Sanz, " Ciencia y colonialismo español en el Magreb : el estudio científico de las colonias españolas y sus posibilidades económicas ", *Estudios Africanos*, VI, n° s 10-11 (1991-1992), 109-139.

10. *Cf.* el discurso pronunciado por Vicente Sos en la sesión extraordinaria celebrada el 11 de diciembre de 1985 en la que fue nomade Socio de Honor de la RSEHN. *Bol. R. Soc. Esp. Hist. Nat. (Actas)*, 83 (1987), 21.

11. *Ibidem.*

lógicos de Marruecos " que, integrada exclusivamente por Ingenieros de Minas, desplegó una continua y formidable labor de investigación geológica en las posesiones españolas en África hasta la guerra civil. Ingenieros como Agustín Marín, Alfonso del Valle, Pablo Fernández Iruegas, Enrique Dupuy de Lôme y Jaime Miláns del Bosch, entre otros, van a cobrar un importante protagonismo en esta tarea.

Por su parte, los trabajos botánicos no recibirían un impulso oficial hasta bastantes años más tarde, cuando la JAE y el RJB decidan apoyarlos. Para entonces, algunos botánicos de manera privada han decidido hacer frente a a empresa. El caso más conocido es el de Pius Font Quer que, para autofinanziarse el estudio de la flora del noroeste africano, vende parte del material herborizado.

A continuación, se expone — en tres apartados separados — los principales logros que se obtuvieron en el estudio de las colecciones zoológicas, botánicas y geológicas.

ESTUDIOS ZOOLÓGICOS

Practicamente de todos los tipos animales, con excepción de Espongiarios, Celentéreos y Gusanos, hemos encontrado algún estudio sobre las colecciones formadas por naturalistas y expedicionarios españoles en las posesiones en África.

Artrópodos : Dentro de este tipo, el más numeroso de la escala animal, y al que más trabajos dedicaron los naturalistes españoles, vamos a repasar los principales estudios en cada una de sus cuatro clases, Arácnidos, Crustáceos, Miriápodos e Insectos.

- Arácnidos : El francés Eugène Simon, a falta de algún especialista hispano, estudió, al menos en dos ocasiones, los arácnidos reunidos por Martínez de la Escalera en Guinea en 1901 y en Marruecos en 1907[12].

- Crustáceos : Luego de que I. Bolívar estudiara los recogidos por Quiroga en 1886 en el Sahara, a Manuel Ferrer Galdiano, encargado en el MNCN de revisar y ordenar la colección carcinológica, se debieron las no muy abondantes noticias sobre esta clase. En 1918 publicó una lista con 34 especies recogidas por diferentes expedicionarios (L. Lozano, L. Fernández Navarro, A. Galán, C. Bolívar, M. Martínez de la Escalera, …) en distintos momentos y en 1924 otra con las recogidos por L. Lozano en Melilla en la campaña ictiológica de 1923 y por A. Caballero en Larache, también en 1923. Figuran es esta última 34 especies, de las que 23 no aparecían en la lista anterior, por lo que el número total de especies distintas se elevó a 57. Noticias sobre hallazgos

12. E. Simon, " Arachnides de la Guinée espagnole ", *Mem. R. Soc. Esp. Hist. Nat.*, 1 (Madrid, 1903), 65-124. " Etude sur les Arachnides recueillis au Maroc par M. Martínez de la Escalera en 1907 ", *Mem. R. Soc. Esp. Hist. Nat.*, 6 (Madrid, 1909), 5-45.

facilitan el propio Ferrer, al determinar el cangrejo *Telphusa fluviatilis* en el río Taranex, y Celso Arévalo al encontrar el ostrácodo *Cypris bispinosa* Lucas entre unos musgos recogidos por A. Caballero en Larache.

- Miriápodos : También I. Bolivar estudió los miriapodos reunidos por la expedición de Quiroga.

- Insectos : Como, queda expuesto, se trata de la clase que presenta una más extensa nómina de cultivadores. Dos primerísimas figuras, sobre todas, deben destacarse por sus trabajos sobre los insectos de las posesiones españolas en África. Uno, el de Ignacio Bolívar por la continua labor de estudio que lleva a cabo en el MNCN. El otro, el de Manuel Martínez de la Escalera, por las numerosas excursiones que lleva a cabo por todas las zonas que en el continente africano estuvieron bajo dominio español, así como por sus abundantísimas capturas que permitieron el hallazgo de gran número de géneros y especies nuevas.

Además de estas dos figuras, podemos recordar los nombres de José Arias, que estudia los dípteros de Marruecos ; Cándido Bolívar Pieltain, el hijo de Ignacio Bolívar, que dirige varías expediciones y estudia los coleópteros carábidos ; Ascensi Codina, que captura y estudia hemípteros de Marruecos ; José Mª Dusmet y Ricardo García Mercet, que realizan varios trabajos sobre los himenópteros de Marruecos ; Juan Gil Collado, que estudia los Sírfidos ; Francisco de Paula Martínez y Sáez, coleópteros ; Longino Navás, neurópteros ; Dionisio Pelaez, membrácidos del África occidental ; y, entre otros muchos, de Fernando Martínez de la Escalera, éste último, hijo de Manuel Martínez de la Escalera, cazador como él, pero mucho más remiso a la publicación de trabajos, siendo claro ejemplo de colector especializado, pues sus conocimientos entomológicos eran muy elevados.

Moluscos : El malacólogo Joaquin González-Hidalgo (1839-1923), dentro de su amplia obra malacológica, no descuidó el estudio de los moluscos de las posesiones españolas en África, constituyendo un buen ejemplo del investigador que, sin realizar estudios *in situ*, concluye trabajos detallados sobre un tipo animal concreto en una región determinada, cual fue su estudio de los moluscos de la Guinea española, sobre los materiales recogidos por M. Martínez de la Escalera en 1901 y los recogidos por G. Pittaluga en Fernando Poo y Golfo de Guinea. Con anterioridad, desde 1886, venía publicando otros trabajos menores, en los que describe una nueva Helix procedente de Marruecos que había hallado Cesareo Fernández Duro ; da la lista de los moluscos[13] recogidos

13. J. González-Hidalgo, " Description d'une espèce nouvelle d'Helix, provenant du Maroc ", *Journal de Conchyliologie, année 1886*, Paris, 1886a, 152-153 ; " Moluscos de Río de Oro y Canarias ", *Revista de Geografía comercial*, nos 25-30 (Madrid, 1886b) ; " Moluscos ", en F. Quiroga (ed.), " Apuntes de un viaje por el Sáhara Occidental ", *Anal. Soc. Esp. Hist. Nat.*, 15 (Madrid, 1886c), 518-521 ; " Enumeración de los moluscos recogidos por la Comisión exploradora de Marruecos ", *Bol. R. Soc. Esp. Hist. Nat.*, 9 (Madrid, 1909), 211-213 ; " Moluscos de la Guinea española ", *Mem. R. Soc. Esp. Hist. Nat.*, 1 (Memoria 29) (Madrid, 1910), 507-524.

por Cervera, Quiroga y Rizzo en su expedición por la península de Río de Oro y Canarias ; estudia la pequeña colección de moluscos Testáceos recogidos por Luis Lozano en Marruecos, etc. En otras ocasiones, auxilió a otros autores, en sus determinaciones (N. Font i Sagué).

Equinodermos : José Gogorza determinó los recogidos por F. Quiroga en la expedición al Sáhara Occidental, siendo seis de Gran Canaria y tan sólo uno de Río de Oro.

Vertebrados : Al igual que hicimos con los Artrópodos, veremos cada una de las cinco clases de Vertebrado por separado.

- Peces : Los peces colectados por M. Martínez de la Escalera en el Golfo de Guinea en 1901, fueron enviados por I. Bolívar, junto a los anfibios y reptiles, a G.A. Boulenger[14], miembro de la Sociedad Real de Londres y vicepresidente de la Sociedad Zoológica de Londres. Mucho más importantes fueron las colecciones formadas, en distintos momentos, por Odón de Buen y Luis Lozano en aguas marroquíes. El primero publicó, en 1912, un trabajo en el que figuraban 117 especies. El segundo, en 1921, las elevó a 186. El mismo Lozano, en 1930, consideraba que, añadiendo a las anteriores unas veintitantas especies en esos momentos todavía no publicadas, habría unas doscientas especies, lo que equivaldría a las dos terceras partes de las registradas en España y que los peces, si bien eran abundantes en las costas marroquíes por haber prosperado muchas especies en los tiempos de guerra en que las faenas de pesca habían estado prácticamente interrumpidas, empezaban a escasear " a causa del despiadado y abusive empleo de las actes de arrastre "[15].

Aunque no sea aquí el lugar para tratarlo con extensión, hay que dejar constancia de la descoordinación que existió entre las campañas ictiológicas llevadas a cabo por el MNCN, dirigidas por Lozano, y las de Instituto Español de Oceanografía, que dirigíia Odón de Buen. El IEO, que se fundó por Decreto de 17 de abril de 1914, reunió en un sólo centro los Laboratorios costeros de Mallorca, Málaga y Santander[16], impidiendo la creación de la Estación de Biología Marina de Mogador que pensaba instalar el MNCN en la costa africana.

Anfibios : Ya se ha apuntado que Boulenger estudió los reunidos por Martínez de la Escalera en Guinea en 1901. Antonio de Zulueta publicó un trabajo sobre la colección de batracios y reptiles recogidos en los alrededores de Mogador por M. Martínez de la Escalera en los años 1905 y 1906. Su discípulo, Fernando Galán, participante en la Misión Científica Bolívar en 1930, hizo lo propio con los anfibios y reptiles reunidos en la misma[17].

14. G.A. Boulenger, " Poissons de la Guinée espagnole ", *Mem. R. Soc. Esp. Hist. Nat.*, 1 (Madrid, 1905), 183-186.
15. L. Lozano, *Curso de conferencias sobre el Protectorado español en Marruecos*, IV, *La Fauna*, Madrid, 17.
16. Sobre el IEO, puede consultarse : Instituto Español de Oceanografía, " Organización y labor efectuada por el Instituto Español de Oceanografía ", *Notas y Resúmenes*, Serie II, n° 62 (Madrid, 1932).
17. F. Galán, " Batracios y reptiles del Marruecos español ", *Bol. Soc. Esp. Hist. Nat.*, 31 (Madrid, 1931), 361-367.

- Reptiles : Luego de que Francisco de Paula Martínez y Saez estudiase los recogidos por Quiroga ; Boulenger, Zulueta y Galán son, también, los protagonistas principales de los estudios herpetológicos, si bien de Antonio de Zulueta podemos contabilizar hasta tres trabajos. El primero sobre la colección de batracios y reptiles recogidos en los alrededores de Mogador por M. Martínez de la Escalera en los años 1905 y 1906. En el segundo da la lista y estudia las diez especies de reptiles recogidos por J. Arias en el año 1908 en Melilla. Y en el tercero cita cuatro especies de reptiles que habían sido recogidos en Tafaya (Cabo Juby) el 22 de noviembre de 1906 por M. Martínez de la Escalera[18].

- Aves : El estudio de la aves comenzó, bastante más tarde, que el resto de los Vertebrados. Prácticamente hasta 1911, en que Luis Lozano publica un estudio de las aves de Mogador no hay ningún trabajo importante. Éste mismo autor, antes de dedicarse de lleno a la ictiología, publicó algunos otros trabajos ornitológicos más puntuales[19].

Augusto Gil Lletget publicó las listas de aves, que observó, en las dos expediciones a Marruecos en las que participo en los años 1930 y 1932. En la primera, desarrollada en junio de 1930, formaba parte de la comisión dirigida por Cándido Bolívar que recorrió una amplia zona del protectorado que, a excepción de Xauen y Yebala, no había sido visitada, hasta ese momento, por ningún ornitólogo[20].

- Mamíferos : Angel Cabrera que, luego de licenciarse en Filosofía y Letras, se dedicó de lleno al estudio de las ciencias naturales, se suerte que fue el primero en España que prestó una atención especial a la mastozoología, completó trabajos muy notables sobre los mamíferos de las posesiones españolas en África. Auxiliar del MNCN desde 1902 a 1925, sus estudios son fruto del trabajo de gabinete en el Museo y de sus cuatro expediciones a África. La primera la llevó a cabo, en 1913, a la península Yebálica, junto a Lucas Fernández Navarro, Juan Dantín Cereceda, Constancio Bernaldo de Quirós y Fernando de la Escalera. La última expedición de Cabrera al Protectorado fue la única no patrocinada por la RSEHN. La realizó, en 1923, en calidad de guía y colabora-

18. A. Zulueta, " Nota sobre batracios y reptiles de Mogador, con la descripción de la forma joven de *Saurodactylus mauritanicus* (Dum. et Bibr.) ", *Bol. R. Soc. Esp. Hist. Nat.*, 8 (Madrid, 1908), 450-456 ; " Nota sobre reptiles de Melilla (Marruecos) ", *Bol. R. Soc. Esp. Hist. Nat.*, 9 (Madrid, 1909a), 351-354 ; " Nota sobre reptiles de Cabo Juby (N.W. de Africa) ", *Bol. R. Soc. Esp. Hist. Nat.*, 9 (Madrid, 1909b), 354-355.

19. L. Lozano, " Contribución al estudio de las aves de Mogador ", *Mem. R. Soc. Esp. Hist. Nat.*, 8 (Madrid, 1911), 63-108 ; " Sobre el hallazgo de un *Orcynopsis unicolor* (Geoffr.) en Melilla ", *Bol. R. Soc. Esp. Hist. Nat.*, 16 (Madrid, 1916), 298-302 ; " [Un ave interesante, el *Ibis eremita*, recogiso en Monte Arruit (Melilla)] ", *Bol. R. Soc. Esp. Hist. Nat.*, 18 (Madrid, 1918), 294.

20. A. Gil Lletget, " Nota sobre las aves observadas en Marruecos durante una excursión efectuada en junio de 1930 ", *Bol. R. Soc. Esp. Hist. Nat.*, 30 (Madrid, 1930), 485-492 ; " Aves observadas en la zona española de Marruecos en la expedición de 1932 ", *Bol. Soc. Esp. Hist. Nat.*, 33 (Madrid, 1933), 75-84.

dor del contralmirante Hubert Lynes, naturalista inglés muy interesado en el estudio de las aves sedentarias de Marruecos.

Los trabajos científicos que publicó Cabrera sobre la fauna de las colonias españolas en Africa alcanzan varias decenas. Por su amplitud, y calidad, deben destacarse aquí los que dedicó a los mamíferos de la Guinea española, los que resumen sus viajes y el titulado *Los Mamíferos de Marruecos*, aparecido en 1932, que constituye una revisión de los mamíferos salvajes de Marruecos conocidos hasta ese momento, incluyendo algunas especies desaparecidas o que parece que habían desaparecidas en lo que iba de Siglo[21].

En los últimos años del período, que aquí estamos considerando, encontramos las primeras contribuciones a la mastozoología africana de Eugenio Morales Agacino, quien en 1932 llevó a cabo, junto a Fernando Martínez de la Escalera, su primera excursión científica al Protectorado, que comenzó y terminó en la aduana de Castillejos (Ceuta) y que le permitió recorrer Tetuán, Xauen, Bab-Taza, Ketama, Tefer, Alcazarquivir y Larache. Los mamíferos que vió y anotó, durante la misma, los dio a conocer en la *Española*. Todavía tuvo tiempo, antes de comenzar la guerra civil, de publicar otros tres trabajos sobre la fauna de las posesiones españolas en Africa. Dos los realiza sobre mamíferos recogidos por Luis Lozano y Manuel García Llorens en el Sáhara español. En el primero de ellos, describe la nueva especie *Crocidura bolivari,* que dedica a Ignacio Bolívar. El último trabajo se basa en los mamíferos colectados en Ifni en 1934 por esos mismos naturalistas[22].

ESTUDIOS BOTÁNICOS

Al dividir los estudios botánicos en dos bloques, fanerogamía y criptogamía, rápidamente comprobamos dos hechos. En primer lugar, que todos los fanerogamistas — o sea los botánicos interesados en las plantas vasculares con raiz, tallo, hojas, flores y semillas — recorrieron el África española, aunque fuera en fecha posterior a sus primeras publicaciones sobre el tema ; mientras que algunos de los criptogamistas — los botánicos interesados en las plantas que carecen de flores — no fueron nunca a ella. En segundo, que dentro de la Crip-

21. A. Cabrera, " Mamíferos de la Guinea española ", *Mem. R. Soc. Esp. Hist. Nat.*, 1 (Madrid, 1903), 1-60 ; " Mamíferos del Mogador ", *Bol. R. Soc. Esp. Hist. Nat.*, 6 (Madrid, 1906), 357-368 ; " Zoología ", en *Yebala y el Bajo Lucus* (Madrid, 1914), 237-267 ; " Seis semanas de excursión zoológica en el Rif ", *Bol. R. Soc. Esp. Hist. Nat.*, 19 (Madrid, 1919), 431-443 ; " Catálogo descriptive de los mamíferos de la Guinea española ", *Mem. R. Soc. Esp. Hist. Nat.*, 16 (Madrid, 1929), 5-121 ; " Los Mamíferos de Marruecos ", *Trab. Mus. de Marruecos, Trab. Mus. Nac. Cien. Nat., ser. Zool.*, 57 (Madrid, 1932).

22. E. Morales Agacino, " Datos y observaciones sobre algunos mamíferos marroquiés ", *Bol. Soc. Esp. Hist. Nat.*, 33 (Madrid, 1933), 257-265 ; " Descripción de un nuevo sorícido del género *Crocidura* Wagler procedente de Río de Oro ", *Bol. Soc. Esp. Hist. Nat.*, 34 (Madrid, 1934a), 93-95 ; " Mamíferos colectados por la Expedición L. Lozano en el Sahara Español ", *Bol. Soc. Esp. Hist. Nat.*, 34 (Madrid, 1934b), 449-456 ; " Mamíferos del Ifni ", *Bol. Soc. Esp. Hist. Nat.*, 35 (Madrid, 1935), 381-393.

togamía sólo se llevaron a cabo estudios micológicos, descuidando los de algología, liquenología y briología. Si ocasionalmente se recogió algún alga, liquen o musgo, ello se hizo sin las debidas condiciones, por lo que terminaron pudriéndose, sin ser material apto para el estudio.

Fanerogamia : Militares y maestros fueron los que primero se interesaron por el estudio de las plantas fanerógamas. Ya Fernando Weyler, médico militar, que al poco de declararse la guerra a Marruecos recibió la orden de abandonar la Jefatura de Sanidad Militar de Baleares e incorporarse a las fuerzas que debían pasar a África, se fijó en aquellos primeros momentos en la vegetación del norte del Imperio marroquí, publicando en 1860 un *Catálogo* de las plantas naturales por él observadas[23].

Otros militares que recolectaron, y en muchos casos estudiaron, plantas de las posesiones españolas fueron : Atilio Alemany, Juan Ortiz de Zarate, Manuel Pando, Joaquín Mas Guindal, etc.

Entre el grupo de maestros, en el sentido amplio de reunir dentro de él a profesores de Instituto y de Primera enseñanza, encontamos a : Francisco Lasagabaster, director del Colegio del Pilar de Tetuán ; Marcelino Martínez, profesor del mismo Colegio ; y Martí, profesor de primera enseñanza en Melilla, entre otros.

Más tarde apareció el interés de la JAE y del Jardín Botánico por conocer la flora de las posesiones españolas en África. Destaca, en este cometido, Arturo Caballero (1877-1950) que comenzó sus estudios sobre la flora norte-africana en 1912, cuando era Jefe de la sección de Herbarios en el Jardín madrileño. Al año siguiente obtuvo la cátedra de Fitogeografía y Geografía Botánica en la Facultad de Ciencias de Barcelona, lo que no le impidió realizar otros viajes al Protectorado Marroquí e Ifni[24].

Pero, fueron Carlos Pau Español y Pius Font i Quer, sobre todo éste último, los dos botánicos españoles que completaron estudios de mayor importancia sobre la fanerogamia del África española en esta época. Recordemos, brevemente, como fue posible esto :

Carlos Pau (1847-1937) que desempeñó su actividad profesional como farmacéutico de Segorbe, desarrolló desde esta población castellonense, y apar-

---

23. F. Weyler y Laviña, *Catálogo de las plantas naturales observadas por don … jefe de Sanidad Militar del Primer Cuerpo del ejercito de África, en las excursiones y expediciones que verificó en la parte Norte del imperio marroquí, durante la última guerra con dicho imperio en las regiones que ésta tuvo lugar, desde el 19 de noviembre de 1859 hasta el 3 de mayo del siguiente año*, Palma, 1860.

24. Algunos de los trabajos más completos, sobre este punto, publicados por A. Caballero fueron : " Enumeración de las plantas herborizadas en el Rif ", *Mem. R. Soc. Esp. Hist. Nat.*, 8 (Madrid, 1915), 241-292 ; " Excursión botánica a Melilla en 1915 ", *Trab. Mus. Nac. Cien. Nat., ser. Bot.*, 11 (Madrid, 1917), 1-39 ; " Plantas herborizadas en 1923 en la región de Larache (Marruecos) ", *Bol. R. Soc. Esp. Hist. Nat.*, 30 (Madrid, 1930 y 1931), 445-450 ; 31, 97-100 y 343-348 ; " Datos botánicos del territorio de Ifni ", *Trab. Mus. Cien. Nat., ser. Bot.*, 28 (Madrid, 1935), 1-36.

tado de la vida académica oficial, una extraordinaria actividad botánica, entre la que ocupó un lugar destacado el estudio de la flora marroquí. En 1908, publicó un trabajo en el que se recogían unas 60 especies recogidas en Ceuta por Benito Vicioso[25]. Poco después, en la primavera de 1910, llevaría a cabo su primer viaje a Marruecos, concretamente a la zona del Rif. El segundo, y última exploración africana, la realizaría en 1921 a la zona septentrional de Marruecos. El primero se lo autofinanciaría el propio Pau, para el segundo contó con una subvención de la *Española* de 4.500 pesetas. Pese a este escaso contacto con el suelo africano, fue reconocido por los boránicos españoles y europeos como una autoridad en la materia y de ahí las frecuentes consultas que tuvo que evacuar. Publicó una treintena de trabajos[26], determinó materiales remitidos por algunos recolectores (A. Pardo, M. Vidal López, …) y mantuvo relación fluída con los farmacéuticos militares destinados en el Protectorado marroquí (A. Xiberta Raig, F. Pérez Camarero, M. Pando, J. Más Guindal, …) Pero sus contactos con Pius Font Quer superan todas las colaboraciones apuntadas.

Pius Font Quer (1888-1964) fue, entre otros empleos, farmacéutico del Cuerpo de Sanidad Militar desde 1911, Director del Museu de Ciències Naturals en el periodo 1921 a 1935 y a partir de ésta última fecha, en que se excindió el Museu, del Institut Botànic de Barcelona (hasta 1939). Sus primeras aportaciones al conocimiento de la flora marroquí se llevaron a cabo trás estudiar los materiales recolectados por otros farmacéuticos militares destinados en aquellas tierras, como los obtenidos por Francisco Pérez Caballero en Larache y A. Xiberta Raig en Melilla, apareciendo publicados en el *Boletín* de la *Española* en los años 1914 y 1916[27].

Pero será después de tomar contacto con el continente africano, cuando su producción sea realmente transcendante. Del del 6 de abril al 31 de julio de 1927 lleva a cabo su primer viaje a Marruecos. Al año siguiente regresa, con objeto de herborizar Yebala. Entonces, recibe la noticia de que se incorpore como farmacéutico militar al recién creado hospital de Villa Sanjurjo, desde donde llevará a cabo excursiones por toda la circunscripción del Rif. En diciembre de 1929 es trasladado al Hospital de Larache, interesandose allí por la región del Lucus. En agosto de 1930 retorna a Barcelona, tras ser destinado, en situación de disponible, a la IV Región Militar.

25. C. Pau, " Un puñado de plantas marroquíes ", *Bol. Soc. Aragonesa, Cien. Nat.*, 7 (Zaragoza, 1908), 69-71.

26. Entre los trabajos que publicó C. Pau, están : " Una centuria de plantas del Riff oriental ", *Bol. R. Soc. Esp. Hist. Nat.*, 21 (Madrid, 1921), 198-204 ; " Plantas del norte de Yebala (Marruecos) ", *Mem. R. Soc. Esp. Hist. Nat.*, 12 (Madrid, 1924), 263-401 ; " Plantas de Marruecos ", *Bol. Soc. Ibérica Ci. Nat.*, 31 (Zaragoza, 1932), 95-100 ; así como varias entregas de " Plantas de mi herbario mauritánico " publicadas en la revista *Cavanillesia* entre 1929 y 1931.

27. P. Font Quer, " Plantas de Larache ", *Bol. R. Soc. Esp. Hist. Nat.*, 14 (Madrid, 1914), 425-429 ; " Sobre la flora de Melilla ", *Bol. R. Soc. Esp. Hist. Nat.*, 16 (Madrid, 1916), 285-287.

Volvería a Marruecos en 1932, en una exploración organizada por la SEHN, e iría a Ifni en 1935. Todas estas expediciones y alguna más prevista, formaban parte de un ambicioso programa personal de reconocimiento de los territorios españoles en África que quedó truncado por la guerra civil, pero fruto del cual fue la publicación de medio centenar de trabajos, entre ellos las cuatro partes de su *Iter Maroccanum*[28], así como varias entregas sobre " De flora occidentale adnotaciones " para la revista *Cavanillesa* y el que Jahandiez y Maire le incluyeran entre los colaboradores de su *Catalogue de plantes du Maroc*[29].

Criptogamia : Dos nombres sobresalen en los estudio micológicos, los únicos sobre la criptogamia de las posesiones españolas en África, en el período aquí considerado. Son los de Romualdo González de Fragoso (1862-1928) y el de su discípulo Luis M. Unamuno e Irigoyen (1873-1943). Ni uno, ni el otro hasta ese momento, fueron a recolectar los materiales que estudiaron en el RJB.

Los materiales sobre los que González Fragoso llevó a cabo sus estudios sobre la microflora marroquí le fueron proporcionados, fundamentalmente, por A. Caballero en sus diferentes excursiones.

Dos materiales hemos podido contabilizar al P. Unamuno, el primero material recolectado por Jordán de Urriés en la Misión Bolívar de 1930. El segundo procedía fundamentalmente de las *exsiccata* de P. Font Quer y de los remitidos por M. Vidal y López. R. Candel, H. Campos y los hermanos de la doctrina cristiana Sennen y Mauricio.

ESTUDIOS GEOLÓGICOS

Como resulta lógico, la mayoría de los estudios geológicos sobre las posesiones españolas en África se llevaron a cabo por los propios investigadores que recorrieron las zonas objeto de estudio. Aunque la importancia de dichos estudios, para conocer los recursos minerales, hídricos, de suelos, etc. que de esa zona podían obtenerse, eran evidentes, lo primero que hay que señalar es que no se llevaron a cabo con cierto rigor hasta 1915, en que se creó la Comisión de Estudios Geológicos de Marruecos.

Antes de la fecha apuntada, sólo hemos encontrado unos pocos trabajos inconexos de algunos expedicionarios ; menos aún de los que, sin ir a esas tierras, estudiaron ejemplares de minerales o rocas allí recogidos ; y los primeros del catedrático de Cristalografía y Mineralogía de la Universidad de Madrid, Lucas Fernández Navarro.

28. P. Font Quer, *Iter Maroccanum, 1927*, Barcelona, 1928, s.i. *Iter Maroccanum, 1928*, Barcelona, 1929, s.i. *Iter Maroccanum, 1929*, Barcelona, 1930, s.i. *Iter Maroccanum, 1930*, Barcelona, 1932, s.i.
29. E. Jahandiez, R. Maine [avec la collaboration de J.A. Battandier, L. Ducellier, L. Emberger, P. Font Quer], *Catalogue de plantes du Maroc (Spermatophytes et Ptéridophytes)*, Alger, 1931-1941, 4 vols.

Entre los expedicionarios, Francisco Quiroga que en 1886 formó parte de una Comisión enviada por la Sociedad Española de Geografía Comercial para explorar los oasis de Adrar-et-Tmarr y del Suttuf y la zona comprendida entre estas regiones y la costa, así como entablar relaciones comerciales con sus habitantes, a partir de la cual publicó varios trabajos sobre la geología del Sáhara[30], y Melquiades Criado que en 1901 se ocupó de la naturaleza geológica de la Guinea[31], además de algunos otros trabajos de los Ingenieros de Minas que comentaremos en un momento.

De los que estudiaron materiales recogidos por otros, Baldomero López Cañizares publicó en 1889 el estudio de los materiales volcánicos recogidos por el explorador Luis Sorela en sus excursiones a Fernando Póo y la costa occidental de África[32], mientras que Francisco Pardillo en 1912 hizo lo propio con un oligisto que le había llegado de Melilla, concretamente de las minas de hierro de la península de Tres Forcas[33].

El profesor Lucas Fernández Navarro (1869-1930), comisionado por el Museo Nacional de Ciencias Naturales, donde fue naturalista agregado desde 1902 a 1920 y Jefe de la Sección de Mineralogía a partir de ese año, o por la Real Sociedad Española de Historia Natural, llevó a cabo diferentes viajes científicos por las posesiones españolas del Norte de África desde abril de 1905. Concluyó importantes estudios sobre la península del Cabo Tres Íorcas, el Rif oriental y la Península Yebálica que dio a conocer, fundamentalmente, en las publicaciones de la Sociedad[34]. La importancia en sí de dichos trabajos se ve acrecentada con las frecuentes llamadas de atención sobre la necesidad de incrementar esta clase de trabajos científicos. Así, decía en un artículo publicado en 1920 :

" Basta ya de colonizar a estilo de la Edad Media o poco menos. Bien están los aviones y las más perfeccionadas ametralladoras auxiliando la labor de nuestros soldados y economizando su sangre generosa. Pero que no sean estos

30. F. Quiroga, " Apuntes de un viaje por el Sáhara Occidental ", *Anal. Soc. Esp. Hist. Nat.*, 15 (Madrid, 1886), 495-523 ; " Geología del Sáhara occidental ", *Revista de Geografía Comercial* (Madrid, 1886), 25-30 ; " La exploración del Sáhara occidental ", *Boletin de la Institución Libre de Enseñanza*, IX (Madrid, 1886) ; " Observaciones geológicas hechas en el Sáhara occidental ", *Anal. Soc. Esp. Hist. Nat.*, 18 (Madrid, 1889), 313-393.

31. M. Criado, " Notas tomadas en mi viaje al Golfo de Guinea ", *Bol. Soc. Esp. Hist. Nat.*, 1 (Madrid, 1901), 354-359.

32. B. López Cañizares, " Algunos basaltos de la costa occidental de África ", *Anal. Soc. Esp. Hist. Nat.*, 18 (Madrid, 1889), 395-405.

33. F. Pardillo, " Oligisto de Melilla ", *Bol. R. Soc. Esp. Hist. Nat.*, 12 (Madrid, 1912), 366-368.

34. L. Fernández Navarro, " Plan de una exploración geológica del Noroeste africano ", *Bol. R. Soc. Esp. Hist. Nat.*, 6 (Madrid, 1906), 301-306 ; " Datos geológicos acerca de las posesiones españolas del Norte de África ", *Mem. R. Soc. Esp. Hist. Nat.*, 5 (Madrid, 1908), 259-340 ; " La península del Cabo Tres Forcas (Yebel-Guork). (Noticias físico-geológicas) ", *Bol. R. Soc. Esp. Hist. Nat.*, 9, 421-436 ; " Estudios geológicos en el Rif oriental ", *Mem. R. Soc. Esp. Hist. Nat.*, 8 (Madrid, 1911), 5-61 ; " Observaciones geológicas en la Península Yebálica (1ª nota) ", *Mem. R. Soc. Esp. Hist. Nat.*, 8 (Madrid, 1914), 123-156.

ingenios, ni siquiera las locomotoras, las únicas muestras que de país civilizado exhibamos ante indígenas y extranjeros.

Yo apoyaría esta súplica en una razón que, aunque no hubiera otras, nadie puede desoir : Es preciso que no vengan nuestros vecinos a estudiar el Marruecos español. Algo se ha andado ya en este camino, y a poco que nos descuidemos pasaremos por la vergüenza de que nos enseñen los extranjeros lo que tenemos en casa. Si eso llegara a ocurrir, nuestra posición sería algo peor que desairada… Hay que evitarlo a todo trance "[35].

Y en esos momentos, como ya se ha apuntado, ya se contaba con la Comisión de Estudios Geológicos de Marruecos creada en 1915. El principal promotor, de su constitución, fue el Ingeniero de Minas Luis de Adaro y Magro (1849-1915), a quien también se había debido la transformación, en 1910, de la Comisión del Mapa Geológico de España en Instituto Geológico de España. Estuvo integrada, exclusivamente, por Ingenieros de Minas y de ahí que ellos fueran, a partir de 1915 los más activos estudiosos de los territorios españoles en África.

A finales del año 1909, el propio Adaro había sido comisionado con Alfonso del Valle (1874-1943), por el Ministerio de Fomento, para realizar un viaje de reconocimiento de la geología marroquí, concretamente para dictaminar sobre la constitución geológica del cordón de La Restinga, clasificación geológica de los territorios ocupados, disposición e importancia de los criaderos minerales y condiciones hidrológicas de las cuencas y vegas. En el mes de enero siguiente, como consecuencia del viaje, publicaron el primer bosquejo geológico de Guelaya[36]. Volviendo a la creación de la Comisión de Estudios Geológicos de Marruecos, hay que significar que el Ministerio de Estado hizo suya la idea de Luis de Adaro, entendiendo que para llevar a cabo en Marruecos obra colonizadora hacía falta fomentar sus intereses materiales, buscar sus riquezas, investigar el agua, etc. y como, para todo ello, se hacía preciso su conocimiento geológico. Los Ingenieros de Minas que se intregaron en la Comisión, también por disposición de Adaro, se dividieron en dos grupos. Uno, integrado por Alfonso del Valle y Pablo Fernández Iruegas (n. 1887), debería recorrer Melilla. Al otro, formado por Enrique Dupuy de Lôme (n. 1885) y Jaime Miláns del Bosch, se le asignó la zona atlántica desde Larache y Alcazarquivir hasta Tánger, y la mediterránea desde Ceuta a Tetuán. La dirección de los trabajos le fue encomendada a Agustín Marín que debería recorrer, con los anteriores, las distintas zonas[37].

35. *Cf.* L. Fernández Navarro, " La investigación científica en Marruecos ", *Marruecos. Revista Ilustrada*, 9 (Madrid, 1920), 6-7. La cita en la pág. 7.

36. L. Adaro, A. del Valle, " Notas acerca de la constitución geológica del Guelaya ", *Revista Minera*, Serie C, tomo 28 (Madrid, 1910), 133.

37. A. Marín, " Introducción [Estudios relativos a la Geología de Marruecos] ", *Bol. Ito. Geo. Esp.*, 38 (Madrid, 1917), 15-38. *Cf.* págs. 15-16.

Las expediciones, según el plan asignado, se llevaron a cabo durante los años 1915 y 1916. Se completaron seis estudios geológicos que, junto a una introducción, se recogieron en una Memoria titulada " Estudios relativos a la geología de Marruecos " que ocupó 360 páginas del tomo 38 del *Boletín del Instituto Geológico de España*. Para dichos estudios, los expedicionarios fueron auxialiados en los trabajos de gabinete por los también Ingenieros de Minas, Domingo de Orueta, Ramón Aguirre, Primitivo Hernández Sampelayo y Juan Gavala[38], si bien en la autoría de los estudios sólo figuraba el nombre de los expedicionarios[39].

Los intégrantes de la Comisión, que continuaron sus trabajos de campo y de gabinete en los años siguientes, fueron completando nuevos estudios que siguieron publicando, fundamentalmente, en el *Boletín del Instituto Geológico de España*. Así, en 1921 y en el tomo 42, publicaron la segunda entrega de los " Estudios relatives a la geología de Marruecos " que constó de cuatro trabajos, el de la parte de Tetuán-Tánger-Larache realizados por Dupuy de Lôme y Miláns del Bosch, el de la zona de Melilla por Valle y Fernández Iruegas, además de la nota introductoria, donde se compendiaba los estudios, y uno referente a las Chafarinas, los dos de A. Marin. Todo lo cual significó un total de 262 paginas[40].

Buena prueba de la competencia que alcanzó la Comisión, en poco tiempo, es que al ir a celebrarse en Madrid, en la primavera de 1926, el XIV Congreso Geológico Internacional, se le encomendase el planteamiento y la dirección de la excursion geológica que se proyectaba realizar en Marruecos. Para prepararla se redactaron, con vistas a la guía que editó el Instituto Geológico de España, dos excursiones. J. Milans del Bosch preparó la zona nor-marroquí de Ceuta y Tetuán. A. del Valle la región del Guelaya, una típica zona africana del Mediterráneo occidental. Con ambas, se procuró dar a conocer, a los científicos extranjeros, los rasgos tectónicos, geológicos y mineros más sobresalientes del Protectorado.

En el otoño de ese mismo año, de 1926, la Comisión que seguía conformada por los mismos integrantes iniciales prosiguió sus tareas. Como en el último año se había conseguido onquistar y pacificar el Protectorado casi en su totalidad, la Comisión se preocupó en dar una idea geológica de conjunto de la zona

38. A. Marín, " Introducción [Estudios relativos a la Geología de Marruecos] ", *op. cit.*, 16-17.

39. E. Dupuy de Lôme, J. Miláns del Bosch, " Zona de Ceuta ", *Bol. Ito. Geo. Esp.*, 38, 39-75 ; E. Dupuy de Lôme, J. Miláns del Bosch, " Zona de Tetuán ", *Ibidem*, 77-118 ; E. Dupuy de Lôme, J. Miláns del Bosch, " Zona Atlántia ", *Ibidem*, 119-170 ; A. del Valle, P. Fernández Iruegas, *Ibidem*, 171-254 ; A. del Valle, P. Fernández Iruegas, " Nota acerca de los criaderos minerales de Guelaya ", *Ibidem*, 255-273 ; A. Marín, " Estudio petrográfico de las rocas hipogénicas de Marruecos ", *Ibidem* (Madrid, 1917), 275-372.

40. A. Marín, " Introducción ", *Bol. Ito. Geo. Esp.*, 42, 3-26 ; E. Dupuy de Lôme, J. Miláns del Bosch, " Estudio geológico de la Península Norte-Marroquí ", *Ibidem*, 27-142 ; A. del Valle y P. Femández Iruegas, *Ibidem*, 143-223 ; A. Marín, " Nota geológica de las Islas Chafarinas ", *Ibidem* (Madrid, 1921), 224-241.

en esos momentos conquistada, así como en evaluar la riqueza minera que podía encerrar. Estos nuevos " Estudios relativos a la Geología de Marruecos " aparecieron en el tomo 49 (1927) del *Boletín*[41].

La " Comisión " siguio funcionando hasta la guerra, al mismo tiempo que continuaron los trabajos independientes de Fernández Navarro. En esos años, encontramos otras dos contribuciones destacables : la de Alfonso Rey Pastor, fundamentalmente a la topografía, y la de Rafael Candel Vila, a la paleontología. Alfonso Rey Pastor (1890-1956) tomó parte activa en la guerra de Marruecos como Oficial de Estado Mayor, antes de incorporarse a la Comisión Geográfia de Límites, para la que realizó, entre 1921 y 1923, diferentes trabajos topográficos[42]. Rafael Candel Vila (1903-1976), después de ganar en 1928 la cátedra de Historial Natural en el Instituto Victoria Eugenia de Melilla, llevó a cabo numerosas excursiones, fruto de las cuales fueron el hallazgo, por él o por algunos de sus alumnos, de yacimientos fosilíferos. Objeto de su especial estudio fue el terciario de la peninsula de Tres Forcas, donde recogió buen número de fósiles que envió a especialistas nacionales y extranjeros. Uno de éstos, el paleóntologo parisino M.J. Lambert al que le envió equinidos, le dedicó la especie *Progonolampas candeli*. Él mismo redactó varios trabajos sobre la geología marroquí que dió a publicar a diferentes revistas, como los Boletines de la Española y de la Catalana, *Africa e Ibérica*[43].

La ocupación de Ifni, en los primeros días de abril de 1934, fue seguida rápidamente por la creación de una Comisión científica para el estudio del Ifni (*Gaceta*, del 3 de mayo de 1934). Comisión, esencialmente geológica, que estuvo presidida por Eduardo Hemández-Pacheco y de la que también formaron parte, entre otros, su hijo Francisco Hemandez-Pacheco, Luis Lozano, Arturo Caballero y Fernando Martínez de la Escalera. Pronto, se publicaron

41. A. Marín, " Notas acerca de la importancia minera de la zona del protectorado español en Marruecos ", *Bol. Ito. Geo. Min. Esp.*, 49, 289-320 ; A. del Valle, " Nota acerca de la formación geológica de la región de Cabo de Agua ", *Ibidem* (Madrid, 1927), 321-339.

42. A. Rey Pastor, *Croquis de la región de Melilla. Escala 1:250.000*, Madrid, 1921 ; *Mapa del imperio de Marruecos. Escala 1:100.000*, Madrid, 1921 ; *Mapa de la zona N de Marruecos*, Madrid, 1923.

43. R. Candel Vila publicó un gran número de trabajos cortos, que en muchas ocasiones aparecían publicados en más de una revista. Algunos de ellos son : " Notas sobre el Neógeno de la península de Tres Forcas ", *Bol. R. Soc. Esp. Hist. Nat.*, 30 (Madrid, 1930), 123-128 ; " Excursión a Cabo de Agua y Chafarinas ", *Ibérica*, 17, vol. 34 (n° 840) (Barcelona, 1930), 104-108 ; " Contribución al estudio de la geología en Marruecos. Excursión a Cabo de Agua y Chafarinas ", *Africa, época II*, 6 (Ceuta, 1930), 269-271 ; " Apuntes sobre las formaciones secundarias del Marruecos oriental ", *Bol. Soc. Esp. Hist. Nat.*, 31 (Madrid, 1931), 45-48 ; " Contribución al estudio de la Geología en Marruecos. Notas sobre el neógeno de la Península de Tres Forcas ", *Africa, época II*, 7 (Ceuta, 1931), 34-36 ; " Contribución al estudio de la Geología en Marruecos. Apuntes sobre las formaciones secundarias del Marruecos oriental ", *Africa, época II*, 7 (Ceuta, 1931), 101-102 ; " Excursiones por Marruecos. Macizo del Gurugu ", *Africa, época II*, 7 (Ceuta, 1931), 151-152 ; " Estudios zoogeográficos en Marruecos ", *Africa, época II*, 7 (Ceuta, 1931), 205-206 ; " Descobriment del pis Aalenià a Muley-Rechid (Maroc oriental español). Análisis del autor ", *Bull. Inst. Cat. Hist. Nat.*, 33 (Barcelona, 1933), 109-110.

por los expedicionarios los primeros resultados científicos[44].

En los últimos años, del período por nosotros considerado, la " Comisión de Estudios Geológicos de Marruecos " intensifica sus esfuerzos en encontrar yacimientos que suposieran un alivio económico a los gastos que originaban al Estado Español sus posesiones en África. Comienza, entonces, la búsuqeda de yacimientos de petróleo. Agustín Marín, figura de referencia obligada dentro de la " Comisión ", decía ante el micrófono de Unión Radio el día 16 de abril de 1936 : " Es de esperar que los Gobiernos de nuestro país presten la atencion debida a estos problemas económicos y tracen una política petrolífera sabiendo de antemano los sacrificios que esto supone. Posibilidad de existir estos yacimientos la hay en Marruecos español (tal vez como no existen es España) y hay que pensar que el descubrimiento del petróleo suprimiría el desnivel de nuestra balanza comercial y nos colocaría en una situación económica de independencia internacional que constituye la principal arma de todos los Estados en el presente siglo "[45].

Tres meses después comenzaba la guerra civil. Terminada ésta, el rápido hallazgo de fosfatos en el Sahara, dirigió la investigación geológica sobre este importante recurso.

RESPUESTAS A UNAS PREGUNTAS. CONCLUSIONES

En las primeras paginas de este trabajo se formulaban una serie de preguntas, a las que se ha tratado de dar respuestas a lo largo de toda la exposición. De manera sintética podríamos resumir que :

1°) Los naturalistas españoles atendieron, con similar intensidad, los estudios zoológicos y botánicos en los territorios africanos que dependieron de España entre 1860 y 1936. Prestaron menor atención a los estudios geológicos, si bien la realización de éstos se vió muy completada por los llevados a cabo por los Ingenieros de Minas que participaron en la " Comisión de Estudios Geológicos de Marruecos ".

2°) Se produjeron diferentes núcleos de atención, en cada una de estas tres disciplinas, que concentraron un elevado número de trabajos. Así, en Zoología, interesaron los artrópodos — sobre todo, los insectos — y los vertebrados — en especial, mamíferos —. En botánica, la fanerogamia primó sobre la criptogamía y, dentro de la segunda, sólo se trabajó en micología, descuidando algología, liquenología y briología. En geología, los primeros estudios se centraron en el conocimiento geológico de los territorios y, los posteriores, en la búsqueda de yacimientos minerales, e incluso, al final del período, de petróleo.

44. F. Hernández-Pacheco, " El territorio de Ifni ", *Oasis*, 1, n° 1 (Madrid, 1934).
45. A. Marín, " Marruecos. Geología y criaderos minerales ", *Revista Minera, Metalúrgica y de Ingeniería*, tomo 87 ; 54 de la serie C (Madrid, 1936), 173-175.

3°) A la pregunta ¿ hasta qué punto los naturalistas españoles que colectaron en el África española publicaron, ellos mismos, los resultados corresponcientes ? puede cuantificarse en no más del 50 % de los trabajos zoológicos, cantidad que se eleva por encima del 80 % para los botánicos y geológicos.

4°) Como se deduce, del punto anterior, fue en el campo de la zoología en el que se produjo el mayor número de contribuciones de autores españoles y extranjeros que no estuvieron en el África española, pero que trabajaron con materiales allí recogidos. Mucho menos, la de botánicos y geólogos y, además, con muy escasa presencia de especialistas extranjeros.

5°) Los colectores llevaron a cabo una labor fundamental para los estudios posteriores, encuadrando dentro de ello dos grupos bien diferenciados : por un lado, el del especialista en un determinado grupo que colecta de otros que pasa a los especialistas correspondientes (Manuel Martínez de la Escalera, es el exponente máximo) ; por otro, el de los colectores " por encargo " que recogen de un determinado tipo de material para proveer a un especialista concreto (caso de los colectores botánicos Xiberta Raig, Péres Camarero y Pando, entre otros).

Contestadas las preguntas, apuntaremos dos notas finales :

De un lado, el que entre 1901 y 1905, por los factores apuntados, se produce un cambio cualitativo en el estudio del medio natural de las posesiones españolas en África. Los estudios, hasta ese momento infrecuentes, van a intensificarse y van a llevarse a cabo por especialistas, teniendo que recurrirse en algunos casos a extranjeros.

De otro, y como resultado de la importante labor científica desarrollada, el que hayamos considerado interesante aclarar, lo más posible, como contribuyó cada uno de los viajeros, expedicionarios, colectores, estudiosos y especialistas a ella y de ahí la redacción de la obra que estamos ultimando, en el que un diccionario biobibliográfico de todos ellos ocupa una parte importante de la misma[46].

46. *Cf.* nota 1.

Professionals and Dilettantes Dealing with the North-African Nature : Analysis of the Activity of the Spanish Naturalists (1860-1936)

Antonio GONZÁLEZ BUENO[1]

Between the commercial activity and the agricultural development. The first studies on the north-african nature (1860-1905)

The penetration begun by the Spaniards in the territory of the *Imperio Xerifano*, after the declaration of war in October 1859, had hardly repercussion among the scarce and isolated Spanish naturalists. Only some romantic expeditionaries, more deeply moved by their adventure desire rather than by scientific motives, travel the territory of the Empire ; Joaquim Gatell[2] or José María Murga[3] are not strictly naturalists, but in their stories about the knowledge of environment, especially the description of anthropological types, they provide a first approach to the geographical and physical realities of Morocco.

The texts of these adventurous explorers were also one of the elements used, in a recurrent way, by the colonialist groups originated in Spain around the last quarter of the century : the *Sociedad Geográfica de Madrid*[4], founded in 1876,

1. The realization of this work has been possible thanks to the investigation project PR 179/91-3491 of the Universidad Complutense de Madrid. This article is part of a book, next to be published, carried out in collaboration with Alberto Gomis Blanco.

2. About Joaquím Gatell they have written, among other, J. Gavira, *El viajero español por Marruecos, Don Joaquín Gatell (el " Caid Ismail ")*, Madrid, 1949 ; also F. Valderrama Martínez, *Joaquín Gatell, explorador de Marruecos*, Tetuán, 1952.

3. About José María de Murga y Mugartegui *cf.* C. Fernández Duro, " El Hach Mohamed el Bagdaly (Don José María de Murga) y sus andanzas en Marruecos ", *Boletín de la Sociedad Geográfica de Madrid*, 3 (1877), 117-147 and 193-254. Also J. Ibarra Berge, *José María de Murga. " El Moro Vizcaino "*, Madrid, 1944.

4. About the genesis of this Society *cf.* the public editorial, made in 1876 : " Fundación de la Sociedad Geográfica de Madrid ", *Boletín de la Sociedad Geográfica de Madrid*, 1 (1876), 5-13.

and the *Asociación Española para la Exploración del África*[5], born by the middle of 1877, will overturn their theoretical speeches in the necessity of exploring the economic and mercantile conditions of the north-African territories. They have the support of the Spanish consuls detached in the Magreb who will give to the presses memoirs of geographical-commercial character of the demarcations of their consulates, not without data of geographical or anthropological interest ; but their central aims are the commercial ones, and to them they dedicate, besides its orientation, the biggest number of pages[6].

During the last quarter of the 19th century, the Spanish colonialists favoured, in a special way, the establishment of commercial factories in the African Atlantic coast, in front of the Canary Isles, to explore the fishing bank of this area and to trade with the towns of the interior of Africa ; the used political arguments rotate around the Treaty of Tetuán for which the sultan of Morocco committed to allow a Spanish establishment where that of Santa Cruz de la Mar Pequeña was located. The question, not without polemic, made enter in combat economic interests of varied nature, and it motivated different expeditions all dedicated to locate the old Spanish establishment[7], some of which picked up data of certain geographical interest, also gathering useful samples for the study of the environment, even when these cannot be considered as scientific expeditions[8]. The study of the Canary-African fishing bank, a controversial argument between colonialists and detractors of this action, was only approached, from 1905 awards, with strictly scientific aims, when they thought about the possibility, never taken to the practice, of establishing a Laboratory of Biology in the western coast of Morocco[9].

5. This grouping, branch of the *International Association for the Exploration of the Africa*, formed in Brussels under the patronage of Leopold II, is commentated in the anonymous note, published in 1877 : " Asociación Española para la Exploración del África ", *Boletín de la Sociedad Geográfica de Madrid*, 2, 429-442.
6. Such is the case of J. Álvarez Pérez, the Spanish consul in Mogador, when, in 1877, he gave to the press its " Marruecos. Memoria geográfico-comercial de la demarcación del Consulado de Mogador ", *Boletín de la Sociedad Geográfica de Madrid*, 2, 499-518 ; or that of Teodoro de las Cuevas, vice-consul in Larache, between 1883 and 1892, consul in Tetuán from 1895, author of an extensive article, published between 1883 and 1884, " Estudio general sobre la geografía, usos agrícolas, historia política y mercantil, administración, estadística, comercio y navegación del Bajalato de Larache y descripción crítica de las ruínas del Lixus romano ", *Boletín de la Sociedad Geográfica de Madrid*, 15, 70-97 ; 15 : 167-186 ; 15 : 338-369 ; 15 : 417-433 ; 16 : 31-58 ; 16 : 232-263 ; 16 : 365-372 ; 16 : 425-436 ; 16 : 437-438 ; to mention the most representative examples, although not the only ones.
7. A vision of the problem can be seen in J.M. Martínez Milán, " Las pesquerías canario-africanas en el engranaje del africanismo español (1860-1910) ", *Awrâq*, 11 (1990), 97-122.
8. Such is the case of the expedition of the *Blasco of Garay*, commanded by Cesareo Fernández Duro whose scanty botanical and zoological material was studied by Mariano de la Paz Graells *cf.* " Nota del profesor Graells, sobre algunos objetos notables que se han recogido en Uima. Costa de Tekna, que corresponden al desierto, ó Sahara (sájara), por el Capitán de Navío Ilmo. Sr. D. Cesareo Fernández Duro, en su viaje último á las costas de Marruecos ", *Boletín de la Sociedad Geográfica de Madrid*, 5 (1878), 21-28.
9. The laboratory was created by R.D. 22-VIII-1905, but their physical establishment was not effective " Laboratorio de Biología en la costa occidental de Marruecos ", *Revista de Geografía Colonial y Mercantil*, 3 (6) (1905), 153-154.

As a consequence of the pressures exercised by these colonialist group-ings[10], a special department dedicated to trips and explorations was included in the General Budgets of the State (elaborated in 1885, to proposal of Seg-ismundo Moret)[11]. With the support, often concealed, of the Government, and the aid lent by private companies of trade, the *Sociedad de Africanistas y Colonistas* organized four groups of explorations : Emilio Bonelli travelled through Río de Oro (1884)[12], Amadeo Ossorio and Manuel Iradier studied the Gulf of Guinea (1884)[13], Julio Cervera and Francisco Quiroga explored the Sahara (1886)[14] and José Álvarez Pérez worked in Teckna (1887)[15], they all had an evident scientific end, but they were good to acquire big land extensions in the studied area as well.

These expeditionary activities are integrated in a program, of wider reper-cussions, in which must also be included the development of the Chamber of Commerce in the Morocco territory, the setting-up of new sailing lines among the Moroccan ports and the peninsular ones and the establishments of cultural centers and sanitariums through which to extend the Spanish influence in Morocco. The private companies also sponsored some exploration trips, dedi-cated to value the potentiality of the African markets ; the interests of these companies are of either agricultural or commercial character, but the reports sent by their commissioners have also usually geographical or ethnographical

10. Created, around the group lead by Joaquín Costa, as direct consequence of the 1st Spanish Congress of Specialist in African Affairs which took place in Madrid in November 1883, orga-nized by the *Sociedad Geográfica de Madrid*. About the creation of this Society *cf.* E. Hernández Sandoica, *Pensamiento burgués y problemas coloniales en la España de la Restauración*, Madrid, 1982 ; also M. Fernández Rodríguez, *España y Marruecos en los primeros años de la Restau-ración (1875-1894)*, Madrid, 1985.

11. About the concession of this credit *cf.* R. Torres Campos, (1886) " Reseña de las tareas y estado de la Sociedad Geográfica de Madrid ", *Boletín de la Sociedad Geográfica de Madrid*, 18 (1855), 274-284 ; an anonymous note of this same year, probably of J. Costa, he gives information of his new in *Revista de Geografía Comercial*, 1 (3), 45-46.

12. About E. Bonelli Hernando *cf.* J.M. Bonelli Rubio, " Emilio Bonelli Hernando : un español que vivió para África ", *Archivos del Instituto de Estudios Africanos*, 1 (1947), 29-44. A chronicle of their trip in E. Bonelli, *El Sahara. Descripción geográfica, comercial y agrícola desde Cabo Bojador á Cabo Blanco, viajes al interior, habitantes del desierto y consideraciones generales*, Madrid, 1887.

13. The trip is commented in M. Iradier, " Exploración de territorios del Golfo de Guinea ", *Boletín de la Sociedad Geográfica de Madrid*, 21 (1886), 25-36. It was not the first expedition of M. Iradier to the Gulf of Guinea, *cf.* among the many studies dedicated to this expeditionary man, those of J.M. Cordero Torre, *Iradier, la expansión española en el África ecuatorial*, Madrid, 1944 ; E. Calle Iturrino, *A bordo de una nave española. Rutas del explorador Iradier*, Bilbao, 1952 ; R. Majó Framis, *Iradier en la Guinea Española*, Madrid, 1954. The gathered materials were studied by José Macpherson (Geology), Francisco de Paula Martínez and Sáez (Vertebrates), Ven-tura Reyes and Joaquín González Hidalgo (Molluscs), Ignacio Bolívar (Articulate) and Manuel Antón (Anthropology). *Cf.* " El Sr. Ossorio en Guinea. Colecciones ", *Revista de Geografía Com-ercial*, 2 (25/30) (1886), 82-88.

14. A description of this trip can be seen in J. Cervera, " De Río de Oro a Iyil ", *Revista de Geografía Comercial*, 2 (25/30) (1886), 1-6 ; also F. Quiroga, " Apuntes de un viaje por el Sahara Occidental ", *Anales de la Sociedad Española de Historia Natural*, 15 (1886), 495-523.

15. The traveller himself left a story of his trip, *cf.* J. Álvarez Pérez, " En el Seguia-el-Hamra ", *Revista de Geografía Comercial*, 2 (25/30), 6-8.

interest ; the *Compañía Transatlántica*, founded by the marquis of Comillas, sent to Germán Garibaldi to study, in 1891, Fernando Poo's agricultural possibilities[16], the same Company also financed the trips of Emilio Bonelli to the Gulf of Guinea in 1887 and 1889[17] and Norbert Font and Sagué visited, in 1902, the western coast of the Sahara with the same patronage[18].

This was a quite similar movement, on the other hand, to the one carried out by the other European powers with economic interests in the area. Such performances were favoured after the international agreements signed in 1904, generalizing a settler movement toward the north African territories, well-known as " peaceful penetration "[19], this interest, markedly economic, to know the geography and the environment of the other side of the Strait of Algeciras, obtains immediate answer in the Spanish scientific collective, with an increase, although not lineal, of the publications referred to the natural history, during the first third of the 20th century[20].

THE SCIENTIFIC STUDY OF THE ENVIRONMENT AS AN ARGUMENT
IN THE COLONIZATION OF THE TERRITORY (1905-1912)

The integration of the naturalists in this colonizing process is progressive, the institutional push has its origin in March 1905 when, at the request of Manuel Martínez de la Escalera, the administrations began to carry out the annual trip of the *Real Sociedad Española de Historia Natural*, to the north of Africa ; a commission was named to the effect, formed by Salvador Calderón, Ignacio Bolívar and Blas Lázaro. At the beginning of April, they had already finished the draft of a very particular section, formed in the bosom of the Society, but independent of it in many aspects[21].

The " Commission for the Exploration of the Northwest of Africa " is born " with complete independence of the ordinary administration of the Society,

16. He left written his impressions in G. Garibaldi, " La isla de Fernando Poo ", *Boletín de la Sociedad Geográfica de Madrid*, 30 (1890), 94-110 ; it was not this one the first time that visited the island, one year before it was commissioned by the Ministry of Public Works *cf.* G. Garibaldi, " De Santa Isabel á San Carlos en Fernando Poo ", *Revista de Geografía Comercial*, 5 (86) (1890), 42-46.

17. An account of the trip of 1888 in E. Bonelli, " A trip to the Gulf of Guinea ", *Boletín de la Sociedad Geográfica de Madrid*, 24 (1888), 291-313 ; his companion gives notes of the periplus of 1890, E. Valero, " La Guinea Española. La Isla de Fernando Poo ", *Revista de Geografía Comercial*, 6 (97) (1892), 169-179.

18. R. Ferré Gomis, " Memoria biográfica de Mossén Norbert y Sagué ", *Butlletí de la Institucio Catalana d'Historia Natural*, 7 (1910), 61-65.

19. A group vision in V. Morales Lezcano, *El colonialismo hispano-francés en Marruecos (1898-1927)*, Madrid, 1976.

20. A previous valuation to this study in A. González Bueno, " Algo más de doscientos años de preocupación por la Naturaleza en Melilla y su tierra ", *Aldaba*, 7 (13) (1989), 11-27.

21. The petition of M. Martínez de la Escalera is dated March 1905 *cf.* " Comunicaciones ", *Boletín de la Real Sociedad Española de Historia Natural*, 5 (1905), 134, at the beginning of April the draft of this commission is already finished *cf.* " Correspondencia ", *Boletín de la Real Sociedad Española de Historia Natural*, 5 (1905), 186-187.

and very mainly in the relative to the collection of the resources that were dedicated to it and to the investment of the same ones… "[22] and formed by people, of well-known political influence, not related with the Spaniard of Natural History, on whom the whole responsibility agent relapses. The election of the members that had to constitute this Commission shows the interest, and the influence, of those in favour of the peaceful occupation of the area ; presided over by an ex-minister of Public Instruction, Manuel Allende Salazar, Alba's, Luna's and Medinaceli dukes and the marquis of Santacruz will surround as vice-presidents, only, in a testimonial way, Santiago Ramón y Cajal had a place of vice-president, the treasury will relapse on the marquis of Urquijo, these members did not seem interested in the scientific part of the project, but among them it is possible to find political interests, as Luis Bahía Urutia, attracted by the agricultural situation of the north-Africa territories from its armchair in the Parliament[23].

The economic funds were not long in coming : first the Royal grant (5.000 ptas) then those of the political members of the Commission themselves[24], institutions interested in the colonizing process, as the Ministry of State (10.000 ptas), Bank of Spain (5.000 ptas), Casino of Madrid (1.000 ptas) or the Association of Cattlemen (500 ptas) and private individuals linked to colonialization groups[25]. The creation of this Commission is not owed at random, it is a logical answer to a social situation where Morocco takes exceptional interest in the European context ; it is not only the Spanish case, also the French one suits to remember that, in fact in this year of 1905, the French Ministry of Public Instruction dedicates, for the first time, a special fund for a recently founded one " Scientific Mission to Morocco "[26]. Anybody can conceal the direct relationship between this expeditionary interest and the preparations of the territorial distribution of the Empire of Morocco ; the echoes of the secret treaties between Spain and France, signed at the end of November 1904 and at the beginning of September 1905, were already made public ; hardly some months later the Conference of Algeciras took place, January 16th, 1906.

The first expedition organized by the " Commission of the Northwest of Africa " would be of zoological interest, directed by Manuel Martínez de la Escalera, it would be centered in the study of the fauna of Mogador, but among

22. The text, originally in Spanish language, is in *Boletín de la Real Sociedad Española de Historia Natural*, 5 (1905), 186.

23. *Cf.* " Comisión del Noroeste de África ", *Boletín de la Real Sociedad Española de Historia Natural*, 5 (1905), 293-295.

24. M. Allende Salazar collaborated with 500 pesetas, the duke of Medinaceli with 2.500 pesetas *cf. Boletín de la Real Sociedad Española de Historia Natural*, 5 (1905), 295.

25. Nicolás M. Urgoiti, Carlos Barranco and S. Estefani contributions are pointed out *cf. Boletín de la Real Sociedad Española de Historia Natural*, 5 (1905), 295.

26. [E. Ribera], " Partidas del presupuesto de Instrucción Pública en Francia ", *Boletín de la Real Sociedad Española de Historia Natural*, 5 (1905), 297.

the objects exposed in Madrid, in the Museum of Natural Sciences, with object of giving publicity to the performances of the expeditionary ones, there were, besides the zoological ones, a good handful of geological and botanical materials of diverse north-African origin[27].

In spite of the existence of this Commission, in the bosom of the only Spanish society that, in that time, contained the naturalists of the whole State, the study of the north-African environment is not sufficiently organized. Lucas Fernández Navarro, professor of Crystallography in the *Facultad de Ciencias* of Madrid and an early one in the geological studies in the north of Africa, elaborates, in 1906, a " Plan of a geological exploration of the African Northwest "[28], where he insists about the geological interest of the Rif coast, an area studied by him for these years ; but what it is really innovative of the plan, and what it supposes an exception in the general comments from this moment of economic support to the investigations on the north-African environment, is his criticism about the impossibility of elaborating a sufficiently deep investigation project : " Moreover, this limitation and determination in the plan, being always very difficult of fixing in the tasks of this nature, is truly impossible in one case, because we lack the fact of which must begin all the calculations, of the knowledge of the resources with which we will count. Unfortunately the only thing for sure certainly we will be able to affirm in this point, it is that the official aid will be very inferior to that of which the company demands, and that we will go much more slowly of that the interests of the science and of the homeland would suit "[29].

Improvisation in the position of the costs and organisation of the work, and this when L. Fernández Navarro mentions to the geological field, of an enormous economic interest due to its linking with the mining exploitation's, one of the biggest incentives, together with the railroad, for the colonialist capital.

The second of the expeditions sponsored by the " Commission for the Exploration of the Northwest of Africa " will also be zoological. It would be developed during the summer of 1907 and their objective would be the Atlas, but, in spite of the reiterated attempts of M. Martínez Escalera, the area would remain unstudied. He justifies this way in his report : " The political situation is very complicated and difficult without being serious ; the overexcitement of the natural ones is so big that you can see abandoned horses running and Moors' heads peering out for the thatched tops of the corrals by the roads, hiding soon after that they are seen ; the authorities impede as much as they can

27. A relationship of these materials can be seen in *Boletín de la Real Sociedad Española de Historia Natural*, 5 (1905), 413.

28. L. Fernández Navarro, " Plan de una explotación geológica del Noroeste africano ", *Boletín de la Real Sociedad Española de Historia Natural*, 6 (1906), 301-305.

29. L. Fernández Navaro, " Plan de una explotación geológica del Noroeste africano ", *op. cit.*, 305. This text is in Spanish language.

the step of the Europeans, to avoid complications, although in fact nothing happens "[30].

Hardly some months later, at the beginning of 1908, the Spanish troops occupy Restinga and Cabo de Agua ; military men enjoy a political influence largely analyzed by Manuel Tuñón de Lara : " A war in Morocco was chewed "[31].

NATURALISTS IN A MILITARY SOCIETY (1912-1927)

Still in 1910, on the occasion of the inauguration of the Oceanographic Museum of Monaco, Odón de Buen referred to the scarce available knowledge on the north-African Nature and to the moral obligation of Spain to present, in the name of the scientific collective, concrete results of an investigating activity :

" We occupy critical points in the Mediterranean basin, and the scientific world has right to demand us the thorough and careful study of our coasts, so that it cannot be affirmed, with reason that we do not contribute to the scientific progress and we limit ourselves to be clients of the world culture "[32].

It will in fact be Odón de Buen the one in charge of directing, in April 1913, a scientific expedition in the area of the Rif, to instances of the *Sociedad Española de Historia Natural* and of the *Museo de Ciencias Naturales* of Madrid, Arturo Caballero would accompany him as botanist. The expedition would have as logistic center Melilla and, from here, trips would be organized to the mount Gurugú, Nador and Cabo de Agua ; from A. Caballero's trip diary we summarize the paragraphs that follow, it is latent in them a different model of working in the field, faithful reflection of the new situation of the square and its earth ; the border situation takes all its meaning here by being under the military jurisdiction :

" Once in Melilla [April 7th] and obtained the indispensable authorization of the first military authority of that region, we begin to put into practice the projected plan (...) we embark in Melilla the April 25th in the mail of Cabo de Agua, and in the first hours of the afternoon we disembark in this point, where, hardly without resting, once obtained the fort Commander's indispensable permission, we are devoted to collect the surroundings of this place (...). The following morning, accompanied by two indigenous soldiers that the military-in-chair, Mister Civantos, gallantly put to our disposition, we leave by the bank

---

30. The comment is in *Boletín de la Real Sociedad Española de Historia Natural*, 7 (1907), 268. This text is in Spanish language.

31. M. Tuñón de Lara, *La España del siglo XIX*, Barcelona, 1980. The one quoted, in Spanish, is in vol. 2, p. 186.

32. O. de Buen, " Plan de trabajos comunes en los laboratorios biológico-marinos del Mediterráneo ", *Boletín de la Real Sociedad Española de Historia Natural*, 10, 275-282. (The appointment, in Spanish, in p. 282).

of the sea in address to the river Muluya, in order to collect in their banks... "[33].

The ichthyology charged special importance in this expedition of 1913, as we should not forget its director's oceanographic formation ; his data on the Mediterranean marine fauna supplement those contributed by Rafael de Buen, after their campaigns in December 1909, and some previous of Odón de Buen himself[34]. However, the biggest contribution in this field owes to Luis Lozano Rey who, in 1921, published, in the volume of Memoirs consecrated by the Spanish Society of Natural History to the Protectorate of Morocco, a detailed study of the collections of fish picked up in the costs of the Moroccan Mediterranean Sea, conserved in the *Museo de Ciencias Naturales* of Madrid, coming from these and other expeditions carried out by the Luis Lozano himself between 1908 and 1935. This text speaks to us of the wealth in fauna of this area, although, already in 1921, it elevates a protest against the abuse of exploitation of the continental platform :

" These fish loads [he mentions to the existent ones in the market of Melilla] were obtained by means of cartridges of dynamite rushed to the sea, from the high of the rocks [of the end of Tres Forcas], in places where you can watch the step of the bands of fish. The brutal employment of the dynamite (...). It is no doubt the main cause that the contiguous bottom to Tres Forcas is not the parallel of vitality that if you allow Nature to flourish at its whim and fishing is practised using only noble arts "[35].

The author proposes an alternative system of fishing, using the topographical peculiarities of the Mar Chica ; the reports on the entrance used by Luis Lozano to conform his alternative system of fishing, were made by a military man, Lieutenant Mazarello.

The *Sociedad Española de Historia Natural* promoted other study campaigns in north-African lands ; between the months of April and June 1913, in a militarized territory, an expedition was developed in Yebala and Lucus, in which participated Constantino Bernaldo de Quirós, Lucas Fernández Navarro, Ángel Cabrera Latorre, Juan Dantín Cerceda and Francisco Martínez Escalera[36] ; the expeditionary ones travelled with a continuous military protec-

33. A. Caballero, " Enumeración de las plantas herborizadas en el Rif ", *Memorias de la Real Sociedad Española de Historia Natural*, 8 (1915), 241-292 (Diary transcribed between págs 242-246).

34. The ichtyological results would be published by O. de Buen, " Peces de la costa mediterránea de Marruecos ", *Boletín de la Real Sociedad Española de Historia Natural*, 12 (1912), 153-166.

35. L. Lozano, " Datos para la ictiología marina de Melilla ", *Memorias de la Real Sociedad Española de Historia Natural*, 12 (1921), 121-204. (the appointment, in Spanish, is in p. 127).

36. The " Diary of the trip " was published by C. Bernaldo de Quirós, *Yebala y el bajo Lucus*, 1-6, Madrid, 1914. J. Dantín Cerceda also left printed his experiences (*cf. Una expedición centífica por la zona de in influencia española en Marruecos*, Barcelona, 1914).

tion, maybe excessive in some occasion, provided by the General Fernández Silvestre[37].

The Spaniard of Natural History sponsored zoologist Ángel Cabrera's trips in Morocco, those carried out in the spring of 1919[38] and the autumn of 1921[39] ; still in 1923 he would accompany Hubert Lynes in her African periplus[40]. It was not this one the only scientific sponsor institution of exploration trips ; botanist Arturo Caballero would carry out a new trip of studies in Melilla, among May and June 1915, financed then by the *Junta para la Ampliación de Estudios e Investigaciones Científicas*[41] *; the Museu de Ciències Naturals* of Barcelona financed the expenses of entomologists Ascensi Codina and Santiago Novellas's trip in the areas of Xauen and Tetuán[42].

This military situation of the territory that we are commenting was favourable for the study of the environment, against what could be thought of an atmosphere of possible warlike danger ; they would be in fact military pharmacists who provided important data on the flora, fauna and gea of our Protectorate[43].

During the year 1912, Xiberta Raig, military pharmacist posted to Melilla, sent plants to Pius Font Quer for his determination[44]. It was not a novelty for the Catalonian pharmacist which had already received other collections of

37. " Thirty seven men of the Queen's Regiment " for their last days of stay in Sahel, at the end of May (J. Dantín Cerceda, *Una expedición centífica por la zona de in influencia española en Marruecos, op. cit.*, 136) ; " by a military protection of forty five men of Marine infantry " May 31, on the way to Arcila (J. Dantín, *Una expedición centífica por la zona de in influencia española en Marruecos, op. cit.*, 140).

38. This one in company of Manuel García Llorens, of which bequeathed us a brief story (A. Cabrera, " Seis semanas de excursión zoológica en el Rif ", *Boletín de la Real Sociedad Española de Historia Natural*, 19 (1919), 431-443).

39. Accompanied, in this trip, by José Luis Bernaldo de Quirós ; they visited the plain of Guerruao, at the Southwest of Garet, passing then Yebala to penetrate until Xauen ; cf. A. Cabrera, " Un viaje de dos meses por Yebala ", *Boletín de la Real Sociedad Española de Historia Natural*, 22 (1922), 101-113.

40. In this occasion he travelled with Fernando Bernaldo de Quirós, they visited Tetuán, the valley of Quitzán, Xauen and Tarazot. This one and the rest of their trips to Africa can be read in A. Cabrera, *Magreb-el-Aska. Recuerdo de cuatro viajes por Yebala y par el Rif*, Madrid, 1924.

41. A. Caballero, " Excursión botánica a Melilla en 1915 ", *Trabajos del Museo de Ciencias Naturales (Botánica)*, 11 (1927), 1-39.

42. A. Codina, " Alguns Apids (Hym. Apidae) de la excursió Codina-Novelles to Marròc (1921) ", *Butlleti de la Institució Catalana d'Historia Natural*, 23 (1923), 113 ; A. Codina, " Alguns Hemipters (Heteròpters i Homòpters) de Catalunya i del Marroc espanyol ", *Butlleti de la Institució Catalana d'Historia Natural*, 25 (1925), 268-270 ; A. Codina, " De la excursión Codina-Novelles del Museo de Ciencias Naturales de Barcelona a Algeciras (Cádiz) y Marruecos ", *Boletín de la Sociedad Entomológica Española*, 9 (1926), 127-129.

43. We wrote an analysis of this situation in a previous work, A. González Bueno, R. Rodriguez Nozal and C. Jerez Basurco, [in press]. " Naturalistas en una sociedad militar : el estudio de la Naturaleza en el Protectorado español de Marruecos (1908-1927) ", *IIIrd International Congress of Military History. Records*, Zaragoza, 587-593.

44. P. Font Quer, " Sobre la flora de Melilla ", *Boletín de la Real Sociedad Española de Historia Natural*, 16 (1916), 285-287.

Larache remitted by Francisco Pérez Camarero, military pharmacist who gathered herbs in that territory in the spring of 1913[45] ; in this same group can be included Ángel Aterido, who picked herbs in Tifasor between 1915 and 1916, during his military service[46]. This collecting work developed by the sanitariums of the Army would be basic for the elaboration of a Flora of the Western Mediterranean Sea, topic approached by P. Font Quer during these years, he values the received shippings this way :

" All those shippings are frequently rich in curious things and in novelties, and they tell us how much pharmacists could make for the study of the flora of Morocco dedicated in the military pharmacies of Melilla, Zeluán, Nador, Ceuta, Tetuán, Arcila, Larache and Alcázar, besides those of the Chafarinas, Peñón and Alhucemas that are those that exist at the present time "[47].

This comment refers to a work method characteristic of the territories with difficult access ; personnel located there is appealed, inciting them to provide the necessary materials to approach the study of the environment, but the work of determination is carried out professionally by qualified scientific persons, different from these occasional collectors. However, naturalists prefer to know the materials in its environment ; P. Font Quer himself, of whom the previous comment proceeds, will carry out botanical trips in Morocco between 1927 and 1932 ; before him, Enrique Gros, the collector of the *Museu de Ciències Naturals* of Barcelona, would make it, although with little success, in May 1926, José Sanjurjo, General-in-Chief of the Army of África, dictated a decree prohibiting the permanency and circulation of any civilian in the territories of Axdir, Tensaman and Beni-Tuzin[48].

Although the Spanish Army began to dominate the coast establishments after the landing of Alhucemas, the confrontations between the Spanish troops and the Moroccan ones would maintain an unstable situation in the area until July 1927[49]. E. Gros, in spite of having the support of the military pharmacists posted to Alhucemas, did not get the permission of the General Commandant of Melilla and he had to return to Málaga without collecting the Rif ; the travel

45. P. Font Quer, " Plantas de Larache ", *Boletín de la Real Sociedad Española de Historia Natural*, 14 (1914), 425-430.

46. C. Pau, " Plantas de Melilla ", *Boletín de la Sociedad Aragonesa de Ciencias Naturales*, 17 (1918), 123-133.

47. P. Font Quer, " Sobre la flora de Melilla ", *op. cit.*, the text, in Spanish, is in p. 286.

48. The decree, signed in Tetuán May 31th, 1926, was reproduced repeatedly in *El Telegrama del Rif* ; we have read it in a press article sent by E. Gros to P. Font, in a letter dated in Melilla, June 8th, 1926 (Archives of the *Instituto Botánico* of Barcelona, correspondance of P. Font Quer, without classifying [Arch. I.B.B., leg. P. Font]).

49. The previous military operations to the conquest of Aixdir were developed since September 8th-22nd, 1925, in spite of the surrender of Abd-el-Krim (May 1926) to the French troops, the war of Morocco will not be given as finished until July 1927. A detailed journalistic relationship of the events happened during September 1925 can be read in López Rueda, *Del Uarga a Alhucemas*, Madrid, 1925.

had the financing of the *Junta de Ciencias Naturales* of Barcelona[50].

In 1926, and in spite of their initial reticence, P. Font Quer decides to undertake the study of the flora of the African north-west, the campaigns would be self-financed with the sale of a *exsiccata*, that how *Iter Maroccanum* (1928-1932) is born, the most complete botanical studies undertaken in this area by Spanish investigators.

P. Font himself relates the genesis of his idea : " Free of the works in the Herbarium of Spain from 1926 (…) I saw it was possible to undertake a botanical campaign, waited so long ago, in the Rif. On the other hand, the pacification of the Spanish area in Morocco was on so right road that everything made think of the possibility of using not only from the historical-natural point of view the Rif coast, but also the inner mountains, territories ignored botanically until today (…) I still wanted to enhance the value of the collection that I could form in the Rif (…) and I also had the offer from my wise friend Dr. Carlos Pau, so expert on the flora of northern Morocco, as he is on the Spanish one (…) Resolved to the realization of my project I was presented another problem (…) to what price could it be pointed out to each unit or sheet ? I fixed the price of each one in 1,25 pesetas "[51].

The figure calculated on a total of 700 numbers for eight collections (5.600 sheets) would suppose some revenues of 7.000 pesetas, with which, during three months, paper, printed labels and the expenses of P. Font and E. Gros's trips in the Rif had to be supplied. The money seems appropriate to the caused expenses ; P. Font himself requested to the *Junta para Ampliación de Estudios*, in March 1915, a pension of 1.000 pesetas to work, during one month, in Larache ; now the time of stay was tripled and the paper expenses had to be increased in a lot, besides including the expenses of impression of the labels[52].

Once accepted their offer sale for the main European and American botanical centers, and obtained the permission of the *Junta de Ciencias Naturales* of Barcelona (institution to which P. Font Quer was professionally bound) he begins the first of his trips in the Rif. P. Font Quer's meticulous notes and the wide series of correspondence conserved in the *Instituto Botánico* of Barcelona allow to know the transported material to carry out these investigations :

" It consisted on 10 big wooden presses and metallic nuts, four iron presses for the field, 1.000 pads and 2.500 *estraza* sheets, about 12 thousands of sheets

50. " …that of Gros is a truly a heavy burden. It is necessary to believe he is unlucky. Yesterday I received his telegram in which he announced me his return to Málaga, from Melilla, without having been able to arrive to Alhucemas for not having received the due authorization. " (Letter from P. Font to C. Pau, Barcelona, June 16th, 1926, Arch. I.B.B., leg. P. Font).

51. P. Font Quer, " Organización y desarrollo de una campaña botánica en el Rif ", *Boletín de Farmacia Militar*, 5 (60) (supl.) (1927/1928), 1-16 ; 6 (61) (supl.) : 17-23. The text is mentioned, in spanish, in pages 4-5.

52. Archives of the *Consejo Superior de Investigaciones Científicas* (Madrid), section *Junta para Ampliación de Estudios* (JAE), " Papers belonging to P. Font Quer ", without being classified (Arch. C.S.I.C., sec. JAE, leg. P. Font]).

of white paper and of newspapers to keep the prepared plants, weeders, sheets, books, line, etc., until half ton of weight in total "[53].

This is no moment of reconstructing these trips, four in total[54], it is enough to say that this botanical work was basic for the elaboration of the synthetic catalogue of the plants of Morocco, signed by E. Jahandiez and R. Maire, with the collaboration of P. Font Quer himself in some of its volumes[55]. The investigations undertaken by P. Font Quer were of enough importance for him to be recognized, at international level, as the Spanish specialist in this flora.

The geological studies also had the patronage of the official institutions during this period ; between 1915 and 1916 the *Instituto Geológico y Minero* begins a work campaign for the Protectorate directed by Agustín Marín y Beltrán de Lis ; Enrique Dupuy de Lôme y Vidiella and Javier Miláns del Bosch y del Pino, studied the Atlantic area, from Larache and Alcazarquivir to Tánger ; at the same time, Alfonso del Valle y Lersundi and Pablo Fernández Iruegas were working in the Mediterranean area, near Melilla. This Commission continued working for more than one decade[56].

NATURALISTS IN A CIVIL SOCIETY (1927-1936)

After the pacification of the territory in 1927, studies on the north-Africa Nature begin to be approached by the civil personnel located in the area, fundamentally by teaching professionals . It is useful as an example the foreword of brother Mauricio (Christian Doctrine group), to his brief treatise published in collaboration with brother Sennen : " To contribute to the knowledge of the flora of Melilla and of its territory and to contribute to our co-operation to such a useful study, at the beginning of 1928 we began a methodical and enthusiastic investigation of the plants growing in our floor (...) taking advantage of the era of peace that we enjoy here (...). In this scientific work, with no disturbance, in spite of the unfavourable times we now suffer, all the School professors have co-operated, especially Brothers Maximiliano and Lázaro that worry so much about such a laborious study with their so many travels (...) however, we recognize that whenever we have requested some service or official help to the brave officers of our Army in our trips, they have assisted us with complete

53. P. Font Quer, " Organización y desarrollo de una campaña botánica en el Rif ", *op. cit.*, 1927/1928 ; the appointment, in spanish, is in p. 9.

54. They have been reconstructed in A. González Bueno & cols, " Les campanyes botàniques de Pius Font i Quer al Nord d'África ", *Treballs del Institut Botànic de Barcelona*, 12 (1988), 1-173.

55. E. Jahandiez, R. Maire [with the collaboration of J.A. Battandier, L. Ducellier, L. Emberger, P. Font Quer], *Catalogue de plantes du Maroc (Spermatophytes et Ptéridophytes)*, Alger, 1931/1941, 4 vols.

56. These studies were published in a special volume of the *Boletín del Instituto Geológico de España* (vol. 38), dedicated to those " relative studies to the Geology of Morocco ", published in 1917.

deference and they have made an effort to delight and help us "[57].

In a very similar sense Luis M. Unamuno (OSA) expresses himself, when mentioning to his correspondents with Ceuta School, who also belonged to the Augustinian order[58], or Carlos Pau when publishing the material collected by Anselmo Pardo and his partner José Martí, Melilla National School professors that harweted for him during the years 1932 and 1933[59].

This change in the collectors, teachers now instead of the military pharmacists of the previous period, is explained by the new situation created in the north-Africa territory : the pacification of the area had been achieved.

The societies of naturalists that financed the expeditionary trips during the first years of the Protectorate will continue supporting these initiatives, we will indicate Pius Font Quer, F. Bravo and Joan Baptista Aguilar Amat's trips to Beni Seyyel's cabila, in the summer of 1932, financed by the *Sociedad Española de Historia Natural*[60] ; the zoological expedition of Eugenio Morales Agacino and Fernando Martínez de la Escalera to the occident of the Protectorate, the same summer[61] ; that of Augusto Gil Lletguet, also of these same dates, sponsored by the *Museo de Ciencias Naturales*[62] ; the one carried out in the spring of 1932, under the direction of Manuel Martínez de la Escalera, in the north of Morocco, also sponsored by the *Sociedad Española de Historia Natural*, the ichthyological expedition to the bay of Alhucemas, in August of 1932, directed by Luis Lozano under the patronage of the *Sociedad Española de Historia Natural* ; or the ichthyological expedition carried out two years later, in the summer of 1933, for Luis Lozano and Manuel García Llorens, to the Sahara.

The occupation of the Ifni by Colonel Capaz, in April 1934, motivated the study of the scientist of the territory ; first by an organized commission to the

57. Brothers Sennen and Mauricio, *Catálogo de la flora del Rif oriental y principalmente de las cábilas limítrofes con Melilla*, Melilla, 1934. The text transcribed, in Spanish, in págs. VII-VIII.

58. L.M. Unamuno, " Notas micológicas, V. Más especies nuevas de hongos microscópicos de nuestro Protectorado Marroquí ", *Boletín de la Sociedad Española de Historia Natural*, 33 (1933), 31-43. About the collaborators of L.M. Unamuno *cf.* A. González Bueno, " P. Luis M. Unamuno, OSA (1873-1943). Ensayo bio-bibliográfico ", *Religión y Cultura*, 36 (1990), 639-665.

59. C. Pau, " Relación de las plantas que los profesores de primera enseñanza, don Anselmo Pardo y Sr. Martí herborizaron en las inmediaciones de Melilla en los años 1932 y 33 ", *Boletín de la Sociedad Ibérica de Ciencias Naturales*, 33 (1935), 96-102.

60. P. Font Quer, " Resultado de una campaña botánica en Beni Zedjel ", *Boletín de la Sociedad Española de Historia Natural*, 35 (1935), 129-142.

61. E. Morales Agacino, " Datos y observaciones sobre algunos mamíferos marroquíes ", *Boletín de la Sociedad Española de Historia Natural*, 33 (1933), 257-265.

62. A. Gil, " Aves observadas en la zona española de Marruecos en la expedición de 1932 ", *Boletín de la Sociedad Española de Historia Natural*, 33 (1933), 75-84. This was not his first contact with the Moroccan fauna, before he had participated in the expedition organized, in 1930, by C. Bolivar *cf.* A. Gil, " Nota sobre las aves observadas en Marruecos durante una excursión efectuada en junio de 1930 ", *Boletín de la Sociedad Española de Historia Natural*, 30 (1930), 485-492.

effect, directed by E. Hernández Pacheco, that same summer of 1934[63], and then by other naturalists interested in the fauna and flora of the African territory[64].

Other institutions support projects of applied nature, such as the works of the forest experts Luis Ceballos and M. Martín Bolaños on the fir's forest [pinsapares] of Xauen, carried out in 1928 with the support of the *Instituto Forestal de Investigaciones y Experiencias*[65], or those of entomologists Juan Gil Collado and Federico Bonet, in March 1933, in Fernando Poo's island, of marked medical character, commissioned by the *Dirección General de Marruecos y Colonias*[66].

This situation of territorial pacification will allow the development of new private initiatives ; the societies of excursionists, gestated in this new civil society, collaborated in the popularization of the zoological and botanical knowledge, at the same time that they are constituted in the amateurs' co-ordinating center[67]. Even from the Spanish University study trips are organized to the Rif, such as the organized by Cándido Bolívar in the summer of 1930[68]. The destructive civil war of 1936, will annul these initiatives.

ACKNOWLEDGEMENT

I am specially grateful to F.M. Ruiz Ramos for his useful help in the English translation of this essay.

63. In this expedition Francisco Hernández Pacheco, Luis Lozano Rey, Arturo Caballero Segares and Fernando Martínez de la Escalera took parts. *Cf.* E. Hernández Pacheco, *La exploración del Ifni*, Bilbao, 1945.

64. Such is the case of P. Font Quer that visited the new territory between the months of April and May 1934. *Cf.* P. Font Quer, " De flora occidentale adnotationes, XIII ", *Cavanillesia*, 7 (1935), 149-150.

65. L. Ceballos, M. Martín Bolaños, " El pinsapar y el abeto de Marruecos ", *Boletín del Instituto Forestal de Investigaciones y Experiencias*, 1 (2) (1928), 47-100 ; L. Ceballos, M. Martín Bolaños, " El abeto en Marruecos. Una excursión al monte Magó ", *Conferencias y Reseñas Científicas*, 3 (1928), 37-47.

66. J. Gil, " Culícidos de la Isla de Fernando Poo recogidos en la expedición J. Gil - F. Bonet ", *Eos*, 11 (1925), 311-329.

67. Such as the *Sociedad Excursionista Melillense*, founded in the summer of 1924, whose activity is known by some *Notas de excursionismo*, printed in Melilla.

68. C. Bolivar, " Una excursión zoológico-botánica por el Rif (Marruecos) ", *Conferencias y Reseñas Científicas*, 5 (1930), 181-193.

Botanical Exploration of Central Europe Carried out under the Auspices of the Academy of Sciences and Letters (Cracow, Poland), 1865-1952

Piotr KÖHLER

INTRODUCTION

The history of Central Europe in the last two centuries is a bit complicated. The areas of Central Europe which were the object of the botanical exploration carried out under the auspices of the Academy of Sciences and Letters (Cracow, Poland) belonged to several countries. Thus a brief historical outline of the region is needed.

In 1795, after over eight centuries of independence, Poland is subject to the partition between Austria, Prussia and Russia. Under Austrian occupation, a province of Galicia is set up. In 1807, Napoleon establishes a small duchy of Warsaw.

In 1815, the part of the Duchy around Poznań is turned over to Prussia, and the remaining part of the duchy is made up into the kingdom of Poland, fully dependent of Russia, with the exception of Cracow and its vicinity, set aside as a free town.

In 1846, Cracow is incorporated into the Austrian Empire (Fig. 1). As the result of the Austrian defeat in the Prussian war, the political changes within the Empire bring about the gain of autonomy for Galicia. It now has its own parliament in Lwów (Lemberg) and is to retain it until First World War, at the end of which it becomes part of the independent Republic of Poland.

The last of the changes comes about at the end of the Second World War, when the Soviet Union takes over the territories east of the Bug river while territories east of the Oder and Lusatian Neisse rivers, together with the southern part of East Prussia are annexed to Poland (Fig. 2).

FIGURE 1

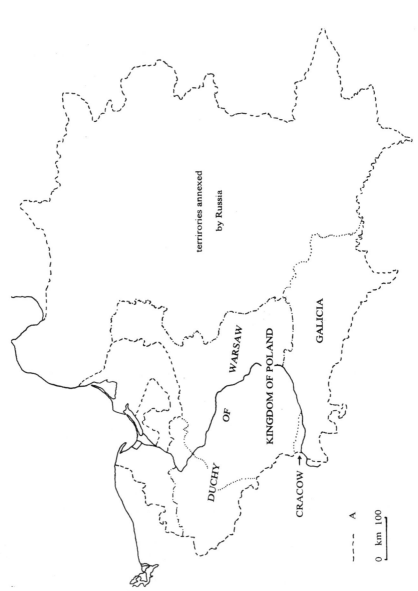

Boundaries of Poland in 1772-1914. A - Boundary in 1772

FIGURE 2

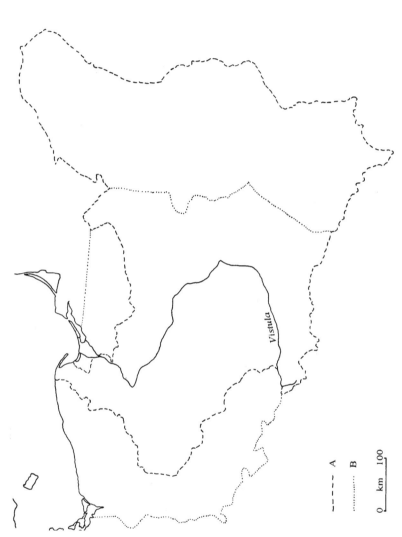

Boundaries of Poland in 1919-1939 (A) and after 1945 (B)

The first two attempts to establish a scientific society in Cracow, in 1776 and 1809, failed (as the current educational authorities disagreed). The Cracow Scientific Society was finally established in 1815, following the suggestion of the rector of the Jagiellonian University[1]. The Jagiellonian University, established in 1364, was Poland's oldest centre for the development of botany.

In later years, the Society was the source of financial support for a number of research projects carried out by the University scientists, including botanists. Since the 1850s, the Society enjoyed the steadfast progress. It became functioning as the animator for various researches, the forum for scientific debates, and the publisher of scientific papers. Owing to the progress and development, there came the need to establish several committees within the Society. Hence, the Physiographical Committee was set up in 1865. The Society thrived until 1872, when it was transformed into the Academy of Sciences and Letters.

On 16 February 1872, the Austrian-Hungarian emperor Franz Josef hardened the statutes of the Academy, and members of the Academy were selected from among the members of the Cracow Scientific Society. Later, only the most outstanding scientists were selected members of the Academy. Despite its exclusive character, many young scientists together with numerous amateurs participated in the activities of its various committees[2]. The Academy was financed in part by subsidies from both the central government in Vienna and the regional government in Lwów (Lemberg). However, its main source of funds were donations from the Polish people. In the early twentieth century, the Society for supporting the Academy Publications was formed with the aim of fund rising. This enabled the Academy to enjoy the full financial independence, shortly before the outbreak of the First World War. Unfortunately, the capital invested in government bonds was lost during the war. In 1919, the Academy changed its name to the Polish Academy of Sciences and Letters. During the inter-war period, the Academy tried gradually to regain its financial independence through consolidating its assets. After the Second World War, the communist government nationalised all the assets of the Academy in order to render it entirely dependent of the governmental allocations. The allocations decreased shortly, after it had become clear that the Academy would not meet the demands of obedience to the regime.

In the years 1951-1952, the communist government organised its own Polish Academy of Sciences in Warsaw, and the Polish Academy of Sciences and Letters was forced to discontinue its activity[3]. The Polish Academy of Sciences

1. Z. Jabłoński, *Zarys dziejów Towarzystwa Naukowego Krakowskiego (1815-1872)*, Kraków, 1967, 28 ; W. Rolbiecki, *Towarzystwa naukowe w Polsce*, Warszawa, 1972, 119-124.

2. J. Hulewicz, *Akademia Umiejętności w Krakowie 1873-1918. Zarys dziejów*, Wrocław - Warszawa, 1958, 218.

3. P. Hübner, *Siła przeciw rozumowi... Losy Polskiej Akademii Umiejętności w latach 1939-1989*, Kraków, 1994, 454.

and Letters was the most important organisation of Polish scientists, and it represented their work abroad.

Botanical research programmes carried out under the auspices of the Academy were underwritten by the Physiographical Committee. Among its members were both professional botanists — the professors of the Jagiellonian University, who ran and supervised all botanical works throughout the existence of the Committee — and numerous college teachers, land owners as well as clergymen.

In 1867, professor Ignacy Rafał Czerwiakowski (1808-1882) laid out the first research programme, for the Academy Committee, for the botanical exploration of Galicia on the premise that one should explore less known and — from the botanical point of view — more interesting regions[4].

The programme was subsidised in the following way : research project outlines were sent to the Committee which later allocated grants to carry them out. Funds came mainly from the Academy. However, partial subsidies were also provided by the Government of Galicia (1866-1914) and the Polish Ministry of Religious Denominations and Public Education (1918-1930). Unfortunately, the depression of the 1930s brought about a practical down-fall of the Academy sponsorship of the botanical explorations. The findings, in the form of herbaria and reports were then sent to the Committee in Cracow. The reports were published yearly as *Sprawozdanie Komisyi Fizyograficznej... [Proceeding of the Physiographical Committee...]*.

During 1867-1939, as many as 73 volumes were published. The collected herbaria were stored in the Physiographical Committee Museum, which was in fact a natural history museum. The Committee remained active until 1939.

During Second World War, no scientific work was possible. In 1945, the management of the Academy decided to dissolve the Committee. In its place, the Committee for Physiographical Research was formed. Only institutions were now allowed to enrol as members of the Committee. Among them were natural history departments of the universities and scientific societies (e.g. Polish Botanical Society). The main task of the Committee was that of the co-ordination and — in compliance to the contemporary communist requirements — research planning. The subsidy structure of the new Committee remained unchanged. The Committee discontinued its activity in the end of 1952.

---

4. I.R. Czerwiakowski, "Instrukcya dla członków sekcyi botanicznej Komisyi fizyograficznej", *Sprawozdanie Komisyi Fizyograficznej,* 1 (1867), 91-94 ; I.R. Czerwiakowski, "Zarys planu prac w przedmiocie zbadania botanicznego kraju wykonać się mających", *Sprawozdanie Komisyi Fizyograficznej,* 1 (1867), 90-91.

TYPES OF BOTANICAL RESEARCH ENDORSED BY THE ACADEMY

FIGURE 3

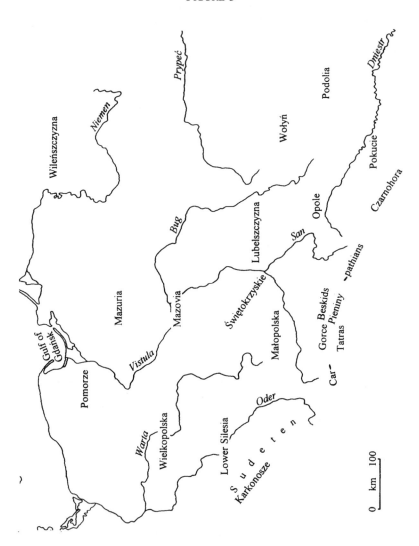

Geographical units mentioned in the paper

a) Floristics

Until the end of the 19th century, the Academy focused predominantly on investigating the flora of the Tatra mountains (12 botany researchers sponsored) and East Carpathians (10 researchers sponsored). Most of the projects carried out at the time were short-time — one to two years, with the exception of a six-year exploration of East Carpathians and a four-year exploration of Galician algi.

Between 1903 and 1918, the botanical interest in the Tatra mountains did not subside. During that time, the Committee financed a four-year exploration of the mountain and cave floras (1910-1913). The interest in the vicinity of Cracow also grew before First World War.

Between the wars, the exploration of the Tatras flora continued. Among other projects, there were projects carried out on lichens (1925-1929), and on high mountain layers. New areas were also explored : Wielkopolska, Lubelszczyzna, Pomorze, Wileńszczyzna, Mazovia. Moreover, the new projects considered new problems within the traditional fields, e.g. xerothermic plants or the origins of different floras.

After Second World War, the botanical exploration of the Tatra mountains, Lubelszczyzna and Wielkopolska continued. New areas were explored : the Sudety mountains, Lower Silesia and Mazuria.

b) Paleobotany and palynology

Two periods are easily distinguished. During 1890-1892, Marian Raciborski carried out researches on fossil Permian-Carboniferous and Jurassic plants. One of his books became a real sell-out among maids as its title, *Flora retycka w Tatrach,* appeared suggestive of a sentimental romance (" Flora retycka " sounded like a girl's name).

The latter period started in 1924, when von Post's pollen analysis technique was introduced. Until the outbreak of Second World War as many as thirty botanical research projects were supported by the Academy, and fifteen were sponsored after the War. The objects of the research were mostly Tertiary and Quaternary floras. Macrofossil analysis technique was applied apart from the pollen analysis. The researches aimed at stratigraphy and the reconstruction of the palaeoenviromnent, climate and vegetation changes.

c) Phytosociology

During the first period of 1913-1919, few researches concerned plant communities in the Carpathians. The second period, which began in 1925, pioneered phytosociological research by means of Braun-Blanquet method in the Tatra mountains, Małopolska upland, Podolia and the Czarnohora mountains (East Carpathians). Extensive research projects were sponsored until 1930. During that time, the plant communities of Pomorze, Wileńszczyzna, Podolia, Wołyń, Pokucie, Opole, Lubelszczyzna and the Świętokrzyskie mountains were explored and described.

After Second World War, the Academy began to support phytosociological projects in 1946. During the next five years, the following regions were surveyed : Wielkopolska, Małopolska, the Gorce mountain range, the Karkonosze mountains, the dune flora of the vicinity of Toruń and the sea-bottom flora of the Gulf of Gdańsk. Research on the plant communities in the Tatras was continued.

d) Ecology

In the years 1917-1930, the Academy financed (1) ecological research projects on particular groups of plants : lichens, vascular plants occurring in larger geographical units — the Tatra mountains, the Świętokrzyskie mountains ; (2) ecological researches of particular plant communities in selected reserves ; (3) research projects on pollination ecology ; and (4) researches on plant succession. The influence of the present-day politics may be observed between 1946 and 1951. It was manifested in endorsing mostly the works in applied ecology : influence of fertilisation on mycorrhiza and timber productivity in particular types of forests, occurrence of weeds in particular types of cultivation or ecology of certain mountain species of trees. Other fields, such as ecology of the Gulf of Gdańsk plant communities, ecology of xerothermic plant communities or ecology of the dissemination of the Tatra mountains plant appear to have been free from such political influence.

e) Plant geography (phytogeography)

Remarkable physiographical diversity of Galicia and the range limits of certain plant species across the land drew the attention of botanists to the problems of plant geography. The Academy was financing research projects in that field since the 1870s. During that time, especially the range limits of certain trees (e.g. *Fagus sylvatica, Pinus silvestris)* and vertical distribution of plants in mountains were taken into consideration. Moreover, practically every longer floristic paper contained a chapter on the problems of plant geography : the relationship (or origin) of a given flora and/or the division of the areas in question into phytogeographical units.

During the years 1914-1930, the Academy supported the geobotanical descriptions of the Pieniny mountains and several ranges of the Beskids, as well as research projects on range limits of several species of trees. Besides, the distribution of certain species of trees near their range limits in Lubelszczyzna and Małopolska uplands were also looked into.

In the period of 1948-1951, the Academy underwrote research projects on the selected elements of the Polish flora, above all, on the geographical element of the flora in several mountain ranges and national parks. Researches on the distribution of the medicinal plants were also supported by the Academy during the years 1949-1951.

f) Cytology and karyology

Exploration in these fields was endorsed in 1947-1951. During that time, cytogenetic studies on the *Geum* genus were carried out, and the karyotypes of several hundred populations of tens of species were analysed.

g) Taxonomy

Works in this field were done between 1912 and 1946. In this period, several monographies were prepared and published on taxa occurring in Poland, both of lower plants *(Peridiniaceae* family, *Euglenales* order, *Penicillium* genus, *Myxomycetes)* and of vascular plants *(Sedum, Geum).* It needs to be emphasised that these were not the only works in taxonomy. Many more were prepared as by-products of floristical papers.

It is worth noting that other branches of botany, e.g. biochemistry, anatomy or physiology were scarcely represented in research projects carried out under the auspices of the Academy of Sciences and Letters. That obviously was a matter of preferences of the Academy towards the physiographical over the laboratory investigations.

THE RESULTS OF THE PATRONAGE OF THE ACADEMY OVER BOTANICAL RESEARCHES

Considerable area of Central Europe was explored from floristical, ecological and geobotanical points of view. Herbaria collected during these works, as well as the publications, became the basis for the set-up of a larger programme : the preparation and subsequent publication of the detailed descriptive *Flora polska [Flora of Poland].* In 1919-1952, the Academy published six out of 15 volumes and prepared for the printing the seventh volume[5]. Six volumes of *Atlas flory polskiej [Illustrated Atlas of the Polish Flora][6]* were also published. Another very important part of the Academy patronage was the opportunity for the cost-free publication of the findings of all the research projects by the Academy press. I have been preparing the bibliography of these papers. Until now, I have recorded over 2.300 titles of papers. They contain diagnoses of 803 new species of plants and fungi.

It is important to emphasise that the Polish Academy of Sciences and Letters, unlike the present-day Polish Academy of Sciences, was a society, and as such did not employ scientists. Therefore, the main animators for all botanical

5. *Flora polska. Rośliny naczyniowe Polski i ziem ościennych,* 1919-1955, v. 1, 1919, M. Raciborski, W. Szafer (eds) ; v. 2, 1921, W. Szafer (ed.) ; v. 3, 1927, W. Szafer (ed.) ; v. 4, 1930, W. Szafer (ed.) ; v. 5, 1935, W. Szafer (ed.) ; v. 6, 1947, W. Szafer (ed.) ; v. 7, 1955, W. Szafer, B. Pawlowski (eds).

6. S. Kulczyński (ed.), *Atlas flory polskiej i ziem ościennych,* 1930-1936, v. II (2), 1931, 38 tab. ; v. III (2), 1930, 41 tab. ; v. IV (1), 1931, 29 tab. ; v. IV (2), 1932, 31 tab. ; v. IV (3) 1936, 31 tab. ; v. IV (4), 1936, 28 tab.

investigations carried out under its auspices were professors of the Jagiellonian University in Cracow.

My participation in the XXth International Congress of History of Sciences was supported by Université de Liège (Belgium), the Jagiellonian University (Cracow, Poland), and the King Stefan Batory Foundation (Poland).

PART THREE

PATHOLOGIES - MEDICINE - HYGIENE

Livres, chirurgiens et traducteurs dans l'Espagne du XVIIIe siècle

Juan RIERA

L'essor de la chirurgie espagnole pendant le XVIIIe siècle est lié à deux facteurs : la multiplication des textes chirurgicaux d'auteurs espagnols et, à partir de la moitié du siècle, l'arrivée en Espagne de nombreux ouvrages étrangers traduits. Ces derniers constituent un fait déterminant dans le processus de diffusion des connaissances européennes parmi les professionnels espagnols de la chirurgie. Les textes étrangers qui circulaient en Espagne étaient des traductions en espagnol d'ouvrages latins ou à l'occasion français. Le nombre de traductions à partir de l'anglais ou de l'italien était plus réduit. Le travail de traduction d'auteurs étrangers commença en Espagne dans la première moitié du XVIIIe siècle. Ce n'est cependant qu'après 1750 que l'afflux de bibliographie médicale devint déterminant pour le changement du panorama espagnol. Au long du premier tiers du XVIIIe siècle, de nombreuses voix témoignent du manque d'ouvrages chirurgicaux ainsi que du faible niveau de formation des professionnels de la médecine. Ainsi, le médecin de Salamanque Francisco Suarez de Rivera affirmait : " Quel dommage qu'il y ait si peu de chirurgiens latins en Espagne ". Le médecin de chambre Martin Martinez, en sa qualité de proto-médecin et examinateur, exprimait un avis similaire : " Je confesse, que lors des examens auxquels j'ai assisté, je n'ai pu entendre qu'avec désagrément, qu'il n'y a pas de circulation du sang, que le cœur est à droite et le pylore à gauche, que le foie est le seul laboratoire de la masse sanguine, que la mâchoire supérieure se compose d'un seul os, que la pie-mère forme la falcemesoria ". A ce manque de formation anatomico-chirurgicale du début du siècle, on répliqua amplement par une politique éclairée en faveur de la recherche en anatomie et de l'incorporation dans la médecine espagnole, des progrès de la chirurgie européenne. Les traductions et les adaptations des meilleurs ouvrages européens, de préférence français, anglais et allemands, constituent un maillon décisif pour l'amélioration du niveau chirurgical atteint par les professionnels au cours des règnes de Carlos III et Carlos IV.

Comme première traduction espagnole nous devons rappeler le modeste texte du Portugais Juan Curvo Semedo, *Secrets Médicaux et Chirurgicaux* imprimé en espagnol pour la première fois en 1731 et réédité en 1735. Plus importante est la traduction en quatre volumes de la *Chirurgie complète* de Carlos Musitano accomplie par le chirurgien navarrais Martin José Izuriaga et Ezpeleta, imprimée à Pampelune en 1741 et 1748. Malgré ces essais timides, la manifestation d'une véritable volonté de diffuser en Espagne la chirurgie européenne fut en grande partie le fait d'un groupe de chirurgiens madrilènes, dont le premier par ordre chronologique est André Martin Vázquez. A la différence en effet des traductions antérieures, sporadiques et occasionnelles, le travail de ce dernier auteur obéit à un propos délibéré, motivé et orienté visant de façon systématique à traduire en espagnol la meilleure littérature chirurgicale du moment.

Son projet fut pleinement accepté par le groupe de chirurgiens madrilènes intégrés au sein du Collège de Chirurgie de San Fernando de Madrid (1747) et attachés à la Cour de Fernando VI. Pour des raisons de parenté, ce groupe incluait aussi quelques médecins. Le travail de ces divers scientifiques se complétait et devait en outre être en accord avec la présence à la Cour de Madrid de chirurgiens étrangers au service du souverain Bourbon. Les références bibliographiques que nous possédons sont encore rares et incomplètes, mais l'activité d'assistance de ces hommes semble certaine, dans les Hôpitaux — l'Hôpital Général et celui de la Passion, centre madrilène qui continuera d'avoir une énorme importance pendant les deux derniers siècles.

Entre la publication sporadique de l'ouvrage médico-chirurgical de Mme Fouquet, texte d'un faible relief scientifique qui a été imprimé en espagnol à Valladolid en 1748, et la tâche entreprise par André García Vázquez, la différence est insondable. A l'inverse du premier livre qui est un labeur de routine, la réalisation de García Vázquez s'insère dans l'orbite européenne. Malgré la bibliographie existante sur le XVIIIe siècle espagnol, comme le prouve l'œuvre monumentale de Francisco Aguilar Piñal, nous ne disposons pas encore d'une étude définitive sur le livre scientifique étranger dans l'Espagne des Lumières. Quand cette entreprise se réalisera, nous pouvons d'ores et déjà affirmer que la chirurgie y occupera sans aucun doute une place importante, étant donnés le volume, l'importance et la diffusion de la chirurgie européenne sur le territoire péninsulaire. Il faut en effet rappeler la précoce traduction de l'italien réalisée par García Vázquez de l'*Anathomia Quirurgica* de Bernardino Genga, imprimée à Madrid en 1744. Cependant, c'est avec un plus grand intérêt scientifique encore qu'on doit signaler comme premier grand traité de chirurgie moderne traduit en espagnol, les *Institutions Chirurgicales* ou *Chirurgie Complète Universelle*[1], en quatre volumes accompagnés d'une excellente iconographie réalisées par André García Vázquez. La version a été traduite du latin par ce

1. *Institutions Chirurgicales* ou *Chirurgie Complète Universelle*, Madrid, 1747-1750, 4 vols.

chirurgien madrilène qui, au service de Fernando VI, a été le fondateur et le directeur du Collège de Chirurgiens de San Fernando. L'ouvrage déjà cité marque une nouvelle direction pour la chirurgie espagnole et son importance mérite d'être comparée à l'engagement accompli à Cadix par Juan Lacomba et Pedro Virgili. A l'effort des Ecoles royales de Chirurgie de Cadix (1748) et de Barcelone (1760), on doit ajouter le noyau européanisant des chirurgiens madrilènes de la Cour des Bourbons. Autour de Garcia Vasquez, se sont rassemblés des professionnels espagnols et français qui, sous le nom de " Collège de Chirurgiens de San Fernando ", ont créé une authentique académie chirurgicale, semblable à celle de la Société royale de Séville ou à l'Académie royale de Médecine de Madrid. Le Collège de Chirurgiens de San Fernando opposé aux confréries traditionnelles, prétendait améliorer la dignité scientifique et professionnelle de la chirurgie, comme cela se passait déjà à Paris et à Londres. Dans une certaine mesure, ce " Collège " apparaît comme un précédent très clair du futur " Collège royal de Chirurgie " de San Carlos, même si son organisation et ses fins présentent de grandes différences. Les *Institutions* de Laurencio Heister, traduites en espagnol ont atteint en Espagne et au Portugal une diffusion énorme : ce fut sans doute le texte de chirurgie le plus lu au cours du XVIIIe siècle espagnol. Comme preuve de notre assertion antérieure, cinq éditions différentes de cet ouvrage ont été réalisées à Madrid entre 1747 et 1781. Dès la première impression toute entière effectuée en 1750, tout l'ouvrage a été réédité dans l'année, ce qui montre son acceptation rapide.

Le texte du chirurgien madrilène est fort parlant, lorsqu'il confesse dans le prologue de la seconde édition : " le nombre de lettres que j'ai reçues de toute l'Espagne étant si excessif et puisqu'il m'est impossible d'y répondre, à cause du manque de temps, je me vois obligé de répondre dans cette édition à tous les passionnés qui attendent avec impatience ma réponse ". Bien que de nombreuses données devront être vérifiées aux archives madrilènes, il ne semble pas hasardeux d'affirmer, avec un examen rigoureux des textes traduits, que les *Institutions* ont été déterminantes pour améliorer le niveau d'information des nombreux chirurgiens espagnols du XVIIIe siècle. L'ouvrage put avoir un succès d'édition étant donné le manque de traités en romain, l'ampleur de l'œuvre et le nombre élevé de professionnels qui alors demandaient un texte de ce type. A cela il faut ajouter que Andrés García Vázquez, conscient de l'importance de la morphologie, a traduit en espagnol le *Précis Anatomique* de Laurencio Heister imprimé à Madrid en 1755. C'était une tâche double et complémentaire que de mettre à la portée des chirurgiens des travaux de base en anatomie, indispensables pour la pratique chirurgicale.

A la première et seconde édition espagnole des *Institutions*, trois autres impressions ont fait suite, en quatre volumes, réalisées également à Madrid, la troisième entre 1757 et 1762, la quatrième entre 1770 et 1778 et la dernière à Madrid en trois volumes entre 1775 et 1781. A peine publiée cette dernière édition et suivant le style heistérien, le chirurgien madrilène Francisco Xavier

Cascarón a donné à l'imprimeur *Le supplément aux Institutions Chirurgicales* de Don Lorenzo Heister[2], texte qui doit figurer entre les nouveautés les plus importantes de la chirurgie espagnole de la seconde moitié du XVIIIe siècle. Le *Supplément*, unique en son genre, présentait la mise à jour des avances chirurgicales les plus récentes apparues en Europe, tout en actualisant le contenu des *Institutions*.

On doit également à García Vázquez la publication en langue espagnole de l'ouvrage du chirurgien anglo-saxon Samuel Sharp *Synopsis Critique de la Chirurgie et Précis pratique Manuel des opérations*[3].

L'ouvrage de Andrés García Vázquez ne surgissait pas du néant, il s'appuyait directement sur un groupe de chirurgiens illustres de la Cour madrilène. L'établissement du " Collège de Professeurs Chirurgiens " avec la présence de professionnels français parmi les madrilènes, supposait un contact quotidien dans l'exercice hospitalier et à la Cour des Bourbons. Dès le début du siècle les encouragements de Felipe V furent très efficaces pour promouvoir l'étude de l'anatomie et de la chirurgie. Ce " Collège " devint un des témoins les plus présents de la réussite bourbonienne, car le modèle qu'ils prétendaient imiter était celui de la chirurgie française : " cultiver et dépasser la Chirurgie et l'Anatomie (d'après les statuts) par le chemin de l'observation et de l'expérience en imitation de celui qui le fonda et l'honora avec sa Royale Protection à la Cour de Paris (…) pour le nouveau Collège de Chirurgiens de Madrid, cultiver, dépasser et perfectionner en Espagne les Arts de Chirurgie et de l'Anatomie ". Le Décret du Conseil de Castille donne son approbation le 7 novembre 1747, dans lequel on formule un programme de renouvellement de la chirurgie, en accord avec la tâche entreprise par " l'Ecole " de traducteurs de Madrid.

La présence de la chirurgie française à la Cour madrilène remonte au début du XVIIIe siècle, ce que la correspondance diplomatique entre Madrid et Paris confirme pleinement. Au cours des études antérieures nous avons mis en évidence l'impulsion que la recherche anatomique et la pratique de la chirurgie ont reçue de la part des professionnels français demeurant dans notre pays. En ce sens, le projet de Felipe V, qui comptait sur les services de Jean-Louis Petit, étoile de la chirurgie parisienne, est bien éloquent. Sans aucun doute, l'information ainsi que la mise à jour de notre chirurgie déphasée, au moins à la Cour, ont dû recourir à ces sources d'information pour se rapprocher de la bibliographie chirurgicale étrangère. Le " Collège " a compté dès sa fondation sur des professionnels français et madrilènes et a été clairement un point de référence qu'on ne peut oublier pour comprendre le rôle principal que Madrid a eu dans les éditions espagnoles de textes de chirurgie étrangers. Parmi quel-

2. L. Heister, *Le supplément aux Institutions Chirurgicales*, Madrid, 1782.
3. S. Sharp, *Synopsis Critique de la Chirurgie et Précis pratique Manuel des opérations*, Madrid, 1753.

ques chirurgiens de chambre de Fernando VI, membres du Collège, figurent Thomas Duchesnay Despres, François Roger, Diego Payerme et François Duroche, noms auxquels il faudrait ajouter Jean Rutié et Louis Alibert. Entre les professionnels madrilènes on remarque trois grands traducteurs, l'un d'eux a déjà été cité plusieurs fois : c'est Andres García Vázquez, figure ensuite le chirurgien Juan Galisteo Xiorro, frère de Jean, médecin lui-même, ainsi que deux grands chirurgiens de Madrid de Fernando VI, nous parlons de Mateo Xiorro et Portillo, étant probablement apparentés avec les précédents ainsi que José Fernandez, pensionné par la Couronne, et séjournant à Paris afin de se spécialiser dans les maladies des yeux. Le " Collège " a eu un lien étroit avec l'Hôpital Général et de la Passion de Madrid, centre d'assistance où la pratique médico-chirurgicale a été sans aucun doute un motif de cohésion et de relation personnelle pour les fondateurs, dont l'activité est parallèle, en ce qui concerne le processus de renouvellement, à celle déjà commencée à Cadix par Pedro Virgili.

Pendant la deuxième moitié du XVIIIe siècle en Espagne, on peut constater un effort d'adaptation et de traduction de textes médicaux et chirurgicaux, qui aida de façon décisive à la mise à jour de la médecine espagnole des Lumières. Entre les traducteurs comme André García Vázquez, Santiago García y Bartolomé Piñera et Siles entre autres, on remarque les deux frères Juan et Felix Galisteo et Xiorro, auteurs d'une série de versions espagnoles de travaux essentiels sur la médecine, la chirurgie, traités hygiénico-sanitaires, ainsi que des écrits relatifs aux spécialités médico-chirurgicales, en somme une tâche fondamentale qui a rendu possible la circulation à travers la péninsule d'un bon nombre de textes importants sur les sciences médicales.

Le projet le plus ambitieux et réalisé seulement en partie correspondait à l'édition périodique d'une revue médicale et scientifique, ayant vocation d'être innovatrice et divulgatrice, le projet s'est réalisé au cours des années centrales du XVIIIe siècle à Madrid par Juan Galisteo et Xiorro. Depuis les années centrales de 1700, comme nous l'avons déjà signalé dans des études antérieures, on perçoit l'existence d'un noyau important de médecins et de chirurgiens madrilènes, qui constituent un foyer de diffusion des nouveautés venues du reste de l'Europe. La création du " Collège de Professeurs Chirurgiens " de Madrid en 1747 a été un fait important, parmi ses membres, à part Felix Galisteo et Xiorro, une suite de personnages importants tels que Thomas Duchesnay Després ainsi que José Fernandez entre autres, contribuèrent à l'essor de l'anatomie et de la chirurgie madrilène en améliorant de la sorte le niveau des premières années de ce siècle.

La tentative, presque atteinte, de créer un *Journal philosophique médico-Chirurgical*, que son fondateur et directeur Juan Galisteo et Xiorro, professeur de médecine à la Cour, sous-titrait *Collection d'observations choisies et fragments curieux sur l'Histoire Naturelle, la physique et la médecine* constitue un exemple clair du climat d'intérêt qui existait pour des traductions en espagnol de nombreux traités généraux à la portée, non seulement des médecins et des savants de l'Espagne du moment, mais aussi d'accroître le niveau culturel du monde hispanique éclairé. Cette tache de sélection et de diffusion ayant un caractère éminemment divulgateur, commencée par Juan Galisteo et Xiorro dans les colonnes du *Journal* a été brève, puisqu'elle commença en 1757 et elle ne put imprimer qu'un premier et unique volume.

Le contenu de cet unique volume, avec un total de huit exemplaires individuels, portait la licence du Conseil du 23 novembre 1756, bien que l'ordinaire était du 2 juillet 1757. La notice de la préface est réellement significative, signée par son directeur Galisteo et Xiorro à l'en-tête de la publication. Pour son éditeur " Le but de ce *Journal*, dit-il, est l'établissement d'une correspondance entre les Professeurs et les amateurs des sciences naturelles et spécialement la physique et la médecine ". Quant au projet ou plan éditorial et au contenu, qui se nourrit surtout d'articles français et anglais traduits, il se fondait, nous explique son promoteur, selon ces points : " l'idée est déjà découverte, et tout le plan de cet ouvrage, se réduira à quatre articles : le premier comprendra l'Histoire Naturelle (...). Dans le second on insérera les conjectures que ces professeurs auront faites sur leurs causes et leurs observations ainsi que les expériences sur lesquelles ils ont fondé leurs opinions. La dissection des cadavres, les nouvelles découvertes d'anatomie et tout ce qui appartient à la chirurgie rationnelle et expérimentale sera l'argument du troisième ; et à la fin, le quatrième va aborder les observations qui concernent les maladies, il comprend la physiologie, la pathologie, l'hygiène et la thérapeutique ".

Sa devise est donc la divulgation, en adaptant à l'espagnol, des nouveautés principales de ces quatre branches de la science éclairée, entre lesquelles deux au moins, la moitié, se consacrent à des sujets spécifiquement médico-sanitaires et cernent des disciplines médicales qui ont atteint une énorme influence dans le monde éclairé, comme l'anatomie et la chirurgie, la dissection anatomique et les expériences chirurgicales, dédiant aux matières telles que la physiologie, la pathologie et l'hygiène une bonne partie des colonnes du *Journal*. Ce projet pleinement illustré que réalisait Juan Galisteo à la Cour s'est vu tronqué lorsqu'en 1757 on a refusé l'impression, par le *Royal Protomedicato* de la version espagnole du *Mémoire* de Christian M. de la Condamine sur l'inoculation de la variole, sujet qui aurait fait partie de la publication périodique que ce médecin madrilène éditait. Malgré la préférence de Juan Galisteo et Xiorro pour la chirurgie et la médecine française, d'autres auteurs de traités figurent dans ses travaux.

Les traductions de travaux médicaux réalisées par les frères Galisteo et Xiorro, Juan et Felix respectivement, comprenaient un grand nombre de traités de chirurgie, de sujets hygiéniques, de médecine militaire et même des spécialités comme la pédiatrie et l'obstétrique, en somme un apport décisif pour la mise à jour et pour la diffusion des progrès de la médecine éclairée européenne en Espagne. Bien que n'étant pas les auteurs, ce rôle des traducteurs mérite d'être vanté dans la mesure où ils ont mis à la portée des médecins espagnols du XVIIIe siècle une liste de traités européens, dont nous devons faire une présentation succincte.

Sans aucun doute la traduction qui a exercé une plus grande influence dans le monde médical espagnol des Lumières a probablement été celle du hollandais Herman Boerhaave, dont les *Aphorismes de la chirurgie commentés par Gérard Van Swieten et traduits d'après les notes de Mr. Luis et plusieurs mémoires de la Royale Académie de chirurgie de Paris*, tâche réalisée par Juan Galisteo et Xiorro, qui s'éditait à Madrid en espagnol, en huit volumes, entre 1774 et 1778. Cette version a été un succès, non seulement pour la chirurgie, mais aussi pour toute la pensée médico-espagnole des Lumières. La preuve éloquente de l'acceptation de cet ouvrage en sont les deux rééditions madrilènes ultérieures, datées respectivement de 1786 (en huit volumes) et de 1788-1790, qui avalisaient la diffusion du texte cité.

A la valeur de la traduction s'ajoute un autre mérite incontestable, il comprend en plus du texte de Boerhaave, quarante et un mémoires de l'Académie royale de Chirurgie de Paris, scrupuleusement choisis et avec un abondant matériel iconographique, de cette façon les *Aphorismes* et les *Mémoires* recueillis en huit volumes constituent un des textes espagnols les plus importants en matière de chirurgie, qui ont circulé en Espagne pendant le siècle des Lumières. Les auteurs et chirurgiens français que Juan Galisteo et Xiorro ont traduits, correspondent au moment de grande splendeur de la chirurgie européenne éclairée, il suffit de citer leurs noms pour comprendre la portée et la tâche accomplie en faveur de la diffusion du savoir médical et chirurgical par le traducteur madrilène. Ils comprennent entre autres les grands auteurs de la chirurgie, comme Antoine Louis et Jean-Louis Petit, les deux grands personnages du XVIIIe siècle en France.

On doit également à Jean Galisteo et Xiorro la version espagnole de l'ouvrage de Georges de la Faye, *Principes de Chirurgie*, qui a été imprimé pour la première fois à Madrid en 1761, arrivant à imprimer quatre nouvelles éditions datées de Madrid dans les années suivantes, entre 1771 et 1789. D'un autre grand maître de la chirurgie française, Le Dran, Felix Galisteo réalisa avec succès une version espagnole du *Traité ou réflexions issues de la pratique sur les blessures d'armes à feu*[4]. Cette même année sortait l'édition espagnole de ce qui est peut-être le meilleur texte de traumatologie européen de 1700 ; nous parlons de la traduction de Felix Galisteo, nous rapportant à la grande contribution française, sûrement le meilleur livre sur la matière écrit au XVIIIe siècle par le plus grand chirurgien de Paris, Jean-Louis Petit, le *Traité des maladies des os, à propos des appareils et machines les plus utiles pour les*

---

4. Le Dran, *Traité ou réflexions issues de la pratique sur les blessures d'armes à feu,* trad. esp. Felix Galisteo, Madrid, 1774.

soigner[5]. Du succès de cet ouvrage de chirurgie, nous conservons un témoignage assez éloquent qui est sa réédition avec quelques modifications, cette même année 1774, " Corrigé et augmenté " avec un Discours historique et critique à propos de cet ouvrage par Mr. Louis. On connaît aussi une impression en 1789 et la nouvelle édition de 1802. A tout ce qu'on a dit en ce qui concerne le labeur de divulgation en Espagne de la chirurgie éclairée, il faut ajouter la tâche réalisée par l'infatigable Juan Galisteo et Xiorro de traduire en espagnol, la *Chirurgie expurgée*[6] de Jean de Gorter. La version espagnole s'est réalisée sur l'original en latin, en ajoutant des notes et des planches d'instruments chirurgicaux dessinées par David et Palucci. La seconde édition du texte antérieur s'est faite avant la fin du siècle, en 1795.

La tâche accomplie par Juan Galisteo a été d'une énorme importance pour la médecine et la chirurgie espagnole des Lumières. Dans les textes cités d'une grande valeur, il faut souligner, étant donnée sa portée scientifique, l'un des plus importants traités de chirurgie et de médecine militaire qui ait circulé en Europe, nous parlons de l'insurpassable ouvrage du médecin et chevalier britannique John Pringle, dont les *Observations sur les maladies de l'armée dans les champs de bataille et garnisons* fut imprimé à Madrid, en deux volumes, en 1775. La traduction de Juan Galisteo s'est faite à partir d'un exemplaire en langue française, et non pas directement du texte en anglais. L'ouvrage constitue un chapitre très important, en tenant compte de la portée que la rénovation de la chirurgie militaire a eue dans l'Espagne du XVIIIe siècle. Il examine et incorpore au texte de nombreuses notes et appendices de grand intérêt sur les hôpitaux et la santé militaire. Il constitue un des faits les plus remarquables pour la mise à jour de notre panorama médico-chirurgical. La version, dédiée à D. Fernando de Silva, Capitaine Général des Armées de Carlos III, montre le choix opportun et soigné du texte, avec une fin éminemment pragmatique de l'enseignement et de l'actualisation des connaissances entre les chirurgiens militaires. Galisteo, dans sa dédicace, reconnaît que la traduction espagnole s'est réalisée à la demande de D. Fernando de Silva, auprès de qui se trouvait notre médecin, travaillant à son service.

On doit à Juan Galisteo, la diffusion de l'ouvrage d'hygiène, peut-être le plus lu en Europe au XVIIIe siècle, les *Avis aux écrivains et aux puissants en ce qui concerne leur santé*, impression datée de Madrid, en 1786. Il mit également en circulation un ouvrage de Tissot, le *Traité des maladies les plus fréquentes des gens de la campagne*[7], dont la seconde édition fut réalisée à Madrid en 1776, la troisième en 1778, et la quatrième en 1781. Des *Avis* nous connaissons sept éditions, la dernière date de 1855.

5. J.-L. Petit, *Traité des maladies des os, à propos des appareils et machines les plus utiles pour les soigner*, trad. esp. Felix Galisteo, Madrid, 1774.

6. J. de Gorter, *Chirurgie expurgée,* trad. esp. Juan Galisteo et Xiorro, Madrid, 1780.

7. Tissot, *Traité des maladies les plus fréquentes des gens de la campagne*, Madrid, 1774.

Les traductions réalisées par Felix Galisteo et Xiorro, frère de Juan, complètent la liste déjà mentionnée sur les versions de textes représentatifs de la chirurgie française. Quelques spécialités chirurgicales, comme l'obstétrique et la gynécologie ou la naissante dermatologie, ont mis à la portée des professionnels espagnols, grâce à Felix Galisteo, certains des meilleurs traités du moment. Sans aucun doute, la dermato-vénérologie avec la version espagnole du très lu *Traité des maladies vénériennes* de Jean Astruc, ouvrage qui parut à Madrid en quatre volumes, en 1774 et fut imprimé à nouveau en 1791. Les ouvrages du grand maître de la chirurgie parisienne Henri-François Ledran, mentor de nombreux étudiants espagnols qui ont voyagé à Paris dans les années centrales du XVIIIe siècle, ont connu une ample diffusion en langue espagnole. La tâche de Felix Galisteo s'est axée sur la traduction de certains de ses traités plus importants ; par ordre chronologique rigoureux, en 1774 on a imprimé à Madrid le *Traité ou Réflexions issues à propos des blessures des armes à feu*, ouvrage réédité pour la seconde fois à Madrid (1789) et à Barcelone (s.d.). A Ledran appartient également le texte des *Opérations de chirurgie*, traduit du français par Felix Galisteo et imprimé à Madrid, puis suivra le *Traité des opérations de chirurgie*[8]. L'ouvrage d'André Levret, personnage remarquable de l'obstétrique française des années 1700, a eu une considération spéciale. Son *Traité des accouchements*[9] est le meilleur en son genre qui a circulé en espagnol jusque loin au XIXe siècle. Le même avis nous est inspiré par le *Traité des maladies des os*[10] de Jean-Louis Petit, éminence de la chirurgie française de la première moitié du XVIIIe siècle. Ce traité s'éditera à nouveau à Madrid, en deux occasions, à savoir en 1789 et, en changeant de siècle, en 1802.

La mise à jour de la chirurgie dans l'Espagne éclairée a été possible grâce à la tâche réalisée par ces traducteurs, mettant à la portée de nos chirurgiens la meilleure bibliographie étrangère de ce siècle. Les frères Galisteo et Xiorro étaient pleinement conscients de l'importance de cette tâche, parmi leurs nombreux témoignages, nous citerons seulement l'ample référence notée par Felix Galisteo dans le prologue écrit expressément pour la version espagnole de l'ouvrage de Jean Astruc. Dans ce *Traité des maladies vénériennes* qui marque une époque dans l'histoire de la dermo-vénérologie européenne, on peut souligner ces lignes de Felix Galisteo : " Quiconque réfléchit, même en passant, sur l'état florissant dans lequel se trouvent aujourd'hui en Espagne les facultés de Médecine et de Chirurgie, saura que ces progrès se doivent bien entendu à la protection que le Souverain dispense aux Professeurs de ces arts mais aussi aux nombreuses traductions qui se sont faites dans notre langue des livres

---

8. Ledran, *Opérations de chirurgie*, trad. par Felix Galisteo, Madrid, 1780 ; *ibid., Traité des opérations de chirurgie*, Madrid, 1784.

9. A. Levret, *Traité des accouchements,* Madrid, 1778, 2 vols.

10. J.-L. Petit, *Traité des maladies des os*, Madrid, 1775.

étrangers qui portent sur les matières médicales et chirurgicales, avec une méthode qui, avant d'introduire ces livres en Espagne était assez connue entre nous mais pas exactement observée, soit par le manque d'application des professeurs ou par manque de protection qu'avec l'encouragement du prix, ils se remettent au travail ". De l'ampleur et de la portée du labeur accompli, témoigne le fait d'avoir utilisé la version de Felix Galisteo, ainsi que d'autres, comme manuel pour l'enseignement au Collège royal de San Carlos, érigé à la Cour madrilène par Carlos III en 1787. Cet éloquent prologue concluait ainsi : " Les éloges sont superflus de même que les recommandations pour un ouvrage déjà si consacré, dont la méthode est suivie aujourd'hui par tous les universitaires ayant du bon sens, et qui a mérité que le Souverain approuve le choix fait par les Maîtres qui sont chargés de l'enseignement de cette branche de la chirurgie dans le nouveau Collège érigé dans cette Cour sous sa Royale protection. J'espère que le Public appréciera cette seconde édition (de 1791) insistant sur les idées que je me suis proposées et qui sont les mêmes que j'ai manifestées, ce court service que je fais à la Société est ma récompense la plus flatteuse ". Un intérêt spécial est mérité par les huit gros volumes que compte la version espagnole de la fameuse œuvre de Hermann Boerhaave, les *Aphorismes de chirurgie*[11], dans la version réalisée par le traducteur déjà cité Felix Galisteo et Xiorro. Ces aphorismes contiennent, comme le titre complet le sous-entend, les commentaires de Van Swieten et les notes de Antoine Louis, ainsi que de nombreux *Mémoires* de l'Académie royale de Chirurgie de Paris ; une partie de l'impression mentionnée a été éditée en deux occasions, la première en 1791 et la seconde en 1798-1801.

Sans aucun doute, la traduction des aphorismes de chirurgie constitue un succès dans la littérature chirurgicale écrite en espagnol pendant le XVIIIe siècle. Il s'agit d'un des meilleurs textes qui existent dans l'Europe des Lumières et son auteur, Hermann Boerhaave, peut être considéré comme le grand précepteur de la médecine européenne de la première moitié du XVIIIe siècle.

L'ouvrage en lui-même contient des mérites importants, puisque le traducteur, avec une adroite vision, a mis à portée de la main des chirurgiens espagnols du dernier tiers du siècle, quarante-deux *Mémoires*, qui figurent sous forme d'appendice, enrichissant remarquablement la valeur intrinsèque des aphorismes.

Il s'agit effectivement de quarante-deux *Mémoires* de l'Académie royale de Chirurgie de Paris sur différents problèmes chirurgicaux, avec une abondante iconographie. Nous devons tenir compte pour juger ce labeur, que pendant la seconde moitié du XVIIIe siècle, les *Mémoires de l'Académie Royale de chirurgie*[12] constituent un des plus significatifs recueils de la meilleure chirurgie

---

11. H. Boerhaave, *Aphorismes de chirurgie*, trad. Felix Galisteo et Xiorro, Madrid, 1774-1788, 8 vols.

12. *Mémoires de l'Académie Royale de chirurgie*, Paris, 1743-1744.

européenne des Lumières, son incorporation, bien que partielle en tant qu'appendice dans les *Aphorismes* de Boerhaave par le traducteur espagnol, a signifié un enrichissement considérable des textes espagnols qui circulaient dans la péninsule lors des années 1700.

Dans le chapitre de traumatologie, le chirurgien déjà cité, Francisco Xavier Cascarón, s'est chargé de traduire l'ouvrage *Nouvelle méthode pour traiter les fractures et les dislocations*[13] de l'auteur anglo-saxon Percival Pott, texte classique dans son genre et qui avec ceux de Jean-Louis Petit, constituent les meilleurs apports de la chirurgie osseuse dans l'Europe de 1700. D'une grande valeur a été l'œuvre d'un autre compatriote de Pott, traduite aussi en espagnol par Santiago García, l'abrégé *Système de chirurgie*, imprimé à Madrid en 1798 en six volumes, et qui s'éditait encore tard dans le XIXe siècle. La valeur intrinsèque de cet ouvrage s'est complétée par plus d'une centaine de gravures illustrant le texte. Santiago García a été médecin attaché aux hôpitaux de la Cour depuis 1784, bien que né à Soria en 1753 et ayant réalisé ses études à Valencia. L'apport de Santiago García à la chirurgie espagnole du règne de Carlos IV a été franchement importante par le fait d'avoir traduit en espagnol de nombreux traités, de préférence anglais. Au long du XVIIIe siècle, les chirurgiens espagnols ont reçu des influences décisives, la française, présente au long des premiers tiers du siècle et l'anglo-saxonne dans les dernières décennies du siècle. Au cours des années centrales du siècle, les frères Galisteo et Xiorro représentent clairement la ligne de préférence pour la chirurgie française. A la fin du siècle, l'influence anglo-saxonne dans les textes chirurgicaux ont un bon représentant à travers les traductions de Santiago García, qui était médecin de la famille royale, de l'Hospice de Madrid et de Barcelone. Son existence se prolongera jusqu'au-delà de la première décade du XIXe siècle. Parmi ses travaux figure la version du *Traité théorique-pratique des ulcères* de Benjamin Bell, " traduit de la dernière édition anglaise au français et augmenté avec quelques notes et les recherches sur la teigne par M. Bosquillón ". Il semble, comme l'indique le " Prologue " du traducteur que Santiago García a eu un contact avec la chirurgie anglaise, car il cite " Il y a quelques années que j'ai lu le traité de l'inflammation et de ses terminaisons dans le Collège de Chirurgie d'Edimbourg et il a été si bien reçu par certains de mes amis, que je me vois dans l'obligation de le transmettre ici ". Il s'occupe des mêmes sujets dans le *Traité des ulcères des jambes*[14] de Michael Underwood, que Santiago García a traduit de l'anglais, avec des observations et de nouveaux apports sur les maladies des yeux et la gangrène. Ce texte connut avant de finir le siècle une seconde impression en 1799. En relation avec l'ophtalmologie est paru à Madrid en 1796, l'ouvrage du chirurgien anglais dans la version de Santiago García,

---

13. P. Pott, *Nouvelle méthode pour traiter les fractures et les dislocations,* trad. esp. Francisco Xavier Cascarón, Madrid, 1787.
14. M. Underwood, *Traité des ulcères des jambes,* trad. esp. Santiago García, Madrid, 1791.

ayant pour titre *Observation sur l'ophtalmie parophtalmique et les yeux puru-
lents.*

Le chapitre chirurgical de vénérologie, sujet d'une énorme importance au
long du XVIIIᵉ siècle s'est vu enrichi par l'ouvrage de Benjamin Bell, *Traité de
la blennorragie et de l'infection vénérienne*[15]. En passant ce texte à notre langue le traducteur a su incorporer " avec la pharmacopée syphilitique de Swe-
diar et quelques observations sur les acides nitreux en infections vénériennes,
sorties du Repositoire de Médecine de la Nouvelle Société Médicale de New-
York " sans doute la première trace qu'enregistre la chirurgie espagnole de
l'influence nord-américaine. Passée la première décade de 1800, on le réédita
en 1814.

L'activité comme publiciste de Santiago García s'est prolongée dans les pre-
miers lustres du XIXᵉ siècle, nous retenons spécialement les *Leçons du citoyen
Boyer sur les maladies des os*, qui fut édité à Madrid en 1807, en deux volumes. A notre avis, avec Antonio Lavedan de qui nous nous occuperons plus
tard, Santiago García a été un des derniers représentants de l'effort que de la
Cour madrilène a réalisé en faveur de la diffusion de la chirurgie étrangère en
Espagne. Il ne semble pas risqué d'affirmer que grâce à ses propres mérites,
García doit figurer auprès des frères Galisteo et Xiorro, ainsi que d'André García Vázquez, ayant eu la tâche difficile de choisir et de divulguer entre les chirurgiens espagnols la meilleure traduction chirurgicale de l'Europe. Le dernier
texte imprimé que nous connaissons de la liste des traductions de l'auteur que
nous sommes en train d'étudier est les *Eléments de pathologie externe* de
Aubin, ouvrage qui traduit du français en espagnol, a été imprimé à Madrid
(1807-1808) en deux volumes.

Comme grand traducteur attaché les dernières années de sa vie à la Cour, il
y eut encore le chirurgien, semble-t-il d'origine irlandaise, Antonio Lavedan
qui exerça dans la branche de la guerre, employé aux Armées royales de 1770
à 1777, où il atteignit le poste de chirurgien majeur de l'Armée en 1799, examinateur des Tribunaux du Protochirurgien et Chirurgien de la famille royale
depuis 1789. Il est l'auteur de nombreuses traductions en espagnol imprimées
à la fin du XVIIIᵉ siècle et au début du siècle suivant. A ses efforts, nous devons
l'ouvrage de Juan Féderico Fritze *Recueil des maladies vénériennes*[16]. A partir
de cette date son activité commence et se développe pleinement à Madrid. A
notre avis, c'est le texte du hongrois José Jacobo Plenck qui a le plus d'intérêt :
Pharmacologie chirurgicale, version réalisée par Lavedan. La traduction est
dédiée à Pedro Custodio Gutierrez, chirurgien de Carlos IV. De cet ouvrage ont
été réalisées trois éditions à Madrid en 1798, 1805 et 1819. Cependant une spécialité chirurgicale comme la dermatologie, a connu en espagnol le grand texte
du siècle, le *Traité des maladies cutanées*, de Plenck, qui, traduit du latin à

15. B. Bell, *Traité de la blennorragie et de l'infection vénérienne*, Madrid, 1799, 2 vols.
16. Juan Féderico Fritze, *Recueil des maladies vénériennes*, Madrid, 1796.

l'espagnol et augmenté par des notes de Lavedan lui-même, doit être considéré comme étant la meilleure exposition afin de doter nos chirurgiens de l'information la plus complète sur la spécialité. De Plenck fut également publiée la *Toxicologie*[17].

Avant la fin du siècle est paru l'*Abrégé de médecine clinique ou pratique* de José Quarin, dans la version du chirurgien Lavedan et trois ans plus tard le *Traité des maladies épidémiques, putrides, malignes, contagieuses et pestilentielles*[18]. Cet ouvrage obéissait au climat de profonde inquiétude sociale et médicale qui régnait à cause des graves épidémies de fièvre putride qui isolèrent la péninsule dans le dernier tiers du siècle et de forme plus aiguë entre 1793-95 avec la guerre contre la Révolution Française. Le texte cité est une synthèse de la meilleure bibliographie épidémique du moment parue en Europe. Lavedan de manière originale a su conjuguer les apports épidémiologiques depuis Sydenham jusqu'à Pringle. L'intense labeur réalisé fait que le traité dont nous parlons est en bonne mesure plus qu'une version ou une mise à jour, c'est d'une certaine façon le fruit personnel de sa propre formation scientifique. Avant de conclure nos références à Lavedan, il faut citer sommairement une des trois dernières versions imprimées dans les premières décades du XIXᵉ siècle, nous parlons des *Principes de chirurgie* de Villars, médecin de l'Hôpital militaire de Grenoble, imprimés à Madrid en 1807. A cette citation on doit ajouter les *Aphorismes* de Boerhaave qui dans une version très libre fut traduit en espagnol par Lavedan à Madrid en 1817. Le *Traité des plantes venimeuses* de Bouillard nous semble avoir moins d'intérêt.

On doit ajouter aux références antérieures, dans le contexte chirurgical de fin de siècle, la version que Bartolomé Piñera et Siles a réalisée du *Traité théorique et pratique des ulcères et des plaies*[19] du chirurgien anglo-saxon plusieurs fois cité, Benjamin Bell. A la fin du siècle est apparu également l'ouvrage de Pierre Lassus sous le titre de *Médecine opératoire ou Traité élémentaire des opérations chirurgicales* (Madrid) en deux volumes. Entre les chirurgiens madrilènes on doit ajouter le professeur Ramón Fernandez, de qui nous avons reçu deux versions, des *Aphorismes* qui ne sont pas imprimées mais dont les manuscrits sont conservés et le *Traité de la phtisie* du professeur parisien Jeannet des Langrois. Enfin, nous devons au chirurgien de l'Armée royale, Antonio Alfaro la version d'un texte classique d'urologie française, le *Traité des maladies des voies urinaires* de Le Dran, le grand maître de la chirurgie française du siècle. L'intérêt de cet ouvrage est encore plus grand si nous tenons compte que Le Dran a été recueilli dans les *Journaux* que Fr.

17. J.J. Plenck, *Toxicologie,* Madrid, 1816.

18. J. Quarin, *Abrégé de médecine clinique ou pratique,* Madrid, 1799 ; *ibid., Traité des maladies épidémiques, putrides, malignes, contagieuses et pestilentielles,* Madrid, 1802, 2 vols.

19. B. Bell, *Traité théorique et pratique des ulcères et des plaies,* trad. esp. Bartolomé Piñera et Siles, Madrid, 1797 .

Xavier Bichat a publié de son maître Desault, texte espagnol qui parut à Madrid en 1805.

Quelle est la portée et le sens de la diffusion de la chirurgie étrangère dans l'Espagne éclairée ? A notre avis elle constitue une des voies de pénétration des plus importantes de la science chirurgicale dans le tour d'horizon de l'Espagne au début des années 1700. Un des chapitres qui a contribué puissamment à élever le niveau de nos chirurgiens a été sans doute l'impression en espagnol des grands traités chirurgicaux, la plupart méconnus. Sous un autre angle, cette tâche fut accomplie de préférence par des professionnels installés à Madrid, centre décisif semble-t-il dans le mouvement d'européanisation et de renouvellement. A cet effet, au labeur réalisé par les collèges royaux, on doit ajouter l'effort de l'école madrilène de traducteurs. Le transfert des connaissances fut très bénéfique, à tel point qu'en Espagne les grands ouvrages de chirurgie des écoles ont pu circuler en espagnol. Tout cela a contribué à surmonter les médiocres textes hérités du baroque. Les éditions et rééditions utilisaient un volume d'informations qui a sans doute été décisif pour mettre à jour notre horizon chirurgical. Le volume de traductions madrilènes a dépassé de beaucoup celui réalisé par les Collèges royaux de Chirurgie. Il suffit de signaler qu'en 1800, le Collège royal de l'armée de Cadix, fondé en 1748, ne possédait encore qu'un nombre modeste de traductions s'élevant à sept titres ; un des textes était traduit par les professeurs du Collège de San Carlos et aucun par le Collège royal de Barcelone. Il semble que les Collèges royaux avaient pour objet l'enseignement et orientaient leur tâche vers la formation de chirurgiens. Cependant les professionnels groupés depuis les années centrales du siècle autour du " Collège de Professeurs Chirurgiens " de Madrid, commencèrent un labeur fécond en traduisant en espagnol une production scientifique indispensable afin d'élever leur niveau, comme le montrent les textes que nous avons cités.

BIBLIOGRAPHIE

M.E. Burke, *The Royal College of San Carlos,* Durkham N.C., 1977.

J.R. Cabrera Afonso, *El libro médico-quirúrgico de los Reales Colegios de Cirugia españoles en la Ilustración,* Cádiz, 1990.

D. Ferrer, *Un Siglo de Cirugía en España,* Madrid, 1962.

L. Granjel, *La Medicina española del Siglo XVIII,* Salamanca, 1979.

J. Laso de la Vega, *Guía de la Biblioteca de la Facultad de Medicina,* Madrid, 1958.

J.M. Madurell Marimon, J. Rubio Balaguer, *Documentos para la historia de la imprenta y librería en Barcelona,* Barcelona, 1955.

E. Moreu-Rey, " Sociología del llibre a Barcelona al segle XVIII. La quantitad d'obres a les biliotèques particulars ", *Estudis Històrics i Documents dels Arxius de Protocols, VII* (1980), 275-303.

J. Riera, " La Biblioteca del Colegio de Cirugía de San Carlos de Madrid. Un documento de 1778 ", *Cuad. Hist. Med. Esp. XIII* (1074), 313-317.

J. Riera, " L'Academia de Matemàtiques a la Barcelona Ilustrada 1715-1800 ", *II Congrès Internacional d'Història de la medicina catalana, I* (Barcelona, 1975), 73-128.

J. Riera, *Cirugía española ilustrada y su comunicación con Europa,* Valladolid, 1976.

J. Riera, *Anatomía y Cirugía española del siglo XVIII,* Valladolid, 1982.

J. Riera (en col. con J. Granada-Juesas), *La inoculación de la Viruela en la España Ilustrada,* Valladolid, 1987.

J. Riera, *Ciencia, Medicina y Sociedad en la España Ilustrada,* Valladolid, 1990.

J. Riera, *Medicina y Ciencia en la España Ilustrada,* Valladolid, 1991.

P. Rodrigo Calabia, *La atención primaria en Castilla-La Mancha y Madrid en el Siglo XVIII,* Tesis del Doctorado, Valladolid, 1991.

Mª del H. Rodríguez García, *La Hospitalización militar en la España de Carlos IV,* Tesis del Doctorado, Valladolid, 1991.

M. Usandizaga Soraluce, *Historia del Real Colegio de Cirugía de Barcelona (1760-1843),* Barcelona, 1964.

A. de Vega Irañeta, *Los Hospitales Militares en la España del Siglo XVIII,* Tesis del Doctorado, Valladolid, 1989.

History of Women in Surgery in the Netherlands

Ella DE JONG and Mimi MULDER

Introduction

The history of women in medicine in general has been described extensively. Within the broad field of specialities, surgery has always been looked upon as a very masculine profession. Nevertheless, gradually women began to appear in the surgical clinics. About these women as a group of pioneers little literature exists. Therefore we explored the history of these women surgeons in the Netherlands. When did they first appear ? What role did they play ? How was their position in society and how did they reach their aim ?

The guilds

Surgery in the Netherlands was established as a distinct medical occupation since the formation of guilds at the end of the fifteenth century. The official surgical education found place in the university since the foundation of the University of Leiden in 1575. However the lessons were given to the *Doctores Medicinae*. They were, what we call today, the physicians, the doctors of internal medicine. Those *Doctores Medicinae* thought the handicraft far below their level. This included the treatment of wounds, the reposition of fractures and other surgical skills. In case of necessity of these treatments it were the surgeons who had to do the job.

The guilds made rules for the building and admission of new members. In practice this meant a master-fellow relationship as is still the case in the present time surgery training. Each city had its guild of surgeons who had their individual rules for admission and building. In many places the sons of guild members paid less fee for their training and examination than others did. After passing the exam in a particular city, the surgeon was only allowed to practise in that very area. They were Masters, who were acting as barbers, practically thinking craftsmen, who were in much lower social esteem than the *Doctores Medicinae* and very often they had to struggle to earn their daily living.

Women did not take part in the guilds. Only if a member of the guild died, his widow was allowed to continue the business on the condition that she secured herself a skilled servants help. Only in exceptional cases the name of such a barbers widow survived the ages. Vrouw Schrader left a diary by means we know that after the dead of her husband, the surgeon Ernst Wilhelm Cramer, in 1692, she continued the business of her husband. Nevertheless as most women she also restricted her occupations very soon to midwifery[1].

18ᵗʰ AND 19ᵗʰ CENTURY

The practice of nursing the children, the cure for the disabled and ill people was seen as a typical female job, fitting the characteristics of her gender. However with the institution of an official social structure in health cure and with the supply of a scientific title to the practitioner, the woman disappears from the official stage of medicine.

In 1865 the Dutch statesman Thorbecke founded a law to regulate the medical teaching and practice on a national scale. His permission was needed in 1871 for admittance of the first woman to medical school. In 1879 she, Aletta Jacobs started to practice in the Netherlands[2].

A gradual acceptance of women doctors found place, only few were able to specialise. Catherine van Tussenbroek, being herself the second female doctor in the Netherlands published an article on this subject in a monthly paper on women's study in 1913. She counted 105 female doctors in the Netherlands of whom only 15 were medical specialists[3]. In the second half of the 18ᵗʰ century surgery had started to be accepted at an academic level but turned out to be little accessible to women.

20ᵗʰ CENTURY

In 1902 the Dutch society for Surgery was founded. In that time surgeons occupied themselves with general surgery as well as with gynaecological operations. In 1913 the first woman, Mrs Heleen Brouwer-Robert was accepted as a member of the society. She was one of the women who were trained in surgery by a very striking personality : Hector Treub.

---

1. C.G. Schrader's, *Memoryboeck van de vrouwens. Het notitieboek van een Friese vroedvrouw 1693-1745*, Amsterdam, 1984.

2. A. Jacobs, *Herinneringen*, Utrecht, 1977.

3. C. van Tussenbroek, " De beroepsvooruitzichten van de vrouwelijke arts ", *Maandblad voor vrouwenstudies,* 1 (1913), 93-103.

HECTOR TREUB

Hector Treub was a general surgeon who accepted the function of professor in gynaecology and obstetrics in Leiden. He was an enlightened personality, and he was very popular in his clinic. Blessed with an independent mind, he moved enveloped in a smell of violets that forebode his coming or indicated his recent leave. He proclaimed ideas that were very revolutionary in those days. He held a lecture in 1898 in which he stated that the academic study was fit for women and women were fit to do the job. This was a daring answer to the numerous lectures given by his many famous contemporaries who stated that women were only fit for domestic duties. Treub underlined his statement by accepting women in his clinic and giving them a building in the surgical aspects of gynaecology. Rosalie Wijnberg and Jeanne Knoop were two other women who received their surgical education from Hector Treub.

Jeanne Knoop wrote a thesis on the subject. The influence of mental labour on the specific feminine functions. Treub was her promoter in 1919. She did a research on the physical condition and possible disturbances of the menstrual cycle in university students, pupils of schools of domestic economy and in nurses. The conclusion of her thesis won't surprise us nowadays : if the woman possesses normal intellectual functions an academic study won't impair her sexual functions[4].

When in the beginning of the 20th century a differentiation emerges within medicine, a more male or female character is ascribed to the several specialities. Preventive medicine, for instance, as well as infant cure were looked upon as typical fit for female doctors. Surgery was seen as a very masculine medical speciality.

In 1932 a new period began with the official registration of surgeons in the Netherlands. From 1932 until 1997 1464 surgeons were registered, of whom 52 were female (3%) (figure 1). Because the female surgeons are outnumbered by men in such degree it is almost impossible to show them properly in one diagram. The second diagram (figure 2) shows the women separately. Who were those pioneering women and what has become of them ?

PIONEERING FEMALE SURGEONS

Mrs. Norel was the first officially registered female surgeon in the Netherlands. She had her registration as a surgeon new style in 1941. She also had a training as gynaecologist. In Paris she followed a course in tropical medicine and she left for Africa, where she worked during 25 years as a surgeon as well as a gynaecologist. In this period she returned to Holland from time to time

---

4. J.S.A.M. Knoop, *De invloed van de geestelijken arbeid op de specifiek vrouwelijke functies*, Leiden, S.C. Van Doesburgh, 1919.

and when she tried to obtain a regular job there, she failed. Very likely this was not due to her surgical skills as becomes evident reading her thesis on urogenital fistulae[5].

In this thesis she describes the technically difficult operations she performed for this disease in Upper Volta. She was disappointed about the fact that she was not enabled to get her own practice in Holland. She is still alive and could not indicate the role of gender in the course of her career.

The second woman in the registration was interviewed by us recently : Mrs. Van Wiersum de Kwaadsteniet.

Also her career is not average. She was trained as a surgeon in Rotterdam during the second world war by Dr. Van Staveren. May 1940 the hospital in Rotterdam was bombed and completely destroyed. Surgical cure was continued on six hospital ships harboured in the Rotterdam port. As was usual in those days the surgical residents were responsible for the anaesthesia. Also for Mrs Van Wiersum de Kwaadsteniet this was a regularly returning duty (picture 1). In summer luncheon breaks were spent in a deck chair were the personnel could enjoy a moment of rest. In winter food was prepared on a Little stove, that was also used for the sterilisation of instruments. After the liberation in 1945 she married. This included automatically her dismissal from the hospital. Later on she was invited to accompany a ship of repatriates coming from the Dutch Indies. Measles had broken out on board of one of the ships, an illness unknown in the tropical area and she was especially asked to take cure of the children on board on their return to Holland. She had no special training for the job but she was expected to be fit for it because of her gender. It is very remarkable to hear that it was made impossible for her to exercise her profession, after a building of six years, just because it was not done for a married woman to practise. This also happened to Mrs Leeksma-Lievense, who became a surgeon in 1949. Her marriage meant the end of her surgical career.

Only in 1958 Dr. Fierstra succeeded after her registration to obtain a regular practice. During the last months of her residency she advertised in the most generally read Dutch medical journal to find a job. At her announcement " female surgeon offering for a job " no response followed. Finally she associated with the father of one of her fellow residents. She had been accepted in the surgical school of professor Boerema in Amsterdam. He expressed his willingness to admit a woman in his clinic " because he already had a person from South-Africa and one from Surinam but never had had a woman in his school before " the experiment succeeded. After Andra Fierstra left Amsterdam to start a practice elsewhere in the Netherlands, again a woman was admitted to the Boerema surgical school. She became later the first, and until today the only, female professor of surgery in the Netherlands.

---

5. D.A.E. Norel, *Anatomy of the trigonum vesicae and the aetiology and treatment of spontaneous and traumatic obstetrical urogenital fistulae*, Nijmegen, 1956.

In the fifties and sixties few women accepted the challenge to become a surgeon. They had to deal not only with the regular problems of the profession, but also had to take measures to make a normal family life possible. One of them decided to live with her husband and children on the ground of the hospital. Another lady not only did a full-time surgical job but also succeeded in performing as a professional oratorio singer during her entire surgical career (pictures 2, 3).

NUMERUS FIXUS

When in the eighties a large surplus of new coming surgeons menaced to be a problem, it was decided to limit the number of new accepted residents on a national scale. As a proof of emancipation or of goodwill the board of surgeons chose each year one or two female residents, approximately ten percent of the total. The latest five years half of the graduated doctors is female. It is to be expected and happens also that on a larger scale women get access to the surgical world.

It is amusing to speculate why surgery during the centuries was always looked upon as a very masculine occupation. The refined handicraft could be seen as especially suited for women. Maybe it was because the job was often classified as cruel and needing great physical strength but from that image we have been removed more than a hundred years now.

SOCIAL IMPLICATIONS

There has come a degradation of the high social esteem of the physician in general and to less extend also to the surgeon during the last few decades. This is expressed in the question about lowering the fees, wage-earning and the termination of freedom to set up a specialist-practice, as is brought up for discussion in politics nowadays. The question if there is a correlation between this fact and the increase of female practitioners, forms a subject of speculation. Is the social degradation a reason that less men choose the profession, by this way enabling more women to enter surgery ? Or is the inflow of female surgeons a cause ad ding to lower social esteem ? What is the cause or the consequence of these two is an interesting point of discussion.

FIGURES

Fig. 1. Annually new registered surgeons.

Registered surgeons 1932-1997.

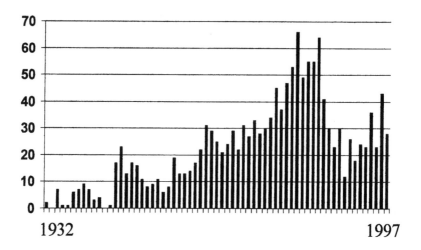

Fig. 2. Annually new registered female surgeons.

Female surgeons registered 1932-1997.

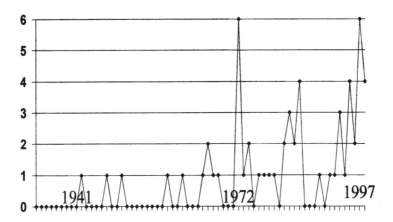

Picture 1. Dr van Staveren operating on one of the hospital ships in Rotterdam, during the second world war.

Dr van Wiersum de Kwaadsteniet is giving the anaesthesia.

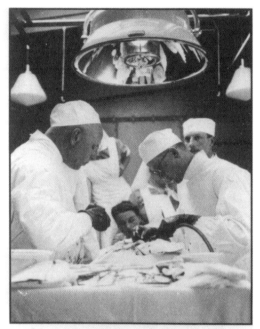

60. Chirurg Van Staveren (links) aan het werk op schip, ingericht als noodhospitaal.

Picture 2. Dr Plomp van Harmelen, the surgeon, operating.

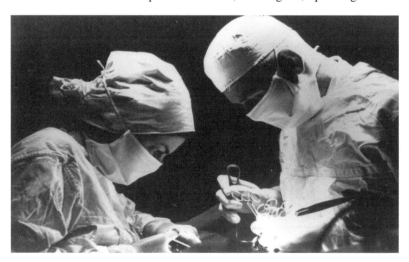

Picture 3. Dr Plomp van Harmelen, the oratorium singer,
during a performance.

Establishment of Clinical Teaching at the Medical Faculty of the Moscow University

Andrei M. Stotchik

The first half of the 19th century was a period of drastic changes at the medical faculty of the Moscow university. In 1804 in the course of the educational reform undertaken on Emperor Alexander I's initiative, the Charter of the Imperial Moscow university was approved. It envisaged changing the goals of the medical university education[1]. Education of specialists, trained as independent practitioners became the main task for the medical faculty, while since the year of faculty establishment (1758) and till the moment of the charter's adoption the medical faculty of the Moscow university, like most universities in Europe, had not trained such specialists. University courses, though they included studying of all disciplines, required for doctor's practice did not envisage training in practical skills of diagnostic and medical care delivery. That's why graduation from the medical faculty didn't give the right to work as a practitioner. In order to get this right it was necessary to work during one year on probation at hospital and then to pass an exam to the special committee, nominated by state authorities[2].

Reorientation of the university medical education towards training of specialists, having a right for independent practice, was at first accomplished in Austria in the second half of the 18th century, G. Van-Swieten, A. Sterk and J.P. Frank[3] were the ideologists and leaders of that reform, carried out in sev-

---

1. Regarding the reform of Enlightenment carried out by Alexander I in 1802 -1805 see, for instance : П.Н. Милюков, " Очерки об истории русской культуры " В 3 Х ТОМАХ, Москва, 1994, 2, 279-289.

2. А.М. Цточик, С.Н. Затравкин, " Медицинский факультет Московского Университета в XVIII веке ", Москва, 1996, 366с.

3. Conclusion about the change of medical university education orientation in Austria was done on the basis of the facts analysis stated in the following publications : G. Wolf, *Fur Geschichte der Wiener Universitat*, Wien, 1883 ; М.И. Сухомлинов, " История Российской академии ", Вып. 6/Приложение к XLI тому записок Императорской Академии наук, N° 2, Санкт–Петербург, 1882, 106-107 ; E. Lesky, *Meilesteine der Wiener Medicin. Grosse Arzte Osterreichs in drei Jahrhunderten*, Wien, 1981.

eral steps. These Austrian innovations were known in Russia as early as 1786 at the Russian Empress Katherine II's request Prof. J. Sonnenfels[4] prepared a detailed note on the educational reform in Austria, describing organization and content of educational programmes at the medical faculties of Austrian universities. This note was taken as a basis for the preparation of a " Charter Project of Russian universities ", which, however, was not approved[5] ; work on it was renewed only in the beginning of the 19th century. An Austrian system of university medical education was taken as a model[6].

Realization of new goals of medical education envisaged the introduction of adequate clinical training into university courses. During 1805-1806, a clinical base was organized at the medical faculty, which included three departments : internal diseases - 3 beds ; surgical - 6 ; and midwifery - 3. Thus, at the Moscow university (unlike in the European universities) it was planned to introduce teaching of all practical medical disciplines (internal medicine, surgery and midwifery) simultaneously. In accordance with the Charter, surgery and midwifery had to be taught as independent disciplines.

However, availability of the clinical base in itself could not guarantee the successful realization of clinical teaching. Success or failure depended mainly on professors and their ability and skills of teaching at the bedside. But in those times, Moscow university's professors hardly knew enough about the proper organization of clinical teaching at the university and apparently did not strive for changing the traditional common ways of teaching the practical medical disciplines. They, however, had to observe the Charter's provisions. The solution of the problem, which they were faced with, was not the best, but probably the only one possible — without changing the existing educational process and mode of teaching the main disciplines, they carried out studies in clinic only in the form of discussions of patients condition and demonstrations of surgical operations.

For example, Prof. Feodor G. Polytkovsky[7] declared that during the academic year of 1808-1809 he would teach clinical medicine only by delivering lectures, and one hour a week he would teach medical casuistry at the bedside[8]. One hour a week is hardly enough to examine a patient, discuss the case

4. Sonnenfels Iosif (1732-1817), Austrian writer and lawyer, baron. In 1785 an ambassador of Russia in Vienna, duke Golitsin, passed a request of Ekaterina II to acknowledge her with a plan of the Austrian educational system reform to the Austrian chancellor — duke Kaunitz. The chancellor entrusted Sonnenfels with the preparation of this document.

5. С.В. Рождественский, " Очерки по истории системы просвещения в России XVIII-XIX веков ", Санкт–Петербург, 1912, 653-654.

6. С.В. Рождественский, op. cit., 655-680.

7. Политковский Федор Герасимович (Feodor G. Politkovsky, 1754-1809) — professor of natural history (1784-1804) ; practical medicine and chemistry (1802-1804) ; pathology, therapy and clinic (1804-1809) of the Moscow University.

8. Объявление о публичных учениях, в Императорском Московском университете преподаваемых с 1808 года Августа 17 дня по 28 Июня 1809 года, по назначению Совета, Москва, 1808, 6.

with students and give them an opportunity of practical work with a patient. Thus, Prof. Polytkovsky's methods did not cover some of the most important components of modern routine clinical teaching.

Firstly, the main principle of clinical teaching — the participation of students in discussions of patients' condition, signs and symptoms of the disease, diagnosis, prognosis and proper selection of adequate therapy — was not observed.

Secondly, students were not taught to work with a patient (rules of behaviour at the bedside, putting questions and some other ways of patient's examination).

Thirdly, clinical studies were not linked with the main theoretical course of practical medicine.

Fourthly, course of practical medicine and studies in clinic were not co-ordinated with other subjects' teaching, while clinical teaching can be effective only if a student had adequately learned basic theoretical disciplines before starting his clinical practice.

The teaching of surgery was similar : " Feodor Gildenbrandt[9] will teach surgery, using Tittmann's Manual. Moreover, he will perform operations for stone, dissection and leucoma ectomy "[10]. Only one of the professors, the famous Moscow obstetrician Wilhelm M. Richter[11], in 1806 declared that he would teach students practical skills of obstetric care in the hospital at the Midwifery Institute[12]. Wilhelm M. Richter's methodological approaches, judging from historical data, answered the purpose of clinical midwifery teaching. But it does not mean that during the first years after adoption of the Charter, in 1804, clinical teaching at the Moscow university was introduced for any of the subjects. Prof. Wilhelm M. Richter had been reading a course on midwifery during three years.

So the students could listen to this course in its consistent sequence only once in three years. However, this situation did not last long. Already in the academic year of 1809-1810 Prof. Matvei Ya. Mudrov[13], who had replaced

9. Гильдебрандт Федор Андреевич (Justus Friederich Jacob Hiltebrandt, 1173-1845). He teached chemistry, botany, anatomy and physiology in the Moscow medico-surgical Academy. In 1804-1830 — a professor of surgery of the Moscow University.

10. Объявление о публичных учениях, в Императорском Московском университете преподаваемых с 1808 года Августа 17 дня по 28 Июня 1809 года, по назначению Совета, Москва, 1808, 6.

11. Рихтер Вильгельм Михайлович (Wilhelm M. Richter, 1767-1822) a professor of surgery and obstetrics (1790-1804), obstetrics (1805-1818) of the Moscow University.

12. Объявление о публичных учениях, в Императорском Московском университете преподаваемых с 1808 года Августа 17 дня по 28 Июня 1809 года, по назначению Совета, Москва, 1808, 5.

13. Мудров Матвей Яковлевич (Matvei Ya. Mudrov, 1776-1831) a professor of pathology, therapy and clinic of the Moscow University (1809-1831), repeatedly being elected a dean of medical faculty.

Feodor G. Polytkov-sky, professor of pathology, therapy and clinical teaching, started to introduce changes in content and methodology of clinical teaching. His ideas embodied the synthesis of European experience, first of all the legacy of the outstanding reformer of medical education J.P. Frank, and Prof. Mudrov's own pedagogical views. But the war of 1812 prevented the introduction of these ideas. They had been fully realized only in the 1820s after the restoration and considerable expansion (from 12 to 50 beds) of the clinical institutes of the Moscow university (1818-1820).

Firstly, Prof. Matvei Ya. Mudrov had eliminated content discrepancies in lecture course and studies in clinic, putting into practice one of the main principles of clinical teaching. "Particularly at the Clinical Institute", — he wrote —, "attention is paid to demonstrations at the bedside of the diseases, described in literature "[14]. Certainly, lecture course on disease nomenclature covered much more topics than clinical studies. But in the clinic only, those diseases were demonstrated, which were studied at lectures. Prof. Matvei Ya. Mudrov believed that students had to study his subject on a relatively small number of patients and just several of the most prevailing diseases, but thoroughly and in details, because a young practitioner would come across these cases first of all[15].

Secondly, Prof. Matvei Ya. Mudrov introduced methods of diagnoses in the clinic teaching of the students ; they studied the system of questioning a patient and his examination developed by the professor, mastered the skills of dynamic observation and case recording.

Thirdly, besides lectures, followed by discussions of clinical cases 2-4 times a week, Prof. Matvei Ya. Mudrov introduced obligatory daily morning and evening doctor's rounds attendance by students. According to the professor's rules, every night two students were on duty at the bedside. Permanent curators were attached to patients ; not only did they recorded the cases, but had to observe the patient's condition and its changes and report about them to the professor.

Fourthly, Prof. Matvei Ya. Mudrov participated in the development and introduction of " course system " into educational process, that allowed to obtain strict sequence of teaching subjects at the medical faculty and isolation of clinical training as a final and fundamental stage of university medical education[16].

14. М.Я. Мудров, " О Клинических Институтах вообще ", Russian state historical archive (Российский государственный исторический архив), ф. 733.- Оп. 99. – Д. 68. – 222.

15. In the same source, Л. 221–221 об.

16. А.М. Сточик, С.Н. Затравкин, " Разработка программы обучения на медицинском факультете Московского университета в период работы по подготовке Устава 1835 года, Сообщение 1 : События 1825–1828гг. ", Проблемы социальной гигиены и история медицины, 1998, 3.

Fifthly, Prof. Matvei Ya. Mudrov had considerably changed the content of teaching by the way of pointing out those latest medical achievements that made clinical medicine a natural science.

According to Prof. Matvei Ya. Mudrov " medicine gradually converts from hypothetical into true science "[17] and it should help future doctors to " evaluate all things, proceeding from the common sense "[18].

Prof. Matvei Ya. Mudrov took the newest monographs as a basis for his course, which contained disease description and classification with regard to the latest achievements of pathologic anatomy.

In the first quarter of the 19th century, due to the scientific research of French medical doctors aimed to reveal clinico-morphological parallels, pathological anatomy ceased to be a science of deviations from the norms, but turned into a means of control for correctness of diagnosis and conducted therapy, and into the most effective tool of disease investigations. Many principal propositions of the former speculative pathology had been drastically revised, and pathological anatomy became one of the most important natural scientific bases of clinical medicine, which, as Prof. Matvei Ya. Mudrov said, " opens the doors to the secrets of disease physiology "[19].

Prof. Matvei Ya. Mudrov clearly understood the importance of the new science for the development of clinical medicine and, as early as 1805, he suggested to include it into a number of compulsory teaching subjects as an integrated part of clinical training. As a professor of pathology, therapy and clinical teaching, Matvei Ya. Mudrov from year to year was increasing the volume of patho-anatomical information in his lecture course and introduced the study of autopsy of the diseased at the Clinical Institute, where in the presence of all the students the cause of death was determined and correctness of diagnosis and conducted therapy was checked[20].

In 1825, one of the first in Europe, Prof. Matvei Ya. Mudrov raised a question of a chair of pathologic anatomy establishment at the Moscow university. As a result, pathologic anatomy was included into the curriculum as a separate subject[21]. It was mentioned in the university Charter of 1835. Later on, under Prof. Matvei Ya. Mudrov's influence, two other outstanding professors-clini-

17. С.Н. Затравкин, " У истоков создания кафедры патологической анатомии ", Исторический вестник Московской медицинской академии им. И.М. Сеченова, 1992, 1 : 99.

18. Письма М.Я. Мудрова к М.Н. Муравьеву, Чтения в Обществе истории и древностей Российских, 1861, III.

19. С.Н. Затравкин, " У истоков создания кафедры патологической анатомии ", op. cit., 99.

20. М.Я. Мудров О клинических институтах вообще, " О Клинических Институтах вообще ", Russian state historical archive (Российский государственный исторический архив), ф. 733. – Оп. 99. – Д. 68. – Л. 222.

21. С.Н. Затравкин, " У истоков создания кафедры патологической анатомии ", op. cit., 96-103.

cians of the Moscow university, Grigori I. Sokolsky[22] and Alexander I. Auvert[23] continued and developed the tradition of the wide use of patho-ana-tomical data in clinical teaching of internal medicine and made pathologic anatomy an object of their scientific interests.

In 1845, Prof. Ludvig S. Sevruk[24] introduced sectional course[25] for the students in their final year.

Prof. Matvei Ya. Mudrov had a great authority at the faculty. In the field of clinical teaching, he paved the way which was followed by other professors-clinicians, adopting his pedagogical methods to their disciplines. For example, Prof. Feodor A. Giltebrandt also started to discuss clinical cases during his lectures on surgery and introduced practical studies on operative surgery[26]. In the anatomical theater students made operations on cadavers and at the surgical institute, they practised in applying bandages and in using surgical instruments.

Due to Prof. Matvei Ya. Mudrov's activity by the end of the 1820s and beginning of the 1830s the establishment of clinical teaching at the Moscow university had been actually completed ; its necessity and priority had been recognized by everybody ; and it became a leading pedagogical doctrine of the medical faculty ; further development of medical education took the way of clinical teaching expansion.

During 1830-1840, the idea of step-by-step teaching of the main clinical disciplines (internal medicine and surgery) has been developed and realized. Clinical training was divided into four stages ; three of them were gradually provided with independent clinics.

The first stage was propedeutic and, as it was pointed out in one of the documents of these times, " had an aim to train students to recognize signs and symptoms of diseases at the bedside (clinical therapeutic and surgical semiotics) and put bandages in the surgical department "[27]. This training was carried

22. Сокольский Григорий Иванович (Grigori I. Sokolsky, 1807-1886) - professor of particular pathology and therapy of the Moscow University (1835-1848) ; on the base of clinical observations, started in 1831, and data of his own pathomorphological assays described natural heart affection under articular rheumatism and defined clinical anatomical forms of rheumatic carditis : myocarditis, endocarditis (with heart disease formation) and pericarditis independently from J. Bouilland.

23. Овер Александр Иванович (Alexander I. Auvert, 1804-1864) - professor of therapeutical clinic (1842-1846), faculty therapeutical clinic (1846-1864), author of atlas *Selecta praxis medico-chirurgica* (1848-1852) in 4 volumes, for which he was awarded with the highest orders of all European countries.

24. Севрук Людвиг Степанович (Ludvig S. Sevruk, 1804-1864) - professor of anatomy of the Moscow University (1840-1853), in 1840-1848 was teaching pathological anatomy.

25. " Биографический словарь профессоров и преподавателей Императорского Московского университета ", Москва, 1855 ; II : 402-408.

26. Объявление о публичных учениях, в Императорском Московском университете преподаваемых с 1820 года Августа 17 дня по 28 Июня 1821 года, по назначению Совета, Москва, 1820, 7.

27. Сборник постановлений по Министерству народного Просвещения, Санкт–Петербург, 1876, 2 : 564-565.

out for the students of the third course. Methods of diagnostic and examination were mastered with hospital and ambulatory patients. Independent clinic was established in 1874.

The second stage included systematic lectures on therapeutic and surgical special pathology. To teach it, in 1835, two chairs were established — " special pathology and therapy " and " theoretical surgery ". Lectures contained description of disease aetiology, pathogenesis, clinical picture, diagnostic, therapy and prognosis in correspondence with the existing nomenclature of nosologic forms. With the sophistication of the above-mentioned courses, the volume of clinical demonstrations was being gradually expanded.

The third stage was facultative ; students of the fourth course " exercised in recognizing the most prevalent diseases ", observed their progress, studied models of treatment[28].

The fourth stage was called a hospital one. Its main purpose was " to draw attention " of the students in their final year " to the group of similar cases ; they had to learn how to observe pathologic disease process in its various manifestations ; (…) get to know the system of hospital service and how to control various epidemies and to use properly and efficiently medical statististics "[29].

The establishment of faculty, hospital medical and surgical clinics in 1846 was an important event in the history of Russian medical education, which for a long time determined not only the originality of native Russian clinical medicine, but also its specific features. Faculty and hospital clinics existed at the higher medical educational establishments of our country almost 125 years ; but even later, when it was found rational to teach clinic of internal diseases and surgery, having one common chair, the idea of step-by-step teaching of these basic clinical disciplines was still retained.

It is no mere chance, that I somewhat overstepped the limits of the announced subject of the report. Establishment of clinical teaching at the Moscow university was completed in the early 1730s. But it turned out insufficient to allow graduates to start independent practice at once. Gained skills of diagnosis and medical care delivery were not properly consolidated or tested under conditions close to reality. Two solutions were possible for this problem : re-establishing of post-graduate probationary period of work or introduction step-by-step of clinical teaching with the expansion of its volume in the university training programme. The professors of the Moscow university chose the second way. Then it had turned out more efficient, as it ensured great perspectives for sophistication of clinical training at the university, development of clinical medicine as a field not only of practical but scientific activity and establish-

28. Сборник постановлений по Министерству народного Просвещения, 1876, 2 : 564-565.

29. *Idem.*

ment of clinical schools which started to come into being in the 1760s. This way also did not except the possibility of post university advanced training, which was supposed to be carried out at the higher level both from the content and technology viewpoints. Finally, this way had methodically prepared the beginning of the next period of clinical teaching development — its introduction into learning of special fields of clinical medicine.

RECURSOS PREVENTIVOS Y CURATIVOS CONTRA LA VIRUELA EN MÉXICO A FINALES DEL SIGLO XVIII

Martha Eugenia RODRÍGUEZ

Este estudio se enfocará a las epidemias de viruela que aparecieron en la ciudad de México en los últimos años del siglo XVIII, mencionando cuáles fueron sus causas, según los paradigmas del momento, las medidas preventivas que se tomaron y los tratamientos que se aplicaron para intentar controlar la enfermedad, hasta el año de 1804, cuando llegó a la Nueva España la vacuna la enfermedad en cuestión.

De acuerdo al paradigma del momento, la teoría miasmática, vigente en el siglo XVIII y gran parte del XIX, para los médicos los agentes de transmisión de una enfermedad eran de varias maneras : por el aire infestado, tanto en recintos cerrados como en lugares abiertos ; por el agua contaminada ; por los objetos procedentes de una región o sitio infectado y por el contacto de los enfermos con las personas sanas. En esa época todavía no se identificaban los microorganismos causantes de las enfermedades, por tanto, era imposible que los facultativos combatieran sus causas reales ; se limitaban únicamente a tratar los síntomas de diversas maneras, entre ellas haciendo uso de emplastos, dietas, baños y reposo.

En el siglo XVIII hubo epidemias de viruela en diversas ocasiones. Entre las que cobraron más vidas están las de 1737, 1761, 1779 y 1797.

Cuando aparecían las epidemias, las autoridades que se responsabilizaban del asunto fueron el Real Tribunal del Protomedicato, el Ayuntamiento y los virreyes directamente.

El Tribunal del Protomedicato tenía obligación de notificar a la población cuando empezara algún brote de viruela, y de acuerdo a su experiencia, dicha institución sostenía que era en el otoño cuando se presentaba el mayor número de enfermedades infecciosas ; asimismo señalaba que con el clima frío aumentaba el número de enfermos.

La epidemia de viruela que apareció en la ciudad de México en 1779 fue considerable, afectó a unas 44.000 personas, de las cuales fallecieron un 20 %. Para su atención se creó en 1779 un hospital especializado, el de San Andrés, que fue una muestra del interés que las autoridades gubernamentales pusieron para remediar la difícil situación que enfrentaban ; fue una medida de emergencia que había que adoptar ante el alto número de virolentos ; por fin, después de tanto tiempo y de repetidos brotes de viruela, se creaba un hospital especializado.

Las medidas preventivas para evitar que la epidemia se difundiera más fueron muchas. Cuando algún enfermo de viruela se internaba en un nosocomio, inmediatamente se le ponía en cuarentena, pero el Protomedicato estaba conciente de que no todos los enfermos que padecían viruela ingresaban al hospital, gran parte de ellos permanecían en sus casas, representando una amenza para la salud pública.

Para remediar este punto, el virrey Branciforte dispuso a través de un bando fechado el 28 de febrero de 1797 que se formara una Junta Principal de Caridad, presidida por el arzobispo Alonso Núñez de Haro y Peralta, con el objeto de socorrer, espiritual y corporalmente, al público en la epidemia de viruela. Dicha Junta consistía en formar sociedades parciales, divididas por zonas, cada una con médicos, sacerdotes y civiles, además de boticas, para llevar relación del número de enfermos que se curaran y murieran[1]. La Junta de Policía dividió a la ciudad en ocho cuarteles.

Una medida preventiva más fue la edición que el virrey Branciforte mandó hacer en 1796 sobre el escrito que el Dr. Francisco Gil había publicado en 1784, titulado *Disertación físico-médica*, donde se dictaba el método para preservar a los habitantes de la viruela. A través de la publicación, Gil se manifestaba en contra del método de la inoculación, mientras que defendía la práctica de las cuarentenas.

Gil recomendaba que si el médico tenía que visitar al enfermo, se pusiera una bata de lienzo encerado, que le cubriera toda su vestimenta, y que se lavara las manos con " vinagre aguado " ; asimismo el médico debía estar prevenido por si alguna otra persona tocaba al virolento, con el fin de evitar de este modo todo motivo de contagio a los demás habitantes de la región, porque, afirmaba " la lana y el algodón son las ropas más capaces de recibir y transportar la materia de los contagios ". Gil también recomendaba que como el secarse las viruelas las contras se caían en la cama, que se procurera recogerlas con exactitud, y enterrarlas en un hoyo profundo fuera de la casa.

Desde mediados de 1796 se empezaron a manifestar algunos brotes de viruela en todo el territorio novohispano, hasta llegar al año de 1797, cuando realmente se propagó, por lo que era urgente aplicar medidas preventivas y

---

1. WIHM, Arzobispo Alonso, *Epidemia de viruelas*, México, 31 de octubre de 1797, 2 f.

curativas. Para ello el virrey Branciforte y el Tribunal del Protomedicato elaboraron un bando fechado el 28 de febrero de 1797 a través del qual dictaron ciertos puntos. El documento tuvo una amplia distribución dentro del territorio novohispano, colocándose en las plazas mayores de los poblados.

El edicto de Branciforte consta de 13 apartados[2], todos ellos muy interesantes y necesarios para evitar que la epidemia de viruela que extendiera más.

En suma, en cuanto a medidas preventivas se refiere, el documento contempló el aislamiento de los individuos que padecían la enfermedad ; la interrupción de intercambio de personas y toda comunicación con los poblados donde existiera la epidemia ; la sepultura de las personas que habían fallecido víctimas de la viruela en camposantos retirados de las zonas urbanas y la inoculación, que se podía considerar prácticamente como un método innovador. De las cuatro medidas dictadas, esta última fue la única que no se podía imponer, se dejaba a elección de cada quien.

Por su parte, García Jove anunciaba en noviembre de 1797[3] que debido al progreso de la epidemia de viruela, se había formado una junta de facultativos, cuyo propósito consistía en descubrir un método fácil y seguro con que acudir a su remedio, pues el edicto del 28 de febrero de 1797 se mostraba a favor de la cuarentena como primer recurso, mientras que los médicos reunidos ne inclinaban por la práctica de la inoculación. Este fue un asunto muy discutido durante los últimos años de la centuria en question, pues Branciforte pensaba que los inoculados transmitirían la enfermedad como cualquier otro que hubiera adquirido la viruela de forma natural. Entre los partidarios de la inoculación, que realmente era el mejor recurso del momento, estaban los médicos integrantes del Protomedicato.

Finalmente, los facultativos solicitaron la autorización del virrey para aplicar la inoculación, pero no en los lazaretos, que eran vistos por la gente con cierta desconfianza y temor. La respuesta del marqués de Branciforte consistió en dar licencia, por decreto del 19 de abril de 1797, para que se imprimiera un cuaderno titulado *Instrucción para inocular las viruelas y método de curarlas con facilidad y acierto*. El hecho de que el virrey aceptara la práctica de la inoculación fue un gran avance en materia de salud pública, puesto que por primera vez se aplicaba la medicina preventiva, de manera efectiva, ya que las medidas de prevención que se dictaban, como las cuarentenas o los cordones sanitarios no siempre se cumplían y no tenían la eficacia que alcanzó la inoculación.

De acuerdo a un informe que presentó el delegado de la ciudad, don Cosme

2. Donald B. Cooper, *Las epidemias en la ciudad de México 1761-1813*, Traducción Roberto Gómez Ciriza, México, 1980, 128-129.

3. A.G.N. Ramo, " Epidemias ", *Informe de García Jove*, vol. 6, exp. 7, (noviembre de 1797), f. 380.

de Mier y Tres Palacios[4], en un lapso de mes y medio, es decir, del 11 de septiembre al 28 de octubre de 1797 en la capital novohispana el número de enfermos virolentos naturales fue de 3.570, el de fallecidos de 216, el de inoculados 752 y el de muertos por la inoculación 5, cifras verdaderamente altas, si tomamos en cuenta el número existente de habitantes. Según el censo que aplicó el segundo conde de Revillagigedo en 1790, la ciudad de México contaba con 104.750 habitantes[5]. Por otra parte, el hecho de que algunas personas inoculadas hubieran fallecido, ponía en duda la eficacia del método preventivo, que tenía sus seguidores, pero también los que lo rechazaban.

El Dr. José Ignacio Bartolache, a través de un pequeño folleto que publicó en 1779, titulado *Instrucción que puede servir para que se cure a los enfermos de las viruelas epidémicas que ahora se padecen en México*, recomendaba once puntos a seguir para poderse curar de viruela. Entre las soluciones que proponía cabe citar las lavativas, el consumir atole puro y evitar los caldos ; mucho aseo y limpieza y que no se sofocara al enfermo con bochornos ni concurso de personas ; untar aceite en las pústulas y aplicar purgantes suaves[6].

Una de las soluciones para acabar con la viruela, fue el encomendarse a Dios, como lo menciona el presidente del Protomedicato, García Jove, quien sostenía que " si Dios no lo remedia ", había que recurrir a otras opciones, como la inoculación[7].

En el método curativo para viruelas que mandó elaborar el obispo de Puebla, don Victoriano López Gonzalo, menciona que durante la convalescencia no se debían tomar alimentos ni bebidas fuertes, ni picantes, saladas y ardientes, y se recomendaban los baños temazcales.

El Real Tribunal del Protomedicato proponía como remedio para la epidemia de viruela de 1797 usar " algunas medicinas selectas ", los " mejores antipútridos ", ya naturales como la quina y el palo mulato, o ya de los ácidos vegetales y minerales[8].

En otro punto, el Protomedicato recomendaba que los niños que aún fueran amamantados no se les aplicaran sanguijuelas[9].

Regresando a los aspectos preventivos, el punto culminante en la historia de las epidemias de viruela llegó con el descubrimiento de la vacuna por Eduardo

---

4. A.G.N. Ramo, " Epidemias ", *Informe de Miar sobre los virolentos,* vol. 16, exp. 10, (México, 28 de octubre de 1797), f. 40.

5. *Primer censo de población de la Nueva España. Censo de Revillagigedo*, México, 1977, 16.

6. J.I. Bartolache, *Instrucción que puede servir para que se cure a los enfermos de las viruelas epidémicas que ahora se padecen en México*, 1779, 197-198.

7. A.G.N. Ramo, " Epidemias ", *Informe de Miar sobre los virolentos,* vol. 6, exp. 7, (25 de septiembre de 1797), f. 213.

8. WIHM, *La Junta Principal de Caridad, establecida…*, 1797, f. 5.

9. *Método vulgar y fácil que para la curación de las viruelas en los casos comunes, dicta el Protomedicato del Estado de Michoacán, a ecsitación del Ecselentísimo señor vicegobernador en ejercicio para alivio de los pobres que sean invadidos por la presente epidemia*, Morelia, 16 de julio de 1830, 13.

Jenner en Inglaterra el año de 1798. Dos años más tarde el hallazgo se dio a conocer en España, y poco después en Nueva España. En la capital del virreinato el descubrimiento se difundió a través de la *Gazeta de México*, donde se publicaba que la operación de la vacuna era fácil y poco dolorosa[10].

Dadas las constantes epidemias de viruela que se presentaban en las colonias españolas, Carlos IV decidió enviar una expedición para difundir la vacuna en sus dominios.

Finalmente el Dr. Francisco Xavier de Balmis fue nombrado director de la expedición marítima, para llevar la vacuna antivariolosa a los dominios españoles, hecho de gran trascendencia en la historia de la medicina, puesto que esta expedición no fue de exploración, como las hasta entonces realizadas, sino de carácter preventivo.

La expedición organizada por Balmis salió de España el 30 de noviembre de 1803, y tendría una duración de dos años. A la Nueva España llegó el 25 de junio de 1804, instalando, con no pocos tropiezos, los centros de vacunación, que no llegaron a extinguir la enfermedad, pero sí la controlaron. Con dicha expedición se alcanzaba un importante objetivo, conservar la salud de la población.

A través de lo anterior, tanto de las medidas preventivas como de las curativas, podemos percatarnos de la existencia de un programa de salud pública bien organizado, que se inició desde el siglo XVI, pero que se intensificó considerablemente en la segunda mitad del siglo XVIII. En él participaron la Junta de Policía, que dependía del Ayuntamiento, el Real Tribunal del Protomedicato, los propios virreyes, abogados de la Real Audiencia, en cierta medida la Iglesia y un reducido grupo de intelectuales, interesados en la problemática que vivían día con día. Todos ellos dictaron ordenanzas acordes al paradigma del momento, que establecía que el contagio se transmitía por medio del aire, del agua o del contacto personal. El que la inoculación y la vacunación fueran las medidas más eficaces, no quiere decir que desde antes no se hubiera implementado un programa de salud pública, las otras consideraciones que se aplicaban para prevenir y curar la viruela también formaron parte de ese programa sanitario.

Por otra parte, el hecho de que un cierto grupo, entre ellos el virrey Branciforte, se resistiera a la aplicación de la inoculación, pero otro la defendiera, entre ellos los médicos del Tribunal del Protomedicato, refleja la existencia de una comunidad académico-científica interesada plenamente en el programa de salud pública. Los que asumieron un papel activo frente a los problemas de salud fueron pocos, los que contaban con un saber especializado, con una formación universitaria, ya fueran médicos o abogados, por ejemplo. Fueron los partidarios de las ideae ilustradas, que proclamaban una vida progresista. Esa

---

10. " Origen y descubrimiento de la vacuna ", *Gazeta de México,* tomo XII, n° 13 (26 de mayo de 1804), 97-108.

pequeña comunidad científica sabía cómo actuar, ponía en práctica los conocimientos adquiridos, sabía el porqué de las cosas, y tan es así, que luchó por el uso de la inoculación y logró que se aplicara de manera oficial, hecho que sin duda alguna representaba una medida mucho más eficaz que las utilizadas hasta ese momento, como fueron el sanemaiento ambiental, dietas especiales o baños termales.

Es cierto que los recursos terapéuticos se concentraron en la capital del virreinato, donde había más hospitales y médicos, pero también más población ; sin embargo, hubo mucha atención por los brotes epidémicos que se presentaban en el resto del territorio, de ellos estaban muy, pendientes el Tribunal del Protomedicato y los virreyes. Por otra parte, dados los repetidos brotes de viruela, se podría pensar que el programa de salud pública era poco efectivo ; sin embargo, yo no lo consideró así, si la enfermedad aparecía constantemente, era por las limitantes del momento. Entre los facultativos del Siglos de las Luces sí existía una idea de causalidad respecto a la enfermedad ; se pensaba que éstas tenían su origen en el agua o aire contaminados, en el ambiente insalubre, por lo que se pretendía eliminar los focos de infección, las basuras y el hacinamiento. En ese entonces no se establecía la relación entre los microorganismos y las enfermedades, y en consecuencia, era imposible combatir las causas reales de las enfermedades, pero a pesar de esta limitante, el programa de salud pública se enriqueció fundamentalmente con la introducción de la vacuna.

A JOURNEY THROUGH THE MEDICAL LITERATURE
OF 19th CENTURY INDIA

Arsampalai VASANTHA[1]

PROLOGUE

This paper attempts to present a broad history of Western medicine in nineteenth century India through the writings and works of medical men — both European and Indian — of that century. Its aim is twofold : 1) to bring to the notice of scholars interested in this field the richness of Indian medical literature of that period and its value for the study of social, political and economic history ; and 2) to present a holistic view of the various facets of medicine as they emerged during the nineteenth century as the study of history of medicine in India has been by and large the prerogative of medical men whose interest lies mainly in the history of a particular disease or individual personalities.

Two major changes characterise the development of medicine in nineteenth century India. Firstly, the medical pluralism of the earlier centuries gives way to the assertions of western medicine ; secondly, there is a transformation of the early shipboard/shore-based and ill-trained medical man into highly literate medical practitioner/scientist. The medical literature too mirrors these changes.

This chronicle of medicine has been built around the following questions : how did western medical men look at Indian medicine ? How did they counteract the influence of homeopathy ? How did they popularise western medicine ? How did tropical medicine become a specialised study ?

To find answers to these questions a journey through the medical literature has been undertaken.

1. The author acknowledges gratefully the help rendered by the University of Liege, Belgium, in the publication of this paper

TYPES OF MEDICAL LITERATURE

The medical literature of nineteenth century India is vast and varied. The sheer volume of literature that has appeared during this period though fascinating provides a tough challenge to a historian of science who wants to have a mastery over these.

The following types of literature yield many interesting facts i) Literature pertaining to army ; ii) popular writings — for mothers, instructions to Europeans in India, guide to medicine chest, etc. ; iii) hindu medicine — its history, translation of books on hindu medicine or commentaries on these ; iv) materia medica ; v) reports and manuals on jails or lunatic asylums ; vi) reports on medical topography ; vii) technical literature — scientific articles/papers in Indian and journals abroad ; viii) medical literature delivered by medical men to lay public and professional men both in India and abroad ; ix) reports of various committees and commissions ; and x) comments in contemporary press.

Since it is impossible to review this vast literature glimpses of a few selected items will be presented in this paper.

THE BACKGROUND

India was once considered a cradle of medicine in the East. The subjugation of the country by the Muslims brought in the Unani system of medicine. Both coexisted along with a host of other systems.

The advent of western medicine into India can be traced to the trading companies which came to India from Portugal, England and Holland under their respective East India Companies. The ships that brought the merchandise also brought men skilled in the art and science of medicine.

As the English gradually gained supremacy in trade, English settlements began to raise troops partly for defence against Indian powers and partly to carry on war against rival European powers.

Initially each ship carried " surgeons two and a barber " and later with the attempts at the consolidation of the Empire a great increase took place in the number of medical officers. These " surgeons two and a barber " of the early E.I.Co. were the pioneers of western medicine in India. They were the servants of the Company and medicine was considered a secondary occupation.

MEDICAL BOOKS IN VERNACULAR LANGUAGES

With the expansion of the activities of the Company in the early nineteenth century, the health of its employees became the concern of the Company. The British military surgeons had to seek the assistance of native people to cope with their work. The natives doctors commenced their careers as compounders or dressers but had to qualify themselves through various examinations to become eligible for higher rank and pay. When the demand for such natives increased, the government decided to start a number of medical schools in which education was to be imparted through vernacular and the European superintending surgeons were entrusted to translate the western medical books into Sanskrit and other Indian languages. Some of the books selected for translation and lithographed at government include the following[2] :

i) Hooper's anatomists' vade-mecum, physicians' vade-mecum and surgeon's vade-mecum ; ii) Thompson's Conspectus of the Pharmacopoeia ; iii) Fyfe's Manual of chemistry ; iv) Turning and Smith's tropical diseases ; v) Conquest's Outline of Midwifery ; vi) Thomas's plague ; vii) A book of vaccination.

Emphasis on imparting medical education through vernacular languages also resulted in a number of books appearing in these languages. These works have been fairly well documented as far as Bengali language is concerned but in other vernacular languages efforts are lacking in consolidating these early writings. It may be interesting to look at some of the books published in this period in Bengali. Appendix I gives a brief list of them.

The decision to introduce western education and sciences through English language as a sequel to the controversy between the orientalists and anglicists in 1835 not only led to the abolition of native institutions but also grants for publication of oriental works were drastically cut. Moreover, a number of medical colleges were established in the three Presidencies of Bengal, Madras and Bombay to impart systematic training in western medical education. Hence, all the earlier efforts at translation and production of books in vernacular languages either got abandoned or slowed down considerably.

HEALTH OF THE SOLDIER AND HIS FAMILY

As mentioned earlier, a major concern of the E.I.Co. in the early nineteenth century was the health of the soldier and the excessive mortality rate amongst them. The hazards faced by the British military in India outside the usual risks of war ran the gamut from the effects of the interaction of climate and the excess of strong drink to the likelihood of being poisoned in a punch house or run through a rival European in a brawl. Majority of the doctors attributed the ill-health of the soldier and the excessive mortality rate to Indian sanitary conditions and climate ; but a few medical men begged to differ. Gordon in his *Army Hygiene*[3] says : " sanitary art may improve but so long as brandy and

2. S.N. Sen, " Scientific Works in Sanskrit Translated into Foreign Languages and *vice versa* in the Eighteenth and Nineteenth Century AD ", *Indian Journal Hist. Sci.,* 7 (1) (May 1972), 44-70.

3. C.A. Gordon, *Army Hygiene,* 1866, 14.

soda circulate freely among the military, I do not believe there will be reduction in the rate of mortality ".

We find from the literature that careful attention has been paid to every aspect of army life. The following sketch summarises these literature under different heads :

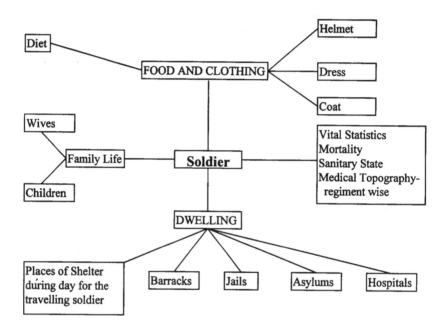

For protection against the tropical sun or to avoid heat stroke interesting suggestions are found in the literature. Here is a sample : " The beard of the soldier should never be removed ; it is the best protection for his throat against heat or cold or sun or shade "[4].

We also find a series of experiments being instituted to ascertain the advantage derived from the use of white cover worn in the sun over different military caps and turbans. We learn that a white cover over the helmet reduces the temperature inside the helmets while a wet rug kept inside the helmet brings down the temperature further.

We also get a vivid description of the British child born in India. The phrases used — such as pale skin, muscles wanting in substance and in tone, the absence of joyous spirits of childhood, inert and listless body — bring out the pathetic conditions of these children.

4. F.J. Mouat, *The British Soldiers in India,* 1859, 63.

The children also suffered from fits, bowel complaints, wasting from infantile lever after terminating in organic disease of the spleen or the intestinal mucous membrane.

The medical men argue that it is incorrect to credit climate and climate alone with all these maladies. They attribute it to improper feeding arising either from ignorance of parents to obtain the right diet on which the health of an infant depends. The doctors are critical of the European mother and her unwillingness to breast feed the child.

The conditions of a soldier's wife was no better. She was a faded, dejected creature, heart broken or callous from the numerous deaths of her children.

In these circumstances, the British soldier's preference for uneducated native wife is not surprising. Indian women were found to be " gentle, quiet, obedient, fond of staying at home, very careful of her children and anxious to minister to the comfort and happiness of her rough companion by such artless acts of devotion and affection as are implanted by nature in all female breasts "[5].

In contrast, the European wife was considered too often a fine lady alike, regardless and ignorant of domestic duties, fond of gossip and flirtation, given to scandal and idle junketing, slatternly and dirty in her home, not unseldom drunken and disorderly and all together ill calculated to produce happiness in her husband's household[6].

Most of the doctors recommended that the children and the wives of soldiers, as far as possible should reside in the hill stations where the climatic conditions were more akin to those prevailing at home.

Residents in the Himalayan hills at different sites, at heights ranging from 4.000 to 7.000 feet was found to be conducive to the health of the soldier. Simla, Mussorie and Landour were some of the places that developed as military stations with residential school systems. These stations began to be occupied by the troops after the first quarter of the nineteenth century.

The development of medical jurisprudence and the study of nutrition in India can be traced to the British army. Similarly the development of hill stations and origin of public school education can be traced to needs of the army.

POPULAR MEDICAL LITERATURE

To help men and women coming out to India a number of popular literature aimed at mothers, Anglo-Indian families or strangers to the land is round. These are in the form of medical hints, domestic guide to mothers, (Anglo-Indian) vade mecums, guides to domestic medicine chest, hints for general

5. C.A. Gordon, *Army Hygiene, op. cit.,* 23.
6. *Ibid.,* 75.

management of children, practical remarks concerning the health and ailment of European families in India, etc. Appendix II provides a judicial selection of these.

EMERGENCE OF MATERIA MEDICA

The conditions under which the medical men were to work in nineteenth century India are difficult to imagine these days. Added to these were the permanent short supply of medicines from England. Exigencies like war and medical emergencies compelled them to turn towards local resources.

In the meantime the East India Company in the year 1837 appointed a committee " to examine and report upon the state of the Honourable Company's dispensary, and the possibility of substituting indigenous remedies for some of which are only procurable from other countries ". From now onwards we find the attention of medical men turning towards Indian medicinal plants, herbs, bazaar medicines and ayurvedic texts. Their efforts led to the identification and compilation of a catalogue of useful medical plants by men like Fleming, Amslie, Roxburgh and Royle who also cultivated indigenous drugs at Saharanpur botanical garden, which he supplied to Calcutta hospitals. The materia medica which emerged often provide Hindustani or Sanskrit names of the plants and drugs. Some of them also provide equivalent names in other vernacular language. With the interest in local medicinal plants catching, we find a number of regional catalogues emerging. The reader may find a list of these in Appendix III.

Attempts were also made to compile an Indian pharmacopoeia and the proposal was submitted to the above committee. O'Shaughnessy was entrusted the task of reporting on the subject of the proposed pharmacopoeia. Some of the reasons that led the committee to agree to the proposal was that " the British pharmacopoeia contains a great number of indigenous plant which do not grow in India but for which Indian substitutes may be found ". Secondly Indian plants of proven utility did not figure in the British pharmacopoeia.

Dr. O. Shaughnessy examined both by chemical and clinical experiments several articles of indigenous production of reputation for their medicinal qualities. The febrifuge powers of narcotine, the purgative kaladana, the emetic crinum, the extraordinary stimulant and narcotic gunjah and many other substances were thus successively examined[7].

It was under these circumstances that the *Bengal Dispensary* was published in 1841. The second appeared in 1844 and was intended as a separate work, as the *Sequel or Companion of the Dispensary.*

7. B.D. Basu, Sir William O'Shangnessy, *The Medical Reporter,* 1895, 204-205.

The above two works must be regarded as the first scientific treatment of the indigenous drugs of this country. While the earlier workers confined themselves to the botanical identification of plants O'Shaughnessy went beyond identification ; he identified each plant, subjected it to accurate chemical analysis followed by preparation of its pharmaceutical products viz. its tincture, extract, etc. ; and lastly its experimental use or trial in hospitals.

Thus he laid the foundation of the science of pharmacology in India.

STATUS OF MEDICAL SCIENCE

Attention has already been drawn to the circumstances in which the medical man had to work. Here, we may look at the status of medical science of this period.

A medical worker had to rely on what he could see with his naked eyes and feel with his hands besides the history of ailments and the observation of their course. There was no system of taking temperature of patients in the hospitals as stethoscope had not come to use in India.

The causes of tropical diseases were much attributed to the exhalation from marshes, variations in the atmospheric temperature, humidity and much other environmental factors.

Of basic sciences, gross anatomy was well developed, but physiology and pathology in their infancy. Bacteriology and protozoology were yet unborn. Pharmacopoeia as we have seen was limited mainly to drugs of vegetable origin.

Inspite of these circumstances the medical men have left a wealth of information. In their writings, we find records of diseases prevalent in the country, their recognition and management mainly for the benefit of the new arrivals trained in Britain but unfamiliar with the local conditions. Cholera, fevers of various types, bowel diseases, typhoid, malaria, kala azar, fungal diseases, diseases of skin, etc., have been studied in detail.

From the case reports, it appears that the physicians were unable to name diseases. Hence we find names like " Madura foot ", " Delhi sore ", etc.

The name of the place where the physician had seen the disease for the first time is often appended to the disease.

The writings also reveal the existence of lot of confusion between various fevers. They had not been able to clearly delineate the differences between malarial and non-malarial fevers, between dengue and malaria, kala azar and malaria. Similarly typhus and typhoid fevers were considered synonymous.

From the accounts we find that the approach has been mainly exploratory and findings often empirical in character. The country had been explored medically for identifying prevalence of a particular disease and a series of medical topographical surveys undertaken. These surveys, in the form of notes and sketches outline the village water supply, the quality of drinking water, drainage system, waste disposal and local remedies for various diseases, etc. These accounts are valuable sources for historians of science.

FROM SOLDIER TO COMMUNITY

The appointment of a Royal Commission in 1859 to enquire into the sanitary conditions in which the army in India lived shifts the focus of attention from the army to the community. Consequently the direction of medicine moves from curative to preventive aspects. It was realised that the health of the soldier could not be tackled in isolation and that state intervention was essential to improve the sanitation and hygiene of the people in general.

The Royal Commission in its report in 1863 suggested the appointment of a Sanitary Commission of five persons each in Bengal, Bombay and Madras. Later on sanitary commissioners were appointed to other provinces.

The sanitary commissioners' reports are very illuminating regarding the status of health and medicine in areas under their jurisdiction. They provide detailed information and data about prevalence of different diseases amongst the population, they are rich in statistics on mortality rates among native and European troops, inmates of jails and details about the progress of vaccination, etc.

The insurmountable tasks before the Sanitary Commissioners and their inability to rise to the public expectations in the prevention of epidemics made them the target of attack. They came under heavy fire from knowledgeable circles in England. Both the lay and the medical press showered their wrath on them. The articles in *Times* (London), *The Lancet, The Practitioner,* make interesting reading.

The increasing participation of government in public health led to the appointment of various commissions. Notable amongst these are the commissions on leprosy, plague, snake poison commission. The scholarship of the authors of these reports is amazing. They are full of statistics, maps, diagrams, charts, etc. A brief idea may be given about their contents ; often they start with explanation as to why the commission was started, the history of the disease, symptoms and controversial nature of the disease, routes taken by the disease, prevalent areas, native cures, new remedies/actions to be taken, etc.

The earlier individualistic and impressionistic or intuitive writings move towards objective scientific writing by a group of workers with wide knowledge and experience.

The men behind these reports have been mainly responsible for the establishment of tropical medicine as a special branch of study.

THE MEDICAL COMMUNITY

This paper will be incomplete if a brief idea is not given about medical community in India. As stated earlier, there were the ayurvedic and unani systems of medicine and homeopathy was slowly creeping into India in the beginning of nineteenth century. Most of the medical men belonged to three major services : 1) The Indian Medical Service (IMS), 2) The Army Medical Service, later christened as the Royal Army Medical Corps (this was open to European or Eurasian boys only) ; and 3) Colonial Medical Service (this was meant for Indian graduates trained in Indian universities and were offered subordinate positions).

The IMS was not very sympathetic to Indians though it never completely shut its doors to non-Europeans. It felt superior to colonial medical service which operated in the crown colonies and alienated itself from army medical service. However, compared to the Indian Civil Service the IMS was inferior in terms of prestige and financial rewards.

This vertical division of the medical community on several lines created a situation in which competition, rivalry and jealousies between medical men became rampant. The biographies of Haffkine and Mahendralal Sircar who pleaded the cause of homeopathy make poignant reading. They depict the treatment meted out to them and bring out vividly how the British medical community was intolerant of medical men of different racial origin and scuttled the growth of toleration and friendliness among the votaries of the different systems in India. The plague episode brings starkly the rivalries and differences between the British government and the Government of India, between various provincial governments, between the various Imperial Services, between officials and non-officials and above all between individuals. This sordid tale cannot be recounted here in detail and hence only an outline is provided. When the plague problem could not be solved by the IMS officers, Haffkine was entrusted the job ; his success was not much to the liking of the IMS establishment. When the Indian medicalmen were willing to give Haffkine's ideas a fair trial many members of the IMS perceived them as a professional and political threat.

Similarly, when Mahendralal Sircar denounced homeopathy with remarkable fury at the inaugural meeting of the Bengal Branch of the British Medical Association in 1863, he was heard with great respect and difference. Later, when he got converted to homeopathy, attempts were made to expel the offending member, who an hour before, was one of their vice-president. Dr. Sircar became an outcast and forfeited his claim to the membership of the Association.

Indians trained in western medicine, especially the licentiates in medicine were the ones who suffered the most humiliation in the hands of the British. They were generally despised and subject to the European prejudice of the day.

" Technical knowledge is easily acquired but a sense of responsibility, perti-
nacity, and general trust worthiness are woefully lacking " was the opinion of
many an European regarding their Indian counterparts in the profession. But
once for reasons of political pressure and administrative necessity Indians
began to be given specialised training and professional responsibility the earlier visible prejudices became diluted. An appreciation of the Indian medical
men's struggle for their legitimate rights can be obtained from the professional
journals and the evidences given before the various Commissions. The literature is vast indeed.

PERCEPTION OF HINDU MEDICINE

The western medical men of the nineteenth century were divided in respect
of the utility of ayurveda. Some felt that it was based on empiricism than science and no benefit can be derived from it. Printing and collecting the old tests
on ayurveda were considered as an " accumulation of waste papers ".

On the other hand, men like Alexander Wise were deeply impressed by the
Hindu medicine. What impressed him most was that the Hindu system of medicine did not lay so much emphasis on the treatment of external system of diseases as on the total treatment of body, mind and soul. Similarly Duka, an
Hungarian doctor who practised in Bengal speaks highly of the Hindu medical
traditions and suggests that the Greeks must have borrowed and learned much
from the Hindus. According to him, the surgical practice of the Hindus was
exceptionally advanced and was on a much higher level than the surgical treatment in Europe in the year 1860. In his writings, we find him lamenting that
the Hindu medical system is losing its tradition under the western influence.

Interestingly, the perception of non-British's about Hindu medicine and way
of life is more positive whereas some of the medical men of British origin and
the (medical) administrators round much fault with the natives and their social
mores, customs and beliefs.

In these circumstances popularisation of western medicine was not an easy
task. For example, the introduction of Jenner's vaccination into India over the
local practice of variolation (inoculation with small pox matter) brought the
vaccinators and the variolators at loggerheads.

An off shoot of this situation was that specialities like sanitation and public
health became unpopular and were of the considered inferior by the medical
men.

EPILOGUE

Medicine in nineteenth century India was in a state of flux. The Hindu system of medicine had not only to contend with the influence of western medicine but it had also to face the challenge posed by homeopathy.

The east-west contact resulted in attempts to put ayurveda on a more sound footing. The scientific method adopted by western trained medical men, both Indian and European, posed a stiff challenge to the native practitioners. Some of them, partly impressed by the western methods of diagnosis and others for sheer survival adopted these methods. The new knowledge also got incorporated in ayurvedic texts. Likewise, impressed by the western pharmacy system, some of the native practitioners began preparing ayurvedic medicines on a commercial scale contrary to the earlier practice of the physician making it himself. From the medical literature of the nineteenth century, we find three major reasons for the radical step away from medical pluralism :

1) the compulsory introduction of western medical learning and sciences into the educational system and the abolition of indigenous medical education ;

2) the scientific developments in medicine itself ; and

3) the demand for western education by the elite Indian class and their belief in the rationality of science and superiority of western medicine.

In the first half of the century, medicine was concerned mainly with the health of the soldier and towards the later half public health became the major concern. Towards the end of the century with the onset of medical research medicine moves into the laboratory. Consequently the focus of medicine moves from curative to preventive and then to medical research. The following chart summarises the development of medicine in India in nineteenth century in a nut shell.

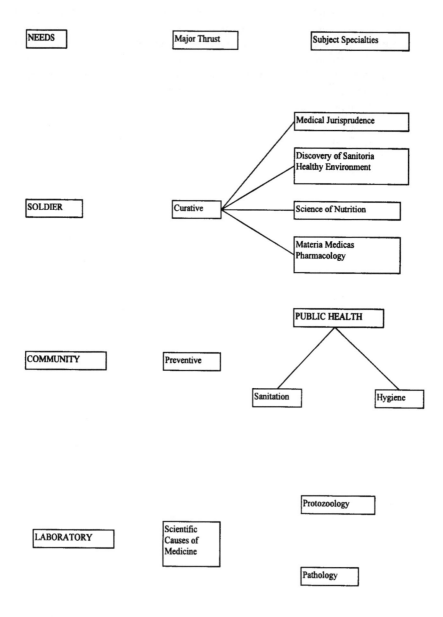

APPENDIX I : MEDICAL BOOKS IN BENGALI

Rain Komul Sen, *Aushad Sar Sangraha*, 1819.

Carey (F.), *Videa Haraisli* (dealing with anatomy and based on the article of Encyclopaedia Britannica , 5ᵗʰ Edition), 1820.

Breton, *A Vocabulary of Medical Terms giving Persian, Sanskrit and Bengali medical terms and involving much research*, 1823.

Breton, *Uta Uta Bibran a book on Cholera*, 1826.

Anonymous, *Utpati Nirbaha work on foetus based on Ayurveda*, 1826.

Prankrishna Biswas, *Ratnabali or Medical Manual*, 1833.

Iswar Chandra Bhattacharjyea's *Drabyea Guna* (Qualities of indigenous medicine) being translation from Sanskrit works, 1835.

Madhusudhan Gupta, *Aushad Kalpabali a Bengali translation of Pharmacopoeia giving methods of acids, alkalis confections, plasters, infusions, metals, pills, powders, syrups, tinctures, ointments, etc.*, 1849.

Raj Krishna Mukarjyea, *Atmarabhaya*, 1849.

Srinarayan Ray, *Ayurveda Darpan* (translations from caraka and Susruta on various diseases and their cures), 1852.

APPENDIX II : POPULAR LITERATURE ON MEDICINE

1836 : Domestic Guide of mother in India.

1841 : Advice to the Indian Stranger.

1853 : Guide to the Domestic Medicine Chest adapted to the use of European Families in India and European colonies in India.

1871 : The European in India or Anglo Indian Vade-Mecum ; A medical Guide for Anglo-Indians.

1872 : Goodeve's Hints for the General Management of Children in India (ran into several volumes).

1873 : Health in India : Medical Hints as to who should go there and how to retain health whilst there and on returning home.

1874 : The Indian Family Doctor.

1877 : Practical remarks chiefly concerning the Health and Ailments of European Families in India.

1878 : How to get Thin or Banting in India.

APPENDIX III : MATERIA MEDICA

1810 Fleming (John)   Catalogues of Indian Medicinal Plants and Drugs with their names in Hindustani and Sanskrit Literature.

1813 Ainsley (Whitelaw) Materia Medica of Hindoostan : Some account of articles used by the Hindoos in their medicine, art and agriculture.

1832 Royle (Forbes)   List of Articles of Materia Medica obtained in the Bazaars of the Western and North-Western Province of India.

1833 Playfair (George)   (Translation) The Taleef Sherief or Indian Materia Medica.

1842 O'Shaugnessy   The Bengal Dispensary.
      (W.B.)

1843   The Bengal Pharmacopoeia and General Conspectus of Medicinal Plants.

1848 Irvine (R.H.)   Short Account of Materia Medica of Patna.

1853 Stewart (Duncan)   Formulary or Compendium of Formulae Receipts and Prescriptions in use at the Park Street Dispensary attached to the Calcutta Native Hospital.

1871 Wood (J.J.)   Materia Indica Madras.

1874 Fluckiger (F.A.)   Pharmacographica - A History of the Principal
      and Hansbury (D.)   Drugs of Vegetable Origin met with in Great Britain and British India.

1890- Dymock *et al.*   Pharmacographia Indica.
1993

La recherche médicale au XIXe siècle sur l'étiologie du paludisme. Liaisons avec l'histoire des mentalités concernant les marais

Edward Jeanfils

Chose souvent perdue de vue, le paludisme a sévi en Europe occidentale, tant endémiquement qu'épidémiquement, il y a cent ans encore. Par ailleurs, on sait que les superficies de zones humides et spécialement les marais, qui y étaient très importantes il y a quelques siècles, ont été réduites depuis lors à presque rien par assèchement systématique.

Historiquement, et spécialement dans l'histoire des mentalités dans les pays occidentaux, sur le très long terme, il y a un lien direct entre les vues étiologiques sur le paludisme et ce qu'il faut bien appeler une frénésie séculaire de destruction des marais.

En effet, outre l'intérêt de mettre en valeur pour l'agriculture des étendues considérées jusque là comme à peu près inutiles, la destruction des marais au XIXe siècle trouvait, croyait-on, une justification rationnelle dans la science médicale d'alors : selon celle-ci, les marais étaient directement générateurs de " miasmes " causant le paludisme, à l'époque fort répandu et souvent mortel, dans tous les pays européens bordant la mer Méditerranée et l'océan Atlantique.

Jusque vers 1880 ou 1890, la théorie miasmatique, quelles que soient les formes très diverses qu'elle ait prises, était la théorie explicative du paludisme[1] dominante.

Partant du seul fait empirique sûr, à savoir l'intervention du phénomène global " marais " dans l'apparition de beaucoup de cas de paludisme, elle mettait en jeu, à des degrés divers, le sol, la faune et la végétation marécageuses, l'air, l'eau, ainsi que subsidiairement d'autres éléments climatiques. Elle attribuait,

---

1. Paludisme, ou selon la terminologie de l'époque, ses synonymes : malaria, fièvre des marais, fièvres paludéennes, fièvres intermittentes, fièvres périodiques, fièvres à quinquina…

au gré des variantes qu'elle présentait dans la littérature scientifique du temps, le rôle prédominant tantôt à l'un, tantôt à l'autre. L'agent pathogène et son mécanisme d'action restaient totalement inconnus. A défaut, on les désignait sous le vocable de miasme(s), dont le contenu scientifique demeurait rigoureusement inexistant : il " s'élève du sol même le germe d'une maladie (...) les fièvres intermittentes sont produites par un *miasme*, dont, il est vrai, on ignore la nature chimique, et dont on n'a pu faire encore ni la découverte ni la démonstration directe, mais dont l'existence est suffisamment prouvée par l'expérience "[2]. Jamais on ne sut faire autre chose que désigner le mode d'action sous des termes vagues, tels qu'" effluves marécageux ", " émanations miasmatiques "[3], " miasmes paludeux qui se dégagent du sol "[4], " émanations délétères ", " exhalaisons miasmatiques émanant de la terre et des fossés "[5], " exhalaisons pestilentielles "[6]...

Certes, on crut à l'un ou l'autre moment identifier le principe actif de ces fièvres grâce à des recherches expérimentales et le trouver, par exemple, dans le sulfure d'hydrogène (H_2S) (alors appelé gaz hydrogène sulfuré)[7] ou dans le méthane (CH_4) dégagés par les marais, mais chaque fois il était aisé de montrer que ces tentatives d'explication restaient incertaines et manquaient de fondement. En rapport avec ce qui précède, la décomposition des matières organiques végétales dans l'eau ou hors de l'eau était regardée avec beaucoup de suspicion et même souvent comme la cause première du paludisme[8]. Cela ne contribuait pas peu à entretenir sur le plan psychosociologique une véritable *phobie des marais* en général pour la désignation desquels on utilisait dans des

2. Rombach, " Sur les fièvres intermittentes et leurs suites ", *Annales de la Société médico-chirurgicale de Bruges*, 5 (1844), 90, 92.

3. Ad. Janssens, " Topographie médicale de l'arrondissement administratif d'Ostende ", *Annales de la Société médico-chirurgicale de Bruges*, 9 (1848), 126.

4. Wemaer, " Rapport sur les mémoires du concours de 1846... ", *Annales de la Société médico-chirurgicale de Bruges*, 7 (1846), 255.

5. V. De Keuwer, " Topographie médicale de l'arrondissement administratif de Furnes ", *Annales de la Société médico-chirurgicale de Bruges*, 8 (1847), 236.

6. *Encyclopédie du XIXe siècle, des sciences, des lettres et des arts. Technologie*, Bruxelles, t. 4, 1829, verbo " Dessèchement ", 55.

7. " Du principe actif des miasmes marécageux... ", *Annales de la Société médico-chirurgicale de Bruges*, 5 (1844), 135-137.

8. " Dans les marais incultes [non asséchés pour la mise en culture], ce sont les matières végétales qui se décomposent par l'action du soleil, après l'évaporation de leurs eaux [en période d'étiage] ; et c'est pendant cette décomposition qu'elles fournissent les gaz qui altèrent l'atmosphère environnante et produisent des fièvres paludeuses " (V. De Keuwer, " Topographie médicale de l'arrondissement administratif de Furnes ", *op. cit.*, 246). " [Il] admet, avec un grand nombre d'auteurs, que le miasme marécageux des fièvres est un produit de la putréfaction des matières organiques que contient le sol de ces lieux et qui, à demi-dissoutes, émanent dans l'air " (Broeckx, " Rapport de la Commission chargée d'examiner le Mémoire envoyé au concours... ", *Bulletin de l'Académie royale de Médecine de Belgique*, 1re série, 6 (1846-1847), 645). " ...l'auteur (...) pense que les foyers de la fièvre intermittente existent partout où l'on trouve des eaux stagnantes qui ne sont que les débris des plantes qui croissent sur les bords ou dans la vase même de ces eaux " (*ibidem*, 647).

publications scientifiques, des expressions comme " terre (…) souillée par d'infects marécages "[9].

L'idée semble ainsi bien ancrée, vers le milieu du XIXᵉ siècle, que les miasmes du paludisme sont produits par l'activité biologique et chimique qui a lieu dans le complexe " marais ". Ces miasmes se dégagent ensuite dans l'atmosphère qui fait office de vecteur en direction de la population humaine des alentours. Par assimilation, c'est en fin de compte cette atmosphère paludéenne qui était elle-même regardée comme pernicieuse et comme la source du mal. L'étymologie du mot italien *mal'aria* (littéralement : mauvais air) montre bien qu'une telle assimilation a été faite à tout le moins dans le langage populaire. Et puisque " Des populations entières respirent, autour des marais, un air mortel "[10], la conclusion, apparemment logique à cette époque, était qu'il n'y avait qu'un remède définitif : " Quand il est opéré, le dessèchement des marais assainit l'air, et ramène la santé dans les contrées d'où elle était exilée "[11].

Dans le cas du paludisme, le concept de miasme resta donc sans contenu scientifique vérifié jusqu'à ce que Laveran (1845-1922) vînt commencer à détruire la théorie miasmatique en découvrant en 1880 l'agent infectieux dans le sang même du malade : un hématozoaire unicellulaire du genre *Plasmodium* et en démontrant ainsi l'origine parasitaire de la maladie. Il faudra encore attendre une vingtaine d'années avant que soient élucidés les cycles de développement de cet hématozoaire ainsi que le rôle de vecteur joué par des moustiques appartenant au genre *Anopheles*, qui prélèvent ce parasite avec le sang d'un premier malade pour l'inoculer à un autre[12].

Toujours est-il qu'autour de 1870, le concept de miasme était resté comme une *black box* impénétrable prenant en charge tout le domaine inexpliqué de la chaîne des phénomènes entrant en jeu dans la maladie, hormis deux îlots isolés aux bouts de la chaîne : le site marécageux et les symptômes présentés par le malade, dans un contexte d'endémie ou d'épidémie selon le cas.

Cependant, quand on considère cette entreprise de longue haleine qui a consisté, durant le cours de tout le XIXᵉ siècle, à procéder au plus grand nombre possible d'assèchements de marais, on se pose la question de savoir pourquoi, encore aux abords de 1900 et même durant le quart de siècle suivant, on voulait trouver le moyen privilégié d'éradiquer le paludisme dans la destruction systématique des marais. En effet, il y a une chose à noter : même si les marais formaient les lieux de prédilection pour l'éclosion des prétendus miasmes ou jouaient un rôle dans la propagation des parasites pathogènes par l'intermé-

9. V. De Keuwer, " Topographie médicale de l'arrondissement administratif de Furnes ", *op. cit.*, 237.

10. Courtin *et al.*, *Encyclopédie moderne, ou dictionnaire abrégé des hommes et des choses, des sciences, des lettres et des arts...*, 2ᵉ éd., Bruxelles, verbo " Fièvre ", t. 8, 1828, 275.

11. *Ibidem*, t. 15, 1830, verbo " Marais ", 212.

12. Travaux de Ross (1898), Grassi (1898) *et al.*

diaire des moustiques, il n'en restait pas moins que le médicament absolu existait depuis 1820, année où la quinine fut isolée par Pelletier et Caventou, à partir de l'écorce de l'arbre à quinquina. En stricte logique, le procédé le plus radical de briser le cycle de l'hématozoaire responsable de la maladie était de tuer ce dernier dans le sang même du malade par l'usage curatif et préventif de la quinine, par une application collective aux populations infestées. Le dessèchement des marais apportait bien l'annihilation des moustiques vecteurs du *Plasmodium* et de leurs larves qui y vivaient en masse, mais ce n'était pas pour autant un moyen absolu, le paludisme n'ayant pas à strictement parler besoin de zones marécageuses pour se communiquer. Pourquoi s'en tenir à un moyen non absolu et à un lieu d'application quelque peu marginal par rapport au cycle de l'hématozoaire *Plasmodium*, alors que le moyen absolu, c'est-à-dire le médicament applicable en un lieu central du cycle, le corps du malade, existait bel et bien[13] ? Pour élucider complètement le problème, il faudrait procéder à une étude approfondie d'histoire de la médecine du paludisme, ce qui est hors de question ici. On se bornera simplement à souligner certains indices permettant de formuler une hypothèse d'explication.

Il semble bien que, quoique reconnue comme le médicament spécifique par excellence contre la malaria depuis 1834 au plus tard[14], la quinine, administrée sous forme de sels de quinine, ne soit devenue que très lentement d'un usage courant, même du simple point de vue curatif. Par exemple, les classes pauvres de la Flandre belge, par fatalisme ou manque de ressources, répugnaient à recourir au médecin, même une fois la crise de paludisme déclarée[15]. Autre fait qui témoigne de la limite de l'emploi du médicament : c'était le médecin lui-même qui l'avait en dépôt et le distribuait à ses malades[16]. Cette rareté de la médication s'explique plus que probablement par son coût, encore fort élevé jusque vers 1880 et même 1900. Le témoignage rapporté par H. Gros en 1906 est explicite et cet égard[17]. Il en résulte que ce coût était, jusqu'à la fin du siè-

---

13. En 1925 encore, Georges Gallais, dans sa thèse de médecine à Paris, conclut que " La répartition actuelle du paludisme en France confirme la valeur du meilleur procédé prophylactique que nous ayons contre lui et son agent vecteur, la valeur du défrichement et de la culture… " (Paris, 1925, 94).

14. C'est au cours de la conquête de l'Algérie (commencée en 1830) en effet, que le corps expéditionnaire français, décimé par une mortalité effroyable due à la malaria, fut sauvé du désastre par le médecin militaire Maillot (1804-1894) qui " découvrit le traitement héroïque du paludisme ", en instituant " une thérapeutique nouvelle qui obtient aussitôt les plus heureux résultats : au lieu d'épuiser les fiévreux par des saignées répétées, il les traite par le sulfate de quinine " (R. Blanchard, *Les Moustiques. Histoire naturelle et médicale*, Paris, 1905, 432).

15. V. De Keuwer, " Topographie médicale de l'arrondissement administratif de Furnes ", *op. cit.*, 249.

16. Le fait est attesté pour la Sologne. *Cf.* G. Gallais, *op. cit.*, 79.

17. " Le paludisme, me disent les vieux habitants de Rébeval, n'est plus aujourd'hui ce qu'il était autrefois. En 1884, presque toutes les maisons étaient fermées. Il était impossible de trouver quoi que ce soit dans le village. Les hôtels fermèrent à deux reprises. A cette époque la quinine coûtait 1 fr. 50 le gramme et l'on payait 0,25 cent. de commission au voiturier pour l'apporter. Depuis que la quinine est à bon compte, au moindre malaise nous en prenons un peu et nous n'avons plus la fièvre " (" Anophèles et miasmes ", *Janus. Archives internationales pour l'histoire de la médecine et la géographie médicale*, 11 (1906) (reprint, New York, 1963), 106).

cle, l'obstacle essentiel à la diffusion de la quinine, a fortiori dans son usage préventif. Laveran lui-même, peu après 1900, constate encore : " la quinine coûte trop cher, on n'appelle guère le médecin, on ne se soigne pas et nous savons aujourd'hui[18] que le traitement rapide et prolongé de tous les cas de fièvre palustre est une des mesures les plus efficaces à prendre pour empêcher la propagation du paludisme "[19]. Il est probable que vers 1900 l'apparition d'une innovation technique ou économique permit de comprimer les coûts de production industrielle de la quinine, ce qui la mit à la portée d'une plus large part de la population. Et cela arriva par la production à large échelle de quinine à partir des grandes plantations coloniales de l'arbre à quinquina dans divers pays intertropicaux[20].

Et avant la découverte de la quinine, il était vain de parler de prophylaxie médicamenteuse, puisque la poudre d'écorce de quinquina, dont les propriétés étaient connues du point de vue curatif depuis le XVIIᵉ siècle, ne contenait qu'une très faible concentration d'alcaloïde. Son coût était en outre prohibitif et l'origine du produit de base était souvent douteuse.

De tout cela, on tirera la conclusion provisoire que l'usage préventif de la quinine ne s'est guère introduit en France au XIXᵉ siècle, l'usage curatif lui-même, pourtant connu depuis 1834 au plus tard, ne s'étant généralisé que très lentement. De la sorte, le seul moyen vraiment efficace d'éradiquer le paludisme restait, dans l'esprit de beaucoup de gens éclairés, la destruction des zones marécageuses, laquelle s'est effectivement poursuivie jusqu'en plein XXᵉ siècle.

Parallèlement, les mêmes vues se retrouvent alors dans le discours scientifique officiel. Ainsi, dans un style et un genre d'éloquence propres à l'époque, où l'effet se veut saisissant dans l'opposition entre les méfaits des marais et les bienfaits de leur destruction, la section d'agriculture de l'Institut de France écrit collectivement en 1809 dans un Cours d'agriculture : " Un marais abandonné à lui-même est le plus dangereux voisin pour tout ce qui respire ; au moment où il s'assèche[21], il devient un foyer de corruption où les plantes aquatiques, les poissons et les animaux meurent, pourrissent et répandent au loin la contagion, le marasme et la mort. En voyant le teint hâve et livide des habitans, la démarche lente, lourde, l'air triste et abattu des animaux domestiques, on est averti au loin de l'approche de ces vastes foyers de corruption.

---

18. On voit là que vers 1900 l'introduction de la prophylaxie par la quinine apparaît encore comme un fait récent.

19. A. Laveran, *Prophylaxie du paludisme*, Paris, s.d. (vers 1905), 194. *Cf.* aussi 201 et 202.

20. Originaire du Pérou et de la Bolivie, l'arbre à quinquina fit, à partir de 1854 et de 1860, l'objet de plantations par les Hollandais en Insulinde (Java) et par les Anglais en Inde méridionale. A cette quinine produite sur une vaste échelle par extraction de l'écorce de cet arbre, les Allemands substituèrent un produit de synthèse organique (pamaquine) durant la première guerre mondiale (G. Covell, " The Story of Malaria ", *The Journal of Tropical Medicine and Hygiene*, 70, n° 12 (décembre 1967), 283).

21. C'est l'assèchement saisonnier de la période d'étiage qui est visé ici.

Mais que l'industrie de l'homme vienne ici au secours de la nature, et les terrains infects vont devenir de belles prairies coupées par des canaux d'eaux vives... "[22].

Et vers 1870, dans le *Grand Dictionnaire universel du XIXe siècle* (1865-1890) de Pierre Larousse, oeuvre que les contemporains cultivés reconnurent comme correspondant, pour l'avancement des idées de leur temps, à ce qu'avait fait la célèbre Encyclopédie pour le XVIIIe siècle, le concept de miasme reste englué dans les mêmes ornières sans avoir progressé d'un iota[23]. La malaria y est toujours vue comme n'ayant " d'autre cause que l'influence délétère des miasmes paludéens (...). La décomposition des matières végétales par les eaux stagnantes, ou plutôt les émanations qu'elles fournissent, et qui, transportées par le moyen de l'air, agissent à la manière des poisons sur ceux qu'elles viennent frapper : telle est, selon toute vraisemblance, la cause de cette influence pernicieuse sur la santé "[24]. On se contentait d'accuser en bloc divers gaz produits par les marais et que les faibles moyens d'analyse chimique du temps avaient pu identifier, à défaut de les doser toujours, comme l'" hydrogène carboné " (méthane), l'" oxyde de carbone " (dioxyde de carbone), etc.[25], sans pouvoir le moins du monde distinguer leurs modes d'action particuliers éventuels.

Enfin, vers 1890, la grande encyclopédie de Berthelot[26] tira les conclusions de la mutation d'ensemble apportée par les découvertes pasteuriennes dans l'étude des maladies infectieuses[27] : " les vieilles classifications symptomati-

22. *Nouveau cours complet d'agriculture théorique et pratique... ou dictionnaire raisonné et universel d'agriculture*, (par les membres de la section d'agriculture de l'Institut de France), Paris, 1809, 184 et 185.

23. Cette remarque vaut pour les 15 tomes de l'oeuvre, mais non pour les 2 tomes de *Suppléments*.

24. P. Larousse, *Grand dictionnaire universel du XIXe siècle*, Paris, t. 10, 1873, verbo " Malaria ", 999. La concordance est totale selon les différents articles traitant du sujet et dus à des collaborateurs multiples : " La cause la plus fréquente et la plus incontestable des *fièvres* périodiques est, sans contredit, l'influence miasmatique des marais et de toutes les stagnations d'eau tenant en dissolution des matières végétales ou animales décomposées. (...) sur la fin de l'été et pendant l'automne, les eaux se trouvant beaucoup plus basses et plus chargées de matières putrides, la chaleur du soleil favorise le dégagement du principe délétère qui se répand dans l'air. (...) l'apparition des fièvres périodiques est due à certains principes désignés sous le nom d'" effluves ", de " miasmes ", d'" émanations ", d'" exhalaisons ", qui se répandent dans l'air, l'altèrent et l'infectent " (*ibidem*, t. 8, 1872, verbo " Fièvre ", 346 et 347. *Cf.* aussi : t. 10, 1873, verbo " Marais ", 1117).

25. *Ibidem*, t. 10, 1873, verbo " Marais ", 1117. *Cf.* aussi en 1865 : " Il est vraisemblable que l'insalubrité des marais est due aux dégagements de ce gaz [le dioxyde de carbone produit, de même que l'oxygène, par les feuilles des plantes aquatiques] dans l'air ambiant, et qu'il est la cause de ces fièvres pernicieuses qui déciment les populations riveraines " (L. Moll, E. Gayot, *Encyclopédie pratique de l'agriculteur*, Paris, verbo " Marais ", t. 10, 1865, 114).

26. M. Berthelot, *et al.*, *La grande encyclopédie. Inventaire raisonné des sciences, des lettres et des arts*, Paris, 1885-1902, verbo " Fièvre ", t. 17, s.d., 429.

27. Depuis lors, le vocable " miasme(s) " est entré plus ou moins en désuétude. Totalement abandonné pour le sens qu'il avait dans la théorie miasmatique, il peut encore être employé à présent pour désigner l'air porteur de microbes ou de virus, tel qu'on le trouve par exemple dans une chambre de malade...

ques ou étiologiques des anciens groupes de fièvres sont à abandonner comme insuffisantes ou arbitraires. La dénomination causale, grâce aux progrès de la bactériologie, s'impose ".

C'est bien de cela qu'il s'agit, en effet. Avant 1880, la médecine essayait d'élucider le mécanisme du paludisme à l'aide de deux séries de moyens non pertinents dans le dédale desquels elle s'est perdue pendant un siècle : d'abord la vieille classification des symptômes des fièvres intermittentes, qui distinguait en vain entre fièvres quotidiennes, tierces, quartes et autres variantes, et ensuite le recours à la toute jeune science chimique de l'époque pour tenter d'identifier les gaz marécageux. De ces deux séries de moyens, restées en faveur à la suite d'un long entêtement, la première en s'en tenant aux symptômes, et notamment à ceux de la fièvre, ne put jamais accéder au plan explicatif, et la seconde était commandée par un préjugé culturel tenace attribuant aux marécages et aux matières organiques en décomposition des effets maléfiques.

L'aspect multiforme et changeant des théories miasmatiques est bien plus accusé dans la littérature scientifique médicale que ne le laissaient supposer les ouvrages forcément de seconde main que sont les dictionnaires encyclopédiques généraux ou axés sur l'agriculture. Ceux-ci donnaient en effet pour leur part une vue réductrice et uniformisante des problèmes liés au paludisme et aux marais. Quant à ces derniers, les idées miasmatiques présentées sans nuances ne pouvaient que consolider les tendances déjà à l'oeuvre pour leur dessèchement à propos et hors de propos, telles qu'elles étaient propagées dans ces dictionnaires auxquels pouvaient se référer les classes sociales cultivées et dominantes.

On s'imagine mal, à notre époque, l'intensité de la pression exercée sur la population et les pouvoirs publics par les problèmes liés, objectivement ou subjectivement, aux marais, que ce soit sous l'angle de la valorisation agricole ou sous celui de la " salubrité publique ". On voit par là à titre rétrospectif pourquoi et comment les marais ont été tenus depuis si longtemps pour inutiles, nuisibles même, comme faisant partie du côté " ennemi de l'homme " attribué à la Nature.

Dans un autre domaine, en se reportant au grand mouvement législatif qui s'est manifesté en France et en Belgique à la suite de la Révolution française, on s'aperçoit, avec un certain étonnement peut-être, que le " dessèchement " des marais y occupe une place remarquable et que les textes qui en traitent sont assez nombreux. Par exemple, déjà dans une Instruction de l'Assemblée nationale des 12-20 août 1790 concernant les fonctions des assemblées administratives[28], l'Assemblée nationale constituante considérait " les dessèchemens comme une des opérations les plus urgentes et les plus essentielles à entreprendre ".

---

28. *Pasinomie ou collection complète des lois, décrets, arrêtés et réglements généraux...*, 1re série, t. 1, collationnés par J.B. Duvergier et I. Plaisant, Bruxelles, 1833, 281 sq.

Si ces vues étaient prédominantes dans les domaines de la vie économique et de la vie scientifique, de la législation aussi, des vues analogues n'ont-elles pas en parallèle imprégné diverses manifestations de la vie culturelle ? N'en retrouverait-on pas un même écho, par exemple, dans la littérature du temps ?

Les marais y sont, en effet, très souvent présentés sous des images repoussantes et comme s'ils étaient des lieux de désolation et de malédiction. On peut facilement multiplier les exemples, mais prenons simplement une citation par grande époque.

Ainsi en 1761, en harmonie avec les Encyclopédistes, Voltaire (1694-1778) déclare-t-il en alexandrins la guerre aux marais, au nom de la philosophie du progrès et de l'agriculture dont l'expansion doit chasser la misère[29].

Mais il n'y a pas que la rationalité de l'agriculture et du progrès humain à s'exprimer sous la forme poétique ou littéraire. Celle-ci est au XIXe siècle plus réceptive aux sentiments et à l'irrationalité qui envahit les comportements humains. Par exemple, au temps des Romantiques, on voit Victor Hugo (1802-1885) faire resurgir du fond des âges, dans deux ballades, la peur des marais dont certains, dans la tradition populaire, passaient pour sans fond et pour peuplés d'êtres fantastiques ou de feux follets tourmenteurs et insidieux[30].

Si, en remontant le temps de quelques siècles, et en passant par-dessus ceux qui ont reçu le polissage du classicisme, on fait de mêmes investigations pour la littérature plus exubérante de la Renaissance, on s'aperçoit, là aussi, de l'image extrêmement défavorable que donnent des marécages de grands poètes français du XVIe siècle. Par exemple, Joachim du Bellay et Clément Marot. Chez eux, l'accent est mis essentiellement sur l'intégration de l'héritage de l'Antiquité grecque et latine dans le patrimoine de la littérature française, sort que subissent également les mythes et oeuvres antiques où les marais jouent un rôle. C'est le plus souvent par la reprise, sous une forme ou une autre, du thème des Enfers des Anciens qu'apparaît l'image des marais (ou des " paluds ", dans le français de cette époque)[31]. C'est pourquoi, chez ces littérateurs, trois des cinq fleuves des Enfers, l'Achéron, le Styx et le Cocyte se voient souvent adjoindre l'image des marais et aussi la couleur noire, les demeures infernales situées dans les entrailles de la terre étant profondes et ténébreuses.

La littérature universelle, du moins celle de l'Occident, semble aussi, dans une certaine mesure, avoir fait sien le thème de l'association des marais à

---

29. " Epître XCII. A Madame Denis, sur l'agriculture ", (14 mars 1761), *Oeuvres complètes de Voltaire*, t. 10 : *Contes en vers. Satires. Epîtres. Poésies mêlées*, Paris, 1877, 379.

30. *Oeuvres complètes de Victor Hugo. Poésie*, t. 1 : *Odes et Ballades. Les Orientales*, Paris, 1912, 306, 307, 333 et 334 (" Ballade II : Le Sylphe " rédigée en 1823 et " Ballade X : A un passant " rédigée en 1825).

31. " Palu(d) " s'est employé jusqu'à la fin du XVIIe siècle (F. Godefroy, *Dictionnaire de l'ancienne langue française et de tous ses dialectes du IXe au XVe siècle*, Paris, verbo " Palu ", t. 5, 1938, 712).

l'enfer. Ainsi Dante (1265-1321), dans l'Enfer de sa *Divine Comédie*, chef-d'oeuvre de l'humanisme chrétien médiéval, emprunte à la mythologie classique des éléments concrets relatifs aux marais et décrivant les Enfers de l'Antiquité. Il les transpose presque tels quels dans sa description de l'enfer selon la religion chrétienne[32].

Ce qui apparaît dans la littérature se retrouve abondamment dans les contes et les légendes populaires issus de la nuit des temps et qui ont commencé à être recueillis et publiés de façon systématique au siècle dernier. Ainsi, parmi de nombreux exemples, Sébillot cite le cas des étangs de la Brenne qui " sont la demeure des grands serpents, donneurs de fièvres, (…) que l'on aperçoit quand les eaux sont basses, mais que l'on ne peut détruire qu'en desséchant les marécages où ils résident depuis que le monde est monde "[33]. En rapport avec le paludisme encore, " Dans les marais du Poitou, on croyait à l'apparition d'une barque mystérieuse qui s'appelait la niole (nacelle) blanche, ou la niole d'angoisse. Elle passait dans les canaux qui divisent les marais, couverte d'un drap blanc posé comme un drap mortuaire ; à l'arrière se tenait un fantôme appelé le tousseux jaune, sorte de personnification de la fièvre des marais "[34].

Au travers du recueil de Sébillot, on voit que les contes et légendes relatifs aux zones humides en général, présentaient au siècle dernier encore une fréquence et une diversité vraiment foisonnantes. Ceux qui mettent en scène les marais présentent ceux-ci sous un jour presque exclusivement défavorable. Il ne faut pas perdre de vue non plus qu'ils se rattachent à tout un ensemble : " Les récits populaires sur l'origine ou les hantises des eaux dont la caractéristique est de sembler dormir entre leurs rives, ont une parenté évidente, qu'il s'agisse des beaux lacs limpides des montagnes, des étangs naturels ou créés par des barrages, ou des marais aux eaux mornes, chargées de matières en décomposition, qui étendent souvent sur tout un pays leur influence pestilentielle "[35].

Dans cet amoncellement de récits, on en rencontre aussi bien qui présentent un scénario basé sur une thématique d'inspiration chrétienne (où jouent un rôle le diable, ou encore des âmes en peine quémandant une prière qui leur ouvrira les portes du Paradis, etc.) que d'autres où les mythes païens et préchrétiens restent prédominants (ceux où entrent en jeu les gnomes, les fées, les lutins et autres génies secondaires, etc.). Là aussi, un peu comme en littérature, il y a très vraisemblablement eu mariage, à partir du Moyen Age et peut-être déjà de l'Antiquité chrétienne, entre des éléments rescapés du paganisme celtique ou germanique et des figures apportées par la christianisation.

32. Dante Alighieri, *La Divine Comédie. L'Enfer,* (traduit par Ernest de Laminne), Paris, 1913, 37 et 89 (chant III, vers 97 et 98 ; chant VII, vers 103-110).

33. Paul Sébillot, *Le folk-lore de France*, t. 2 : *La mer et les eaux douces*, Paris, 1905, 445.

34. *Ibidem*, 459.

35. *Ibidem*, 388.

Tout cela est à mettre en correspondance avec le caractère marécageux que présentaient les fleuves infernaux dans les mythes de l'Antiquité classique ainsi qu'avec l'association que les littératures européennes ont faite entre la mort et les marais. Il y aurait ainsi, semble-t-il, une continuité remarquable qui s'étendrait sur au moins deux millénaires dans les conceptions et les mentalités des populations, quant au rôle néfaste attribué aux marais.

En comparant ensuite ces formes de représentation littéraire des marais et des dangers qu'ils renferment, avec les formes que ces marais prennent dans l'imaginaire collectif révélé au travers des contes et légendes populaires légués par la tradition orale et immémoriale de la vie des campagnes, on a tôt fait de voir les nombreuses coïncidences et concordances qui s'établissent entre ces deux groupes de formes culturelles. Cette insistance conjointe sur le caractère malfaisant des marais se fait par le biais de ressorts variés dont on a eu l'occasion d'apercevoir les multiples manifestations, surtout à l'occasion de l'assimilation des marais à l'enfer, à la mort, au malheur, à la couleur noire, à la peur, à l'impureté…, en plus de l'identification des marais au paludisme ou à certaines noyades accidentelles.

Ainsi, cette phobie des marais, vue à travers ces deux modes d'expression des valeurs culturelles, remonte au moins au Moyen Age. Et même, semble-t-il, les contes et légendes populaires qui l'accréditent remontent, eux, à la nuit des temps, car leur " christianisation " cache mal des traits résiduels qui sont typiques du paganisme celte ou germanique, duquel elle n'a pas su faire entièrement place nette. Et le fait que de tels traits, relatifs entre autres aux enfers, se retrouvent aussi, facilement transposables, dans la mythologie latine et grecque de l'Antiquité, autorise à poser au moins la question d'une éventuelle origine indo-européenne commune. Enfin, si l'expression de type littéraire apparaît comme relativement épisodique et plutôt superstructurelle, les contes et légendes de la tradition orale relatifs aux marais semblent par contre, dans leur abondance, plus prégnants et plus attachés au fondement même de l'imaginaire collectif et à l'infrastructure de l'âme des populations. Leur degré même d'universalité géographique et historique en Europe à travers au moins deux millénaires constitue une indication à cet égard.

En rassemblant des textes à vocation scientifique ou visant à la rationalité (textes juridiques, encyclopédiques ou ouvrages de médecine) sur les marais dans leurs rapports avec la loi, l'agriculture ou la santé publique, on note le fait que jamais ces textes, tout en légitimant les asséchements, ne reprennent expressément à leur compte cette phobie sociale et mythique des marais en l'avalisant comme un héritage laissé par les contes et légendes de la tradition populaire ou exprimée dans la littérature du temps. Au contraire, quand ils en parlent, c'est le plus souvent pour dénigrer ces traditions qu'ils présentent comme un ramassis de superstitions dues à l'état culturel arriéré des populations paysannes.

Et pourtant ! Il est normal certes qu'au contraire des auteurs littéraires, et au nom même de la rationalité et d'une saine méthodologie scientifique, la frontière soit clairement marquée par rapport à un type d'expression propre à la culture populaire. Mais les auteurs protagonistes de la pensée scientifique au XVIIIᵉ et au XIXᵉ siècles, écrivent comme s'ils prenaient soin d'occulter le fait qu'une certaine identité de moyens les lie à ces traditions populaires à l'égard desquelles ils prennent leurs distances d'un air supérieur. Ces moyens communs en effet sont constitués par la destruction des marais, même s'ils sont au service d'objectifs ultimes différents, représentés dans la tradition populaire, par la défense contre les puissances infernales ou sataniques et, dans la tradition scientifique, par le progrès de l'agriculture et de la santé publique.

En outre, du point de vue des impératifs de cette santé publique, l'acharnement même, montré par la tradition scientifique de la fin du XVIIIᵉ siècle au début du XXᵉ pour réduire à néant les marais pose quelque peu question, si on considère la faiblesse de l'argumentation de la théorie miasmatique et la carence continue des résultats expérimentaux la concernant. N'y aurait-il pas là une disproportion entre les efforts déployés et un degré d'objectivité peu élevé observé dans la justification des buts poursuivis ? Question sans doute presque insoluble et aux termes difficilement mesurables dans le cadre restreint de cette étude… Il n'empêche que force est de constater la similitude des moyens (à savoir la destruction des marais) qui ont été utilisés, d'un côté par le mythe, et d'un autre côté, par une certaine vision scientifique, en l'espace de deux siècles. Mythe et vision scientifique avaient par contre, chacun pour sa part, leurs propres objectifs ultimes qui eux sont, de nature, différents et contradictoires.

L'ordre du mythe et l'ordre de la science (ou en tout cas l'ordre de la vision scientifique ancrée socialement dans son contexte d'époque) étaient en effet antithétiques : le discours de type scientifique des XVIIIᵉ et XIXᵉ siècles ne pouvait tolérer d'être mis sur le même pied que le discours mythique, puisque précisément il s'est constitué historiquement en combattant ce dernier et en lui déniant toute valeur objective et opératoire dans la poursuite du progrès.

Pour l'époque étudiée, la question se pose finalement comme ceci : dans quelle mesure le discours à vocation scientifique, en occultant volontairement l'arrière-fond mythique des justifications avancées pour l'assèchement forcé et systématique des marais, n'en est-il pas néanmoins quelque peu prisonnier ? Dans quelle mesure la formidable pression exercée par des millénaires de culture populaire et se traduisant sur le plan irrationnel par la phobie des marais, n'a-t-elle pas laissé de traces subreptices ou inavouées dans le discours scientifique, même à une époque qui souvent se voulait scientiste ? On sait par ailleurs que les historiens des sciences et des idées commencent, en des domaines très variés, à dépister des interactions de ce genre.

Ce qu'on a essayé de faire ici se rattache, par certains côtés, à une histoire des mentalités à propos du phénomène " marais ". Ou plutôt, vu que ce con-

cept de mentalité est difficilement définissable, parce qu'il présente un caractère de globalité non mesurable surtout dans une vue historique, on a tenté
d'interpréter certaines traces concrètes, laissées par les mentalités relativement
aux marais, par l'intermédiaire des résultats des actions et des expressions nées
sous l'empire de ces mentalités[36].

L'histoire du comportement humain vis-à-vis des marais, sur le plan psy-
chosocial et sur le plan économique reste à faire. On n'a réussi ici qu'à en
ébaucher quelques linéaments et à soulever des questions plus qu'à les résoudre. L'intérêt peut-être du présent travail réside davantage à montrer que le
phénomène " marais " a imprégné en profondeur les préoccupations et les fan-
tasmes des générations au cours des siècles passés et qu'il a eu alors une résonance énorme, qui est oubliée à l'heure actuelle par nos contemporains en
raison du caractère définitif des destructions majeures opérées dans la géographie physique et le paysage des régions naturelles.

L'étude de cette résonance devrait, pour bien faire, porter au moins sur un
ou plusieurs siècles d'un seul tenant, les mentalités et les attitudes fondamentales concernant les marais ne se transformant que dans le long terme. Elle
relèverait ainsi essentiellement des sciences historiques. Jusqu'ici malheureusement, " Les marais (…) n'ont guère tenté les historiens "[37] et ce que Duby
et al. disaient ainsi pour le Moyen Age, vaut aussi pour les temps ultérieurs[38].

Quelle a été la motivation qui a déclenché cette recherche ? Initialement,
nous avions eu notre attention attirée par les textes législatifs issus de la Révolution française et partant en croisade contre les marais dès 1790, la Bastille à
peine renversée, ainsi que par certains ouvrages à vocation scientifique mettant
en avant les dangers constitués par les miasmes marécageux. C'est l'amal-

---

36. Pourquoi Voltaire, pourtant esprit universel versé dans les sciences physiques et naturelles,
et promoteur des idées scientifiques dans l'esprit du mouvement encyclopédiste, traite-t-il les
marécages d'" affreux " (" Epître XCII. A Madame Denis, sur l'agriculture ", op. cit., 379) ? Est-ce
simplement référence à une épidémie de paludisme, ou est-ce résurgence occulte de la phobie des
marais, commune parmi les populations ? De façon beaucoup plus générale, " comment expliquer
(…) l'ironie d'un Voltaire et de toute la pensée philosophique pour les croyances populaires ? ",
se demande Jean-Marie Goulemot en constatant la persistance de la difficulté des classes instruites
du XVIIIe siècle à se débarrasser des superstitions les plus grossières (" Démons, merveilles et philosophie à l'âge classique ", Annales. Economie. Sociétés. Civilisations, 35, n° 6 (novembre-
décembre 1980), 1240). " Il ne peut s'agir de démasquer le rationalisme de l'Encyclopédie et d'en
proposer une lecture inversée, mais de (…) montrer aussi que la frontière entre culture populaire
et culture des élites est parfois imprécise et que tout un refoulé parvient à se dire sous les affirmations et les refus de la raison militante (…). Ce vague écho d'un temps avant la norme imposée
par l'Age Classique devrait permettre, sous la cohérence proclamée et admise des Lumières, sous
le drapé d'une littérature institutionnalisée et codifiée, de percevoir les tensions d'un jeu culturel
et idéologique complexe, de percevoir dans des oeuvres privilégiées, reconnues ou oubliées, les
marques d'une double appartenance propre à l'écriture " (ibidem, 1246). N'en serait-il pas un peu
de même pour les marais chez Voltaire ?

37. G. Duby, A. Wallon et al., Histoire de la France rurale, t. 1 : La formation des campagnes
françaises des origines au XIVe siècle, Paris, 1975, 444.

38. De telles études auraient avantage à prendre d'abord la forme de monographies régionales.
Cf. M.-J. Gayte, R.M. Nicoli, " Le Paludisme en Provence occidentale. Esquisse spatiotemporelle
d'une affection parasitaire ", Biologie médicale, 67, n° 1 (janvier-février 1969), 1-31.

game, décelé en eux, d'une rationalité et d'une scientificité apparentes préconisant la destruction des marais, d'une part, et de tout un arrière-fond à forte charge irrationnelle de phobie des marais, mû par une force d'inertie de nature historique et culturelle, d'autre part, qui nous a incité à entreprendre l'analyse en parcourant ces diverses pistes simultanément.

RÉFÉRENCES GÉNÉRALES

Jeanfils (Edward), *Eléments pour une politique globale des usages de l'eau en Wallonie et spécialement en Haute-Belgique*, thèse de doctorat (Fondation Universitaire Luxembourgeoise, B-6700 Arlon), 1983, 286-429.

Id., " L'évolution de la perception des marais du point de vue culturel et institutionnel ", dans *L'impact des activités humaines sur les eaux continentales* (*actes des Dix-neuvièmes journées de l'hydraulique, Paris, Société Hydrotechnique de France, 9-11 septembre 1986*), fasc. Question I, rapport n° 1 (8 pp.) et fasc. général, 30 et 31.

LA CONTRIBUTION FRANÇAISE (XIXᵉ SIÈCLE) AUX NOTIONS DE SPÉCIFICITÉ ET CONTAGIOSITÉ DES MALADIES BACTÉRIENNES

Jean THÉODORIDÈS †

A la mémoire de E. Ackerknecht

Le terme de " spécificité " appliqué aux maladies peut désigner des notions très différentes.

1) A partir des XVIIᵉ et XVIIIᵉ siècles, certains médecins influencés par les sciences naturelles et souvent eux-mêmes naturalistes, comme Boissier de Sauvages (1706-1767), proposaient de classer les maladies comme les plantes ou les animaux, en considérant chacune d'elles comme une " espèce " définie par un certain nombre de caractères.

Cette application de la taxinomie à la médecine concernait aussi bien les affections organiques (ou constitutionnelles) que les maladies infectieuses, contagieuses et transmissibles.

2) Au début du XIXᵉ siècle, certains cliniciens avaient individualisé la notion de " spécificité lésionnelle " de certaines maladies et notamment celles d'origine infectieuse[1]. Nous nous limiterons ici aux affections bactériennes.

Cette spécificité sera confirmée expérimentalement à partir de 1850 avec le perfectionnement des microscopes et des milieux de culture permettant de voir et d'isoler les bactéries.

C'est à cet aspect qu'est consacré le présent travail en nous limitant aux contributions médicales françaises du siècle dernier[2].

---

1. A. Rousseau, " Une révolution dans la Sémiologie médicale : le concept de spécificité lésionnelle ", *Clio Medica*, 5 (1970), 123-131.

2. La vogue actuelle de la biologie moléculaire a amené certains auteurs à reconnaître une spécificité génétique et moléculaire des maladies, à l'exemple de B. Fantini, " Le concept de spécificité en Médecine ", *Bull. Hist. Epist. Sci. Vie*, 3 (1996), 104-113.

TUBERCULOSE

Dès 1810, Gaspard-Laurent Bayle dans ses *Recherches sur la phthisie pulmonaire* pressentit l'entité et l'unité constituées par cette " maladie chronique d'une nature spéciale (…) qu'on ne doit pas regarder comme le résultat d'une inflammation quelconque ", s'opposant ainsi aux vues simplistes et réductrices de Broussais[3].

Cette manière de voir fut confirmée par Laennec en 1819 dans son *Traité de l'auscultation médiate* où n'était cependant pas reconnue la nature contagieuse de la tuberculose.

En 1825, Pierre Charles Alexandre Louis dans ses *Recherches anatomico-pathologiques sur la phthisie* basées sur environ deux mille cas observés confirmait l'unité de la maladie caractérisée par la présence de tubercules.

Ces vues pertinentes de l'Ecole de Paris allaient être remises en cause par des observations histologiques d'auteurs germaniques, tels Lebert (1849) et Virchow (1865), qui niaient l'importance des tubercules et des granulations miliaires, en considérant la tuberculose comme le dernier stade d'une pneumonie ! De telles vues se retrouvent dans l'incroyable formule de Niemeyer (1866) selon laquelle " le plus grand danger menaçant un phtisique est de devenir tuberculeux ".

Avec Jean-Antoine Villemin et ses *Etudes sur la tuberculose ; preuves rationnelles et expérimentales de sa spécificité et son inoculabilité* (1868), les recherches sur cette maladie étaient entrées dans la phase " expérimentale ", ce grand pionnier étant parvenu à infecter des lapins et des cobayes avec du matériel tuberculeux humain[4].

Il en déduisait la spécificité de la tuberculose due à un agent inoculable. Comme avant lui Rayer dont nous parlerons plus loin, Villemin fut violemment contré par les " mandarins médicaux " (Weisz) de l'Académie de Médecine de Paris ne pouvant admettre qu'une maladie humaine soit transmissible à des animaux.

Mais ses vues prophétiques seront confirmées par Chauveau (1868) et Grancher (1873) dans se thèse doctorale : *De l'unité de la phthisie*.

C'est cependant Outre-Rhin que sera isolé le bacille responsable (Koch 1882, Ehrlich 1882).

FIÈVRE TYPHOÏDE

C'est à Petit et Serres (1813) que l'on doit la première bonne description anatomo-clinique de cette maladie avec représentation sur une planche coloriée

---

3. A. Rousseau, " Gaspard-Laurent Bayle (1774-1816) le théoricien de l'Ecole de Paris ", *Clio Medica*, 6 (1971), 305-211.

4. J. Théodoridès, " De la transmissibilité de la morve à celle de la tuberculose : Reyer inspirateur de Villemin ", *Hist. Sci. méd.*, 27 (1993), 41-48.

(fait jusqu'ici inhabituel) des lésions iléo-mésentériques. Sous le nom de " dothinentérie " elle fut étudiée par Bretonneau à partir de 1819[5]. Dans ses observations de 1829[6], il reconnaissait aussi bien sa spécificité que sa contagiosité. La même année, P.C.A. Louis déjà cité, lui consacrait une importante monographie et lui donnait son nom actuel.

La typhoïde fut ensuite bien différenciée du typhus avec lequel elle présente des symptômes communs (*tuphos*) et, comme pour la tuberculose, c'est en Allemagne que fut isolé le bacille responsable (*Salmonelle typhi*) par Eberth (1880) et Klebs (1881).

DIPHTÉRIE

Cette maladie connue depuis l'Antiquité atteignant surtout les enfants (on l'appelait " la terreur des mères "…) était désignée sous les noms de " croup ", " angine maligne ", " gangrène scorbutique " des gencives.

C'est Bretonneau (1826) qui démontra son unité, sa spécificité, sa contagiosité et lui donna son nom actuel, précédé par celui de " diphtérite ".

La bactérie pathogène *(Corynebacterium diphtheriae)* sera isolée par Klebs (1883) et Löffler (1884).

PANARIS, FURONCLES, ANTHRAX

Ces inflammations aiguës du tissu sous-cutané étaient fréquentes dans les garnisons où régnait une certaine promiscuité.

Dès 1841 un médecin militaire franco-mauricien, Joseph-Désiré Tholozan (1820-1897) avait observé l'" épidémicité " et la contagiosité de ces affections à l'hôpital militaire de Bastia[7].

On sait aujourd'hui qu'elles sont dues à des staphylocoques qui ne seront découverts et décrits qu'à la fin du siècle (Pasteur 1879, Ogston 1880).

---

5. Sur Pierre-Fidèle Bretonneau, *cf.* A. Rousseau, " Bretonneau " , *Dictionary of Scientific Biography*, 2 (1970), 444-445 ; E. Aron, *Bretonneau, le médecin de Tours*, Tours, 1979 ; G. Bretonneau, *Valeurs médicales et invention chez P.F. Bretonneau*, Paris, 1996.

6. P.F. Bretonneau, " Notice sur la contagion de la dothinentérie lue à l'Académie royale de Médecine le 7 juillet 1829 ", *Arch. gén. Méd.*, 21 (1829), 57-78.

7. Ces observations ne seront publiées que onze ans plus tard : J.D. Tholozan, " Note sur l'émidémicité de certaines affections du tissu cellulaire et particulièrement du panaris, du furoncle et de l'anthrax ", *Mém. Soc. Biol.*, 4 (1852), 193-220. Cet article avait été précédé par celui d'un certain Martin, chirurgien en chef de l'hôpital de Comar intitulé : " Remarques sur le panaris et nouvelles observations sur l'efficacité de la pommade mercurielle pour le guérir ", *Rec. Méd. Chir. Pharm. milit.*, 57 (1844), 147-185. Cet auteur renvoyait à l'article " Panaris " dû à Bégin dans le *Dictionnaire de Médecine et Chirurgie pratiques* (1829, 15 vols) où son caractère " épidémique " était déjà souligné.

ZOONOSES (MALADIES ANIMALES TRANSMISSIBLES À L'HOMME)

a) morve

Rayer montre dès 1837 que cette maladie des équidés (cheval, âne, mulet, etc.) était transmissible aux hommes en contact avec des chevaux (palefreniers, cochers, cavaliers, vétérinaires) chez qui elle peut être mortelle[8].

Cette démonstration suscita un tollé à l'Académie de Médecine, trente ans avant l'opposition rencontrée par Villemin (*cf. supra*) qui avait transmis la tuberculose de l'homme au lapin. Le bacille de la morve sera isolé par Löffler et Schütz (1882).

b) charbon

Rayer et Davaine (1850) observèrent, les premiers, la bactéridie *(Bacillus anthracis)* dans le sang de moutons charbonneux. C'est Davaine à partir de 1863 qui montra qu'elle était la seule et unique cause de cette maladie transmissible à l'homme sous forme de pustule maligne.

Pour la première fois, une bactérie était reconnue responsable d'une maladie infectieuse.

Il nous reste à évoquer deux graves maladies épidémiques.

c) peste

Cette maladie épidémique qui ravagea l'Occident au VIe siècle (peste " justinienne "), au XIVe siècle (peste noire) avec 25 millions de morts, puis aux XVIIe et XVIIIe siècles (Milan, 1630, Londres, 1665, Marseille, 1720, Constantinople, 1778 avec 200.000 morts) est également une zoonose des rongeurs domestiques ou sauvages susceptible d'infecter l'homme, hôte accidentel, par les puces[9].

Elle se manifestait sous deux formes : bubonique ou pulmonaire, transmissible d'homme à homme par inhalation.

Si les symptômes étaient bien connus, le germe responsable, le bacille pesteux, ne sera isolé qu'en 1894, à Hong-Kong par le bactériologiste français d'origine helvétique, Alexandre Yersin (1863-1943)[10].

Et c'est P.L. Simond (1898) qui montra le rôle des puces comme vecteurs.

8. P. Rayer, *De la morve et du farcin chez l'homme*, Paris, 1837.

9. J. Théodoridès, " Importance historique de la pathologie infectieuse animale ", *Bull. Soc. Vét. Prat. France*, 76 (1992), 415-424 ; J. Brossollet et H. Mollaret, *Pourquoi la peste ? le rat, la puce et le bubon*, Paris, 1994.

10. H. Mollaret et J. Brossollet, *Yersin, un pasteurien en Indochine*, Paris, 1993.

LE CHOLÉRA

Cette autre maladie épidémique qui dévasta l'Occident au cours de cinq pandémies de 1817 à 1887 était bien connue quant à ses symptômes (évacuations abondantes et blanchâtres en " eau de riz ", cyanose et mort par déshydratation), mais l'unanimité était loin de se faire quant à sa contagiosité.

Au cours de l'épidémie parisienne de 1832, les médecins étaient divisés en contagionnistes et anticontagionnistes[11], et Rayer, sans prendre position pour l'un ou l'autre camp, se consacra à l'étude chimique de l'air expiré par les cholériques et de leur sang où il décelait une perte d'eau et de sels. Ses conclusions confirmaient les observations d'auteurs britanniques (O'Shaugnessy, Latta).

Le vibrion cholérique entrevu dès le milieu du XIXᵉ siècle (Pouchet 1849, Pacini 1854) ne sera définitivement reconnu et décrit que par Koch (1883-1884).

Il faut également rappeler à propos de la peste et du choléra les importantes contributions à l'étude de leur épidémiologie au Proche et Moyen Orient dues à Tholozan, déjà cité, entre 1868 et 1892[12].

CONCLUSION

Il ressort de tout ce qui précède que les lésions spécifiques de diverses maladies infectieuses d'origine bactérienne (tuberculose, typhoïde, diphtérie, panaris et furoncles, morve, charbon bactéridien induisant chez l'homme la pustule maligne) furent reconnues et décrites dans le courant du siècle dernier par divers médecins français (Bayle, Laennec, Louis, Bretonneau, Villemin, Grancher, Rayer, Devaine, Tholozan).

Ces derniers avaient également reconnu leur contagiosité et leur épidémicité.

Par contre, à l'exception du bacille charbonneux découvert par Rayer et Davaine dès 1850 et du bacille pesteux par Yersin (1894), tous les autres germes responsables des maladies citées furent décrits et nommés par des microbiologistes allemands entre 1880 et 1884.

Comme l'avait déjà rappelé, il y a déjà presque trente ans, le Dr A. Rousseau[13] : " spécificité, contagiosité : ces deux termes étaient liés dès leur

11. A. Dodin, J. Brossollet, " L'épidémie de choléra de 1832 ou la naissance de l'épidémiologie moderne ", *Hommage à Marcel Baltazard*, Paris, 1973, 97-118 ; P. Bourdelais, J.Y. Raulot, *Une peur bleue. Histoire du choléra en France, 1832-1834*, Paris, 1987.

12. J. Théodoridès, " Un grand épidémiologiste franco-mauricien : Joseph-Désiré Tholozan (1820-1897) ", *Bull. Soc. Path. exot.* (sous presse).

13. A. Rousseau, " Une révolution dans la Sémiologie médicale : le concept de spécificité lésionnelle ", *op. cit.,* 128.

naissance. Et Bretonneau, émule de Bayle, allait transmettre cette magnifique idée à ceux qui allaient devenir les Pasteuriens ".

Pour conclure, l'Ecole de Paris magistralement évoquée par Ackerknecht[14] a joué un rôle fondamental dans la formulation de ces deux notions et, selon lui, c'est également à Paris que les " éclectiques ", tels Rayer et Davaine, reconnurent l'importance des zoonoses en pathologie humaine.

C'est ce que nous avons tenté de rappeler brièvement ici.

MALADIES BACTÉRIENNES

	Description de leur spécificité et contagiosité	Isolement des germes
Tuberculose	Bayle, 1810 Laennec, 1819 Louis, 1825 Villemin, 1868 Grancher, 1873	Mycobacterium tuberculosis Koch, 1882 Ehrlich, 1882
Fièvre typhoïse	Petit et Serres, 1813 Bretonneau, 1829 Louis, 1829	Salmonella typhi Eberth, 1880 Klebs, 1881 Gaffky, 1884
Diphtérie	Bretonneau, 1826	Corynebacterium diphteriae Klebs, 1883 Löffler, 1884
Panaris	Tholozan, 1852	*Staphylococcus* spp. Pasteur, 1879 Ogston, 1880
Choléra (Physio-pathologie) (Epidémiologie)	Rayer, 1832 Tholozan, 1868-1892	Vibrio cholerae Koch, 1883

Zoonoses

Morve	Rayer, 1837	Pseudomonas mallei Löffler & Schütz, 1882
Charbon bactéridien (pustule maligne)	Davaine, 1864-1868 Davaine & Raimbert, 1864	Bacillus anthracis Koch, 1876
Peste (Epidémiologie)	Tholozan, 1871-1879	Yersinia pestis Yersin, 1894

14. E.H. Ackerknecht, *Medicine at the Paris Hospital, 1794-1848*, Baltimore, 1967.

De l'eau salée : Nouveau traitement dans l'épidémie de choléra en 1850 à Mexico

Ana Cecilia Rodríguez de Romo

Ce travail fait partie d'une étude plus vaste sur l'épidémie de choléra qui a dévasté le Mexique en 1850[1] . Particulièrement, il s'agira du traitement de la maladie, surtout de ce qu'on a appelé le traitement avec de l'eau salée. L'épidémie de choléra de 1850 au Mexique n'a été que peu étudiée de façon organisée et complète. On trouve en effet quelques articles et plusieurs mentions dans des livres, mais aucune analyse exhaustive. Pourtant, on compte à son propos une grande quantité de documents dans les archives mexicaines. Ainsi, l'épidémie pourrait être abordée différemment en fonction des intérêts du chercheur : sociologique ou la réaction de la population face aux malheurs dont on ignore la cause ; politique ou les difficultés et intérêts des groupes de pouvoir par la prise de décisions ; santé publique ou l'organisation de réseaux sanitaires et mesures préventives ; histoire de la médecine comme dans le cas présent.

A la base de cette recherche, il y a des documents originaux qui n'avaient pas été étudiés avant et qui se trouvent dans différentes archives historiques de la ville de Mexico, entre autres, les Archives générales de la Nation. Le document sur le traitement avec de l'eau salée se trouve aux Archives d'Histoire de la Faculté de Médecine de l'Université de Mexique[2]. Il s'agit du rapport que le gouverneur de la ville demanda au directeur d'un des plus importants hôpitaux. Aux archives, le mémoire est classé comme anonyme, mais la recherche méthodique a permis de trouver finalement l'auteur. Le manuscrit a 34 pages. Dans les premières, on essaie de préciser la date et le lieu du début de l'épidémie. Les 427 cas reçus à l'hôpital sont inscrits suivant le sexe, l'âge, leur occu-

---

1. A.C. Rodríguez de Romo, *Epidemia de cólera en 1850. Análisis histór!co-médico de un curioso manuscrito,* México.

2. Anónimo, *Historia del Cólera en la Epidemia de 1850,* Archivo Histórico de la Facultad de Medicina, UNAM, Grupo documental : Escuela de Medicina y alumnos, Legajo 121, expediente 1, fojas 35-52, 1850.

pation et le temps écoulé à partir des premiers symptômes de la maladie jusqu'à l'entrée à l'hôpital. Les pages suivantes contiennent la description très détaillée de la symptomatologie. La fin du mémoire relate quatre cas qui vont depuis l'entrée à l'hôpital jusqu'à l'autopsie.

La description des traitements contre le choléra prend une bonne partie du manuscrit et les traitements sont très variés. Ils étaient très agressifs et leur utilité franchement douteuse. D'un côté, ils montraient la pauvre connaissance qu'on avait de l'étiologie de la maladie, et de l'autre, le caractère dramatique de la réponse sociale dans l'histoire de la médecine, lorsqu'il s'agissait de remédier à des calamités dont on ignorait la raison. Par exemple, un des traitements était de placer un chiffon imprégné d'eau de vie sur le ventre et mettre le feu. Il se produisait une brûlure superficielle ou profonde, en tout cas, on cherchait à provoquer la douleur et une excitation importante qui accélérait la circulation. Nous savons maintenant que le choléra est une infection intestinale aiguë et grave, causée par le vibrion cholérique. Il provoque la diarrhée aqueuse et abondante, le vomissement, la déshydratation, l'acidose et le collapsus circulatoire, qui peut entraîner la mort en 24 heures si on ne le traite pas[3]. Le vibrion cholérique fut découvert par Robert Koch en 1883. Le traitement moderne est simple et dépend des antibiotiques, de la restitution des liquides et des électrolytes. La pathogénie du vibrion dépend de la production d'une exotoxine qui stimule la sécrétion d'eau et des sels dans l'intestin. Cette réaction se traduit dans le cadre clinique typique déjà souligné[4].

Les méthodes thérapeutiques au XIXe siècle étaient groupées en deux parties : les méthodes externes et les méthodes internes. Les deux étaient très variées. Les méthodes externes cherchaient à restaurer la chaleur et la circulation. Cette théorie est intéressante si on se rappelle qu'à l'époque on ignorait que la toxine du choléra se reproduit mieux à basse température. La saignée avait une place importante mais il est difficile d'imaginer qu'elle pouvait être utile si on pense que la plupart des symptômes sont causés par l'hypovolemie.

Les méthodes internes concernent surtout les traitements pharmacologiques et sont très variés. Un des plus importants était l'opium à cause de ses propriétés antidiarrhéiques et analgésiques. Nous savons maintenant que l'opium ralentit le fonctionnement intestinal, situation qui facilite l'absorption d'eau et augmente la consistance de l'excrément. L'opium provoquait aussi l'analgésie et l'euphorie, quoique quelques-uns de ses effets secondaires puissent être considérés comme faisant partie du tableau clinique du choléra, par exemple : nausée, vomissement, dépression respiratoire, obnubilation, etc. La plante guaco

3. A.A. Moreira, " Cholera : molecular epidemiology, pathogenesis, immunology, Treatment and prevention ", *Curr. Opin. Infect. Dis.,* 7 (5) (1994), 592-601 ; S.W. Lacey, " Cholera : Calamitous Past, Ominous Future ", *Clin. Infec. Dis.,* 20 (5) (1995), 1409-1419.
4. See C. and E. Gotuzzo, " Practical Guidelines for the Treatment of Cholera ", *Drugs,* 51 (6) (1996), 966-973.

était très utilisée au Mexique. En tout cas, les méthodes internes cherchaient à obtenir des résultats excitants, astringents, vomitifs et narcotiques[5].

Malgré cette énorme variété de traitements, les médecins honnêtes de l'époque, savaient très bien qu'il n'existait pas de remède utile contre le choléra : " Nous n'avons pas dans la matière médicale, si ce n'est pour les empoisonnements par des composés chimiques définis encore contenus dans les premières voies, de substance capable de détruire ou de neutraliser l'agent spécifique qui a donné lieu à un état morbide ; nous possédons seulement les moyens de combattre les effets du poison (…). Il n'existe pas de remède spécifique du choléra, c'est-à-dire, qui s'attaque directement à sa cause pour l'éteindre dans son principe "[6].

Parlons maintenant du traitement avec de l'eau salée. Il paraît que le médecin anglais William Brook O'Shaughnessy, en 1831, fut le premier à signaler la perte des fluides par l'intestin en cas de choléra. Il proposait l'administration de sels dans l'eau, en pensant à la perte des électrolytes par la diarrhée[7]. A l'occasion d'une épidémie de choléra, Thomas Latta publia en 1833 dans la *Gazette Médicale de Paris,* un traitement par une injection d'eau salée, d'après la théorie de O'Shaughnessy, mais la méthode ne fut pas acceptée[8]. Dans la littérature médicale mexicaine, il n'existe aucune mention sur l'eau salée jusqu'au début de XXᵉ siècle. Voilà justement l'importance du manuscrit découvert. Dans ce mémoire de 1850, l'auteur affirme que malgré la grande variété des traitements, aucun n'est vraiment efficace. Il signala que parmi 427 cas étudiés, 251 sont morts et dans son récit on perçoit son malaise. Cette situation le pousse à injecter de l'eau salée aux malades qu'il appelle des " cas désespérés "[9]. Il leur administre une injection d'eau salée dans la veine saphène externe mais il n'y arrive pas parce qu'il n'a pas une seringue appropriée.

Finalement, le patient meurt[10]. Dans le cas d'un autre malade, l'auteur dit qu'à une heure de l'après-midi il lui donne une injection d'eau salée dans la veine moyenne commune du bras gauche, mais le liquide n'entre pas. A 18h, il lui administre encore trois/onze d'une solution de chlorure de sodium et car-

---

5. P. Villar, *Consejos al pueblo mexicano sobre los medios más sencillos y fáciles para precaver y curar el Choléra-Morbus epidémico...,* México, 1833 ; A. Tardieu, *Du Choléra épidemique : leçons professées a la Faculté de Médecine de Paris,* Paris, 1849, 162-177 ; *Preceptos generales de higiene privada y tratamiento vulgar del cólera,* Zacatecas, 1866. Compilation avec beaucoup de travaux sur le traitement du choléra.

6. Jaccaud (éd.), *Nouveau dictionnaire de Médecine et de Chirurgie pratiques,* vol. 7, Paris, 1867, 468.

7. J.-C. Beaune (éd.), *La philosophie du remède,* Paris, 1993, 144.

8. A.C. Rodríguez de Romo, " Novedoso tratamiento del cólera realizado por un médico mexicano en el siglo XIX ", *Gac. Méd. Méx.,* 131 (2) (1995), 215.

9. Anónimo, *Historia del Cólera en la Epidemia de 1850, op. cit.,* f. 43r-44v.

10. *Ibid.,* f. 48r.

bonate de potassium à 32 degrés centigrades[11]. Il faut dire que le procédé est très bien décrit dans le manuscrit.

Comment le médecin mexicain a-t-il eu l'idée d'injecter de l'eau salée ? Dans le même manuscrit il dit que dans le *Dictionnaire de Médecine* de 1840, Dalmás décrit 74 cholériques qui ont suivi le traitement avec de l'eau salée et dont 22 ont été sauvés. L'explication était la suivante : " en considérant que le sang élimine (dans les évacuations cholériques) les matériaux salins et le sérum, l'idée est venue de faire dans les veines des injections salines "[12]. Les médecins français injectaient des grandes quantités d'eau, plus de 20 litres. Le médecin mexicain a essayé qu'une très petite quantité.

Il est évident que l'auteur du rapport fait au gouverneur de la ville connaissait bien la littérature médicale étrangère. Trois ans après, en 1853, il y a eu une autre épidémie de choléra à Mexico. Le nouveau directeur de l'hôpital avait alors essayé de faire une statistique sur l'efficacité de remèdes mais il n'utilisa que les remèdes classiques, jamais il ne parla de l'eau salée[13].

Il est important de signaler que le traitement avec de l'eau salée est difficile à trouver dans la littérature médicale de la fin du XIXe siècle. Les grandes doses d'eau que signalent les auteurs français ne dépassent pas les deux litres. Les malades connaissaient un rétablissement passager avant de retomber dans le même état qu'avant la piqûre. La question des injections pouvait être répartie en trois catégories de problèmes : 1) la seringue et l'aiguille même étaient imparfaites et nécessitait d'isoler la veine ou d'introduire un tube (ce qui pouvait provoquer l'inflammation du vaisseau et pouvait occasionner la phlébite), 2) on pouvait introduire de l'air ou des microbes et 3) la quantité et le type du sel n'étaient pas bien calculés (ce qui pouvait causer l'hémolyse).

En 1906, les étudiants de l'Ecole de Médecine se plaignaient que la méthode des injections n'était pas enseignée. D'après eux, l'injection de l'eau salée était bonne dans plusieurs situations, des hémorragies par exemple, et non seulement dans le cas du choléra[14].

En 1921, on considérait que les injections produisaient une véritable résurrection, mais qu'il était difficile de les pratiquer car la voie hypodermique était très imparfaite et ne permettait pas l'introduction de grands volumes.

Avant de finir il faut soulever les points suivants :

1. Le problème posé par les injections était principalement technique mais on ignorait aussi la biochimie de l'eau et des sels. L'idée exprimée dans le livre : " dans le choléra, le sang élimine les matériaux salins ", est très sugges-

---

11. Anónimo, *Historia del Cólera en la Epidemia de 1850, op. cit.*, ff. 49v. et 50r.

12. *Dictionnaire de dictionnaires de Médecine française et étrangers,* vol. 2, Paris, 1840, 519.

13. L. Hidalgo y Carpio, *Memorias sobre el Choléra Morbus que reinó en la ciudad de México en el año de 1853*, México, 1854.

14. J.L. Amor, *Breve estudio sobre las inyecciones de agua salada*, Tesis para obtener el grado de médico cirujano, Escuela Nacional de Medicina de México, México, 1906, 14-19.

tive, mais elle est tout à fait empirique, le procédé se basait sur l'observation et excluait la spéculation théorique. Le traitement avec de l'eau salée est un bon modèle pour étudier l'évolution d'une idée qui commence avec l'explication empirique d'un phénomène observé, dont on ne connaît pas la cause. Cette situation est fréquente en histoire de la médecine. Ainsi, l'empirisme est important pour l'évolution de la connaissance médicale scientifique.

Au XIXe siècle, le siècle du choléra, on ignorait son étiologie, sa pathogénie et son traitement correct. Cependant, on connaissait bien la symptomatologie et quelques faits importants comme la perte du sel. En même temps, des faits pouvaient être utilisés en tant que réponses alternatives à une théorie. Si on étudie le choléra du point de vue de l'histoire de la médecine (en prenant un modèle comme le cas mexicain), on observe une activité épistémologique qui essaie d'éclaircir l'ordre rationnel que le discours médical a suivi dans le cadre de la médecine occidentale.

2. L'information sur les injections hypodermiques ou intraveineuses se trouve surtout dans la littérature française. En 1896, William Osler le grand médecin américain, affirme que le procédé était dangereux et pour plus de facilité, il propose de remplacer l'aiguille par une canule[15]. Pourtant, il est certain qu'un médecin mexicain connaissait et utilisait une méthode alors d'avant-garde. Il est vrai qu'il n'a pas réussi, mais il est vrai aussi qu'il ne disposait pas de la technologie appropriée.

Deux dernières idées :

Les cas de choléra étudiés par l'auteur mexicain concernent surtout les pauvres, mais curieusement, il ne souligne pas que la pauvreté puisse elle-même être à l'origine du choléra et qu'en même temps, le choléra peut augmenter la pauvreté.

Au point de vue technique, dans presque tous les ouvrages de référence, il est admis et même conseillé de pratiquer des injections d'eau salée contre le choléra. Cette méthode sera pleinement utilisée au XXe siècle.

---

15. W. Osler, *The principles and practice of Medicine,* New York, 1892, 124.

Uneasy Bedfellows : Science and Politics in the Refutation of Koch's Bacterial Theory of Cholera

Mariko OGAWA

In the history of science, there have been many controversies : Newton versus Leibniz, Geoffroy Saint-Hilaire versus Cuvier, and Einstein versus Bohr. Apart from these controversies at an individual level, the larger conflict between science and Christianity has often been referred to. In books such as *History of the Conflict between Religion and Science* (1874) by Drayper and *A History of the Warfare of Science with Theology in Christendom* (1896) by White, the suppression of science by the Church has been long discussed. In fact, recently, the positive contribution of Christianity — deeply rooted as it is in Western culture — to the development of science has also been recognized, as depicted in Lindberg and Numbers' *God and Nature*.

We cannot imagine science without controversy. The bigger the innovation and social impact brought by a new scientific theory, the hotter the controversy. Thomas Kuhn, in his *The Structure of Scientific Revolutions*, historically described the revolutionary changes caused by the accumulation of controversy in science. Thus controversy is indispensable for the establishment of new paradigms. Science has developed through controversy, and securing the opportunity for extensive discussion is important. That is precisely the reason why scientific papers are published in academic journals.

But it is very unusual for the government of one country to convene a committee whose *raison d'être* seems to have been to refute the ideas of an individual of another country. I happened to find a paper on this very topic, which has the title " The Official Refutation of Dr. Robert Koch's Theory of Cholera and Commas " (1886). This paper begins with the sentence " The following Memorandum has been drawn up by a Committee convened by the Secretary of State for India, for the purpose of taking into consideration a Report by Drs. E. Klein and Heneage Gibbes, entitled *An Inquiry into the Etiology of Asiatic Cholera* ". After this there is a list of committee members, which includes the names of Queen's doctors, professors and others eminent in their careers. Even only this short introduction should give us pause. Why did a British committee convened by the Secretary of State for India refute Koch's theory of germs ? Why in this period ? Why in this journal ? I would like to elucidate the social background and the reasons why a paper like this came to be published.

If this paper was written with a view to refuting Koch officially, why was a quarterly journal chosen ? In England there were certainly more suitable journals, such as the *Lancet, Nature*, or the *British Medical Journal* which had the merits of wider circulation and immediacy. Why was the article carried in a minor journal ?

In order to answer these questions, it is not sufficient to inquire into the history of bacteriology. We should extend our inquiry to the cultural, social and political background.

In 1883 cholera broke out in Egypt. This fact alarmed Europe with the fear of its spread. The British government asked Sir Joseph Fayrer, who was president of the medical board of the India Office in London, what should be done about it. He recommended William Hunter be despatched to Egypt as a commissioner.

Hunter arrived in Cairo on the 26th of July and started an investigation in co-operation with ten other English doctors. He came to the conclusion, inspired by the meteorological data of the last 14 years, that this outbreak of cholera was the result of unusual weather conditions. Because Egypt had never experienced cholera since 1865, and Aden, although nearer to India than Egypt, had rarely experienced cholera either, he denied that cholera had been imported from India and insisted that cholera was endemic to Egypt.

France and Germany, who had also feared its spread and landing in Europe, also dispatched commissions to Egypt, 3 weeks and 4 weeks later. The British delegates arrived in Cairo first. Next was the French commission, arriving in Alexandria in August, funded with 50.000 Frs by the French government. The last was the German commission, led by Koch, with governmental research resources of 6.000 Marks. Research was to be done on the suspicion that cholera in Egypt had been brought by ships from India.

It is doubtful whether conditions were such as to ensure that this research would be undertaken in a spirit of perfect scholarly disinterest. The British Empire depended for its wealth on the free passage of vessels between its ports, and British medical policy on cholera in India had been based on principles of sanitation rather than contagion for sixty years. The British commission clearly had political, economic and professional interest in finding the suspicion that cholera had been brought from India unfounded. On the other hand, in this period of Empire Nation-states and imperial rivalry, there can be little doubt that the French and particularly the German Commission had a vested interest in finding the suspicion well grounded.

Unfortunately, one of the members of the French commission died of cholera, and the French group gave up their research and left Egypt on the 9th of October without conclusion. The German commission, Koch, Gaffky, Fisher, and Treskow worked enthusiastically but they could not get sufficient cholera-case corpses because the epidemic had already peaked. In order to continue their investigation they went to India. Koch brought large numbers of animals into Egypt and India for experiments, but completely failed to infect any of them with cholera.

Thus, Koch's own famous " postulates " could not be fulfilled, which became the main bone of contention between Koch and his critics. In spite of this particular insufficiency, Koch felt confident enough to be able to identify the comma bacillus as a cholera germ. The German commission returned to Berlin in May in 1884.

Koch's conclusions were not welcome to the administration of the British Empire, who had political and economic motives for resisting germ-theory explanations of cholera as long as scientific grounds could be found for doing so. If the cause of cholera were a microbiological entity, it could certainly have been carried by ships and therefore the quarantine restrictions agreed upon at the Constantinople and Vienna Conferences had to be strengthened. Severe restrictions could not fail to exert a great influence on British trade with India through the Suez Canal.

The germ theory, which insisted cholera was not endemic but epidemic, was deeply bound-up with the quarantine problem. Britain, which had acquired the Suez Canal in 1875, wanted to abolish quarantine and make do only with medical inspections.

The British government again consulted Sir Joseph Fayrer, who wrote to the Secretary of State in May, 1884, suggesting the appointment of a special commission to India. According to his recommendation the British government deputies Drs. Klein and Gibbes to spend the period from August to December 1884 investigating the cause of cholera in India. They investigated village water tanks and found that some people who had drunk water contaminated with the feces of cholera victims had not developed the disease. On the 12th of December they left for England and submitted the report *An Inquiry into the Etiology of Asiatic Cholera*, to the Secretary of State for India in March in 1885.

In June, 1885, the Secretary of State for India convened a committee to consider Klein and Gibbes report of their investigations. The committee, which first met in July of the same year, consisted of thirteen medical celebrities, nominally presided over by Sir William Jenner, Physician in Ordinary to Her Majesty the Queen and to His Royal Highness the Prince of Wales, President of the Royal College of Physician, although the key figure on the committee was probably Sir Joseph Fayrer, who had been involved with British medical policy in India for thirty-five years. Another influential figure was the Secretary of the committee, Dr. Timothy Lewis, who had spent fifteen years researching diseases in India, and who was a lifelong contact of Max von Pettenkofer, the famous German epidemiologist and arch-rival of Koch.

The committee met three times, and the final meeting was held on the 4th of August of 1885. The final report was carried, without notes, in the *Quarterly Journal of Microscopical Science* under the title " The Official Refutation of Dr. Robert Koch's Theory of Cholera and Commas ". It is interesting to speculate why the title of the report carried in the *Quarterly Journal* was so different from that of the report originally submitted to the committee by Klein and Gibbes. According to *The Transaction*, the committee met " for the purpose of considering a Report entitled *An Inquiry into Etiology of Asiatic Cholera*, moreover, the task with which the Secretary of State had originally charged Klein and Gibbes had been " to ascertain the nature, origin, and propagation of cholera, the microscopic organisms connected with it, and their relations — causal or otherwise — to the disease ". This bland wording suggests a neutral scientific enterprise, but in the same *Transaction* we find that the original motive for the appointment of an investigative commission had been explicitly stated in a letter to the Secretary of State from Sir Joseph Fayrer, in which he sought to draw the attention of the government to Koch's " Alleged " discoveries and to his opinion that such an " unverified statement " as Koch's regarding cholera was " dangerous ". In this light, the transformation of Klein and Gibbes original " Inquiry " into its published form as a " Refutation " seems less mysterious. Sir Joseph Fayrer may have had a connection with the editor of the *Quarterly Journal of Microscopical Science*, Sir Edwin Ray Lankester, who was an anti-Koch biologist. Klein was also a member of this editorial board. This may have been the reason why obviously contentious use of scientific data was published without comment in a less famous academic journal.

Among other things, Sir Joseph Fayrer was certainly thinking of Britain's political and commercial considerations[1]. In order to deny that Cholera was carried to Egypt by ships from India, British Government had to refute Koch's theory scientifically. They tried, in vain, to mitigate quarantine regulations at the International Sanitary Conference of Rome, held in May and June. The British government hoped to do only with medical inspections, so it may have seemed essential that data collected by Klein and Gibbes in India which was antithetical to Koch's hypothesis be endorsed by the official committee.

Meanwhile, in Germany, Virchow, an enthusiastic supporter of Koch, was engaged in much-publicized debate with Pettenkofer. This controversy was being recapitulated between Germany and the British Empire. Rarely can there have been a more striking example of the degree to which the pursuit of " scientific truth " may be influenced by social and political forces.

---

1. See D. Arnold, *Colonizing the Body*, 194.

THE MEXICAN SOCIETY OF EUGENICS INFLUENCE IN THE HEALTH AND EDUCATION

Laura SUÁREZ Y LÓPEZ GUAZO

INTRODUCTION

In 1865 Sir Francis Galton (1822-1911), cousin of Charles Darwin and follower of his evolutionist ideas, published two articles clearly specifying the basic elements of his theoretical proposal : Eugenics, defined as " the science dealing with all influences for the improvement of inborn qualities or raw matter of a race, as well as those influences contributing to its development to attain maximum superiority "[1].

The study of heredity from family histories and the use of multiple statistical methods constituted the basic elements for the development of his most outstanding and widespread work *The Hereditary Genius.* Published in 1869, it considers the heredity of talent as already and practically proven. For Galton, external factors like education played a virtually irrelevant role.

Eugenic doctrine on the heredity of talent was taken into account for the establishment of sanitary policies in several European countries and America. Closely linked to racism and the notion of low-class degeneration, its ideology was firmly established at the turn of the 19th century and the beginning of the 20th century.

The belief in racial improvement related to state health programs was supported by scientific experts on the genetic theory of the time which, at the beginning of this century, was considered capable of directing the progress or downfall of nations and interpreted as the " natural " cause of social stratification[2].

---

1. Conferencia pronunciada por Francis Galton en mayo de 1904 ante la Sociological Society, en la Escuela de Ciencias Económicas y Políticas de la Universidad de Londres en *Francis Galton, Herencia y Eucienesia,* Trad. Introducción y Notas de Raquel Alvarez Peláez, Madrid, 1988, 16.

2. *Francis Galton, Herencia y Eugenes*, Traducción, Introducción y Notas de Raquel Alvarez Peláez, Madrid, 1988, 108.

Eugenic doctrine in Latin America became prevalent at the beginning of the 30s. Two of the most important associations founded in this period were the Mexican Eugenics Society (MES) and the Argentine Biotypology, *Eugenics and Social Medicine Association*, both distinguished for its renown scientific, medical and political members.

The case of Mexican eugenics is interesting because of its revolutionary condition. The marked development of the nationalism that followed the 1910 Mexican Revolution was reflected in the emergence of an anticlerical and materialist revolutionary state which made post revolutionary Mexico more receptive to innovation within the natural and social sciences.

Unlike Argentina, where eugenics was established as a result of the social problems derived from immigration, Mexican society was mainly comprised by Creoles, Indians and Mestizoes. The ancient debates about the lack of real integration of the Indians to national life and the problem of assuring the health of the poor led to ideas of racial improvement and, with them, the effort to promote the eugenic doctrine.

In 1910, a booklet entitled *Species hygiene : Brief consideration on human stirpiculture,* by Francisco Hernández, was published in Mexico. It was followed a year later by the first article on the use of eugenics for racial improvement, based on the " feminist " proposals of English eugenicist, Caleb Salleby, which interpreted eugenics as a means to protect women against venereal diseases and other damages related to reproductive health[3].

In 1921, the First Mexican Congress on Childhood advanced eugenic proposals, heredity and reproductive counselling with the purpose of racial improvement. In 1929 the Mexican Society of Puericulture was founded in Mexico City, with a special eugenics section specifically devoted to heredity, reproductive-related diseases, child sexuality, sexual education and birth control. Its members eventually became the founders of the Mexican Eugenics Society.

The Mexican Eugenics Society (MES), established on September 21, 1931[4] with 130 members comprised by scientists and physicians, distinguished itself for its closeness to the political power circle and public health authorities.

With its validation as a society, many physicians and educators promoted birth control and marital health divulgation programs, supporting in 1932 the " Project for Sexual Education and Venereal Disease Prophylaxis " as a compulsory program in official education programs for all 10 to 16-year old children[5].

3. A. Saavedra, 1911, " Lo eugénico anunciado por primera vez en México ", *Acción Médica* (1956), 16-17.

4. J. Rulfo, " Ponencia de Eucienesia " ante el Primer Congreso Nacional de Medicina Interna, celebrado en la Ciudad de México, *Eugenesia,* Organo de la Sociedad Mexicana de Eugenesia, t. III, núm. 31 (Mayo de 1942), 12.

5. A. Saavedra, *México en la educación sexual* (de 1860 a 1959), México, 1967, 31.

MEXICAN NATIONALISM AND EUGENICS

MES members discussed nationality in terms of race and heterogeneity (Indians, Europeans and Mestizoes). Poverty and marginality were acknowledged as existent within Indians groups and the Society's members shared the revolutionary idea of the involvement of biological virtues in racial breeding.

Dr. Elíseo Ramirez, the renown Mexican eugenicist, claimed that class and racial segregation promoted in other countries was contrary to the Mexican eugenic ideal because, although some mixtures could lessen the best ancestral qualities, this hybridization could lead to excellent results in presence of affinity in the combined races[6].

Regarding education and its influence on intellectual development, Dr. Adrián Correa[7] stated : " If psychic heredity is good but the child lives in an intellectually deprived environment, the child's psychic development will be arrested. Conversely, a child with mediocre psychic heredity will be able to develop well if he lives in an intellectual environment "[8].

As may be seen, his perspective is absolutely removed from Galton's thought, which totally disdained the effect of breeding and solely valued heredity.

In general terms, Mexican eugenicists shared the notion of Mexican positivists regarding the benefits conferred to the Indians by their crossing with Europeans, in the sense of " race whitening ". Interesting exceptions with respect to this debate are found in anthropologist and indigenist Manuel Gamio, for whom Europeans were benefited from the mixture with Indians[9], and Dr. Rafael Carrillo, head of the eugenics section of the Mexican Society of Puericulture, who noted the immune advantages of the Indians and the taller height of Mestizoes with respect to the colonizing Spaniard race[10].

For Carrillo, the factors determining the ethnographic conformation of our country are immigration, races, and heredity. Regarding the first one, he claimed that the first colonizers who arrived from the Old Continent barely ful-

6. E. Ramírez, " Discurso ", *Eugenesia,* 2 (Noviembre 1, 1933), 19-22. El Dr . Ramírez es uno de los eugenistas mexicanos con una sólida formación teórica ; médico y doctor en ciencias biológicas por la Facultad de Ciencias de la Univerisidad Nacional de Mexico.

7. A Correa, " Cómo debe impartirse la educación sexual en nuestro medio ", *Revista Mexicana de Puericultura,* Organo de la Sociedad Mexicana de Puericultura, t. II, núm. 17, Sección de Eugenesia (Marzo de 1932), 237-246.

8. *Ibid.,* 238.

9. M. Gamio, " Algunas consideraciones sobre la salubridad y la demografía en México ", *Eugenesia,* Nueva Serie 3 (febrero 28 de 1942), 3-8. Aquí señala ias grandes ventajas que para los europeos en México, ha representado la intensa mezcla con los indios, que han adquirido su adaptación al clima y geografía, a lo largo de varios siglos, por el severo efecto de la selección natural.

10. R. Carrillo, " Tres problemas mexicanos de Eugenesia. Etnografía y Etnología, Herencia e Inmigración ", *Revista Mexicana de Puericultura,* Organo de la Sociedad Mexicana de Puericultura, t. III, núm. 25, Sección de Eugenesia (Noviembre de 1932), 1-14.

filled eugenics requirements, due to undesirable individuals among them who had inferior physio-psychic qualities with respect to those of the autochthonous population. He thus proposed the establishment of State offices with *ad hoc* personnel in ports and frontiers, familiar with eugenic problems.

" Sanitary authorities should consider the point of view of eugenics when foreign tourists cross the Mexican border for a few hours, more than sufficient time for them to sow gonococcus or Schauden or spawn a feeble-minded individual "[11].

To solve demographic problems, social medicine state programs were focused on the high rates of child mortality among Mestizoes and the Indian population in general.

Regarding Mestizos, Gamio considered that the group of European origin could adapt itself and enjoy the advantages of the autochthonous group by mixing with the aborigines, and directing health policies in Mexico towards the latter " not only for socio-political convenience, but chiefly for their beneficial biological results "[12].

AS A WAY OF REFLECTION

Although most Mexican eugenicists had a medical background and supported their opinion by repeatedly quoting renown geneticists such as Mendel, Galton, De Vries and Weissman, among others, they rarely made reference to their theories. They pointed out that given the " high intricacy " of the factors controlling and regulating hereditary expression, they preferred not to delve on them. In the case of syphilis, many even confused contagion with hereditary transmission. Their profound ignorance in genetics was already evident in the 40s. Their eugenic proposals involved a significant amount of environmental factors, a notion opposed to Galton's thought. They promoted all aspects of puericulture, similar to the implementation of eugenics in France. Regarding marital counselling and reproduction, they emphasized the importance of survival, which reflected their concern for the high rate of childhood mortality in Mexico during the 30s and 40s.

The influence of MES in legislative promotion was expressed by the aspects related to marital health in the formalisation of the 1935 Prenuptial Certificate Law, the April 1940 regulation of the Antivenereal Campaign, the abolition of prostitution regulations, in several sexual education programs, the divulgation campaigns and propaganda for the responsibility towards descendants, formally established in basic education by the Ministry of Public Education, and

11. R. Carrillo, " Tres problemas mexicanos de Eugenesia. Etnografía y Etnología, Herencia e Inmigración ", *op. cit.*, 14.

12. M. Gamio, " Algunas consideraciones sobre la salubridad y la demografía en México ", *op. cit.*, 3-8.

in the prevention of venereal diseases and the transmission of psycho pathologic traits advocated by the Public Health Department.

THE BRAZILIAN EUGENIC MOVEMENT AND ITS PROPOSAL OF SANITATION AND PREVENTION OF DISEASES[1]

Luzia Aurelia CASTAÑEDA

The purpose of this paper is to analyse how the theories related to the science of heredity were assimilated and re-elaborated by Renato Kehl, so that he could found his eugenic proposal[2] and contemplate the objectives of the *Liga Brasileira de Higiene Mental* - LBHM (*Brazilian League of Mental Hygiene*). We believe that by evaluating the biological foundations that guided Brazilian eugenics, it will be possible to show not only the way the theory was built, but also the social influences that certainly guided such process. Thus, we do not intend to legitimate the eugenic movement, but to understand how Genetics was used in the name of an ideology.

The first systematized efforts around eugenics in Brazil took place after the founding of the Eugenic Society of São Paulo, in 1918. Most members of such society[3] were physicians interested in discussing issues such as public health, sanitation, and the legalization of antenuptial examinations for the controlling of marriages and of venereal diseases, besides having a great interest in the campaigns against alcoholism. Dr. Renato Ferraz Kehl distinguished himself among these first activists, and was considered one of the most important propagandists of the Eugenic Movement in Brazil.

Kehl, who was a physician and a pharmacist, published more than two dozen books directly related to eugenics between 1917 and 1937. He took part

1. This research is supported by *Fundação de Amparo à Pesquisa do Estado de São Paulo*, FAPESP.

2. The eugenic proposal defended by Kehl was of avoiding, by means of laws and rules, the emergence of moral bastards and physical degenerates, not letting fate work by itself. Therefore, it didn't deal with an improvement of the race, as it used to be done by zootechniques and agriculture, but with a hygiene of the reproductive cells, in the sense of preventing undesirable individuals.

3. For more details refer to *Annaes de Eugenia (Annals of Eugenics)*, 12/01/1919, 39-43, annals related to the third regular session of the society.

in an intensive propaganda for the movement through leaflets, conferences, and debates, many of which were published in medical journals. Though the support given by the press of the time was significant, the most effective vehicle of the movement was the *Boletim de Eugenia* (*Eugenics* Bulletin) published by Dr. Kehl between 1929 and 1931. Kehl was also a member of several eugenics scientific societies : the Mexican, French and English. Nevertheless, it was together with the *Brazilian League of Mental Hygiene* that he developed a good part of his works[4].

The *Brazilian League of Mental Hygiene* was founded in January 1923, through the initiative of Gustavo Riedel. The group comprised not only the elite of the national psychiatry but also physicians, educators, jurists, intellectuals in general, and even some Brazilian businessmen and politicians[5]. Similar to the eugenic society, the works of the *League* were published through several means ; furthermore, they had their own journal, the *Archivos Brasileiros de Higiene Mental (Brazilian Archives of Mental Hygiene)*, which started to be circulated in 1925. During its operational years, the League set up laboratories of applied psychology, psychiatric clinics and free psychoanalytic offices ; gave psychological tests at public schools and factories ; organized several campaigns against alcoholism, besides making contracts with the City Hall of Rio de Janeiro to provide psychiatric service.

The main objectives of such group were : preventing mental diseases through the observation of hygiene in general and of the hygiene of the nervous system in particular ; social protection and assistance to former patients of insane asylums and to mental patients subject to hospitalization ; improvement of ways for treating the patients ; the development of a programme of mental hygiene and eugenics as far as individual, educational, professional and social activities were concerned[6].

The appearing of the League, as well as the eugenic movement, was not an

4. A brief biography of Renato Kehl can be found in *Quem é quem no Brasil.* [Who is who in Brazil] *Biografias Contemporâneas*, Rio de Janeiro, 1955, vol. IV, 5.

5. In 1929 the League counted on outstanding physicians of the society of Rio de Janeiro : Juliano Moreira, director of the *Asilo Mental Nacional* (National Insane Asylum) ; Miguel Couto, president of the *Academia Nacional de Medicina* (National Academy of Medicine) ; Fernando Magalhães, professor of gynecology and obstetrics at the *Escola de Medicina do Rio de Janeiro* (Medical School of Rio de Janeiro) ; Carlos Chagas, discoverer of the Chagas Disease (*South American Trypanosomiasis*) and director of the *Instituto Oswaldo Cruz* (Oswaldo Cruz Institute) and of the *Departamento Federal de Saúde Pública* (Federal Department of Public Health) ; Edgar Roquette-Pinto, director of the *Museu Nacional* (National Museum) in Rio de Janeiro ; Afrânio Peixoto, hygienist and pioneer of Legal Medicine in Brazil and the psychiatrists Henrique Roxo and Antônio Austregesilo.

6. A good deal of the information about the League presented here was taken from J.R.F. Reis, " Higiene Mental e Eugenia : o Projeto de " Regeneração Nacional " da Liga de Higiene Mental (1920-1930) " [Mental Hygiene and Eugenics : The proposal of National Regeneration of the Brazilian League of Mental Hygiene], *Dissertação de Mestrado (Masters Dissertation)*, IFHC, UNICAMP, 1994.

isolated phenomenon[7]. There was a combination of political objectives of the revitalization of nationalism, in which the idea of race improvement, through the cleaning and purification of the environment, was the goal to be achieved. The urban areas were developing, and pushing the slums and brothels toward the outskirts of the cities. The delimitation of the spaces and occupations guided a new urban order, a task that the hygiene took over[8]. There was a clear concern about the sanitary conditions of the rural populations. For instance, the publication of the journey that Athur Neiva and Belisário Penna made to the states of Goiás, Bahia, Pernambuco, and Piauí, in 1916, showed the low sanitary conditions of those populations[9]. As for Monteleone, it was clear that in Brazil, unlike in Europe, we had to put into practice the sanitation of the people and of the soil since several diseases constituted degenerative race factors.

" We have to eugenize the Brazilians from our remote interior. The sanitation campaigns have to meet those who are placed in the remote parts of the country where trypanosomiaisis, malaria and alcohol destroy and incapacitate, leaving them in a state of death " (my translation)[10].

Thus, not only the hygiene would be concerned with the environment, but also the eugenics, and in a more radical way. Qualified as a science and built on the foundations of genetics, eugenics would impose norms to regulate the social and biological life of the populations : the underlying logic was cleaning to improving, avoiding in this way the degeneration of the race. Therefore, since the founding of the League, the preventive measures adopted by the eugenicists were of great significance to its programme of action. In a way, this explains the outstanding role of Renato Kehl beside the *League*, and at the same time, it suggests the influence of the objectives of the League on the scientific approach adopted by Kehl to found his eugenic proposals.

In this context, some factors such as syphilis, tuberculosis and alcohol were considered as degenerative of the race, contributing to impoverishment, misery, and insanity. For instance, alcoholism together with syphilis were pointed out as the main causes of psychiatric hospitalization, estimated at 80 % of the cases, of which 50 % were due to syphilis and 30 % to alcoholism. Taking into account such data, it would be logical that they concentrate their effort against syphilis and not alcoholism. However, it wasn't what happened. The most important campaign of the *League* was undeniably around the combat against the use of alcohol, to the point of obliging the institution even to clarify on the

---

7. Another example is the *Liga Pró-Saneamento* (Pro-Sanitation League) established in 1917, after the publication of the work of Belisário Penna, *Saneamento no Brasil* [Sanitation in Brazil], Rio de Janeiro, 1918.

8. M. Rago, *Do Cabaré ao Lar. A Utopia da Cidade Disciplina*, São Paulo, 1987.

9. A. Neiva, B. Penna, *Viagem Scientifica pelo Norte da Bahia, Sudoeste de Pernambuco, Sul do Piauí e de Norte a Sul de Goiás*, Rio de Janeiro, 1918.

10. P. Monteleone, " Os Cinco Problemas da Eugenia Brasileira " [The five problems of Brazilian eugenics], *Tese de Doutoramento* (Doctoral Dissertation) (São Paulo, 1929), 116.

editorial page of the *Archives* that the " League was not synonym of an anti-alcoholic League "[11] (my translation).

It was believed that alcohol could work in two ways, one by directly putting the alcoholic at risk, causing immediate social damage ; the other one would be indirectly, by producing degenerate progeny and causing an eugenic problem. Thus the chief concern with alcoholism resulted from the fact of its being considered a strong factor of racial debility. Alcohol was described by Fernando Magalhães as the " enemy of race " and because of that its elimination was an eugenic issue, linked to national defence and to the constitution of nationality[12]. Therefore, the comprehension of how alcohol worked on the reproductive cells, to form degenerate progeny, was pertinent.

Not only alcoholism, but also syphilis and tuberculosis, were considered, for some time, as resulting from the transmission of a hereditary disposition. According to the English eugenicist K.E. Trounson[13], Kehl himself did not make a very clear distinction between the congenital conditions and the diseases strictly genetic. However, by studying the writings of the latter it is possible to see that he makes a separation between what is congenital and hereditary. Nonetheless, the theoretical foundation that made such distinction possible differs from that accepted by the English eugenicists or even by the Americans.

Kehl is concerned with discussing the mechanisms of hereditary throughout his works. He presents a summary of the different theories that are, in some cases, considered divergent nowadays[14]. For instance, he talks about Lamarckism, referring to the evolution theory ; Darwinism and natural selection ; Weismann and the doctrine of the germ-plasm[15] ; Mendel and the hybridism ; the

11. J.R.F. Reis, " Higiene Mental e Eugenia : o Projeto de " Regeneração Nacional " da Liga de Higiene Mental (1920-1930) " [Mental Hygiene and Eugenics : The proposal of National Regeneration of the Brazilian League of Mental Hygiene], *op. cit.*, 84-85.

12. *Arquivos Brasileiros de Higiene Mental* (Brazilian Archives of Mental Hygiene), ano II, 3 (1929), 81.

13. K.E. Trouson, " The Literature Reviewed ", *Eugenics Review* (1931), 236.

14. R. Kehl, *Lições de Eugenia* [Lessons in Eugenics], Rio de Janeiro, 1929, 130-142.

15. August Weismann seems to have been the author that Kehl studied most. He gives details about the life of the German biologist, cites some of the works of Weismann in the original language and also reproduces some original terms as " Personen-Anlagen ". When describing the first eugenic movements in Brazil, Kehl reveals that " In 1913 we wrote the first work about the matter, enclosed with a study about the theories of Weismann that, for special motives, was in part conserved in the original " (*Lições de Eugenia*, 1929, p. 15, my translation). Furthermore, Kehl considered the theory of the continuity of germ-plasm as one of the most elucidating of the time. The foundations of such theory lie in the existence of two plasms : the *morfoplasma* of the somatic cells and the *idoplasma* of the germ cells. These two types of cells are separated since the earliest stage of development, thus, the modifications in the soma couldn't be transmitted to the reproductive cells. Until these works of Weismann were published there wasn't a great distinction between the sex cells and the somatic cells. It was also Weismann who elucidated the phenomenon of meiosis. For more details see : A. Weismann, *The Germ-Plasm : A Theory of Heredity*, London, 1893.

ideas of blastophtoria[16] of Forel[17], and the doctrine of Semon[18]. Kehl makes a distinction between the true and the false heredity, based mainly on the theory of the germ-plasm and on the idea of blastoptoria, respectively.

An alcoholic, says Kehl, will have degenerate progeny due to the action of blastophtoria : one of the offspring may be born epileptic, the other deaf-mute, another paralytic. Nevertheless, such anomalies won't be really hereditary, if they (the offspring) lead a health and regular life, and becoming abstemious, they will be capable of producing offspring more or less regenerated. The blastophtoria has a limited action. However, if an alcoholic has offspring that becomes alcoholic, and so on, the action of blastophtoria will work on the lineage of descendants by provoking irreparable damages in the germ cells, until the anomaly is fixed and is transformed into a real heredity[19].

There is, therefore, a series of factors defined as dysgenic (alcohol, syphilis, and tuberculosis) that could alter the germinal constitution of an individual provoking an false heredity. According to Kehl, they would work on the germ cells during their formation by arousing certain ancestral maladies[20]. They

16. According to Forel, Blastophtoria means the deterioration of the germ, or false heredity, because of certain intoxication's on the germ cells that modify the hereditary determinants by producing the hereditary defects.

17. Augusto Forel (1848-1931) was a professor of psychiatry at the Medical School of Zurich, where he also performed the function of director of the Canton Insane Asylum. In his main work, *A Questão Sexual*, there is an extensive study on eugenics and the description of his idea about blastophtoria. He developed works on mental pathology, following the domains of hypnotism, and in the social aspect he fought against alcoholism. His death was noted in the *Boletim de Eugenia (Eugenics Bulletin)*, published by Renato Kehl (*Boletim de Eugenia*, ano III, n° 34, outubro de 1931).

18. R. Semon, *Die Mneme, als Ernaltendes Princip in Wechsel des Organischen Geschehens*, published in 1904. In this work the author considers the mneme (chromatin) as the principle of the hereditary energy conservation. Irritating actions or engraphia, as denominated by Semon, could alter the energetic state of a mneme. When an irritating action, of a toxin for instance, is constant, it can affect the germ cells. The engraphia may be repeated through consecutive generations, thus enabling a heredity of acquired characters, but in a very slow way. According to the author, this does not contest the ideas of Weismann, that is, he doesn't deny the individuality of the reproductive cells, he only adds an additional fact : even if the soma and the germ are initially separated, the irritating actions may work on the germ cells. The energetic actions of the external world would work on the organisms by conserving and combining them through the engraphia. The selection would eliminate the adapted malady, and the irritation of the external world would give the cause of variation explaining, in this way, the mutations of D'Vries. Kell cites Semon and presents a summary of his ideas, though he neither refers to his work nor describes it in details. The information above was taken from the book of Forel, an author cited and commented by Kehl a lot. A. Forel, *Questão Sexual*, Rio de Janeiro, 1937, 13-16, this work was first published in French, in 1905, there have been editions translated into Portuguese since 1928.

19. Further information can be found in R. Kehl, *Lições de Eugenia* [Lessons in Eugenics], *op. cit.*, 74-105 and in the *Boletim de Eugenia (Eugenics Bulletin)*, n° 16 (1930).

20. The efficiency of the influence of these factors, therefore, the influence of the environment, would depend on the stage of development that both the germ cells and the embryo were found. Thus, Kehl takes into account the environment before the birth, the maternal environment during the intrauterine life, and the paternal and maternal environment during the formation of the gametes. In this way, the mother, or the woman in general, would have a double responsibility, not only on the preservation of their gametes, by not exposing themselves to these factors, but also on the maintenance of the health during pregnancy. These were the principles that guided the care of the mother and baby in which the biological function of the woman is discussed (for more details see pages 220-223 of *Lições de Eugenia*).

would provoke modifications related to blastophtoria that would correspond to a state of illness of the cell and not to a phenomenon of real heredity. This ill cell would be deteriorated and unable to produce a normal being, even if it were united to a sound cell.

The action mechanism of the dysgenic factors is explained as follows : an individual who consumes alcohol repeatedly presents a permanent congestive state of the gastric mucous, that is followed by an inflammatory state that harms the glandular apparatus of the organ. Such harmful effects are propagated in the intestine and determine serious alterations of the metabolism, provoking a general debility of the body and, indirectly, a debility of the reproductive cells. According to Kehl, " when it is consumed, it travels all over the body, it neither saves the testicles, where spermatozoa are produced, nor saves the ovaries, where ova are produced "[21] (my translation).

However, alcohol was considered more harmful to the spermatozoon than to the ovum. For they considered that the former would be formed almost exclusively by a substance hypersensitive to the drug, whereas the ovum would have its nucleus protected by a large cytoplasm. Besides, as it was already known at the time, the ova would be formed in the first years of life, while the spermatozoa are produced during all the adult age. Thus, according to Kehl, the individuals who drink contaminate their spermatozoa that become, then, a " drunken-cellular "[22].

As for the other dysgenic factors, such as syphilis and tuberculosis, he makes clear that the microbes that cause such diseases[23] are not hereditary transmitted by presenting the following arguments : 1) the germs could not lodge themselves in the tiny spermatozoa, and even if it were possible, they would make the spermatozoa unviable or incapable of reaching the ovum ; 2) as for the feminine gametes, if they did so they would be unviable in the fecun-

21. R. Kehl, *Lições de Eugenia* [Lessons in Eugenics], *op. cit.*, 105.

22. According to Nilcloux, who measured the alcohol in animals that were experimentally intoxicated, the glandular organs are those that fix the alcohol more strongly and, among them, the testicles present more affinity to this substance. Moreover, the author presents a relation (in percentage) among alcoholic parents and stillborn or degenerate offspring (R. Kehl, *Lições de Eugenia* [Lessons in Eugenics], *op. cit.*, 106-113).

23. In previous works such as *Eugenia e Medicina Social* [Eugenics and Social Medicine : Problems of Life] (first published in 1920) Kehl does not present a very clear distinction between what is congenital and hereditary. Thus, he deals with the syphilis as hereditary, and denominate the individuals with syphilitic pedigrees as heredo-syphilitics. After some criticism, Kehl re-evaluates his position and starts to consider syphilis as a congenital disease of placental contagion. See K.E. Trouson, " The Literature Reviewed ", *Eugenics Review* (1931), 231 and N. Stepan, " Eugenesia, genética y salud pública : El movimiento eugenésico brasileño y mundial ", *Quipu*, vol. 2, número 3 (1985), 351-384. In addition to this elucidation, Kehl points to the difference between the congenital syphilis and the acquired one : in the congenital syphilis, there is no initial lesion, the infection can come via placenta and may present a precocious evolution (at birth) or a tardy evolution (in the second childhood). As for the acquired syphilis, the individual presents the cutaneous cankers right after the beginning of the contagion, followed by the secondary accidents (R. Kehl, *Lições de Eugenia* [Lessons in Eugenics], *op. cit.*, 115-118).

dation[24], even being able to contain one or more germs.

According to these presuppositions, the history of the family of the child would be of great importance for the diagnosis of the congenital syphilis, and it is in this sense that the eugenic proposal for the controlling of marriages is put into action.

As far as tuberculosis is concerned, the situation is not so different. It is a disease of social and selective character, and is considered by Kehl as a mercy, for it makes the miserable life of the unfit shorter, as well as defends the species of its debilitative influence. That is to say, such as alcohol and other vices, syphilis and tuberculosis work as auxiliaries of the natural selection, eliminating the individuals who are dragged to a state of decadence. For the eugenicists the problem is installed when the survivals of these flagella give continuity to their malaise : " What can we say about a syphilitic couple, whose infection is confirmed by a series of abortions, and that, even so, does not treat themselves, and procreates deformed, idiot, and mad offspring. Are we going to say that this is an ignorant, unconscious, or a criminal couple ? "[25] (my translation).

Kehl used to argue that the descendants of tuberculous parents would present a state of organic debility that would favour the contagion[26], in spite of the fact that tuberculosis be contracted exclusively through contagion. For him, the offspring of tuberculous parents would suffer the consequences of the maternal intoxication since the foetal life. Those who survived would present a tardiness in their growth, a deformed thorax, flattened with salient scapulae, however without putting at risk the appearance, as it happens to the cases of syphilis.

" According to what has been exposed, it can be admitted that, one day, the marriages will also be arranged, for the benefits of the progeny, taking into account the constitutional state, not only of the betrothed, but also of their ancestors... The marriages will be, in the distant future, decided constitutionally, such as the chemical formulae are solved "[27] (my translation).

This maxim of the eugenics, as far as Renato Kehl is concerned, had its foundations on the theories of Weismann, Forel, and Semon, and it can be summed up as follows :

24. Note that Kehl used to associate the hereditary transmission with germ transportation. He never refers to genes or factors that are responsible for the syphilis or tuberculosis.

25. R. Kehl, *Lições de Eugenia* [Lessons in Eugenics], *op. cit.*, 117.

26. When both the mother and the father are healthy the proportion of spontaneous abortion is of 5 %. In cases when the father is tuberculous the number rises by 11 %, and when only the mother is ill, it goes up to 16 %. When both of them are tuberculous the rate is the same, *i.e.* 15 %. However, if one of the parents were also an alcoholic, the number would rise by 18 %, and if one of them were syphilitic, it would go up to 22 %. (R. Kehl, *Lições de Eugenia* [Lessons in Eugenics], *op. cit.*, 122).

27. R. Kehl, *Lições de Eugenia* [Lessons in Eugenics], *op. cit.*, 126.

1) In general terms, the somatic cells are subject to certain modifications that are not hereditary, because such modifications, that are determined on the soma, cannot provoke corresponding modifications of hereditary character in the germ cells, since they are separated from the very beginning of the development.

2) Nevertheless, when certain factors work for a given time on the somatic and germ cells, they can provoke modifications that can be transmitted to the offspring (first generation) without, however, becoming hereditary (blastophtoria).

3) But, these factors may provoke modifications of hereditary order, though in rare cases, by working, continuously, on the germ cells during a premature phase of their development.

What most draws our attention in this articulation made by Kehl is that, besides agreeing with the theory of Weismann, that presupposes the separation between the soma and the germ, he also accepts a certain possibility of the inheritance of acquired characters, whenever the modification occurs in a premature phase of the development. Moreover, he takes into account the phenomenon of blastophtoria. Therefore, there are three levels of heredity : a) a first level, the true heredity, one that keeps the type, that produces the fellow creature, and in which the acquired characters cannot be inherited. A variation, in this case, would be originated by the germinal selection, therefore, an inheritance based on Weismann ; b) the second level does not contradict the theoretical presuppositions of Weismann referent to the separation of the somatic and germ cells, but it adds the possibility of a certain action of the environment (the engraphia of Semon), whenever it interferes in the premature phases of the development ; c) and the third level, the induced heredity, or blastophtoria, that does not produce a permanent characteristic but only an impression that lasts for the time the causing agent is present.

This articulation allowed that the author combined the theory of the continuity of germ-plasm with a certain possibility of the action of the environment. With this foundation, Kehl is able to corroborate that the morbid inheritance would only be manifested in the families that were imperfect, and were degenerated by the action of repeated blastophtoria. It seems to be clear for the author that a toxic action, not only at the psychic but also at the physical level, can interfere in the development of the reproductive cells.

For Kehl, the interference of the *blastofitória* at a certain moment of the histological formation of the germ cells, would be the best explanation for the evolutional flaws that, when repeated, would reach the point of creating hereditary tendencies and modify the hereditary properties. The blastophtoria would be, then, the starting point of a morbid inheritance.

This theoretical scheme provided a physiological foundation for the hygiene of the races, for, at the same time that it would give priority to the hereditary properties as the major responsible for the qualities of a race, authorizing, in this manner, the control of marriages, it wouldn't, on the other hand, discharge the influence of the environment, stimulating, in turn, the sanitation campaign[28]. In this way, the theoretical articulation devised by Kehl in his works on eugenics would not only contemplate the hereditary theories accepted at that time, and that founded his eugenic proposal, but also correspond to the objectives of sanitation and prevention of the *Liga Brasileira de Higiene Mental* - LBHM (*Brazilian League of Mental Hygiene*).

28. Galton and Weismann would not accept such possibility, since for these authors a somatic modification, whatever its origin, would never produce an alteration in the reproductive cells. The entire eugenic project of Galton would exclude any influence of the environment ; for him the only way of improving the human race would be through the controlling of marriages, the sanitation concerns would be of another order and were not implied in the eugenic proposals.

PART FOUR

FROM PHYSIOLOGY TO BIOCHEMSTRY
20th CENTURY

LA THÉORIE CELLULAIRE DANS LES SCIENCES DE LA VIE (1824-1915)

Henk KUBBINGA

INTRODUCTION

Dans le cadre d'une enquête sur la naissance et le développement historique du concept de " molécule " nous avons pu montrer que les théories moléculaire et cellulaire sont congénères[1]. En effet, dans les années 1610-1620 le Néerlandais Isaac Beeckman (1588-1637) et le Français Sébastien Basson (né c.1580)[2] développaient, indépendamment l'un de l'autre, des théories de la structure de tout matériau — qu'il soit organique ou inorganique, selon la terminologie moderne — où des unités spécifiques figurent comme des briques d'agrégats, briques composées de particules des quatre éléments classiques : la Terre, l'Eau, l'Air et le Feu. Au XVIIIe siècle Georges-Louis Leclerc (1707-1788), comte de Buffon, parla des constituants des êtres vivants en termes de " molécules organiques ", ceci sur la base d'une analogie avec les molécules spécifiques des cristaux du monde inorganique. Du fait de certaines maladresses expérimentales, cette théorie fut critiquée sévèrement, entre autres par Lazarro Spallanzani (1729-1799). Or l'analogie cruciale entre les constituants des êtres organiques et inorganiques fut reprise, en 1824, par René-Joachim-Henri Dutrochet (1776-1847), dans ses *Recherches anatomiques et physiologiques sur la structure intime des animaux et des végétaux*[3]. Les animaux à sang rouge sont présentés comme des amas de tissus composés d'unités qui, elles, ne seraient que des globules rouges, des hématies, sédimentés et adaptés. Aux yeux de Dutrochet, il s'agit de " molécules organiques " au sens de Buffon,

---

1. H. Kubbinga, *L'Histoire du concept de " molécule " (jusqu'à c.1925)*, thèse d'habilitation, soutenue le 24 juin 1996, à l'Ecole des Hautes Etudes en Sciences Sociales de Paris. Les préparations d'une édition commerciale sont en cours.

2. Récemment Christoph Lüthy a pu identifier Basson comme un savant français ; voir son article " Thoughts and circumstances of Sébastien Basson. Analysis, microhistory, questions ", *Early science and medicine*, 2 (1997), 1-73.

3. Paris.

lesquelles tirent leur origine directement de la nourriture ; il parle de " cellules vagabondes ".

En 1838, Jacob Mathias Schleiden (1804-1881) publia ses *Beiträge zur Phytogenesis* dans lesquelles il décrivait les plantes comme des " agrégats d'êtres isolés, parfaitement individualisés et enfermés en soi ", autrement dit comme des " agrégats " de " cellules "[4]. Une fois isolées du tout, chacune de ces " cellules " est à même de reproduire un " agrégat " semblable à l'original. C'est précisément l'image que Buffon avait propagée dans son chef-d'oeuvre *Histoire naturelle* [...]. Chaque " cellule " devrait donc être considérée comme un " individu [botanique] ". En 1839, Théodore Ambrose Hubert Schwann (1810-1882), futur coryphée de l'Université de Liège, fit paraître une monographie devenue célèbre, les *Mikroskopische Untersuchungen über die Uebereinstimmung in der Struktur und dem Wachstum der Thiere und Pflanzen*[5], dans laquelle il démontra que la théorie de Schleiden tient non seulement pour les plantes mais aussi pour les animaux. Les deux naturalistes, représentants de l'école berlinoise consciemment innovatrice de Johannes Peter Müller (1801-1858), donnaient non seulement une idée de la construction cellulaire des êtres vivants, mais encore des processus physiologiques essentiels, dont l'accroissement par la multiplication des cellules. Ce contexte a été analysé par François Duchesneau dans sa savante étude intitulée *Genèse de la théorie cellulaire*[6]. Contentons-nous ici d'indiquer que le " noyau ", cette découverte récente de Robert Brown (1773-1858), y a trouvé une place. Signalons par ailleurs que cette théorie structurale se profile à la longue comme le complément naturel de la théorie médicale contemporaine, mise sur les rails par Marie-François-Xavier Bichat (1771-1802)[7], notamment tout au début du siècle, et déjà connue sous le nom d'" histologie "[8]. Cet état de fait apparaît au grand jour dans la pathologie à la fois cellulaire et histologique de Rudolf Carl Virchow (1821-1902) (1858).

Par après, nous voudrions esquisser les deux principales lignes du développement qui a mené à l'élucidation de ce que Thomas Hunt Morgan (1866-1945), Prix Nobel de médecine-physiologie de 1933, appelait communément le " mécanisme de l'hérédité ". L'une de celles-ci concerne la prise de conscience que la structure des êtres vivants est essentiellement cellulaire et que tout processus vital, qu'il soit physiologique ou pathologique, relève des briques composantes, les cellules. Pour cela il sera d'abord question de la classi-

---

4. *Archiv für Anatomie, Physiologie und wissenschaftliche Medicin*, 1838, 137-174. Tout particulièrement p. 137 : *Jede nur etwas höher ausgebildete Pflanze ist aber ein Aggregat von völlig individualisierten in sich abgeschlossenen Einzelwesen, eben den Zellen selbst.*

5. Berlin, 1839.

6. Montréal, Paris, 1987.

7. Voir E. Haigh, " Xavier Bichat and the medical theory of the eighteenth century ", *Medical history*, supplement n° 4, Londres, 1984.

8. Claude Bernard attribue le néologisme d'" histologie " à un certain Mayer (1819) ; voir ses *Leçons sur les phénomènes de la vie communs aux animaux et aux végétaux*, Paris, 1885, 184.

fication des êtres vivants en termes cellulaires (Dujardin, Siebold, Naegeli), puis de la physiologie et la pathologie (Virchow, Pasteur et Koch). L'autre ligne a trait à l'accroissement de tissus, ainsi qu'à la reproduction et à la transmission des propriétés physiques, dont notamment celle du sexe (Mohl, Remak, Hertwig, Mendel). Vu notre champ de recherche, l'attention se portera tout particulièrement sur les aspects qui relèvent — directement ou indirectement — de l'analogie que nous avons indiquée ci-dessus, à savoir celle entre les " molécules " de la physique et de la chimie et les " cellules " des sciences de la vie. D'ores et déjà il est pourtant clair que celle-ci se perd petit à petit, mais nous verrons qu'elle refait surface de temps à autre, surtout dans des contextes plutôt généraux, comme chez Oscar Hertwig, par exemple. Du reste, la théorie moléculaire physico-chimique paraît presque partout dans l'arrière-fond : les matériaux des " cellules " proprement dites ne sont considérés que sous le seul angle de cette vision globale. On peut y voir, nous semble-t-il, une preuve de plus de l'omniprésence du molécularisme en tant qu'option principale en ce qui concerne la théorie de la matière. Quant à la théorie cellulaire, nous avons profité, à côté de l'ouvrage de François Duchesneau, du recueil de John R. Baker intitulé *The cell theory. A restatement, history, and critique* et regroupant cinq articles parus dans le *Quarterly journal of microscopical science*, entre 1948 et 1955[9]. Existait enfin la belle monographie d'Arthur Hughes *A history of cytology*[10]. Notre contribution se complète d'autre part par les communications précieuses de Brigitte Hoppe (Munich), intitulée *Explanation in early 20th century cytology. From mechanistic to organismic concepts*, et de Ohad Parnes (Berlin), sur *Agents and cells : Theodor Schwann's work in Berlin (1835-1838)*.

LA THÉORIE CELLULAIRE COMME FONDEMENT DES SCIENCES DE LA VIE

La classification cellulaire des êtres vivants

Depuis Théodore Schwann, la théorie cellulaire passe pour un acquis fructueux et durable. Elle est, par exemple, centrale dans les classifications des êtres vivants, sujet d'un intérêt renouvelé après l'introduction des microscopes achromatiques, qui permettent des images plus nettes des plus petits entre eux. Ainsi, dès 1841, Félix Dujardin (1801-1860) critique les rêveries de Christian Gottfried Ehrenberg (1795-1876), quant à son idée de l'anatomie des animalcules microscopiques. C'est que Ehrenberg se flatta d'y avoir distingué les principaux organes des animaux à notre échelle : une bouche, un estomac, un appareil digestif, des muscles et des nerfs, voire des organes sexuels[11]. Selon

---

9. Dans la collection *Genes, cells and organisms. Great books in experimental biology*, in J.A. Moore (éd.), New York-Londres, 1988, tome II.

10. New York, 1959.

11. C.G. Ehrenberg, *Die Infusionsthierchen als vollkommene Organismen. Ein Blick in das tiefere organische Leben der Natur*, Leipzig, 1838.

son avis, il y avait, quant aux fonctions vitales des êtres une unité, sinon de plan, du moins de composition à toutes les échelles de grandeur. Dujardin de son côté, reconnut que c'était un peu ce qu'avait considéré autrefois Antoni van Leeuwenhoek[12]. Il établit une fois pour toutes le mode de reproduction des " infusoires ", à savoir la division spontanée ou " fissiparité "[13], et la manière dont ils périssent ou se décomposent, c'est-à-dire par " diffluence "[14]. Aux yeux de Dujardin, les " infusoires " sont les êtres vivants les plus petits possibles, puisque les processus vitaux se heurtent à certaines " actions moléculaires ", dont celles notamment associées à la capillarité[15]. Enfin, les " infusoires " seront identifiés comme des " cellules ", plus précisément comme des êtres unicellulaires, par Carl Theodor Ernst von Siebold (1804-1885). Ce dernier parle, en 1848, dans son *Lehrbuch der vergleichende Anatomie der wirbellosen Thiere* de " protozoaires "[16]. Sa classification des animaux invertébrés comprend cinq " groupes principaux " (*Hauptgruppen*) : protozoaires, zoophytes (e.a. polypes), vers (e.a. annélides et helminthes), mollusques et arthropodes. Or les dits protozoaires comprennent non seulement les infusoires, mais aussi les soi-disant rhizopodes. Ces deux classes se distinguent en mode et vitesse de déplacement : les infusoires auraient des cils vibratiles, les rhizopodes, des évaginations semblables à de racines ou à des pédoncules. Les autres animaux, les invertébrés comme les vertébrés, ne sont que des assemblages de cellules plus ou moins spécialisées.

Ce que Dujardin et Siebold firent pour les animalcules, Carl Wilhelm von Naegeli (1817-1891) va le faire pour les plantes minimales, les algues, en l'occurrence[17]. Il les distingua d'un autre type d'êtres unicellulaires, les moisissures, qui, selon son avis, ne contiendraient pas de la cellulose ou un pigment, comme la chlorophylle, et naissent par génération spontanée. Quant aux algues, Naegeli discute alors cinq modes de vie sociale.

A la base de la classification zoologique et botanique figurent alors, depuis 1850, les êtres unicellulaires, les protistes d'aujourd'hui. Les animaux et les plantes supérieurs seront, à tout le moins, des êtres pluricellulaires. Au point de vue médical, on peut ajouter que les protistes, s'ils varient en taille, s'approchent le plus souvent des " cellules " des tissus des mammifères, dont notamment les corpuscules sanguins : les rouges, les blancs et les plaquettes. On était par ailleurs conscient du fait que bon nombre de protistes font partie de l'économie physiologique de l'homme.

12. F. Dujardin, *Histoire naturelle des zoophytes. Infusoires, comprenant la physiologie et la classification de ces animaux [...]*, Paris, 1841, 20-21, 24.

13. F. Dujardin, *op. cit.*, 19, 30.

14. F. Dujardin, *op. cit.*, 20, 32.

15. F. Dujardin, *op. cit.*, 24-26.

16. Berlin, 1848.

17. C.W. von Naegeli, *Gattungen einzelliger Algen physiologisch und systematisch bearbeitet*, Zurich, 1849.

Physiologie et pathologie

En 1858, Rudolf Carl Virchow (1821-1902) publia une vingtaine de conférences faites devant l'Institut pathologique de l'Université de Berlin sous le titre *Die Cellularpathologie in ihrer Begründung auf physiologische und pathologische Gewebelehre*[18]. Nous en retenons d'une manière générale que l'homme ne serait rien d'autre qu'un agrégat cellulaire colossal, né d'un ovule fécondé, l'oeuf, par un processus de " division " soutenue, accompagné de ce que Virchow appelle, le premier autant que nous sachions, la " différenciation ". Il serait question d'une " prolifération cellulaire " *(Zellenwucherung)*, de nouvelles cellules prenant la place de cellules abandonnées et perdues, processus qui ne s'arrête qu'à la mort. La " cellule " est considérée comme : " […] un bâtiment simple, semblable et extrêmement monotone, lequel se répète avec une constance extraordinaire dans les organismes vivants "[19].

Virchow y distingue, comme Schwann, le " noyau " du " corpuscule nucléaire " ou " nucléolus ". De ce point de vue, le sang, " suc " essentiel dans l'économie animale et humaine, pose un problème. C'est que les corpuscules rouges n'ont pas de " noyau ". Aux yeux de Virchow, c'est une question d'âge : dans les embryons, ces corpuscules en sont munis. Dans le jeune et l'adulte, ils proviendraient des blancs, par une espèce de métamorphose. Les blancs seraient produits par des glandes lymphatiques, dont celles de la rate. Virchow parle de " leucocytose " en cas d'une surproduction de corpuscules blancs ; en cas de " leucémie ", cette surproduction se révèle mortelle. La diminution parallèle de la quantité des rouges suggère que ceux-ci succombent en conséquence de la maladie et que la métamorphose des blancs est trop lente pour repérer les dégâts encourus. Les corpuscules du pus, trouvés souvent dans le sang (pyémie, septicémie) seraient alors des hématies péries. L'extension d'une maladie locale se fait par le biais de la circulation sanguine : les particules du pus se déplacent ainsi pour aller engendrer ailleurs des inflammations, un peu comme les hématies donnent naissance à des " embolies " qui occasionnent une " thrombose ". Il s'agit de " métastases " et ce processus conviendrait, à en croire Virchow, non seulement pour les infections, mais aussi pour les cancers et les corps chimiques utilisés dans la thérapeutique, soit dans le système sanguin, soit dans le système lymphatique. A travers ce foisonnement de néologismes, dont la plupart est encore en usage, on distingue une vision foncièrement cellulaire de la physiologie et de la pathologie ; Virchow lui-même parle aussi d'une approche parfaitement " mécanique ". Très curieusement il fait abstraction de l'origine des vecteurs de la maladie, ce " contagium " qu'il vit se déplacer par les vaisseaux sanguins et lymphatiques. Cette négligence est d'autant

18. R.C. Virchow, *Die Cellularpathologie in ihrer Begründung auf physiologische und pathologische Gewebelehre*, Berlin, 1858.
19. R.C. Virchow, *op. cit.*, I, p. 7 : *[…] ein einfaches, gleichartiges, äusserst monotones Gebilde, welches sich mit ausserordentlicher Constanz in den lebendigen Organismen wiederholt.*

plus étonnante que Virchow a probablement connu les publications du Hongrois Ignaz Philipp Semmelweis (1818-1865), au sujet de la fièvre puerpérale.

Il y avait donc tout lieu de chercher l'origine d'une maladie — transmissible ou non — dans des vecteurs, soit cellulaires, soit moléculaires, et c'est dans cette voie que s'engagèrent Louis Pasteur (1822-1895), en France, puis Robert Koch (1843-1910), en Allemagne, pour éclaircir le phénomène de la contagion notamment, d'abord pour le vin, ensuite pour les animaux domestiques, enfin pour l'homme. Généralement, les " microbes " de Pasteur et les " bactéries " de Koch, du moins certains d'entre eux, sont regardés comme les causes ultimes. Ils sont partout, dans l'air, comme dans l'eau, et toute infection, toute maladie contagieuse (anthrax, choléra des poules...) peut être imputée à ce genre d'êtres ou, dans un sens plus strict, à leurs germes ou spores. Ces derniers, grâce à leur ténacité extrême, peuvent survivre longtemps pour aller germer au bon moment dans les voies respiratoires ou digestives ou dans toute plaie ouverte. C'est là qu'ils vont se multiplier, comme les infusoires, par fission progressive, extrêmement rapide. Bon nombre de ces " contages " parurent filtrables : en laissant passer l'air infecté à travers des ouates suffisamment comprimées, on les retint. Il y en avait pourtant aussi de tellement petits qu'ils franchissaient ce genre de barrières. On parla à leur propos de " virus ", terme déjà ancien, utilisé autrefois par l'Anglais Edward Jenner (1749-1823) pour le vecteur de la vaccine. Il pouvait s'agir ou bien d'une substance toxique produite par une bactérie ou microbe, ou bien d'un nouveau genre de " contage ". Par la suite, on distingua les maladies contagieuses en bactériennes et virales.

ACCROISSEMENT, REPRODUCTION ET HÉRÉDITÉ

Au sujet de l'accroissement des tissus d'un être vivant depuis Dutrochet, on peut discerner, schématiquement trois étapes dans le développement. Dutrochet avait proposé une nouvelle version de ce qu'on appela l'" intussusception ", c'est-à-dire la sédimentation des " cellules vagabondes " — les globules rouges venant de la nourriture — dans les cavités laissées dans les tissus déjà sur place. Sa déclaration solennelle d'avoir observé lui-même une telle sédimentation ne convainquit pourtant pas tout le monde. Ainsi, Schleiden s'imagina la construction de nouvelles cellules sur place, dans le tissu, autour du noyau, le " cytoblaste ", dans la paroi d'une cellule déjà existante. Schwann, de son côté, compara la formation de cellules avec la naissance de cristaux : dans l'analogue d'une liqueur-mère, la soi-disant cytoblastème, il se passe un enveloppement successif d'abord du " nucléolus " donnant le " noyau ", puis de ce dernier résultant en la cellule proprement dite. Ainsi il distingua plusieurs " ordres " ou niveaux de complexité dans un langage relevant directement de la chimie moléculaire contemporaine, celle de Jøns Jacob Berzelius (1779-1848), en l'occurrence. Virchow, on le sait, se situe le plus souvent dans le sillage de Schwann, mais sur ce point il se permet tout de même certaines licences. La voie normale de la multiplication serait, nous l'avons relevé ci-dessus, la division d'une cellule-mère en deux parties, lesquelles se transforment en cellules adultes, bien dans l'esprit de Robert Remak (1815-1865), qui avait fait la synthèse des observations de Hugo von Mohl (1805-1872) (1835) et d'Ehrenberg (1838). Ce qu'on allait à la longue appeler "histogenèse" revint alors à la formation de cellules virtuellement identiques par la division en deux d'abord d'une seule cellule-mère, puis de ses descendantes successives. En remontant la vie d'un individu et, partant, les divisions et les différenciations qui se sont succédé dans le temps, on arrive inévitablement à la toute première division de la toute première cellule, l'ovule fécondé, résultant de la collaboration des spermatozoïdes et de l'ovule. En 1875, Oscar Hertwig (1849-1922) postula le premier, chez le *toxopneustes lividus* (l'oursin de mer), ce qui se passe au juste à savoir la pénétration d'un seul spermatozoïde dans l'ovule, suivie, quelques minutes plus tard, par la fusion des "noyaux", la première division du nouveau tout et celles qui suivent ensuite. Pour obtenir ce résultat, il avait observé le mouvement dans l'oeuf de ce qui ne pouvait être que le noyau du spermatozoïde, vers le noyau en présence et leur unification. Hertwig se rendit par ailleurs compte qu'il existait, selon ses dires, une "continuité morphologique" entre le tout des noyaux fusionnés et les noyaux qui en dérivent[20]. Ceci revint à dire que la transmission des propriétés héréditaires passait par la fusion des noyaux parentaux, autrement dit, qu'il faudrait chercher le "mécanisme de l'hérédité" dans les constituants éventuels de ces noyaux, plutôt que dans le "protoplasme" ou "cytoplasme". Ainsi, les biologistes-micrographes, munis des microscopes, de techniques toujours plus performantes et de nouveaux colorants, partirent à la recherche des constituants hypothétiques des "noyaux" et des vicissitudes qui les affectent lors des différentes espèces de division cellulaire. On s'aperçut en effet qu'il faut distinguer "deux" genres de division, l'un pour la production de cellules normales (mitose), l'autre pour celle des cellules sexuelles (méiose), dans les ovaires et les testicules. Furent découverts par la suite les "chromosomes" et les étapes successives de la division cellulaire somatique, la mitose. Dans un premier temps, trois étapes furent isolées : la prophase, la métaphase et l'anaphase (Strasburger, 1884). Ce qui était sûr aux environs de 1900, c'est que le nombre de ces "chromosomes" est un nombre pair, parfaitement spécifique et apparemment constant lors de la succession des générations. Dans un cas précis, c'est l'ensemble des "chromosomes" qui dicte l'hérédité, chacun étant responsable pour une partie déterminée. Ainsi, il y avait quelque chose de numérique — de discret, si l'on veut — dans ces vecteurs présumés des propriétés héréditaires. Le problème était qu'il faudrait quelque chose de numériquement saisissable dans les propriétés observées à notre échelle.

---

20. O. Hertwig, thèse d'habilitation, novembre 1876.

Aux environs de 1900, plusieurs savants (De Vries, Correns et Tschermak) redécouvrirent un texte, datant de 1865, dans lequel le père augustin tchèque Johann Gregor Mendel (1822-1884) avait rassemblé et analysé les résultats de son enquête sur les phénomènes de l'hérédité chez les races de l'espèce *Pisum sativum* (pois comestible). C'est dans ce texte que l'on trouva ce qui manquait encore : la reconnaissance de propriétés macroscopiques apparemment discrètes et indépendamment transmissibles, se prêtant ainsi pour un exercice de l'analyse combinatoire. Avec Mendel, les biologistes parlèrent de propriétés " dominantes " et " récessives " que l'on retrouve dans des proportions déterminées et prévisibles dans le " phénotype " des générations successives. Chacune de ces propriétés se retrouve sous forme d'un " gène " (1908) sur l'un des " chromosomes ". Un " chromosome " sera alors responsable pour un groupe de propriétés bien distinct, dont notamment le sexe. Chez Thomas Hunt Morgan, la *Drosophila melanogaster* (drosophile) prit la place du pois comestible. C'est Morgan et ses collaborateurs qui réussirent, dès 1915, à enter les lois quantitatives de Mendel sur la " ségrégation " et l'" assortiment indépendant " des propriétés héréditaires sur un véritable " mécanisme de l'hérédité "[21].

                                CONCLUSIONS

Les théories cellulaires de Henri Dutrochet (1824) et Mathias Schleiden (1838) contiennent des réminiscences aussi nettes que significatives de la théorie des molécules organiques de Buffon.

Chez Théodore Schwann (1839), la physico-chimie moléculaire contemporaine se reflète dans la distinction entre différents " ordres " de cellules, emboîtées les unes dans les autres, comme des poupées russes. La cristallisation lui servit de modèle pour visualiser la formation de nouvelles cellules dans la dite " cytoblastème ".

La théorie moléculaire proprement dite, ou plutôt le molécularisme, admis par la plupart des scientifiques, servit de fond en ce qui concerne les matériaux des cellules. Rudolf Virchow (1858) admit des " molécules nerveuses " pour expliquer la transmission de signaux par le système nerveux.

Dans l'histoire de la théorie cellulaire, entre 1824 et 1915, deux filiations se dessinent. L'une de celles-ci passe par la classification des êtres (uni-cellulaires, pluricellulaires), leur vie en communauté pour le meilleur et pour le pire (physiologie, pathologie). L'autre concerne successivement l'accroissement d'un individu pluricellulaire par la multiplication de ses cellules (division, différenciation), la toute première division de l'ovule fécondé (début de la mitose), la production des cellules sexuelles (méiose), enfin, l'hérédité au sens

---

21. T.H. Morgan, A.H. Sturtevant, H.J. Muller, C.B. Bridges, *The mechanism of Mendelian heredity*, Londres, 1915.

de Mendel. Morgan et collaborateurs mirent en relief le rôle crucial des " chromosomes " dans ce qui se révéla un véritable " mécanisme ".

REMERCIEMENTS

Nous remercions très volontiers le Centre d'Histoire des Sciences et des Techniques de l'Université de Liège pour son accueil chaleureux.

THE EMERGENCE OF BIOCHEMISTRY IN PORTUGAL DURING THE TWENTIETH CENTURY

I. AMARAL - A.M. NUNES DOS SANTOS - R.E. PINTO

INTRODUCTION

" Working in Biochemistry means unveiling the most mysterious secrets of nature by the use of the human mind. But the days are over when scholars ruminating in their cabinets would solve with their eyes closed the eternal problem of life. Present day researchers no longer look at riddles nor do they argue against the authority and dignity of their predecessors... it is not enough to enter as an anatomist in the labyrinthine of an animal, nor prepare herbals as the botanists do to get a clear picture of the very complex chemical reactions that take place in the cells... ".

K. Jacobsohn, *Conferências IRC,* 1934.

According to most authors, biochemistry as a scientific discipline emerged from within medicine. That is why it is often referred to as clinical biochemistry. Other names that have been used include. Biological chemistry[1], physiological chemistry[2] or simply biochemistry.

---

1. This name is found particularly in American universities and institutions and was used in France until the 1950s. In H.M. Leicester, *Development of biochemical concepts from ancient to modern times*, London, 1974 ; Bernard S. Schlessinger, *Biochemistry Collections - a cross-disciplinary survey of the literature*, vol. 1, n° 2, New York, 1982, Special collections.

2. The name " physiological chemistry " represents a trend within the German school and is the one that lasted longer. In J. Butiner (ed.), *History of Clinical Chemistry*, 1983 ; F.L. Holmes, " Elementary Analysis and the Origins of Physiological Chemistry ", *Isis*, 54 (1963), 50-81, 55-72 ; F.G. Hopkins, " Biological Thought and chemical Thought : a plea for unification ", *Linacre Lecture*, Cambridge, 1938 ; M. Teich, " A History of Biochemistry ", *Hist. Sci.*, XVII (1965), 46-67 ; M. Teich, " On The Foundations of Modern Biochemistry ", *Clio Medica*, 1 (1965), 41-57 ; M. Teich, *A Documentary History of Biochemistry 1770-1940*, 1992.

The issue of the institutionalisation of this discipline in pioneering countries (Germany and England) was almost always linked to the policies being followed by the institutions themselves. There was, for instance, a marked interest in research in fields such as clinical analysis, metabolism and nutrition reflecting an institutionalised system of functions, markets and professional alliances. In the 19th century, human and institutional resources were allocated almost solely to work in clinical biochemistry, which became the " format " of the discipline for several generations.

In Portugal, biochemistry emerged as an independent scientific area some three decades later than in pioneering countries. This was partly due to cultural and political reasons and also to the fact that Portugal was a peripheral country without a well-established scientific tradition. As we shall see, there was no common pattern for the emergence or institutionalisation of the discipline in the three universities discussed here which are the ones with the oldest traditions in Portuguese society. Besides institutional factors, there were also other types of constraints involved, often of a personal nature, leading to a dangerous interplay of opposite interests that was to be at the basis of some of the backward steps in the development of the discipline. Biochemistry is at present a first-choice course for undergraduates. It is indeed thanks to biochemistry students that major changes have taken place in the syllabus of the discipline (in the 80s). Such changes have led to the adoption of a series of methodologies, concepts and an idiom that presently characterise Portuguese biochemistry. We have therefore to consider a " model " of research and teaching that includes institutions, political authorities, researchers and university students. It may not be possible to talk about research schools but one may argue within the framework of the history of science whether or not transfers of knowledge have taken place and whether such transfers played a decisive role in the development of science in Portugal.

THE EMERGENCE OF BIOCHEMISTRY IN PORTUGAL

The Portuguese " school " has peculiar features of its own. When the republican movement took power on 5 October 1910, it brought with it a very diversified set of aspirations and ideals[3]. These comprised major changes to the educational system including, of course, the end of the educational monopoly held by *Universidade de Coimbra*. And thus in 1911[4], when the Medical-Surgical Schools were closed and Faculties of Medicine and Science created, the

3. The democratisation of culture, seen as one of the first duties of a democratic State, and the need to cut with the past (developing the national culture without having to import ready-made formulae and the support to a straight assimilation of education, creation and application of science) were some of the major concerns of the republican movement.

4. By a *Decreto-Lei* of 19 April 1911.

experimental component began to play a decisive role in the teaching of physiological chemistry.

Biochemistry at University of Lisbon

In Lisbon, a cosmopolitan town with its own university, biochemistry became separated from the physiological chemistry being taught at the Faculty of Medicine, thanks to the republican vision of a man who played a unique role in the history of Portuguese medicine. His name was Marck Athias, a doctor born in Funchal, Madeira in 1875 who got his degree in medicine in France, where he had a chance to work side by side with some of the leading figures of the French school who deeply influenced his *attitude vis-à-vis* science[5]. As a university professor, he was responsible for introducing the practical teaching of histology and physiology in the newly created *Faculdade de Medicina*, as well as for the setting-up of specialist laboratories and the organisation of some of the well-stocked libraries of the *Institutos*. Apart from his valuable work in the field of physiology, histology and oncology, his most important contribution was the impetus he gave to medical and biological research. His own very methodical and skilled approach to work was essential in the establishment of a new paradigm for experimental medicine[6].

Marck Athias can indeed be considered a pioneer in demonstrating the relevance of the experimental method for histology in the medical profession, in advocating the use of a rigorous and critical approach to speculation and

5. In 1894, Athias came across a French translation by Azoulay of a book by Cajal, *Les nouvelles idées sur la structure du système nerveux*. He was particularly drawn to this book as it had been by an Iberian author. Athias decided to become an histologist and asked for permission to work in the laboratory of his Professor of histology, Mathias Duval. He spent three years there, meeting some of the most distinguished histologists such as Retterer, Launois, Loisel, Pettit (Institut Pasteur), Guieysse, Rabaud (Professor at the Sorbonne) and Manouélian and truly becoming a man of science. He became skilled in histological techniques, in particular in the complex Golgi method of which he became an expert and to which he made several improvements. He became known for his work on the histogenesis of neurones and was praised by Cajal himself. He began his research at one of the most prestigious research schools in histology. He left Paris after having been rejected for a research job that was offered to another of Duval's students because of the French nationality of the latter. However, he was awarded the academic title *Officier de l'Instruction Publique* by the French authorities.

6. The national scientific scene didn't look very promising in those days. Histology as a discipline had been introduced in Coimbra in 1863 by Costa Simões, only to be abandoned shortly afterwards by him as well as by his collaborators, Eduardo Abreu and Filomeno da Câmara. In Oporto, there was an attempt by Plácido da Costa and Ricardo Jorge to start the practical teaching of this discipline. But this only resulted in some work done by Antunes Lemos and Cardoso Pereira, without much relevance. In Lisbon, May Ferreira (clinical practice) generated an interest for microscopy and one of his students, Eduardo Motta (physiology and histology), published a textbook on general histology and histo-physiology illustrated with preparations by Serrano, Curry Cabral and Morgado. May Ferreira's successor, Miguel Bombarda, although an intelligent man with a keen interest in science, had no talent as a researcher. Nevertheless, he was able to establish the practical teaching of histology and physiology. In 1897, Câmara Pestana was the Director of the *Instituto Bacteriológico*, housed in an annex to *Hospital de S. José*. Being aware of the importance of Histology for medical research, he had set up an histological laboratory at his institute. It was in such an incipient scenario of national scientific medicine that Athias was to stand out.

research and in the dissemination of the research work being carried out in the country[7]. Besides, he created around him a group of followers true to his principles that later carried on with research in different domains. Of his followers, one stands out for the important role he played in the history of Portuguese biochemistry — Professor Ferreira de Mira. He was a professor of physiological chemistry at *Faculdade de Medicina* with a special interest in endocrinology, who was able to expand from his faculty the new emerging scientific discipline, biochemistry.

In 1921, when Bento da Rocha Cabral[8] left in his will most of his fortune for setting up a scientific research institute similar to the Rockfeller and Carnegie Institutes in the US, a location was created for the emergence of the new discipline. Bento da Rocha Cabral explicitly indicated in his will that Ferreira de Mira was to be appointed its director[9]. An institute for research in the biological sciences was thus created, and it became known as the *Instituto de Investigação Bento da Rocha Cabral* (IRC).

Because the premises were too small for the setting up of separate laboratories for all of the biological sciences, it was derided to establish a few small specialised laboratories for work in physiology, histology, biological chemistry and bacteriology. At least one senior researcher was appointed for each laboratory.

Ferreira de Mira had a dynamic view of science and he was fully aware of the international movements that were leading to the emancipation of the biological sciences[10]. In 1929, having realised that biochemistry was going to become an important scientific discipline and being aware of the work by Carl Neuberg, the world-famous biochemist, he travelled to Berlin and asked him to

7. In 1920, as a result of an initiative of Celestino da Costa, his first assistant, Athias created a journal to publicise the work carried out by Portuguese biologists — the *Archives Portugaises des Sciences Biologiques*, with an editorial board consisting of Athias himself, Abel Salazar and Celestino da Costa. That same year, Athias founded the *Reunião Biológica de Lisboa*, a branch of the *Société de Biologie de Paris*. The first meeting of the new organisation was held on the 15th of April, and two years later it became the *Sociedade Portuguesa de Biologia*.

8. Bento da Rocha Cabral (1874-1921) travelled to Brazil were he married D. Maria Jaymot and became a millionaire. He had no children and when he returned to Portugal he went to live in a building on Calçada da Fábrica da Louça, a street that now holds his name. He was fond of travelling and was essentially a self-made man with a deep interest in all branches of knowledge. He wanted to offer his something along the lines of what he had seen in the US and so decided to leave in his will most of his money to institutions of public interest. Apart from the *Instituto de Ciências Biológicas*, he also became a benefactor of *Misericórdia de Lisboa* and *Vila Real, Sociedade de Beneficiência da Freguesia de S. Mamede, Asilo de Cegos A.F. Castilho* and *Branco Rodrigues, Albergue dos Inválidos do Trabalho, Albergue Nocturno de Lisboa, Associação das Creches de Lisboa, Asilo Maria Pia, Assistência Nacional dos Tuberculosos, Cozinhas Económicas de Lisboa* and *Sociedade de Beneficiência Brasileira*.

9. The appointment of Ferreira de Mira is linked to his writings on science, culture and education published in the newspaper *A Lucta*, where he strongly defended the role of independent institutes sponsored by benefactors in the development of scientific research.

10. More recently other professors of physiological chemistry like Carlos Manso developed the research teams of biochemistry and some of his pupils are professors in *Faculdade de Ciências* (University of Lisbon).

suggest one of his graduate students to come to Portugal to lead the biological chemistry group and start a biochemistry laboratory at the IRC. Neuberg suggested Kurt Jacobsohn who signed a 4-year contract and soon travelled to Portugal, after completion of his Ph.D. In 1933, in the wake of the dismissals that were shaking the scientific community in Germany, Ferreira de Mira offered Jacobsohn a permanent contract thus making him the sole biochemist at IRC. Apart from Matilde Bensaúde, a woman biologist who travelled extensively between Portugal and the US, all other researchers at the Institute came from the medical profession.

A new era began at the IRC with Jacobsohn. Metabolic issues became the core of its research activities and the knowledge acquired at the oldest school of biochemistry was used to solve them. The seed had been planted and was now bearing its fruit. In 1935, Jacobsohn's Berlin doctorate was considered equivalent to Portuguese qualifications (*Doutor em Ciências Físico-Químicas*) and he became a member of the teaching staff at *Faculdade de Ciências*. He was in charge of the physiological chemistry course being taught to students of pharmacy and medicine and later of the organic chemistry and biochemistry course being offered to students of the Faculty of Science itself. Two decades later, he became Full Professor and his published works include some 250 papers.

The degree in biochemistry was created at *Faculdade de Ciências* in 1982[11], as a result of the efforts undertaken by a group of teachers led by Ruy E. Pinto, a student of K. Jacobsohn and Sir Hans Krebs[12]. In 1974, after Jacobsohn's retirement, Ruy E. Pinto became Visiting Professor of biochemistry at the faculty and five years later he was appointed Full Professor, the sole full professorship in this field so far at the Lisbon faculty. At present, teaching staff at the department include about twenty lecturers with Ph.D.s. The students who have graduated in biochemistry since 1982, some 30 have already been awarded Ph.D.s. and are now working at both Portuguese and foreign universities. Most of the Ph.D. thesis were prepared outside the Lisbon Faculty of Science, including some at universities abroad, a fact that reflects the research approach to biochemistry of the undergraduate course. This is indeed a specific feature of the course taught at Universidade de Lisbon where great emphasis is put on pure research in biochemistry. In 1993, a *Grupo de Bioquímica e Biologia Teórica* was set up as a result of the interest shown in theoretical issues in biochemistry and biology by a set of researchers and former biochemistry undergraduates. There are at present about a dozen theoreticians actively working in Portugal and abroad.

The paper has only looked into the factors that led to the creation of a degree in biochemistry at the Lisbon faculty. To discuss at full length the

11. *Decreto-Lei*, n° 125/82 ; *Portaria*, n° 1022/82.
12. R.E. Pinto, *Curriculum Vitae*, 1996.

development of biochemistry in Lisbon it would have been necessary to examine the activities carried out by other centres or research groups, viz. IGC (*Instituto Gulbenkian de Ciência*), ITQB (*Instituto de Tecnologia Química e Biológica*), as well as by other academic institutions such as the FCT *(Faculdade de Ciências e Tecnologia*), IST (*Instituto Superior Técnico*) or ISA (*Instituto Superior de Agronomia*). However, those issues will not be addressed here.

Biochemistry at University of Oporto

As from 1911[13], the Universidade do Porto included a Faculty of Science (for mathematics, the physical-chemical sciences and the historical-natural sciences), a Faculty of Medicine with a School of Pharmacy attached to it and a Faculty of Commerce. Biochemistry as a scientific discipline developed in the first two. Initially at the Faculty of Medicine, then at that of Pharmacy and finally at the Faculty of Science.

At the medical faculty, the teaching of biochemistry began in 1914 with Alberto Pereira Pinto de Aguiar[14], who adopted a very practical approach. Alberto de Aguiar, who became the first Full Professor of biological chemistry, is usually considered one of Portugal's pioneers in the fields of biochemistry and clinical analysis. When the discipline first became part of the syllabus for medical students, in 1918, Alberto de Aguiar was appointed its lecturer. He was replaced in 1919 by Elísio Milheiro[15] who, with his rigorous and consistent approach to work, was able to interest other colleagues in research in physiological chemistry, a domain he considered of particular interest[16]. Elísio Milheiro had a solid background in chemistry and was able to interpret his experimental results in chemical terms[17]. He collaborated with Marck Athias in Lisbon and, like him, he had followers to carry on with his work. Manuel Sobrinho Simões[18] was not only true to the legacy of his predecessor but he was also able to update teaching methods and to create a true school of teach-

13. *Decreto-lei* of 19 April 1911.

14. " Alocuçâo do Presidente da Sociedade Portuguesa de Bioquímica proferida na Sessão Inaugural realizada na Aula Magna da Faculdade de Medicina da Lisboa... ", *1° Simpósio da Sociedade Portuguesa de Bioquímica*, vol. I, Sessão da Sociedade das Ciências Médicas de Lisboa (1957).

15. L. Simões, " Professor Doutor Elísio Milheiro ", *Arquivos da Sociedade Portuguesa de Bioquímica*, vol. IX (1965-1966).

16. Elísio Milheiro published a significant number of scientific papers. Particularly noteworthy are those on dosing techniques and on the origin of urine ammonia, as well as those where he demonstrated that its source were circulating amino acids. The latter made him a pioneer in such an approach to amino acid metabolism. For further details see " Sessão de Homenagem dos Professores Elísio Milheiro, Manuel Sobrinho Simões e José Pinto de Barros ", *Arquivos de Medicina*, Vol. 10, Sup. 1 (1996).

17. " (…) Elísio Milheiro incarnates the deep changes that took place in biological chemistry during the first quarter of a century of modern biochemistry (…) ", in M. Simões, " Professor Doutor Elísio Milheiro ", *Arquivos da Sociedade Portuguesa de Bioquímica*, vol. LX (1965-1966).

18. Manuel Sobrinho Rodrigues Simões, *Curriculum Vitae*, Porto, s. d.

ing in physiological chemistry, pharmacology and physiopathology. In 1956, together with Ruy E. Pinto, he worked at Sir Hans Krebs laboratory. His successor was José Pinto de Barros. In 1949, he accepted a lectureship in physiological chemistry and, like Sobrinho Simões, made his mark as a teacher. He became the first lecturer in biochemistry when it was added to the medical syllabus in 1976/1977. At present, the physiological chemistry/biochemistry group is led by Hipólito Reis[19] and includes a group of researchers with diverse research interests such as medicine, chemical engineering and food science who would like to see their effort in support of biochemistry acknowledged, an effort they have shared with all the Full Professors of physiological chemistry who have held the chair at Oporto's faculty.

Biochemistry's first steps at the *Faculdade de Farmácia* began with the course on biological chemistry taught at the faculty after the syllabus was revised on 26 May 1911[20]. This was an essentially theoretical course and it stayed thus when the syllabus was again changed (from 1918 to 1932)[21]. In 1932, a course on biological chemistry and biochemical analyses was offered to 5th-year undergraduate students but its practical side was clearly oriented towards clinical practice[22].

However, Armando Laroza Rocha, having a more dynamic concept of the course, was able to guide through their theses some Ph.D. students including Francisco Carvalho Guerra who was to leave his mark in biochemistry, not only at the *Faculdade de Farmácia* but also in national terms[23]. In 1978, a reform was implemented albeit in a precarious way, and a series of new courses were introduced, including fundamentals of biochemistry, clinical biochemistry and other related courses. From a scientific point of view, it was here that the basis for the largest biochemical research centre of the university of Oporto was established, although the faculty had to bear in mind its services to the community and put an emphasis on analytical methodologies. In 1961, a biochemistry laboratory was indeed created within the faculty's *Centro de Estudos Farmacológicos* which in 1964 adopted the name *Centro de Estudos de Bioquímica* headed by Carvalho Guerra. In 1976, a Ministerial Resolution created the *Centro de Citologia Experimental da Universidade do Porto*, following a suggestion made by a group of researchers in biochemistry and bio-

19. C.A. Hipólito-Reis, *Curriculum Vitae*, Porto, 1979.

20. *Diário do Governo*, n° 124, 29 May 1911.

21. *Diário do Governo*, n° 152, 9 July 1918 and n° 157, 19 July 1918.

22. " O Ensino da Farmácia no Porto a partir de 1837 ", *Universidade do Porto, Primeiro Centenário da Fundação da Academia Politécnica e da Escola Médico-Cirúrgica (1837-1937)*, Porto, 1937.

23. Francisco Carvalho Guerra was the first full professor of biochemistry in the Country in 1971. He was trained in the School of Medicine of the Washington University and in the Worcester Foundation for Experimental Biology by Francis E. Hunter Jr., Oliver H. Lowry, Fernand G. Péron and L. McCarthy.

medicine with interdisciplinary research interests[24].

Furthermore, the *Universidade do Porto* was the second university to offer a degree in biochemistry[25]. This was the result of a joint initiative of two autonomous institutions, the *Faculdade de Ciências* and the *Instituto de Ciências Biomédicas de Abel Salazar*[26], with the special involvement of its chemistry department. A proposal to create such a degree was made in the wake of a similar initiative taken by the University of Coimbra, and should be seen in the context of a molecular approach to the life sciences. The degree has therefore special features that make it different from similar degrees being offered at both Coimbra and Lisbon universities. It has been especially designed to train applied biochemists, in particular food scientists, who can then find jobs in the industries of the Northern region. The region is committed to make use of its strategic resources, namely in the agro-food business, pharmaceuticals and biotechnology in close co-operation with biomedicine and hence a degree in biochemistry with such particular features is fully justified[27].

Biochemistry at University of Coimbra

In Portugal, the first university was founded at the end of the 13th century. Its original premises were in Lisbon but over the centuries it was moved back and forth between Lisbon and Coimbra, where it finally settled during the 16th century. A degree in biochemistry was created in 1979 within the framework of Faculdade de Ciências e Tecnologia, as a result of a joint proposal by the chemistry and zoology departments. However, the beginnings of this new scientific discipline can be traced back to the Department of Zoology and to the work of Arsélio Pato de Carvalho[28], who worked at the University of California, Berkeley towards his Ph.D. from 1958 to 1963. He was able to organise a

24. This new centre brought together several research groups previously at the *Centro de Estudos de Bioquímica, Centro de Microscopia Electrónica " Calouste Gulbenkian ", Laboratório de Bacteriologia da Faculdade de Medicina, Laboratório de Bacteriologia da Faculdade de Farmácia*, as well as some researchers from the *Instituto de Ciências Biomédicas de Abel Salazar (ICBAS)* and from the *Instituto de Botânica da Faculdade de Ciências*. Cláudio Sunkel (with a Ph.D. in Molecular Biology from a British university) and Alexandre Quintanilha (from the University of California) joined the staff of the centre in 1989 and 1991, respectively. The Centre has become a unique example in Portugal of an almost perfect symbiosis between pure and applied research in biochemistry. It is considered the most important institution for the development and implementation of this field of science in Northern Portugal, especially as it keeps strong links with its university. The integration of teaching and research activities is also a key feature of the Centre, creating a dynamics of its own.

25. *Decreto-Lei*, n° 130/81 of 1981.

26. The *Instituto de Ciências Biomédicas de Abel Salazar* was created in 1975 following a proposal made by Corino de Andrade.

27. Graduate studies are also offered and training takes place in specialist laboratories such as the *Instituto de Patologia e Imunologia Molecular da Universidade do Porto (IPATIMUP), Instituto de Biologia Molecular e Celular (IBMC)*, as well as at the *Centro de Citologia Experimental da Universidade do Porto (CCEUP)*.

28. A. Pato de Carvalho, *Curriculum Vitae*, Faculdade de Ciências e Tecnologia, Universidade de Coimbra, 1996.

small group within his department with very diversified research interests. In the Department of Chemistry there were also some people interested in the development of the new discipline, namely within the research group led by Pinto Coelho, Vitor Gil and Carlos Geraldes. In 1992, the Faculty decided to formally create a Department of Biochemistry. There was a split with Pato de Carvalho and a group of researchers committed to the institutionalisation of the new discipline decided to organise themselves. Two years later and having overcome all sorts of difficulties, they were able to assemble a research team that included two Full Professors and 15 researchers with Ph.D.s. On the other hand, the group led by Pato de Carvalho trained a series of researchers who carried on their work within the other faculties involved in the biomedical sciences (viz. pharmacy and medicine). These researchers came together in a research centre called the *Centro de Neurociências de Coimbra*[29]. It is now called *Centro de Neurociência e Biologia Celular de Coimbra* and, with a permanent staff of 35 researchers with Ph.D.s from Portuguese universities and 14 researchers with Ph.D.s obtained abroad, it has generated in its first five years 245 papers in international journals as well as 22 Ph.D.s and 38 Master degrees[30].

A FEW CONCLUDING REMARKS

The German school of biochemistry grew out of two different traditions : one that had its origin in organic chemistry and another that came from physiology. Both had specific features depending on the institutions and leaders involved. Physiology was nevertheless the dominating force. There was no strong trend for biochemistry to separate itself from physiological chemistry and institutional and social support to physiological chemists was poor. Nevertheless, biochemical research in Germany was carried out in several disciplines, by many research groups and for various reasons it was quite innovative and an expanding activity. Physiology and organic chemistry in particular did dominate the intellectual life of German biochemistry[31].

29. The centre was created in 1990 and is spread throughout several research poles of the university. It assembles researchers from the faculties of science, pharmacy, medicine and from the university hospital with backgrounds in areas such as biology, biochemistry, medicine, pharmacy, physics and chemistry.

30. *Center for Neuroscience and Molecular Biology of Coimbra*, Coimbra, 1996.

31. At the end of the 19th century, physiologists-biochemists such as Willy Kühne, Albrecht Kossel, Ernst Brücke, Friederich Miescher, Gustave Bunge, Leon Asher and others were very influential and did occupy the few existing chairs of physiological chemistry. In R.E. Kohler, *From Medical Chemistry to Biochemistry - the making of a biomedical discipline*, Cambridge, 1982 ; M. Florkin, E.H. Stotz (eds), *Comprehensive Biochemistry*, vol. 30-37, New York ; many years of publication J.S. Fruton, *A Skeptical Biochemist*, London, 1992 ; J.S. Fruton, *Selected Bibliography of Biographical data for the History of Biochemistry since 1800*, n° 6, Philadelphia, 1974 ; J.S. Fruton, *Selected Bibliography of Biographical data for the History of Biochemistry since 1800*, American Philosophical Society Philadelphia, 1982.

Between 1870 and 1940, the various holders of the Munich chair — Adolf von Bayer, Richard Willstätter and Heinrich Wieland — actively participated in debates around the chemical pathways of fermentation, enzymatic processes and biological oxidation. Biochemists adopted Emil Fischer's research on the structure of sugars and peptides and on the stereochemistry of enzymatic reactions as a model for their discipline. Fischer's Institut in Berlin did attract many national and foreign biochemists. The prevalence of organic chemists resulted from the institutional arrangements associated with physiological chemistry. As organic chemists were responsible for the introductory courses in the medical syllabuses, they had a chance to develop an interest in biomedical issues. Their role led them to believe that the future of biochemistry depended on them.

Between 1920 and 1940, the period *par excellence* of the emergence of biochemistry, the most productive and influential biochemists worked mostly at institutions that were independent from clinical practice[32].

In conceptual terms, the development of the German school of biochemistry was based on the research centres, in particular the independent centres. However, as the German research system was an extremely closed one, with recruitment of researchers and acknowledgement of their work almost non-existent, most of them were only acknowledged abroad, especially after the Nazi purges.

In England, biochemistry developed within physiology as a specialised area that gradually became independent. In the 19th century, the development of the biomedical sciences was quite slow. When experimental physiology was imported from Germany between 1870 and 1880, it was considered that physiological chemistry was a part of physiology and hence there was never any true competition between organic and clinical chemistry[33].

---

32. Gustav Embden, one of Hofmeister's students was the head of the *Frankfurt Institute for Vegetative Fisiology*, where he looked into the crucial steps of glucose metabolism. Max Bergman, a protein chemist, was leading *Leather Research* in Dresden. Otto Meyerhof was the head of the *Kaiser Wilhelm Institut of Physiology* in Heidelberg where he investigated muscle physiology. Otto Warburg, a student of Emil Fischer and possibly the most admired biochemist of his generation, was heading the *Kaiser Wilhelm Institute of Experimental Biology* in Berlin. Apart from these key researchers, there was also Carl Neuberg, whose work did put a strong emphasis on organic chemistry issues. In R.E. Kohler, *From Medical Chemistry to Biochemistry — the making of a biomedical discipline*, Cambridge, 1982.

33. G.L. Geison, " Social and Institutional Factors in the Stagnancy of English Physiology, 1840-1870 ", *Bull. Hist. Med.*, 46 (1972), 30-58 ; E. Glas, *Chemistry and Physiology in their Historical and Philosophical Relations*, Delft, 1979 ; T.W. Goodwin, " British Biochemistry Past and Present ", *Biochemical Society Symposium*, 30 (1970) ; F.G. Hopkins, " Biological Thought and chemical Thought : a plea for unification ", *Linacre Lecture* (1938) ; J. Needham, D.E. Green, *Perspectives in biochemistry : thirty-one essays presented to Sir Frederick Gowland Hopkins by past and present members of his laboratory*, Cambridge, 1937 ; O'Connor, *British Physiologists 1885-1914 — a biographical dictionary*, New York, 1991 ; M. Weatherall, H. Kamminga, *Dynamic Science — Biochemistry in Cambridge, 1898-1949*, Cambridge, 1992.

The institutional issues and the intellectual style of British biochemistry clearly reflect the historical evolution of physiological chemistry. This science was limited to human and animal physiology and relevant research areas were essentially those of vitamins and nutrition, metabolism and hormones. Since physiologists were applying their results in clinical research, biochemists concentrated their efforts on human physiology or pathology. As in Germany, economic policies favoured a single style of research that was totally separate from the management of the university system. Some independent institutes such as the Otto Warburg Institute in Berlin or the University of Cambridge do reflect this peculiar feature that was at the basis of a more fruitful development of biochemistry as an academic discipline with a solid tradition of basic scientific research.

As with the German schools, the openness of British researchers to a new scientific discipline can be linked to their educational background. The majority of those who specialised in biochemistry started off from chemistry, unlike what happened in Germany. It should also be noted that there were far fewer researchers in biochemistry in England than in Germany before World War II. Only after the Nazi dismissals did the number of those who believed in the development of a new scientific discipline with its own idiom, methods and interpretations grow and cross boundaries. It was only from the 1940s onwards that the ideals of its German precursors were adopted by others and biochemistry became a promising field in England and in the US in particular.

The institutionalisation of biochemistry as an independent scientific discipline within Portuguese universities shows a marked delay *vis-à-vis* pioneering countries, in particular Germany and England. As was mentioned in the Introduction, there were cultural and political factors behind such a late start.

Three institutions were involved in the academic development of this discipline — the universities of Lisbon, Oporto and Coimbra. However, as happened in Germany, a significant amount of research was carried out outside the university system, in particular in the case of Lisbon. The strategic resources allocated by the authorities to *Universidade do Porto* gave this institution a very high profile in close association with the social needs of its region. The University of Coimbra, having been the first to create a degree in Biochemistry and to set up an independent department, was however the one that suffered most from a deeply-rooted " feudal " tradition of its older teaching staff. For an emerging scientific field, nothing could be more damaging than the barriers put up by scientific conservatism.

Biochemistry as a scientific discipline is also a product of history, and it reflects the habits and preferences of human beings in the implementation of particular ideologies and research methodologies which are clearly different in the three universities that have been discussed in this paper : at the beginning, Lisbon followed closely the German school, whereas Oporto chose the American approach and Coimbra suffered the influences of both the American and British schools.

It is still too early to draw any conclusions regarding the matter under discussion, but broadly speaking it can be said that, bearing in mind the specific features of the Portuguese case, it is not appropriate to talk about a research school[34]. Neither the number of scientists involved in research work nor a clearly defined tradition when the discipline emerged support such a view. It is possible to identify certain trends but the principles of the pioneers in this field were not followed. This may be due to the fact that Portugal is a peripheral country and therefore very much open to external influences depending on its contacts abroad. For instance, Marck Athias was a pioneer at the University of Lisbon at the beginning of the century, approaching biochemistry from a physiologist's perspective. But in the 1930s, it was Kurt Jacobsohn, strongly influenced by the Berlin school of organic chemistry, who left his mark in the development of the discipline.

In all universities, the student population played a decisive role in the institutionalisation of biochemistry as an independent scientific discipline, putting an enormous pressure on academic authorities for biochemistry to become separate from both chemistry and biology with a solid structure from a conceptual and especially practical point of view.

34. G.L. Geison, " Research Schools and New Directions in the Historiography of Science ", *Osiris*, 8 (1993).

EXPÉRIMENTATION PHYSIOLOGIQUE ET OBSERVATION CLINIQUE AUX DÉBUTS DE L'ENDOCRINOLOGIE (1880-1905)

Christian BANGE

Au début du XIXe siècle, la physiologie était encore largement une discipline fondée sur des spéculations anatomiques et cliniques. En devenant résolument expérimentale, elle n'a pas échappé à une révolution technologique marquée par la création d'un appareillage de plus en plus perfectionné, dont l'adoption a provoqué un changement d'attitude dans l'administration de la preuve. Nous voulons en apporter un exemple en étudiant les débuts de l'endocrinologie.

LA LABORIEUSE DÉCOUVERTE DES HORMONES ET LES INCERTITUDES DES HISTORIENS

La mise en évidence de la fonction endocrine de certaines glandes dépourvues de canaux excréteurs résulte d'une double démarche : celle des médecins et celle des physiologistes.

- Les observations effectuées par les médecins portent sur des troubles difficiles à caractériser, associés à des lésions ou des hypertrophies de certaines glandes dépourvues de canaux excréteurs, dont le rôle était alors totalement inconnu, ce qui attira l'attention des physiologistes. Cependant, les maladies observées par les médecins, bien qu'elles constituent d'après quelques uns des meilleurs cliniciens du XIXe siècle (dont Bouillaud) de véritables expériences préparées par la nature, n'ont pas révélé d'elles-mêmes la cause des troubles constatés.

- Le recours à la vivisection expérimentale n'a pas davantage fourni la solution du problème posé. Cette méthode cherche à imiter la maladie, mais celle-ci est généralement chronique, alors que l'ablation des glandes détermine souvent mort en quelques heures. Qu'il s'agisse de la surrénalectomie (Brown-Séquard 1856), de la thyroïdectomie (Schiff 1884), ou même du diabète consécutif à la pancréatectomie totale (von Mering et Minkovsky 1889), aucune de ces expériences n'est directement à l'origine du concept d'hormone, car elles se bornent à établir la nécessité des glandes, sans faire connaître leur fonction.

Un raffinement plus grand fut apporté par la greffe (procédé auquel plusieurs physiologistes eurent recours, avec des succès mitigés), ou mieux l'administration d'extraits d'organes, qui mit Brown-Séquard sur la voie de la bonne solution. Mais la correction qu'elle opère, ou la survie qu'elle procure, n'ont pas suffi à fournir une explication quant aux mécanismes impliqués, ni à garantir l'objectivité que les scientifiques se sentent en devoir d'exiger. C'est, comme nous allons le voir, le recours à la méthode des enregistrements graphiques, tant lors des expériences physiologiques qu'au cours des observations cliniques, qui a joué un rôle décisif et dans l'acceptation des hypothèses, d'abord controuvées, de Brown-Séquard sur les sécrétions internes, et dans l'acquisition des faits décisifs sur lesquels s'est définitivement fondé le concept d'hormone.

A la suite de Gley et de Biedl (deux endocrinologues de la première heure), la plupart des historiens ont admis, non sans réticence, qu'il convient de faire remonter le concept de sécrétion interne, sous sa forme moderne, à Brown-Séquard : celui-ci, en effet, à la suite de ses expériences d'administration d'extraits testiculaires, redéfinit, entre 1889 et 1892, ce concept établi précédemment par Claude Bernard à propos du glucose libéré par le foie ; il l'appliqua aux produits spéciaux libérés par les glandes sans canaux excréteurs, susceptibles d'exercer une action spécifique en d'autres points de l'organisme.

Certes, la première communication[1] de Brown-Séquard à la Société de Biologie, le 1er juin 1889, est loin d'être irréprochable : après avoir justifié le recours aux extraits testiculaires par des considérations (de mise chez les médecins du XIXe siècle) sur les inconvénients qui résultent des pertes séminales, quelle qu'en soit l'origine, ainsi que sur la faiblesse physique et intellectuelle des eunuques, l'auteur décrit le mode d'obtention des extraits, préparés par broyage de testicules de chien ou de cobaye dans un milieu glycérine. Puis il rapporte les heureux effets qu'il a pu éprouver lui-même après leur administration : la force musculaire augmente, la miction et la défécation s'améliorent, l'effort intellectuel est facilité. Il termine en émettant quelques hypothèses, encore assez vagues, sur la cause des effets constatés (qui pourraient être dus à des substances agissant spécifiquement sur la moelle épinière), et en invitant d'autres médecins à refaire de tels essais thérapeutiques.

Ceci eut lieu, au-delà de toute espérance, puisqu'on rapporte que plus de mille médecins ont pratiqué l'opothérapie testiculaire pendant la seule année 1889, sans obtenir, à dire vrai, des résultats toujours probants. Brown-Séquard s'est efforcé de suivre la littérature à ce sujet ; il a réfléchi aux faits nouveaux apportés depuis Claude Bernard quant à l'activité des microbes et aux propriétés de certains des produits qu'ils sécrètent ; il a multiplié ses propres recherches. Puis, en avril 1891, il publia avec son collaborateur Arsène d'Arsonval

1. E. Brown-Séquard, " Des effets produits chez l'homme par des injections sous cutanées d'un liquide retiré des testicules frais de cobaye et de chien ", *C.R. Soc. Biol.*, 41 (1889), 415-419.

une note généralisant la méthode et précisant le concept sur lequel il convenait de la fonder : " toutes les glandes peuvent céder au sang des principes actifs (…) il en résulte que les diverses cellules de l'économie sont ainsi rendues solidaires les unes des autres, et par un mécanisme autre que des actions du système nerveux "[2].

LA RÉCEPTION DES EXPÉRIENCES DE BROWN-SÉQUARD
AVEC LES EXTRAITS TESTICULAIRES

La perplexité de certains philosophes ou historiens devant ces travaux de Brown-Séquard ne fait que relayer les réserves manifestées par maints physiologistes à leur égard, et cela dès leur présentation à la Société de Biologie. Nous en trouvons l'écho dans un article de Dastre publié en 1899 dans la *Revue des Deux Mondes*[3], ainsi que sous la plume d'Eugène Gley (qui n'a cependant pas ménagé les témoignages de son admiration envers Brown-Séquard) : " Assurément, ces faits ne présentent pas une base assez solide ni assez large pour asseoir une doctrine aussi importante que celle qu'a émise Brown-Séquard ". Gley reconnaissait toutefois l'importance capitale de ses publications : " Quoi qu'il en soit, Brown-Séquard n'hésita pas à généraliser cette idée d'une sécrétion interne. Sa pensée est des plus nettes à cet égard "[4].

Pourquoi le travail de Brown-Séquard suscita-t-il de telles critiques de la part de ses contemporains ? Il nous semble qu'on peut résumer les griefs sous plusieurs chefs :

1) L'origine animale et la nature de l'extrait ainsi que sa composition ont heurté la pudibonderie d'un certain nombre de médecins et provoqué l'hostilité des antivivisectionistes, en particulier en Angleterre.

2) Le but poursuivi par Brown-Séquard fut présenté de façon caricaturale par ses détracteurs : on évoqua à propos des extraits tissulaires les vieux remèdes du Moyen Age, plus ou moins magiquement composés à partir d'animaux variés.

3) Il s'agit d'une autoexpérimentation : il est évident que Brown-Séquard a mis en oeuvre ce type d'essai afin de démontrer qu'un tel traitement ne comporte rien d'hasardeux. Cependant, les observations effectuées sur soi-même n'échappent pas au reproche qu'on leur a souvent adressé de manquer d'objectivité.

---

2. E. Brown-Séquard, A. d'Arsonval, " De l'injection des extraits liquides provenant des glandes et des tissus de l'organisme comme méthode thérapeutique ", *C.R. Soc. Biol.*, 43 (1891), 248-250.

3. A. Dastre, " Les sécrétions internes. L'opothérapie ", *Revue des Deux Mondes*, 152 (1899), 197-212 (*cf.* p. 201). Cet article est destiné à minimiser l'originalité de l'apport de Brown-Séquard pour rapporter le mérite de la notion de sécrétion interne à Claude Bernard, dont Dastre avait été l'élève.

4. E. Gley, " Exposé des données expérimentales sur les corrélations fonctionnelles chez les animaux ", *Année biol.*, I (1895 [1897]), 313-330 (*cf.* p. 317).

4) Peut-on vraiment parler d'expérience ? Ne s'agit-il pas plutôt d'une observation clinique ? Si, au début du XIXe siècle, on admettait encore, à l'exemple de Bouillaud (1796-1881), que " la pathologie (…) est pour la physiologie une source intarissable de lumières "[5], depuis Magendie, la physiologie se devait d'être expérimentale ; Claude Bernard avait renforcé cette exigence, car il est difficile de s'assurer du déterminisme des phénomènes dans le cas des observations cliniques. Ainsi s'explique la remarque de Gley au sujet des travaux de Brown-Séquard : " [sa] conclusion souleva peu de critiques directes, mais un scepticisme marqué. On peut s'expliquer en partie cet état d'esprit par cela que Brown-Séquard invoquait surtout, en faveur de son opinion, des observations cliniques ; or, les résultats thérapeutiques obtenus sur l'homme ne pouvant être que rarement soumis à des contre-épreuves, offrent souvent quelque chose d'incertain "[6].

5) Les résultats expérimentaux rapportés par Brown-Séquard dans sa communication étaient pratiquement inexistants : le vieux professeur assurait avoir évalué la longueur du jet de l'urine, ainsi que l'augmentation de la force des bras, mesurée au dynamomètre. L'assurance donnée que les essais avaient, bien entendu, été effectués après des repas de même nature ne suffisait sans doute pas à conférer à des données disparates, incomplètes et incertaines, la crédibilité qui leur manquait ; le mémoire publié quelques mois plus tard est malheureusement tout aussi avare de précisions[7].

6) Les effets observés se sont avérés peu reproductibles. Plusieurs auteurs se sont depuis lors interrogés sur le mode d'action des extraits testiculaires, beaucoup de physiologistes, aujourd'hui encore, n'hésitent pas à parler d'effet placebo, sans avoir procédé à la moindre recherche personnelle à ce sujet. En fait, les extraits étaient préparés avec de la glycérine, et non de l'eau pure, et leur teneur en stéroïdes androgènes n'est pas nulle dans ces conditions, comme l'a montré une étude d'André Revol[8].

COMMENT ONT ÉTÉ OBTENUS LES FAITS DÉCISIFS : LE RECOURS À LA MÉTHODE GRAPHIQUE

En dépit de ces réserves et de ces critiques, la publicité faite aux travaux de Brown-Séquard a eu d'heureuses conséquences : elle a suscité de nombreuses tentatives thérapeutiques faisant appel à des extraits tissulaires très divers, qui

5. J.B. Bouillaud, *Traité clinique et physiologique de l'encéphalite (inflammation du cerveau) et de ses suites,* Paris, 1825, cité d'après *Notice sur les titres et travaux,* Paris, 1868, 36.

6. E. Gley, " Exposé des données expérimentales sur les corrélations fonctionnelles chez les animaux ", *op. cit.*, 320.

7. C.E. Brown-Séquard, " Expérience démontrant la puissance dynamogénique chez l'homme d'un liquide extrait de testicules d'animaux ", *Arch. Physiol. Norm. pathol.,* sér. 5, 1 (1889), 651-658.

8. Résultats rapportés par J.F. Cier, " Brown-Séquard, l'homme et le physiologiste ", *Conférences d'histoire de la Médecine, cycle 1981-1982,* Lyon, 1982, 175-195.

ont rapidement débouché sur un succès majeur, le traitement du myxoedème thyroïdien. Elle a surtout attiré l'attention sur le concept bernardien alors bien négligé des sécrétions internes, en le précisant et en créant ainsi un cadre aux recherches expérimentales. Mais c'est en fait le recours à la méthode graphique qui a véritablement apporté la preuve définitive de l'existence d'une sécrétion interne d'excitants fonctionnels de nature chimique.

Initiée par Ludwig, avec son kymographe enregistreur pour la pression arté-rielle (1847), puis employée par plusieurs physiologistes allemands (Vierordt, Hehnholtz), la méthode graphique a été perfectionnée par Marey, qui a notam-ment amélioré les cylindres enregistreurs, en régularisant leur mouvement, puis a créé le dispositif pneumatique permettant la détection, la transmission et l'enregistrement des mouvements de toute nature qui accompagnent les mani-festations vitales. Il a mis en oeuvre d'ingénieux dispositifs afin d'enregistrer les mouvements respiratoires, ou les contractions cardiaques, soit *in situ*, soit par le choc périphérique quelles déterminent, avant de s'intéresser à l'analyse photographique de la locomotion[9].

Dès le début, c'est-à-dire au moment où il rédigeait sa thèse de médecine, soutenue en 1859, Marey avait insisté sur les avantages de la nouvelle voie qui s'ouvrait aux physiologistes, et il avait montré qu'elle était également profita-ble à la clinique. A l'appui de ses affirmations, Marey énuméra plusieurs exem-ples de diagnostics effectués au moyen d'enregistrements graphiques du pouls[10]. Par la suite, il ne cessa de faire ressortir les avantages de la méthode graphique : sa précision quantitative et son objectivité.

L'on ne doit donc pas être étonné que, dans ces conditions, Abelous et Lan-glois aient procédé à l'étude graphique de l'asthénie qui constituait l'un des symptômes caractéristiques de la maladie d'Addison, en employant l'ergogra-phe mis au point par Mosso quelques années auparavant ; ils purent ainsi obte-nir des courbes caractéristiques de la fatigue musculaire qui apparaissait très rapidement lors d'un effort, lorsque ces patients devaient effectuer un travail déterminé. Bien entendu, des enregistrements furent également réalisés lors des expériences conduites sur les animaux, soit par les mêmes auteurs, qui étu-dièrent la fatigue musculaire chez le lapin et la grenouille, en employant des myographes[11], soit par d'autres auteurs, tels qu'Eugène Gley, ancien prépara-

9. Voir à ce sujet : H.E. Hoff, L.A. Geddes, " Graphic registration before Ludwig : the antece-dents of the Kymograph ", *Isis,* 50 (1959), 5-21 ; H.E. Hoff, L.A. Geddes, " Graphic recording before Carl Ludwig : an historical summary ", *Arch. Intern. Hist. Sci.,* 12 (1959), 3-25 ; F. Dagognet, *Etienne-Jules Marey : la passion de la trace,* Paris, 1987 ; M. Braun, *Picturing time. The work of Etienne-Jules Marey (1830-1904),* Chicago, London, 1992 ; S. de Charadevian, " Graphical method and discipline : self-recording instruments in Nineteenth-Century Physiology ", *Stud. Hist Phil. Sci.,* 24 (1993), 267-291.

10. E-J. Marey, *Recherches sur la circulation du sang à l'état physiologique et dans les mala-dies,* Paris, 1859.

11. J.E. Abelous, P. Langlois, " Sur les fonctions des capsules surrénales ", *Arch. Physiol. norm. pathol.,* nouv. sér., 4 (1892), 465-476 ; E. Abelous, " Des rapports de la fatigue avec les fonctions des capsules surrénales ", *Arch. Physiol. norm. pathol.,* nouv. sér., 5 (1892), 720-728.

teur de Marey, qui appliqua dès 1892 la méthode graphique à ses recherches sur la contraction tétanique provoquée par la thyroïdectomie. En fait, les tracés rapportés par Gley n'ont guère contribué à la connaissance de la fonction thyroïdienne — d'autant plus que les effets observés étaient imputables en réalité à la suppression des glandes parathyroïdes[12] — mais ce qui doit retenir l'attention est l'utilisation rhétorique de la méthode : " J'ai enregistré les mouvements de divers groupes de muscles (…) et j'ai acquis la preuve graphique directe de la suppression des accès convulsifs (…) sous l'influence des injections "[13].

Les résultats les plus significatifs ont été obtenus par Oliver et Schäfer. Oliver était un " bricoleur de génie ", qui avait mis au point, dit-on, un appareil pour mesurer le diamètre des artérioles, ainsi qu'un hémodynamomètre ; il s'intéressait de plus à l'action des extraits d'organes. Des essais préliminaires l'ayant convaincu que les extraits surrénaliens possédaient des effets vasoconstricteurs, il vint trouver Schäfer, alors professeur à University Collège. Que faisait Schäfer le jour de cette visite, sinon expérimenter sur un chien, dans un laboratoire évidemment équipé d'un dispositif d'enregistrement graphique de la pression artérielle. Schäfer termina son expérience, accepta d'essayer l'extrait surrénalien, et fut profondément impressionné, ainsi qu'Oliver, par la hausse vertigineuse du liquide manométrique : les deux hommes craignirent que le stylet inscripteur ne quittât le tube de l'hémodynamomètre. On tenait bien là la preuve objective de l'effet des extraits d'organe, et cette fois-ci sur une fonction physiologique dûment identifiée, celle même qui avait donné lieu à l'introduction de la méthode graphique, puis à ses plus éclatants triomphes[14].

A la suite de cette brillante expérience, tant d'études furent conduites avec le kymographe mesurant la pression artérielle que quelques auteurs (Cyon en est un bon exemple[15]) en virent à admettre que la plupart des produits de sécrétion interne intervenaient dans le contrôle de la circulation.

L'étude expérimentale menée quelques années plus tard par Bayliss et Starling[16] sur le déclenchement réflexe de la sécrétion pancréatique par la sécrétine duodénale a révélé le bien fondé des vues de Brown-Séquard. Ce travail réalisé par deux anciens collaborateurs de Schäfer, a, lui aussi, comporté la mise en oeuvre de la méthode graphique : bien qu'il s'agisse d'un débit de sécrétion,

12. Voir à ce sujet : C. Bange, " La controverse entre Gley et Moussu sur la spécificité des fonctions de la thyroïde et des parathyroïdes ", dans C. Debru (ed.), *Essays in the history of the physiological sciences*, Amsterdam, Atlanta, 1995, 153 -177.

13. E. Gley, " Note préliminaire sur les effets physiologiques du suc de diverses glandes et en particulier de la glande thyroïde ", *C.R. Soc. Biol.*, 43 (1891), 250-251.

14. G. Oliver, E.A. Schäfer, " The physiological effects of extracts of the suprarenal capsules ", *J. Physiol.*, 18 (1895), 230-276.

15. E. de Cyon, " Les glandes régulatrices de la circulation et de la nutrition ", *Rev. gén. Sci.* (1901), 828-835.

16. W.M. Bayliss, E.H. Starling, " The mechanism of pancreatic secretion ", *J. Physiol.*, 28 (1902), 325-353.

les deux physiologistes anglais auraient cru manquer à l'objectivité s'ils n'avaient pas utilisé un compte-gouttes relié à un stylet inscripteur, tout en procédant à l'enregistrement simultané d'un signal de temps et d'autres paramètres physiologiques. Quatre ans plus tard, Starling créa le terme d'hormone pour désigner généralement la catégorie des excitants fonctionnels servant de " messagers chimiques " dans l'organisme, dont la sécrétine était le type[17].

CONCLUSION

Il ne suffit certes pas que des données s'accumulent, fut-ce sous une forme graphique, pour que la science progresse. La théorie est nécessaire, " elle constitue véritablement la science ", selon l'expression de Claude Bernard. Encore faut-il qu'elle soit établie sur des bases sûres, et c'est cette garantie que la méthode graphique a apporté aux physiologistes de 1900.

Claude Bernard, bien que moins dithyrambique que Marey, avait résumé avec force le principal mérite de la méthode : son objectivité, due à ce que " l'on substitue à nos sens eux-mêmes des modes de constatation pour ainsi dire automatiques, grâce auxquels les phénomènes traduisent d'eux-mêmes leurs manifestations "[18]. Confiants dans cette qualité suprême, les physiologistes de cette époque n'ont presque jamais fourni des données numériques, comme on l'exige aujourd'hui. La méfiance de Claude Bernard devant les moyennes, et les statistiques en général, propres aux observations cliniques, dont elles soulignent le caractère incertain, a été sans doute partagée par de nombreux scientifiques, et pourrait être responsable de cette attitude réservée vis-à-vis des données numériques. Ainsi s'expliquerait le succès de la méthode graphique, qui apparaissait alors comme le meilleur moyen de mettre en évidence sans contestation le déterminisme absolu des phénomènes.

17. E.H. Starling, " The Croonian Lecture, On the chemical correlations of the fonctions of the body ", *The Lancet* (1905), ii, 339-341.

18. C. Bernard, *Leçons de physiologie opératoire,* Paris, 1879, 53.

TECHNIQUES ET PROBLÈMES EN NEURO-ENDOCRINOLOGIE

Claude DEBRU

L'étude des relations entre l'hypothalamus et l'hypophyse constitue le domaine classique de la neuro-endocrinologie. Ce terme a été inventé pour concrétiser la corrélation neuro-endocrinienne, de plus en plus apparente dans la physiologie et la médecine depuis les années 1910. En réalité, les relations entre les deux grands systèmes de régulation de l'organisme, le système nerveux et le système endocrinien, sont à l'ordre du jour de la physiologie depuis Claude Bernard. L'existence de relations entre l'hypophyse (système endocrinien) et l'hypothalamus (base du cerveau) se précise au début du XXe siècle, et le champ de la neuro-endocrinologie se définit peu à peu dans un enchaînement de travaux cliniques et expérimentaux, à travers de nombreux paradoxes. La neuro-endocrinologie est un domaine de la médecine expérimentale particulièrement typique des difficultés rencontrées dans l'interprétation des résultats cliniques et expérimentaux. Deux problèmes ont particulièrement attiré l'attention : la nature activatrice ou inhibitrice des actions hypophysaires dans le champ proprement endocrinologique, la nature ascendante ou descendante des relations entre l'hypothalamus et l'hypophyse.

L'histoire de la formation de la neuro-endocrinologie peut être examinée sous de nombreux aspects. Deux aspects peuvent être considérés dans le cadre de ce symposium : les " trajets procéduraux de la démonstration expérimentale ", le " jeu entre innovation et application ". S'agissant de médecine on conviendra aisément de la pertinence de ces deux points. Il est loisible de traiter de l'innovation à propos de la chirurgie et de la démonstration expérimentale à propos de l'histophysiologie. Et pour donner d'ores et déjà des conclusions : sur le premier point, en médecine, l'application est une innovation, au sens où c'est une expérience dont le résultat n'est pas connu d'avance — une expérience qui a pu viser à la fois, dans le même geste, des buts de recherche (des buts théoriques) et des buts thérapeutiques, à une époque où, il faut le souligner, cette confusion était encore possible. L'innovation, en l'occurrence, consiste dans l'application à l'homme de techniques élaborées et testées sur l'animal.

Le second point essentiel concerne les " trajets procéduraux " de la démonstration expérimentale. L'exemple de la neuro-endocrinologie montre que des erreurs d'interprétation liées à des insuffisances techniques (en histologie) ont nourri des controverses sur les relations hypothalamo-hypophysaires pendant plusieurs dizaines d'années (environ quarante ans). Le blocage lié à une erreur d'interprétation a été considérable. Le déblocage n'est pas venu d'une technique ni d'une expérience mais d'une multiplicité de " trajets procéduraux ", comme l'a si bien écrit Marino Buscaglia.

L'APPLICATION MÉDICALE COMME INNOVATION

A la fin du dix-neuvième siècle, le problème des fonctions vitales de l'hypophyse était abordé par la chirurgie, par l'ablation totale ou partielle de l'organe. Par sa situation, l'hypophyse était à la fois très mystérieuse dans ses fonctions et très difficile à atteindre pour les expérimentateurs. Le premier qui semble avoir réussi l'hypophysectomie chez l'animal a été le chirurgien Victor Horsley en Angleterre en 1885. A sa suite, plusieurs voies pour atteindre l'hypophyse à la base du cerveau ont été utilisées : la voie buccale, la voie par l'os sphénoïde, la voie par le haut du crâne, la voie temporale. C'est cette dernière voie qui a été expérimentée chez l'animal par Paulesco à Bucarest, avec le résultat, énoncé en 1907, que l'hypophyse paraissait un organe indispensable à la vie. En même temps, des opérations sur l'hypophyse étaient tentées chez l'homme. A partir de 1906, Harvey Cushing a consacré de nombreux travaux au problème des fonctions de l'hypophyse, travaux de clinique et d'anatomie pathologique (sur des tumeurs de l'hypophyse) ; travaux d'expérimentation chez l'animal, avec en vue la thérapeutique chirurgicale des tumeurs chez l'homme. L'hypophyse a été le plus grand sujet de Cushing.

L'un des troubles qui paraissaient de plus en plus régulièrement associés à l'hypophyse était l'acromégalie — trouble de la croissance osseuse dont on se demandait s'il résultait d'une hypersécrétion ou d'une hyposécrétion de l'hypophyse. Une donnée très importante en faveur de l'hypothèse de l'hypersécrétion d'un facteur de croissance a été obtenue grâce à la chirurgie, c'est-à-dire à cette application-innovation qu'était l'application à l'homme de techniques élaborées, de gestes appris chez l'animal d'expérience, ou sur le cadavre. Les chirurgiens, dans un domaine analogue, avaient la pratique de la thyroïdectomie, qui s'était beaucoup améliorée depuis Kocher et Reverdin. Les discussions sur l'origine hypophysaire de l'acromégalie, la découverte du syndrome adiposo-génital de Fröhlich associé à des cas de tumeur de l'hypophyse ont suscité un renouveau d'intérêt pour la chirurgie de l'hypophyse. Le chirurgien Schloffer a proposé une approche transphénoïdale, qui a accru la faisabilité de ces opérations chez l'homme, et le chirurgien von Eiselsberg ainsi que d'autres ont opéré des patients affectés par le syndrome de Fröhlich avec une amélioration de ces symptômes. Pour l'acromégalie, une opération a été faite par Hochenegg, avec la conclusion que l'acromégalie était une hyperactivité de la glande comparable à l'hyperthyroïdie — et que la chirurgie était donc recommandable dans l'acromégalie. Les problèmes proprement chirurgicaux des résections de tumeurs de l'hypophyse ont été revus par Proust en 1908.

En Mars 1909, Cushing a opéré selon la route transphénoïdale, c'est-à-dire frontale, choisie par Schloffer[1]. Dans son rapport consécutif à l'opération, Cushing se déclare surpris par l'accessibilité de la selle turcique, la logette de l'hypophyse, par cette voie transphénoïdale. La régression postopératoire de l'acromégalie était un argument considérable en faveur de la théorie de l'hyperfonctionnement.

Dans la discussion des méthodes opératoires, Cushing mentionne la voie temporale utilisée par Horsley pour les opérations de tumeurs de l'hypophyse, et déclare qu'il a essayé de suivre cette route dans le cas d'une autre opération sur une femme adulte possédant tous les symptômes d'une tumeur de l'hypophyse, opération qu'il ne put mener à bien en raison de la configuration de la tumeur. La patiente refusa une autre opération par la voie transphénoïdale.

Cushing note également que la voie temporale est beaucoup plus aisée chez le chien, sur lequel il l'a largement pratiquée. Cushing a appliqué à l'homme et largement testé sur l'animal des méthodes qui avaient été déjà utilisées ou inventées avant lui. L'application, qui est en elle-même une innovation, est un processus continu, un apprentissage. Il est intéressant de noter les variations discutées par Cushing de la méthode de Schloffer qu'il utilise. En ce sens, il n'y a pas une opération mais une variété d'opérations, et la variation est en elle-même une innovation technique. Technique ne signifie pas seulement instrument mais aussi méthode ou voie pour atteindre un but. Toute une évolution de méthodes est préalable au succès à la fois scientifique et thérapeutique — le succès thérapeutique servant de pierre de touche, de preuve scientifique en l'occurrence. Mais le point le plus saillant de ce chapitre de l'histoire de la chirurgie est la hardiesse dont faisaient preuve ces chirurgiens expérimentateurs et la confiance qu'ils avaient dans la transposition de l'animal à l'homme. C'étaient véritablement des pionniers. Cushing a systématiquement utilisé ces techniques chirurgicales pour résoudre un problème scientifique, celui des fonctions de l'hypophyse.

1. H. Cushing, " Partial hypophysectomy for acromegaly. With remarks on the function of the hypophysis ", *Annals of Surgery*, 50 (1909), 1013.

LA DÉMONSTRATION EXPÉRIMENTALE ET LA MULTIPLICITÉ
DES " TRAJETS PROCÉDURAUX "

Il est clair que la chirurgie fait partie de la démonstration expérimentale. Mais elle n'est qu'un élément parmi d'autres de la médecine expérimentale. La chirurgie est liée aussi bien à la physiologie qu'à l'anatomie et à l'histologie. Dans son laboratoire d'Edinburgh, le physiologiste Schäfer, dont les contributions à l'endocrinologie sont fondamentales, travaillait avec l'histologiste Herring qui étudiait la structure histologique de l'hypophyse sur laquelle il publia en 1908 toute une série d'articles. C'est dans l'un de ces articles qu'il émit l'hypothèse que les sécrétions de l'hypophyse postérieure (la neurohypophyse) migrent vers l'hypothalamus avant d'être déversées dans le troisième ventricule cérébral. Pendant environ quarante ans, cette hypothèse sera un obstacle à l'acceptation du phénomène et de l'idée de neurosécrétion, capacité des corps cellulaires des cellules nerveuses des noyaux supraoptique et paraventriculaire de l'hypothalamus à synthétiser l'hormone antidiurétique libérée par la neurohypophyse. L'idée que des cellules nerveuses puissent sécréter un facteur hormonal a longtemps été rejetée. L'une des hypothèses alternatives était celle de Herring, fondée sur des données histologiques mais aussi physiologiques. Et si l'idée de Herring est fausse dans son ensemble, elle est aussi un peu vraie, car la vasopressine, l'hormone antidiurétique existe dans le liquide céphalo-rachidien.

Relisons le travail de Herring sur les apparences histologiques du corps pituitaire des mammifères, publié en 1908[2]. Le lobe postérieur de l'hypophyse des poissons possède une structure vasculaire complexe baptisée " saccus vasculosus ", qui communique avec les ventricules cérébraux, et dont la sécrétion se mêle apparemment à leur contenu liquide. Ces vues étaient des vues d'anatomie macroscopique. Herring a cherché à préciser l'histophysiologie de l'hypophyse et particulièrement du lobe postérieur chez le chat, animal chez lequel la cavité infundibulaire reste en communication avec le troisième ventricule cérébral à l'âge adulte. Herring semble impressionné par cette disposition anatomique. Le singe et le chien sont également considérés par Herring. On doit souligner ici que l'enchaînement d'arguments qui va mener à une hypothèse largement erronée et qui aura fonction d'obstacle repose sur des données de divers types, où l'anatomie macroscopique joue un très grand rôle en même temps que l'histophysiologie. Diverses méthodes de coloration histologique sont utilisées, certaines étant plus propices que d'autres à la mise en valeur de différents types cellulaires. C'est ainsi que l'éosine est particulièrement apte à montrer les granulations des cellules du lobe antérieur. Divers arguments amenaient à considérer le lobe antérieur comme une glande vascu-

---

2. P.T. Herring, " The histological appearances of the mammalian pituitary body ", *Quarterly Journal of Experimental Physiology*, 1 (1908), 261.

laire sanguine, dont la fonction est inconnue. La pars intermedia adjacente au lobe postérieur montre des vésicules colloïdales analogues aux vésicules de la thyroïde et particulièrement fréquents dans les parties proches du plancher du troisième ventricule. La connexion avec le lobe postérieur est intime, et le matériel colloïdal se trouve fréquemment proche de l'hypophyse postérieure (neuro-hypophyse). Herring fait l'hypothèse qu'il s'agit d'un matériel de sécrétion, qu'il ne peut migrer dans la partie antérieure de l'hypophyse car il existe une fente, une lumière entre la pars intermedia et l'hypophyse antérieure, et que ces produits de sécrétion migrent donc dans l'hypophyse postérieure, la neuro-hypophyse. Herring décrit les divers types cellulaires de la neuro-hypophyse, cellules épendymaires, névroglie, fibres nerveuses, avec une discussion sur la présence de neurones vrais, souvent mise en doute. Le lobe postérieur est donc constitué de névroglie, de cellules épendymaires, et de fibres. Certaines colorations montrent l'existence de " corps hyalins ", de nature apparemment sécrétoire, et d'allure peu différente des matériaux colloïdaux de l'hypophyse antérieure. La distribution de ces corps s'étend vers la base du cerveau. Ce matériau pourrait représenter le principe physiologiquement actif du lobe postérieur, et pourrait provenir des cellules épithéliales de la pars intermedia. Il est particulièrement dense dans la région de l'infudibulum qui est la région supérieure proche de la base du cerveau.

Herring propose donc une sorte de déduction de ces faits anatomiques. Le matériau en question semble avoir pour tendance générale chez le chat d'aller vers l'infundibulum, car sa quantité s'accroît dans cette direction. Le matériau a pour destination probable les ventricules cérébraux. Le lobe postérieur est en ce sens une glande qui déverse ses sécrétions dans le troisième ventricule cérébral. L'hypothèse de Herring est donc double : que les sécrétions du lobe postérieur sont d'origine épithéliale, ectodermique, et qu'elles sont à destination du troisième ventricule cérébral. La deuxième partie de cette hypothèse sera longtemps un obstacle à la théorie de la neurosécrétion. Cette dernière théorie admet l'origine nerveuse des sécrétions de la neuro-hypophyse dans des neurones dont les corps cellulaires sont situés dans des noyaux hypothalamiques et dont les axones, les fibres, constituent la neurohypophyse, les sécrétions étant déversées dans la circulation par l'intermédiaire d'autres cellules, les pituicytes.

La manière dont la théorie de la neurosécrétion a été établie est très instructive et complexe. Si l'histologie a eu le dernier mot en la matière, après avoir été en partie responsable des errements initiaux, si elle a fourni un élément de preuve terminal, elle n'a pu le faire qu'à la suite de controverses touchant l'interprétation de résultats fournis par d'autres techniques, interprétation souvent extraordinairement prudente. L'extrême prudence de ces physiologistes dans l'interprétation de leurs résultats est très frappante, ainsi que le fait qu'ils ne sont pas toujours enclins à assumer les conclusions que la logique élémentaire imposerait de tirer de leurs résultats. La raison de cette prudence était que l'action nerveuse et l'action hormonale paraissaient fondamentalement distinctes dans leur structure. En outre, la prudence de principe dans l'interprétation des résultats provient de la culture de la complexité qui est celle du physiologiste.

Parmi les données qui ont permis de progresser figurent les expériences de lésion effectuées par Camus et Roussy dans les années 1910 dans l'hypothalamus du chien, expériences qui ont apporté la preuve de l'implication de l'hypothalamus dans la régulation de la teneur en eau de l'organisme. L'activité antidiurétique de l'extrait du lobe postérieur de l'hypophyse était attestée, en 1913, par la clinique (Farini, von den Velden). Après la première guerre mondiale, on commençait à parler de système diencéphalo-hypophysaire. Des travaux anatomiques avec des techniques nouvelles d'imprégnation à l'argent montraient l'existence de fibres nerveuses amyéliniques, jusqu'alors inconnues, partant des noyaux hypothalamiques à destination du lobe postérieur. Les clés de la neurosécrétion ont été fournies par trois disciplines : la physiologie expérimentale (Ranson), l'histophysiologie comparée (Scharrer), l'histologie (Bargmann). La physiologie expérimentale, qui met en oeuvre des lésions localisées, doit énormément à la technique de la stéréotaxie, à l'appareil de Horsley-Clarke qui permettait d'effectuer des lésions très précises et localisables. C'est ainsi qu'il était possible de produire un trouble du mécanisme de régulation de la teneur en eau de l'organisme par des lésions bilatérales du faisceau supraoptico-hypophysaire. Pourtant, Ranson admettait seulement que le rôle du système neuronal supraoptico-hypophysaire était de réguler la sécrétion de l'hormone antidiurétique par le lobe nerveux, sans se prononcer sur le lieu de synthèse de l'hormone. D'où une controverse avec Scharrer qui fut le véritable inventeur de la neurosécrétion. La prudence des interprétations de Ranson, qui contraste avec l'efficacité de sa technique, doit être soulignée. Cette prudence se traduit par son refus de franchir certaines étapes lorsque les choses ne paraissaient pas suffisamment confirmées ou établies.

L'histophysiologie comparée, l'étude du centre diencéphalique photosensible chez certains poissons, des différents stades de sécrétion des cellules du noyau supraoptique, qui indiquaient franchement une activité hormonale, sont les bases sur lesquelles Scharrer a proposé hardiment l'existence d'une fonction hormonale pour les centres diencéphaliques liés anatomiquement à l'hypophyse. Scharrer a recherché une concordance d'arguments dans diverses espèces animales et chez l'homme, touchant l'aspect " neurosécrétoire " des granulations observées dans les centres hypothalamiques. Rechercher une concordance était sa stratégie de preuve. Ceci l'a amené à considérer, non plus comme une hypothèse mais comme un fait la fonction de sécrétion interne de certains territoires du système nerveux central. Pourtant, le concept de neurosécrétion, de " glande diencéphalique " proposé par Scharrer a été violemment rejeté car les preuves morphologiques paraissaient insuffisantes, et pouvaient être interprétées autrement. La conception régnante restait celle d'une remontée des sécrétions posthypophysaires vers l'hypothalamus, et non l'inverse.

De nouvelles méthodes histologiques permirent de résoudre le problème posé par la théorie de Scharrer et de réinterpréter les corps de Herring rencontrés sur le tractus hypothalamo-hypophysaire. La coloration de Gomori, utilisée en endocrinologie pour différencier des types cellulaires, permit à Wolfgang Bargmann, en 1949, de visualiser le système neuronal qui s'étend sans interruption des noyaux hypothalamiques à la neurohypophyse et d'apporter la preuve d'un transport de substance des corps cellulaires hypothalamiques aux terminaisons nerveuses dans la neurohypophyse. L'hypothèse d'une " voie neurosécrétoire " était donc démontrée en 1949. Elle avait été manquée, pour des raisons techniques, par Fred Stutinsky qui s'en était énormément approché dans le laboratoire de neuro-endocrinologie de Rémy Collin avant la guerre.

Les conclusions que l'on peut tirer de cette brève présentation sont nombreuses : sensibilité des techniques, enchaînement des hypothèses, des observations, des techniques, des démonstrations, qui forment autant de " trajets procéduraux ". La conclusion que j'en tirerai pour ma part est l'extrême difficulté d'obtenir la preuve finale de la validité d'une interprétation des phénomènes, car l'interprétation d'un phénomène nécessite la création de phénomènes nouveaux, et donc l'utilisation de méthodes nouvelles.

From " Technical Biochemistry " to " Biotechnology " (Belozersky's School and the Development of Biology in Russia in the 1930s-1950s)

Alexei N. Shamin

Until the beginning of the 20th century, Russian biochemistry was developing according to the " German model " (the major orientation towards meeting the needs of medicine). Since 1918 the situation had drastically changed : a Biochemical Institute was established under the People's Commissariat of Health, the ideological basis for the development of biochemistry became the formula " immediate practical result ". The founder of the Institute Alexei N. Bach introduced a concept of " technical biochemistry "[1]. He persuaded the government in the practical efficiency of biochemical research and the program for the development of the first Institute became the basis for activities of the Institute of Biochemistry under the Academy of Science (based in 1934 — second Soviet Biochemical Institute) and has resulted in the creation of biochemical industrial technologies of a different level[2].

The orientation to applied researches became typical both for biochemical chairs of universities and educational medical institutes. Medical institutes were being organized by disestablishing medical faculties from universities.

The " technical biochemistry " promoted only the perfection of the fermentation technologies. A line of biochemical techniques for the manufacturing of tea, tobacco, bread was developed, as well as recommendations for changing storage conditions of various biological raw material in order to losses reduce from active substances disintegration. In essence, Bach's attempt outstripped opportunities of fundamental biochemistry, but distracted forces from fundamental researches in this area.

1. A.N. Bach, *Selected works*, Leningrad, 1937, 645 (in Russian).
2. A.N. Bach, *Institute of Biochemistry (1935-1985)*, Moscow, 1985, 87 with. (in Russian).

Only very few laboratories and faculties have kept orientation to fundamental researches and training of personnel of the researchers, instead of teachers or workers of technological spheres (including practical medicine and pharmacy). The introduction of the following definition of speciality of " biologist (chemist, physicist, etc.) high school teacher " in the diploma of university graduation was a characteristic detail in this period.

The largest centre of teaching of fundamental biochemistry was the Faculty of Biological and Soil Sciences of the Moscow university (this name was given after 1948 — lyssenkoist " reforms " and dismissal of a part of the professors). Two chairs of biochemistry worked on faculty. The first was the Chair of Biochemistry of Animals, founded in 1863 as the Chair of Medical Chemistry and Physics. This chair was headed by professor Serguei E. Severin.

The second was the Chair of Biochemistry of Plants, which a well-known biochemist, Alexander R. Kiesel (1882-1948), the disciple of Albrecht Kossel, had established in 1930. The chair after the arrest of Kiesel in 1945 was formally supervised by Alexander I. Oparin, director of the Institute of Biochemistry of the Academy of Sciences of the USSR (the founder of a hypothesis of an origin of life, follower of Bach's ideas of " technical biochemistry "). The actual chief and soul of the chair was Andrei N. Belozersky, apprentice of A.R. Kiesel, who was developing the biochemistry of nucleic acids and nucleoproteins, an unpopular direction at that time.

This Chair has played an important role in the development of fundamental researches in the field of biochemistry in Russia and became one of the centres of molecular biology development. A role of the other centre — Institute of Molecular Biology and its founder Vladimir A. Engelhardt —, is known more owing to a number of publications. The role of the Chair of Biochemistry of Plants and of A.R. Kiesel and A.N. Belozersky was hardly elucidated in the press[3].

Andrei N. Belozersky was born on August 29, 1905 in Tashkent. After graduating from the Physico-mathematical Faculty of the Middle Asiatic university (1927), in 1930 he was invited by A.R. Kiesel to organize a Chair of Biochemistry of Plants at the Moscow university (now it is the Chair of Molecular Biology) with him.

Kiesel's scientific program, among all Russian scientific biochemical programs, was the most correspond to the trends of general cell biology development. Being devoted to preparative protein chemistry, Kiesel introduced an " evolutionary spirit " into these researches, typical for the biological school of Moscow university. The first works of Belozersky, carried out under Kiesel's management, were devoted to the characteristics of pure lines of proteins. In

---

3. A.S. Spirin, A.N. Shamin, " Andrei Nikolaevich Belozersky and molecular biology development ", in A.N. Belozersky (ed.), *Biochemistry of nucleic acids and nucleoproteins*, Moscow, 1976, 3-18 (in Russian).

these researches Belozersky has developed a jeweller experimental technique, that allowed to start investigating one of the most difficult biochemical objects — nucleic acids.

When A.N. Belozersky started his investigations, the subject chosen by him — nucleic acids —, was not only unpopular, but merely considered as showing no real prospects. A.N. Belozersky and A.R. Kiesel knew, that here it was impossible to expect immediate success. A choice of this direction — refusing from successfully started investigations on proteins as the cell components in favour of this object of doubtful significance certificate of intuition of the scientists. Since 1934 the nucleic acids have become the main theme of his scientific publications.

A.N. Belozersky's contribution to the " classical molecular biology " development was connected with his two discoveries : DNA discovery in plants and prediction of messenger RNA existence.

After Nikolai K. Koltsov's publications, where he stated an idea on a matrix principle of biosynthesis of protein[4], for the first time in 1928, and N. Bohr's biological seminars a problem of a chemical nature of a gene has become the central problem of researches in theoretical biology. At N. Bohr's seminars the assumptions that the gene consists of linearly organized structures, whose size is comparable with macromolecules' sizes, and that the helix of some type play the important role in construction of genetic elements were formulated. The gene should have simultaneously chemical and biological individuality. Only one class of substances, answering these requirements was known : the proteins[5].

In order to prove the hypothesis of the nucleic acid nature of genetic material, it was necessary not only to show the DNA connection with the processes of hereditary features' transmission, but to settle two basic questions : to show that all cells contain DNA's as well as proteins, and that DNA's also possesses some specificity as protein do. Before obtaining definite answers on these questions on any experiment, showing of a leading role of DNA in the hereditary features' transmission was shown, for nobody could warrant the absence of any protein molecule in the studied system.

According to direct information from Belozersky to the author, in the beginning of the 1930s while elaborating an investigation program, A.N. Belozersky and A.R. Kiesel supposed that DNA would be found in all the cells and would have the specificity as the proteins do. Belozersky's prolonged and laborious experiments had for only purpose the confirmation of these propositions.

4. S. Krivobokova, A. Shamin, *Development of conceptions of the matrix mechanism of protein biosynthesis and role of Soviet scientists (Voprosy istorii estestvoznania i techniki)*, t. 19, 1965, 79-95 (in Russian).

5. C.H. Waddington, " Some European contributions to the prehistory of Molecular Biology ", *Nature*, vol. 221 (1969), 318-321.

The first reports of DNA discovery in plants by A.N. Belozersky were published in 1934 in Germany[6] (until this moment it was considered that DNA was present only in the cells of the animals — R. Feulgen's and H. Rossenbeck's research in 1924, in which they discovered DNA in the yeast cells using the qualitative reaction, had not been accepted as fully convincing[7]). The nucleoprotein preparation had been obtained from the sprouted pea seeds, and thymin — the pyrimidine base typical only for DNA — had been isolated from it.

A.N. Belozersky covered other objects with his investigations : DNA was found in soy-bean and haricot seeds, and in 1936 the pure DNA was isolated preparatively from horse-chestnut sprouts[8] : thus DNA was discovered not only in the animals, but also in vegetative cells.

After Belozersky's research a rule that DNA is a universal component of all live cells was ratified in a science.

In the 1930s-40s Belozersky formulated and started to use very consistently the new conceptions that finally established themselves in molecular biology in the 1950s. In 1939 he proposed to consider DNA as a nuclear substance in a cell[9].

In 1939-1949 Belozersky accumulated and systematized quantitative data on nucleic acids content in the bacteria of different taxonomic groups. At the same time he found the connection between the increased nucleic acids content and protein biosynthesis processes[10].

In 1941 A.R. Kiesel was arrested and later died in prison. Belozersky took his wreck to heart and repeatedly spoke, that two great biochemists : A.R. Kiesel and Ja.O. Parnas worked in those years in Russia.

In the 1940s he had already considered the existence of specificity among nucleic acids. In 1947 he received an invitation to present the report at the XIIth Symposium on Quantitative Biology in Cold Spring Harbour, USA, that already became a traditional and representative meeting of biochemists from all over the world. This invitation meant wide recognition of Belozersky's works.

Belozersky had no chance to participate in the symposium conferences : a travel abroad was practically impossible for a non-party scientist in those

6. A. Kiesel, A. Belozersky, " Untersuchungen über protoplasma ", v. " Über die nucleins säuren und die nucleoproteide der erbsenkeime ", *H.S. Zeitschr. Physiol. Chemie*, Bd. 229 (1934), 160-166.

7. R. Feulgen, H. Rossenbeck, " Mickrochemischer nachweis einer nucleins Säure vom Typus der thymonucleins Säure und die darauf beruhende elective farbung von zellkernen in mikroskopischen Präparaten ", *H.S. Zeitschr. Physiol. Chemie*, Bd. 135 (1924), 203.

8. A. Belozersky, J. Dubrovskaya, " On proteins and thymonucleic acid of horse chestnut seed (Aesculus hippocastanum) ", *Biokhimia*, vol. 1 (1936), 665-675 (in Russian).

9. A. Belozersky, " On nucleic substance in bacteria ", *Microbiologia*, vol. 8 (1939), 504-513. (in Russian).

10. A. Belozersky, " On nucleus in bacteria ", *Microbiologia*, vol. 13 (1944), 23-31.

years. However, he presented the text of the report, which was published. His conclusion about the nucleic acids specificity was formulated as follows : " The studies of polynucleotides' isomerism and of their polymerisation degree in the cell are of interest with respect to the phylogenetic correlation in the nucleic acids group "[11].

It was the first step to researches in the area of genosystematics and phylogenetics that formed an important direction of works of Belozersky's school in the 60s-70s. In the same years he established the close and friendly contacts with E. Chargaff.

It is known that Chargaff's works were among those that led to the double helix DNA model development and to the decoding of the cellular mechanisms of the protein biosynthesis. He formulated the so-called " Chargaff's rules " that later on led to the complementarity principle formulation. Chargaff's discovery made the creation of DNA the model by F. Crick and J. Watson in 1953 possible. The " central dogma " of molecular biology — the protein biosynthesis general scheme : DNA —> RNA —> protein — resulted from it[12].

Giving an account of the encoding problem that became the central problem of molecular biology, F. Crick wrote in 1959 : " The coding problem has so far passed through three phases. In the first, the vague phase, various suggestions were made, but none was sufficiently precise to admit disproof. The second phase, the optimistic phase, was initiated by G. Gamov in 1954 (...). The third phase, the confused phase, was initiated by the paper of Belozersky and Spirin in 1958 (...). The endence presented there showed that our ideas were in some important respects too simple "[13].

In the 1940s A.N. Belozersky has been working in the same direction as E. Chargaff. Transition to DNA nucleotide composition detailed analysis of various organisms allowed.

In 1957 Alexander S. Spirin and A.N. Belozersky showed that DNA nucleotide composition variations in micro-organisms were not accompanied by similar RNA composition variations[14]. In 1958 the Russian publication was followed by the report in *Nature*[15] that was noticed by Crick. But Spirin's and Belozersky's work not only has put the first circuit (DNA —> RNA —> protein) under doubt, but prompted the way to the positive solution of this problem.

11. A.N. Belozersky, " On the nucleoproteins and polynucleotides of certain bacteria ", *Cold Spring Harbour Symposia on Quantitative Biology*, vol. 12 (1947), 1-6.

12. R. Olby, *Path to the Double Helix*, London, 1974, 510

13. F. Crick, " The present position on the coding problem ", *Brookhaven Symposium on structure and function of genetic elements*, Brookhaven Lab. Rep. Of Symposium (New York, June 1-3, 1959), 35-39.

14. A.N. Belozersky, A.S. Spirin, N.V. Shugaeva, B.F. Vaniushin, " The investigation of nucleic acids species specificity in bacteria ", *Biokhimia*, vol. 22, n° 4 (1957), 744-754 (in Russian).

15. A. Belozersky, A. Spirin, " A correlation between the compositions of deoxiribonucleic and ribonucleic acids ", *Nature*, vol. 182 (1958), 111-112.

They proposed that a special fraction of cellular RNA was a biologic information carrier in a cell during the protein biosynthesis.

Belozersky's works had attracted attention, and in 1959 he received an invitation to deliver a lecture at the XIe Solvay Conseil de Chimie in Brussels. Belozersky[16] was not allowed to leave the Soviet Union to visit the Conseil, although he had already been abroad before this, for instance to Paris in 1952 at the IInd International Biochemical Congress. Even the interference of N.M. Sisakyan, Chief Scientific Secretary of the USSR Academy of Science did not help.

However, Belozersky's report was read by J. Watson and G. Brachet and inspired discussion in a Conseil, in which Nobel prize winners Sir Alexander Todd, S. Ochoa, C. De Duve, J. Watson as well as many other biochemists took part.

Soon after that, Andrei N. Belozersky was elected a member of " Leopoldina " Academy in Germany. He was very glad that E. Chargaff, whose role in biology progress he considered to be underestimated, also became a member of " Leopoldina ". Earlier Belozersky proposed Chargaff's candidature for the Nobel prize.

Besides this and the foundation of new fields — the genosystematics and phylogenetics, at the Chair of Plant Biochemistry other researches were carried out, in particular, Belozersky and Garry I. Abelev have proved the participation of his tones in organization of a nucleus of a cell (Abelev subsequently became famous due to his discovering foetoproteins and creation of methods of early diagnostics of cancer). The spirit of these researches has allowed to support a high level of teaching at the chair. In the Lyssenkoism era the students were getting knowledge about principles of the device and functions of genes. Belozersky was reading lectures on biochemistry of nucleic acids in which, without mentioning the term " gene ", stated practically all bases of being born molecular genetics. Simultaneously he has invited of the professor Georgy F. Gauze to chair who was reading a course of biochemistry of antibiotics and acquainted the students with principles of mutagenesis. The courage of these professors has allowed to prepare about 900 students, familiar with the bases of molecular biology during the hard years of suppression of a biological idea in the USSR.

In 1958 Belozersky was elected as corresponding member, and in 1961 a full member of the USSR Academy of Science. In 1970 he was appointed the academician-secretary of the Department of Biochemistry. It was a right choice, since Belozersky brought with him a new working style that predetermined his election as a vice-president of the Academy in 1971. The leadership

16. A. Belozersky, " Nucleic acids of microorganisms ", *Inst. Internat. de Chimie Solvay, xi^e Conseil de Chimie*, Extrait des rapports et discussions (Bruxelles, 1959), 1-31.

responsibilities in fundamental chemistry and biology investigation in the Academy were entrusted to him.

A.N. Belozersky died December 31, 1972.

This situation of biochemistry in the system of biological sciences and the activity of the Chair of Plant biochemistry helped to keep the staff of biologists during the rout of genetics in the Soviet Union and Lyssenkoism period.

The second phase of evolution of Russian biochemistry was governed by the same ideological principles as the first (orientation on " technical biochemistry "), but biochemistry developed in a setting of smashing attacks on genetics in the Soviet Union. In this process, biochemistry (especially in teaching) played an important role in the preparation of specialists who made possible, in the 50s, the development of physico-chemical biology in the institutes newly organized at the Academy of Sciences and Moscow University — the Institute of Bioorganic Chemistry (Mikhail M. Shemyakin and Yury A. Ovchinnikov), The Institute of Molecular Biology and Bioorganic Chemistry (Andrei N. Belozersky), and the Institute of Molecular Biology (Vladimir A. Engelhardt).

The third phase (60s-80s) was associated with increasing investments in new lines of research, with the construction of large biochemical centres, and with the emergence of new themes for molecular-biological and biotechnological studies. The new structure of biochemical and molecular-biological researches was undergoing tests during a number of large conferences and symposia held in the Soviet Union with the participation of outstanding scientists (including about 20 Nobel winners) from many countries. At these meetings it was recognized that a set of sciences designated collectively as " physico-chemical biology " was arising in Russia (TV-debates held in Tashkent in 1978).

This stage was accompanied also by the development of enzymological engineering and by the creation of modern biotechnologies in Russia.

L'INDUSTRIALISATION GÉNÉTIQUE DE L'HOMME

Bernard ANDRIEU

En abandonnant le corps humain aux sciences de la vie (neurosciences et génétique), les sciences humaines ont cru accéder au rang de science positive en expliquant les activités propres à l'homme. Pourtant durant cette dispersion féconde[1] du corps dans les sciences humaines, un autre scénario s'écrivait en parallèle dans un premier temps, puis sur le devant même de la scène des sciences humaines avec un désir de substitution.

Un premier stade imaginaire pourrait être et a été interprété comme une sorte d'âge métaphysique des sciences de la vie. Il est vrai que le développement des techniques d'observation et de mesure constitueront à la fin du XIXe siècle une révolution suffisante pour que l'on puisse considérer comme désuète la découverte des principes des sciences humaines. Pourtant, l'argument de désuétude employé par certains scientifiques est retourné contre les sciences humaines plutôt que contre ces sciences imaginaires que sont la phrénologie, les théories de la dégénérescence, la psychométrie… Cet éliminativisme voudrait cantonner les sciences humaines au XIXe siècle comme une théorisation provisoire dans l'attente d'une démonstration positive, démonstration rendue impossible par les techniques utilisées par les sciences imaginaires du cerveau et de l'hérédité.

Il faudrait donc abandonner les sciences humaines car celles-ci n'auraient dû leur naissance et leur succès qu'à la pauvreté scientifique, mais non pas épistémologique, des sciences imaginaires. Il est vrai que, même si l'étude de la période 1850-1920 révèle l'âpreté des débats, les sciences humaines ont pu acquérir leur caractère scientifique sans une contestation sérieuse des sciences imaginaires. Ou plutôt les sciences humaines accusaient la phrénologie, entre autres, d'être une fausse science, la constituant ainsi en science imaginaire. " Imaginaire " avait une connotation négative alors qu'au regard des scientifiques actuels ces sciences sont interprétées comme des presciences. Préscience,

---

1. B. Andrieu, *Le corps dispersé. Une histoire du corps au XIXe siècle*, Paris, 1993.

c'est-à-dire des moments constitutifs et nécessaires, sortes d'anticipations imaginaires et naïves des réalisations actuelles. Cette volonté généalogique des sciences de la vie tient compte des discontinuités méthodologiques et des progrès techniques qui sont venus accentuer les descriptions cliniques.

Ce souci des scientifiques de la vie, dès lors qu'ils écrivent un ouvrage d'histoire des sciences, est de justifier l'actualité des recherches à partir d'une reconstruction épistémologique du modèle utilisé. Cette reconstruction présente l'avantage de sélectionner les travaux du passé, en écartant ceux qui seraient défavorables à l'orientation de la vulgarisation. Dès lors que, de plus en plus, les scientifiques de la vie écrivent eux-mêmes ce qui devrait être considéré comme l'histoire de leurs sciences, non seulement les historiens des sciences se trouvent en porte-à-faux, soupçonnés sinon accusés d'être des théoriciens plutôt que des praticiens soucieux de comprendre leur pratique, mais il devient difficile de distinguer le bon grain de l'ivraie. La tentation de légitimation apparaît bien souvent sous le couvert d'une reconstruction objective des sciences de la vie. La tentation de légitimation est encore plus implicite lorsque les travaux des sciences de la vie portent sur les objets traditionnels des sciences humaines car un des effets importants de la naturalisation de l'homme est la découverte d'une étiologie biologique, neurobiologique ou encore génétique propre à des attitudes, comportements, états jusque là étudiés dans les domaines réservés des sciences humaines.

Le corps devenu transparent, par l'imagerie médicale, est la conséquence de la mise à jour des éléments matériels qui participent à l'activité humaine. Nous appelons ce processus de décomposition la *dividuation* dès lors qu'aucune instance individuelle ne pourrait résister à cette description matérielle. La découverte d'une cause naturelle, même complexe, a pour effet d'alimenter un raisonnement explicatif en diminuant la charge interprétative. Le recours à une science naturelle de l'homme[2] tend à universaliser les attitudes individuelles et sociales en les intégrant au sein d'une théorie expérimentale des comportements. Il serait faux de croire que cette théorie expérimentale des comportements porterait seulement sur des domaines sensibles comme l'intelligence, la violence et la sexualité. L'effet de la naturalisation va plus loin en introduisant un doute épistémologique quant à la validité même du modèle culturaliste.

L'objet naturel, dégagé par les neurosciences ou les sciences de la vie, deviendrait une cause expliquant l'activité humaine. Il ne faudrait pas confondre cette explication naturelle avec une réduction vulgaire : le neurone ou le gène ne contient pas à lui seul l'élément causal. Il est vrai que la sociobiologie a cru pouvoir appliquer cet élément causal univoque à l'ensemble des activités humaines. Le débusquage de cette idéologie grossière du naturalisme scientiste se réalise — encore faut-il le réaliser — en rétablissant l'ordre et l'étendue des découvertes scientifiques.

2. B. Andrieu, *L'homme naturel. De la fin promise des sciences humaines*, Lyon, 1998.

L'appropriation par les sciences de la vie des domaines traditionnellement réservés aux sciences humaines serait désormais effective. L'élimination de la psychologie ordinaire se justifierait par l'actualité neurodescriptive ; il en va de même pour l'anthropologie par le biais de la biologie moléculaire et pour la sociologie par une nouvelle forme de biologie des comportements[3]. La recomposition des sciences humaines autour des sciences cognitives fait espérer un antiréductionnisme. Mais si l'engagement est clair de la part des sciences humaines, la vulgarisation comportementaliste entretient l'illusion d'un naturalisme intégral de l'Homme.

LES APPLICATIONS DU NATURALISME DANS LES DOMAINES DES SCIENCES HUMAINES

Il faudrait distinguer les applications dans les domaines des sciences humaines de la remise en cause, jusqu'à l'élimination par les partisans du courant éliminativiste, des modèles et des concepts des sciences humaines. Les applications dans les domaines concernent les rapports des individus à leur corps : la mort, la maladie, l'identité, la nature, la sexualité… L'industrie du gène atteint une certaine efficacité en accréditant la croyance en une action réelle sur l'identité corporelle de l'individu. Sa subjectivité trouverait sa cause dans une objectivité mesurable. Ce naturalisme scientifique met en péril l'interprétation du sens des intentions et des actions humaines. Les secteurs sensibles à ce naturalisme sont le génie protéique, l'immunologie, les organismes génétiquement modifiés, l'agriculture, l'industrie agro-alimentaire, et la santé.

Les moyens fournis à chacun par l'industrie du gène modifient : la perception de son propre corps[4], sa nature, ses états et son devenir. Par les tests génétiques, la prédiction et l'identification définissent une nouvelle relation au temps : soit la trace du passé est découverte, soit l'avenir serait prévisible. Par les thérapies géniques, la possibilité de changer le sens de la nature par une intervention historique sur l'état du corps.

Si les pathologies mentales ont toujours été le lieu privilégié pour une description clinique des effets des substances chimiques et des localisations héréditaires, l'extension de ce naturalisme comportemental pose le problème de la définition de la notion même de comportement. En se référant au comportement, en matière de sexualité[5], d'alcoolisme[6], de la violence[7] ou encore de

---

3. R. Plomin, J.C. DeFries, G.E. McClearn, M. Rutter, *Behavioral Genetics*, 3rd ed., New York, 1997.

4. B. Andrieu, *Les cultes du corps. Ethique et sciences*, Paris, 1995.

5. S. Le Vay, *Le cerveau a-t-il un sexe ?*, [1993], Paris, 1994 ; S. Le Vay, *Queer Science. The use and Abuse of Research on Homosexuality*, 1996.

6. K. Kopera-Frye, S. Dehaene, A.P. Streissguth, " Impairments of number processing induced by prenatal alcohol exposure ", *Neuropsycholologia*, 34, n° 12 (1996), 1187-1196.

7. E.F. Coccaro, *et al.*, " Heritability of Agression and Irritability : A Twin Study of the Buss-Durkee Aggression Scales in Adult Males Subjects ", *Society of Biological Psychiatry*, 41 (1997), 273-284.

l'autisme[8], un glissement méthodologique est réalisé : on passe d'un modèle probabiliste à un modèle de causalité stricte alors que " la notion de " probabilité " suggère que c'est très difficile d'identifier une causalité linéaire entre les événement séquentiels soumis aux conditions non équilibrées qui sont prévalentes dans la plupart des systèmes biologiques et ce que représente la base pour la spécificité des seuls organismes et peut-être des cerveaux seuls "[9].

La maladie moléculaire s'étend aujourd'hui aux comportements. Tant que la génétique se cantonnait à l'élimination des caractères négatifs, l'épuration pouvait trouver son alibi dans l'héritage naturel. La lutte de l'espèce humaine contre la sélection naturelle trouvait dans l'épuration génétique sa conséquence logique : refuser la détermination naturelle au profit d'une définition entièrement culturelle du corps. Mais le passage d'une génétique moléculaire à une génétique du comportement vient renverser le raisonnement : il ne s'agit plus de cultiver la nature en réduisant son déterminisme par la liberté, mais de naturaliser la culture en réduisant la liberté à des déterminismes.

Ce retournement, tout aussi dangereux que le premier, introduit un racisme à l'envers : l'antiracisme analyse les comportements, comme l'homosexualité, le transsexualisme, la violence, l'intelligence à partir des critères idéologiques et culturels : l'homosexualité était une contre-culture, la violence trouvait sa raison dans les inégalités sociales des plus défavorisés, l'intelligence était proportionnelle à la classe sociale. Contre ces arguments culturalistes, la génosociologie rejoint la biosociologie en proposant une naturalisation des comportements.

Ainsi Charles Murray, sociologue à l'*American Enterprise Institute* à Washington et Richard Hernstein, professeur de psychologie à Harvard publient en 1994 un livre *La courbe en cloche : intelligence et structure de classe dans la vie américaine* ; ils déclarent qu'il est vain d'espérer combler le fossé intellectuel entre les deux races puisque le QI est déterminé une fois pour toutes, dès les premières années de vie, par le patrimoine génétique. L'hérédité est avancée comme un argument contre les politiques sociales d'aide aux plus défavorisés afin de justifier ce qui serait un ordre naturel de la société. Au contraire les gènes, s'ils conditionnent le développement, ne contiennent pas de matière à pensée ni de manière de raisonner.

De même l'alimentation, dont C. Levi-Strauss montrait qu'elle relève de mythologies du cru et du cuit, serait sous le contrôle génétique plus ou moins régulable par des hormones : Philippe Froguel, découvreur du récepteur bêta 3 sur le chromosome 7, reconnaît que le gène de l'obésité n'existe pas mais que

---

8. J. Hallmayer, *et al.*, " Autism and the X Chromosome ", *Arch. Gen. Psychiatry*, 53 (1996), 985-989 ; J. Piven, *et al.*, " Broader Autism Phenotype : Evidence From a Family History Study of Multiple-Incidence Autism Families ", *Am. J. Psychiatry*, 154 (1997), 185-190.

9. D. Marazziti, G.B. Cassano, " Neuroscience : Where Is It Heading ? Some Reflections on the Future of Brain Research at the End of the Second Millenium ", *Society of Biological Psychiatry*, 41 (1997), 127-129.

ses mutations peuvent conditionner l'accumulation de graisse dans la mesure où le stress, habitudes alimentaires… influent sur la prise de poids. Comme pour limiter le vieillissement, ce que nous avons appelé le culte du corps conduit à une normalisation des corps sur des bases naturelles en désignant ce qui serait les difformités comme des monstruosités de la nature. Le naturalisme fonctionne ainsi en réduisant la culture à la nature.

Mais la génétique des comportements renverse aujourd'hui cette réduction raciste en se déclarant elle-même antiraciste : si l'homosexualité masculine devait concerner, comme l'affirme Dean Hamer et son équipe dans le numéro de novembre 1995 de *Nature Genetics*, la région baptisée xq38 du chromosome X, cette fréquence statistique suffirait à un Simon Le Vay pour rendre l'homosexualité acceptable. Il s'agit de banaliser cette pratique sexuelle en lui attribuant une cause naturelle qui l'excuserait, interdirait tout jugement moral et affaiblirait le repli communautaire alimenté par le sentiment de culpabilité et les pratiques de ségrégation sociale. Ainsi la société ne saurait plus en cause et n'aurait plus à projeter sur les homosexuels des jugements. L'argument de la différence naturelle est d'anéantir la revendication individuelle de l'homosexualité comme choix d'un mode de vie, d'un rapport au corps, d'une amitié sociale et d'une vie communautaire. La découverte d'une cause naturelle dédouanerait l'homosexuel de l'être, il n'aurait plus à justifier son existence. Il devrait juste devenir ce qu'il est en n'étant pas contre sa nature c'est-à-dire la nature. La politique génétique de l'homosexualité est une arme idéologique à l'instar du politiquement correct : retour à la nature en refusant tout intervention contre comme l'avortement ; promotion de la famille par la continuité de la sexualité et la reproduction.

CONCLUSION

Pour éviter la réapparition de la sociobiologie, qui réduirait le processus d'individuation à l'homunculus génétique, il faut, ce en quoi il y aurait une différence radicale entre l'homme et les autres espèces naturelles, rendre à l'histoire individuelle un rôle moteur : celui de l'interaction entre le génome et l'environnement psycho-bio-social. Le développement de l'espèce aura permis, grâce à la sélection naturelle des gènes, de produire un être humain dont l'adaptation lui autorise d'échapper partiellement à la contrainte génétique. Si les êtres humains sont devenus des " individus sociaux-extrêmes ", elle aurait rendu l'homme anaturel : si bien que nous n'aurions à craindre aucun retournement de l'homme sur ce qui serait sa nature ou la Nature dans la mesure où lui-même est le résultat d'un échappement définitif. Ce serait un argument suffisant pour rejeter toute morale naturelle : l'antinature de l'homme, pourtant issue de la nature, fournirait une éthique proprement humaine. L'individuation historique viendrait compléter la sélection génétique de l'espèce en sollicitant sa responsabilité à l'aune de son corps humain.

L'avènement de " l'anature de l'homme " renouvelle la complexité par le développement d'une identité biologique multiple. Ce développement est une dynamique entre une causalité ascendante, en allant de l'élémentaire au complexe, et une causalité descendante fournie par le comportement individualisé. La liberté est conditionnée par la plasticité et les degrés d'actualisation du génome. Le développement ontogénétique ne se réalise pas mécaniquement : il est source de différenciation individuelle soit par les mutations, soit par les réparations. Ces processus de réorganisation, fondée sur la potentialité du génome, sont la preuve qu'une alternative crédible au réductionnisme existe au sein de la génétique fondamentale.

Valeur heuristique des techniques en électrophysiologie ou les métamorphoses de l'électrode

Jean-Claude Dupont

Quelles ont été les relations entre les progrès conceptuels et les progrès matériels en neurophysiologie lorsqu'elle s'est attaquée au problème de la nature du signal nerveux élémentaire ? On propose d'aborder cette question en considérant les transformations de l'outil privilégié de la neurophysiologie, l'électrode. Il ne peut s'agir d'en suivre toutes les métamorphoses depuis Galvani. On envisagera ici trois moments forts de la vie historique de l'objet : la macroélectrode issue du XIX⁰ siècle, la microélectrode des années 1940-1950, et enfin la micropipette de *patch-clamp* à partir des années 70. On tentera de comprendre le pourquoi de ses transformations et leur valeur heuristique en biologie. Les progrès de l'instrument permettront un affinement progressif de la théorie membranaire et le déplacement des problèmes du niveau tissulaire vers le niveau cellulaire, puis moléculaire.

HISTOIRE DE L'ÉLECTRODE AU XIXᵉ SIÈCLE

Les premiers dispositifs de mesure électrophysiologiques sont classiquement attribués à l'école italienne, où les premières électrodes sont de simples tiges métalliques. D'emblée, l'électrode métallique se trouve placée en tant qu'élément conducteur au centre d'une polémique sur la possibilité même d'une science électrophysiologique. Les électrodes métalliques enregistrent-elles autre chose qu'une électricité métallique ? Peut-on les employer en biologie ? Dans certaines expériences, l'école italienne cherchera à se passer de l'électrode métallique pour mettre en évidence le " courant propre " de la grenouille par l'utilisation directe de la patte galvanoscopique comme électroscope. Paradoxalement, ce qui deviendra l'instrument de travail privilégié de l'électrophysiologiste semble d'abord un obstacle à la naissance de sa discipline. On connaît la fécondité considérable de la polémique entre partisans des deux électricités : avec la pile de Volta, l'électricité devient productible et étudiable à loisir, provoquant l'essor de l'électrophysique, de l'électromagnétisme et de l'électrochimie. Le développement de ces deux dernières disciplines ira de pair avec l'invention de deux instruments d'une valeur heuristique, par un retour de l'histoire, considérable en électrophysiologie : galvanomètre et électrode impolarisable. Laissons de coté l'histoire du galvanomètre et celle de l'électromagnétisme pour nous intéresser à l'électrode. Dans un premier temps elle sera affinée de façon à en faire un outil capable de mesurer l'électricité animale, et de réaliser le rêve allemand d'une électrophysiologie quantitative. Car lorsque Du Bois-Reymond voudra mesurer les différences de potentiels à l'origine des courants décelés par le galvanomètre, il rencontrera l'obstacle de la polarisation des électrodes. Le problème en physiologie sera progressivement résolu aux cours des années 1850 suite aux apports successifs de Regnault, Matteucci, Becquerel et Du Bois-Reymond. Celui-ci (1859) propose ainsi comme électrode " impolarisable " une tige de zinc en contact avec une solution de sulfate de zinc (électrode dite de deuxième genre). D'Arsonval (1889) proposera une électrode plus simple qui sera modifiée par Lapicque. Par la suite les électrodes impolarisables seront perfectionnées. Un choix de l'électrode métallique ou impolarisable était donc déjà possible en fonction de la durée de l'expérimentation. Ces macroélectrodes eurent une valeur heuristique considérable au XIXe siècle.

Avec les galvanomètres, elles permettront l'essor de la grande électrophysiologie allemande sur l'excitabilité et la conduction nerveuse et à la constitution d'hypothèses diverses sur la nature des courants d'action et de repos, considérés souvent comme la résultante de phénomènes purement physiques se déroulant au niveau des tissus vivants. Conformément au modèle technique dominant, la fibre nerveuse sera naturellement assimilée à une pile, pile dont cherchera dès lors en physicien à en comprendre le fonctionnement en s'inspirant du modèle de la pile électrique d'où les notions de " structures polarisées " de Du Bois-Reymond, de " circuits locaux " de Hermann. En France, ces conceptions physiques du fonctionnement du vivant auront certainement leur expression la plus nette dans la théorie chronaxique de Lapicque.

Mais au-delà, l'étude approfondie du fonctionnement des piles et électrodes favoriseront aussi l'abord théorique des phénomènes neurophysiologiques sous un autre angle, un angle physico-chimique, avec l'apparition des premières théories membranaires. Les travaux de *chimie physique* du tournant du siècle auront un impact considérable en biologie notamment lorsqu'il s'agira de formuler les premières théories attribuant aux membranes cellulaires un rôle dans les phénomènes bioélectriques. On cherche à expliquer ses propriétés électriques. Un pas considérable sera franchi avec Nernst qui, en voulant proposer une explication au phénomène complexe qu'est l'excitabilité électrique des fibres nerveuses (1899), soulignera l'importance fonctionnelle de la semi-perméabilité membranaire. De même, pour expliquer le potentiel de repos, Bernstein (1904) propose son modèle de la pile de concentration au potassium ou l'énergie électrique correspondant à la f.e.m est liée à un gradient électrochimique qui suppose la perméabilité de la membrane au seul ion potassium. Le potentiel d'action est expliqué par une hypothèse complémentaire : celle d'une augmentation passagère de perméabilité court-circuitant la pile. Au début du XXᵉ siècle les phénomènes membranaires ainsi sont connus et mathématisés et les concepts de base de la biophysique des membranes déjà élaborés. Pourtant la théorie de la membrane ne sera pas acceptée avant les années 1940 pour expliquer les potentiels d'action (PA) et de repos (PR). De fait les preuves directes du mouvement ionique manquent encore totalement. L'instrumentation est ici très insuffisante pour valider ou infirmer la théorie ; l'absence d'amplification, l'enregistrement galvanométrique, les techniques de dissection trop grossières ne permettent pas l'étude des potentiels au niveau élémentaire par les macroélectrodes, piles et galvanomètres disponibles. L'électrophysiologie anglo-saxonne, armée de l'électronique naissante et de la microélectrode, se chargera de valider expérimentalement les concepts de base que la biophysique allemande des membranes du XIXᵉ siècle lui transmettra.

LES ANNÉES 40-50 ET L'ÈRE DES MICROÉLECTRODES

A partir des années vingt, les développements de l'électrophysiologie sont d'abord liés à l'introduction des radiotechniques et du tube thermoionique (lampe à vide). L'oscilloscope à rayons cathodiques introduit par Erlanger et Gasser remplace le galvanomètre et entraînera une période de fort développement de l'électrophysiologie mais n'apparaîtra en Europe qu'à la fin des années vingt (Rijlant). Les techniques de préparation par microdissection inaugurées par les écoles japonaises (Kato) et de Cambridge (Adrian) permettront les études sur fibres nerveuses isolées myélinisées ou amyélinisées. Ce qui retiendra encore ici notre attention est l'introduction d'électrodes miniaturisées métalliques ou impolarisables dans la chaîne de mesure électrophysiologique c'est-à-dire l'apparition des microélectrodes.

Juste avant la seconde guerre mondiale Hodgkin et Huxley d'une part et Curtis et Cole d'autre part mesurent des potentiels membranaires grâce à des microélectrodes introduites longitudinalement sur environ trente millimètres dans des fibres géantes. Graham, Ling et Gerard utiliseront une microélectrode transmembranaire d'un diamètre de moins d'un demi-micromètre et remplie d'une solution concentrée d'électrolytes. Avec les deux types de microélectrodes, le PR mesuré différait du potentiel de membrane théorique prévu par la théorie de Bernstein. Ceci conduisit à la formulation d'une nouvelle hypothèse ionique par Hodgkin, Huxley et Katz. En travaillant sur l'axone géant de calmar à la station marine de Plymouth ils découvrent les mécanismes ioniques fondamentaux responsables du développement du PA par l'utilisation du " voltage imposé " (*voltage-clamp*). Les années cinquante furent véritablement l'ère des microélectrodes. Leur utilisation systématique élargira considérablement la liste des structures accessibles à l'expérimentation électrophysiologique : membrane musculaire en activité et au repos, et surtout synapses centrales ce qui modifia les habitudes de la neurophysiologie, qui en expliquait jusque là le fonctionnement par simple analogie avec les synapses périphériques. La connaissance de la physiologie de la synapse sera considérablement accrue. La querelle entre les partisans des théories chimiques et électriques de la neurotransmission s'achèvera avec l'effondrement de cette dernière après la reconnaissance du potentiel post-synaptique hyperpolarisant comme signe de l'inhibition post-synaptique et ceci malgré la découverte de synapses électriques. La découverte d'une libération quantale des médiateurs sous-tendant les potentiels miniatures et la description détaillée des mécanismes ioniques des PPSE et PPSI achèvera de transférer la recherche sur le plan moléculaire. Grâce aux microélectrodes, ce qui était vaguement défini par Sherrington comme des états d'excitation et d'inhibition centrales et ce qu'il appelait l'action intégratrice du système nerveux deviendra interprétable en termes neurochimiques.

Dans cette nouvelle neurochimie, les microélectrodes pouvaient être aussi métalliques : en plus de leur utilisation pour l'enregistrement des potentiels de membrane, ces électrodes seront aussi largement utilisées pour la stimulation avec un courant électrique. Mais l'avantage des microélectrodes capillaires sera la possibilité de l'injection de substances à l'intérieur des cellules ou à proximité de leur surface par exemple au niveau d'une synapse, soit par simple diffusion, soit en utilisant un courant électrique (iontophorèse). La même microélectrode capillaire pourra d'ailleurs remplir plusieurs fonctions.

Avant d'aborder la troisième phase de l'histoire de l'électrode, on se doit de mentionner sa variante spécifique, qui permit la mesure directe des entités chimiques dans les milieux. Les neurosciences ne pourront tirer partie de ces électrodes qu'après leur miniaturisation. Les premières microélectrodes spécifiques qui seront utilisées en neurosciences apparaissent en 1954 et sont des électrodes à membrane solide, spécifique du proton. Pour les autres ions, les électrophysiologistes préféreront la microélectrode spécifique à membrane liquide contenant un composé organique qui les rend perméables à l'ion choisi. Les capteurs ampérométriques utiliseront eux l'oxydation électrochimique du produit de la réaction. En neurosciences, l'utilisation de ces électrodes permettra la mesure *in situ* des concentrations en métabolites. Combinées avec l'iontophorèse, elles conduiront à l'identification régionale *in vivo* de récepteurs à dopamine, de récepteurs contrôlant le métabolisme et la libération de sérotonine, ainsi que des études pharmacologiques.

LES ANNÉES 70 : MICROPIPETTES ET PATCH-CLAMP

Dans les années soixante-dix, les mécanismes fondamentaux du signal nerveux sont connus. Les termes de canaux Na^+ et K^+ étaient utilisés depuis que Hodgkin et Huxley en avaient fait l'hypothèse, avec celle de leurs changements d'états responsables des changements de perméabilité de la membrane. A partir de cette époque, de nombreux travaux seront réalisés par des biophysiciens comme Keynes, Katz, Hille pour clarifier le fonctionnement de ces canaux ioniques hypothétiques. Mais un des principaux problèmes rencontrés par la biophysique de cette période était que la mesure directe des courants élémentaires trop faibles composant le signal synoptique était impossible. Le bruit de fond des techniques de mesure du courant électrique à travers les membranes cellulaires était encore cent fois plus intense que les courants élémentaires résultant de l'ouverture d'un seul canal, et masquait ce dernier. Les propriétés des canaux ioniques ne pouvaient être que déduites. En fait il fallait pouvoir enregistrer directement un canal ionique individuel.

Deux approches expérimentales seront alors empruntées. La première consistera en la fabrication de membranes avec ionophores. La limite de ces techniques était qu'il ne s'agissait que de membranes artificielles. Une autre stratégie pouvait consister en la réduction de ce bruit de fond, provenant de voies non spécifiques et parallèles au canal, et de récolter le courant de quelques canaux. C'est l'objectif que s'assigneront Sakmann et Neher. A l'exception de la courte période londonienne de Sakmann (71-73) et américaine de Neher (75-76) la majeure partie de leur recherche s'est effectuée à Göttingen. Ils obtiendront le prix Nobel en 1991. En posant une fine pipette en verre de forme adéquate sur une membrane cellulaire, ils parviendront à isoler un petit morceau de membrane (patch) de quelques μm^2 avec les canaux ioniques qu'elle contenait. L'étude des propriétés chimiques et électriques des canaux individuels (uniques) devenait possible d'où la notion d'enregistrement local. Le nettoyage de la surface cellulaire et l'amélioration de la forme et de la taille de la pipette représenteront un travail de plusieurs années qui aboutira au premier enregistrement d'un courant élémentaire à travers les canaux cholinergiques de la jonction neuro-musculaire et à leur article de 1976. Après quoi, ils se consacreront à Göttingen à l'amélioration et à l'extension de la technique, car un problème subsistait : une résistance trop faible et un bruit de fond provoqué par une adhérence médiocre ne permettait pas d'étudier d'autres canaux ioniques. Quelques années plus tard ils constateront fortuitement que par une légère aspiration il y avait création d'une liaison stable entre pipette et membrane (scellement hermétique), la résistance électrique de la jonction pipette-membrane étant portée à une valeur très supérieure. Cette très grande résistance permet l'isolation électrique du patch situé sous la pointe de la pipette, donc l'augmentation du rapport signal/bruit et la mesure de courants de l'ordre du picoampère. L'enregistrement de canaux Na^+ individuels devenait possible ce qui aboutira à la publication d'un deuxième article en 1980. A partir de cette époque, les différentes configurations d'enregistrement possibles augmenteront de façon considérable la valeur heuristique de la technique. Elle permettra l'identification fonctionnelle des différents canaux qui régissent le transfert des ions à travers la membrane cellulaire et une meilleure compréhension des tran-

sitions moléculaires impliquées dans les modifications des canaux et d'en affi-
ner la cinétique. Grâce à la construction d'histogrammes et l'emploi de
méthodes d'analyse mathématiques poussées, développées notamment par
D. Colquhoun et A.G. Hawkes, on aboutira à la construction de modèles ciné-
tiques bien plus complexes que ne l'avaient imaginé Hodgkin et Huxley, révé-
lant l'extrême précision des phénomènes moléculaires réglant l'activité des
canaux. Une approche de la compréhension fonctionnelle des structures moléculaires des canaux ioniques et des relations structure-activité des canaux est
possible par la complémentarité du *patch-clamp* avec le génie génétique.
L'étude des mécanismes de régulation des activités des canaux ioniques et
l'identification de composants intriqués dans cette régulation (protéine-kinase
dépendant du cAMP, protéines G, Ca+ intracellulaire...) c'est-à-dire la recons-
titution de certaines voies intracellulaires de signalisation (seconds messagers)
ainsi que l'étude fine des synapses deviendra possible. Du point de vue phar-
macologique, le *patch-clamp* élucidera le mécanisme d'action de certaines drogues au niveau de la jonction neuro-musculaire et du système nerveux central.
Du point de vue de la physiologie cellulaire, il permettra d'aborder le rôle des
canaux des membranes cellulaires dans les processus et fonctions biologiques
variées, les canaux des membranes subcellulaires, d'étudier l'activité sécrétoire
des cellules excitables (cellules chromaffines surrénaliennes) et non-excitables
(mastocytes du tissu conjonctif). A cause de sa valeur heuristique, le *patch-
clamp* représentera donc un progrès instrumental incontestable par rapport au
voltage-clamp classique en permettant notamment d'accéder à une compréhension directe des bases moléculaires du fonctionnement des canaux ioniques
membranaires. La technique réalisera donc l'aboutissement moléculaire de la
théorie membranaire. De plus, si les premières études eurent bien lieu sur le
neurone, l'électrophysiologie avec le *patch-clamp* ne sera plus seulement une
sous-discipline de la neurobiologie cellulaire mais deviendra d'une manière
plus large un chapitre de la biologie cellulaire. Par la suite, l'emploi des microélectrodes rencontrera ses propres limites. Qu'elles captent directement
l'expression électrique des phénomènes biologiques, ou qu'elles traduisent en
signaux électriques des phénomènes chimiques, les microélectrodes ne permettent qu'imparfaitement l'étude des phénomènes en temps réel et de la dynamique intracellulaire. La neurobiologie cellulaire devra développer d'autres types
de capteurs que les capteurs électriques (capteurs optiques).

Pour Ravetz, les outils conceptuels ou physiques sont issus de l'analyse que
font les scientifiques des problèmes à résoudre mais aussi de problèmes rencontrés dans la pratique, des expériences et des compétences qu'on ne peut
acquérir qu'en apprenant à mener une recherche avec cette méthode particulière. Les facteurs conceptuels et pratiques sont indissociables pour comprendre la création des instruments scientifiques. Ainsi l'électrode au XIXe siècle
correspond aux tentatives des électrophysiologistes pour résoudre les problèmes pratiques liés à la polarisation et améliorer la fiabilité des mesures prolon-

gées, ainsi qu'à celles des médecins pour rendre les mesures applicables à l'homme. Mais la mise au point de la microélectrode des années quarante et de la pipette de *patch-clamp* des années soixante-dix est d'abord motivée par le problème théorique de la dissection du signal nerveux, qui devait devenir analysable au niveau cellulaire, membranaire, et même jusqu'à ses composantes intracellulaires, ceci pour réaliser le programme de la science moléculaire. Après l'apparition de l'électronique, le principal problème rencontré dans la pratique deviendra la constitution d'une chaîne de mesure rigoureusement adaptée aux caractéristiques physiques des signaux étudiés dont l'amélioration de la partie capteur, l'électrode, ne sera qu'une composante. Ravetz considère en outre l'évolution des outils scientifiques un peu à la manière de l'évolution biologique. Un outil peut évoluer soit dans le sens d'une plus grande spécialisation pour résoudre un problème particulier, et il court alors le risque de devenir stérile lorsque le problème est résolu, soit être susceptible d'extension à une classe plus large de problèmes, et il a plus de chance de vivre longtemps. Dans le cas de l'électrode, on serait tenté de souscrire également à cette analyse de Ravetz. L'électrode a été améliorée dans un premier temps en vue de résoudre un problème spécifique, celui des mesures électrophysiologiques prolongées, c'est-à-dire de répondre à une contrainte temporelle. Sa miniaturisation correspond à la nécessité d'enregistrer un signal nerveux élémentaire, c'est-à-dire de répondre à une contrainte géométrique. Initialement conçues pour l'étude des cellules excitables, ces électrodes ont pu s'adapter à la résolution de problèmes plus généraux de la physiologie cellulaire à cause de leur robustesse, leur simplicité et leur standardisation. Si l'on suit Ravetz, les électrodes plus complexes et plus sophistiquées, celles qui cumuleront les fonctions et seront conçues en vue de la résolution de problèmes spécifiques comme les pipettes multicanaux conçues pour l'étude des neurotransmetteurs de la douleur, ou les électrodes spécifiques des neurotransmetteurs, parce qu'elles sont moins polyvalentes et plus complexes, risquent de devenir plutôt des objets ésotériques peuplant les musées d'histoire des sciences.

BIBLIOGRAPHIE

G. Aldini, *Essai théorique et expérimental sur le galvanisme,* 2 vols, Paris, 1804.

A. Arvanitaki, " Caractères de l'activité électrique graduée et locale de l'axone isolé de Sepia ", *C. R. Soc. Biol.,* 130 (1937), 424-428.

E. Bauer, " Electricité et magnétisme (1790-1895) ", dans R. Taton (ed.), *La science contemporaine.* I. *Le XIXᵉ siècle,* Paris, 1961, 201-255.

E. Du Bois-Reymond, *Nichtpolarisirbare Elektroden,* Berlin, 1859.

M.A.B. Brazier, *A History of Neurophysiology in the 19th Century,* New York, 1988.

J. Bures, M. Petran, J. Zachar, *Electrophysiological methods in biological research,* New York, London, 1967.

P.C. Caldwell, " An investigation of the intracellular pH of crab muscle fibres by means of micro-glass and micro-tungsten electrodes ", *J. Physiol.*, 126 (1954), 169-180.

E. Clarke, L.S. Jacyna, *Nineteenth-Century Origins of Neuroscientific Concepts,* Berkeley, Los Angeles, London, 1987.

H.J. Curtis, K.S. Cole, " Membrane action potentiels from the squid giant axon ", *J. Cell. Comp. Physiol.,* 19 (1940), 135-144.

H.J. Curtis, K.S. Cole, " Transverse electric impedance of the squid giant axon ", *J. Gen. Physiol.,* 21 (1938), 757.

J.C. Eccles, *The physiology of synapses,* Berlin, Göttingen, Heidelberg, 1964.

J.C. Eccles, W.J. O'Connor, " Responses which nerves impulses evoke in mammalian striated muscle ", *J. Physiol.,* 97 (1939), 44-102.

J. Erlanger, H.S. Gasser, " The compound nature of the action current of nerve as disclosed by the cathode ray oscillographe ", *Am. J. Physiol.,* 70 (1924), 624-666.

A. Galvani, " De viribus electricitatis in motu musculari ", *De Bononiensi Scientiarum et Artium Instituto atque Academia,* 7 (1791), 363-418.

J. Graham, R.W. Gerard, " Membrane potentials and excitation of impaled single muscle fibres ", *J. Cell. Comp. Physiol.,* 28 (1946), 99-117.

A.L. Hodgkin, " Evidence for electrical transmission in nerves ", *J. Physiol.,* 90 (1937), 183-210/211-232.

A.L. Hodgkin, A.F. Huxley, " Currents carried by sodium and potassium ions though the membrane of giant axon of Loligo ", *J. Physiol.,* 116 (1952), 449-472.

A.L. Hodgkin, A.F. Huxley, " A quantitative description of membrane current and its application to conduction and excitation in nerve ", *J. Physiol.,* 117 (1952), 500-544.

A.L. Hodgkin, A.F. Huxley, B. Katz, " Ionic currents underlying activity in the giant axon of the squid ", *Arch. Sci. Physiol.,* 3 (1949), 129-150.

A.L. Hodgkin, A.F. Huxley, B. Katz, " Measurements of current voltage relations in the membrane of the giant axon of Loligo ", *J. Physiol.,* 116 (1952), 424-448.

G. Kato, *The microphysiology of nerve,* Tokyo, 1934.

B. Katz, *Nerve, muscle and synapse,* New York, 1966.

G. Ling, R.W. Gerard, " The normal membrane potential of frog sartorius fibres ", *J. Cell. Comp. Physiol.,* 34 (1949), 383-396.

C. Marx, " Le neurone ", in Charles Kayser (ed.), *Physiologie,* Paris, 1963, 7-30.

E. Neher, B. Sakmann, " Single channels currents recorded from membrane of denervated frog muscle fibres ", *Nature,* 260 (1976), 799-802.

G.C. Pupilli, E. Fadiga, " The origins of electrophysiology ", *Journal of World History,* 7 (1963), 547-589.

J.R. Ravetz, *Scientific Knowledge and its social problems,* Harmondsworth, 1973.

B. Sakmann, E. Neher (eds.), *Single-Channel Recording,* New York, London, 1995.

H. Schaefer, P. Haas, " Über einen lokalen Errgungsstrom an der motorischen Endplatte ", *Pflüg. Arch. Ges. Physiol.,* 242 (1939), 364-381.

F.J. Sigworth, E. Neher, " Single Na+ channel currents observed in cultured rat muscle cells ", *Nature,* 287 (1980), 447-449.

VAVILOV IN ITHACA, NEW YORK, 1932

Iskren AZMANOV

Nikolai Ivanovich Vavilov, the Russian biologist is among the ten scientists who founded genetics as early as in the first quarter of the 20th century through their own scientific contributions as well as by establishing followers.

Vavilov's activity is truly apparent in his well-known materials from the 6th International Genetic Congress in Ithaca, New York, August 24-31, 1932[1]. In the Congress volume is a photograph of the participants[2], and N.I. Vavilov, stands next Thomas Morgan. This photograph, the Russian participation, have not been completely discussed or examined, as is conventional, in order to collect material to summarize the damages to biological sciences caused by the communist block. The work of David Joravsky[3] also addresses this question. Thomas Morgan was the President of that Congress, and his role there is briefly and cursorily recorded in the treatise, *Thomas Hunt Morgan*, by Garland E. Allen[4] in 1978.

The research, memoirs, and surveys of the Russian geneticists, which specifically or partially concern the notoriety of Vavilov are familiar. A number of biologists, geneticists, science historians, and political researchers from both the East and the West have written about his stature. Best known are the works of Mark Popovsky[5], 1965-1983 ; Semyon Reznik[6], 1968 ; Zhores Medvedev[7],

1. *Proceedings of the Sixth International Congress of Genetics, August 24-31, Ithaca, New York, 1932*, vol. 1, in Donald F. Jones (ed.), Published at Menasha, Wisconsin, by the Brooklyn Botanical Garden, Brooklyn, New York (USA), 1932, 2.

2. *Ibid*. Picture folder in vol. 2, for the Members of the Sixth International Congress of Genetics at Ithaca.

3. D. Joravsky, *The Lysenko Affair*, Cambridge (Mass.), 1970 ; " The Vavilov Brothers ", *Slavic Review*, vol. XXIV, n° 3 (September 1965), 381-394.

4. G.E. Allen, *Thomas Hunt Morgan*, Princeton, New York, 1978, 369.

5. M. Popovsky, *N. Vavilov*, Unpublished manuscript, Moscow, 1965 ; M. Popovsky, *Manipulated Science*, New York, 1979.

6. S. Reznik, " N.I. Vavilov ", *Zhizn zamechatelnih liudei,* Moscow, 1969.

7. Z.A. Medvedev, *The Rise and Fall of T.D. Lysenko*, translated by I. Michael Lerner, Columbia University Press, 1969 ; *Vzlet i padenie Lysenko*, Moskva, 1993 ; *Soviet Agriculture*, New York, London, 1987 ; Private correspondence by the author with Zhores A. Medvedev.

1969-1993 ; Georgiy Baldish[8], 1983 ; Raissa Berg[9], 1983 ; N.P. Dubinin[10], 1973 ; A. Solzhenitsyn[11], 1972 ; Valeri Soyfer[12], 1989-1993 ; V.D. Esakov[13], 1990 ; H.J. Muller[14], 1950 ; J. Huxley[15], 1949 ; C. Zirkle[16], 1949 ; J.D. Bernal[17], 1939 ; A.E. Murneek and R.O. Whyte[18], 1948 ; P.S. Hudson and R.H. Richens[19], 1946 ; E.S. Levina[20], 1995 ; R. Goldschmidt[21], 1946 ;

8. G. Baldish, *Posev i vshodi*, Moskva, 1983.

9. R. Berg, *Suhovei - Memoirs of a Geneticist*, Chalidze Publications, 1983, in Russian, 59, 197, 210, 211.

10. N.P. Dubinin, *Vechnoe Dvizhenie*, Moscow, 1973.

11. A.I. Solzhenitsyn, *The Gulag Archipelago/Archipelago Gulag*, III-IV, Paris, 1972, 308.

12. V.N. Soyfer, *Vlast i Nauka*, Hermitage, Tenafly, New York (USA), 1989.

13. V.D. Esakov, *N.I. Vavilov i organisatzia hauki v SSSR*, Doctorate, 1990 (In Russian). Directly I have not expression by this work. I visited Dr. Esakov 1982 in his home in Moscow, but my request to have a copy by his doctorate was unanswered.

14.   H.J. Muller, " Science in Bondage ", Address delivered at panel " Science and Totalitarism " for the *Congress for Cultural Freedom in Berlin* (Germany, June 27, 1950) in *Studies in Genetics*, The Selected Papers of H.J. Muller (Bloomington, 1962, 550-559). Here H.J. Muller gave us his opinion for Lysenco : " ...a half-educated and paranoiac young demagogue, named Lysenko, who had done some work in raising plants but who was in fact ignorant of scientific principles and incapable of understanding them ". Also for N.I. Vavilov : " ...the hold dear had lost their lives in unexplained ways ", 555-556. Also his opinion for Dr. D. Kostov : " The same campaign was soon after carried into the satellite countries, where geneticists have been terrorized wholesale or forced into other lines. The death of my old friend Kostov, well known geneticist and Minister of Agriculture in Bulgaria, occurring during a genetics purge, was announced last autumn (1949). Throughout China the same sweeping out of scientists in this field has taken place. As for the Soviet zone of Germany, the situation will surely be understood by those in Berlin... ", 557. It exist very important correspondence between Prof. E.J. Muller and Prof. N.I. Vavilov, Prof. D. Kostov and other Soviet scientists, *Muller papers*, Bloomington (Indiana) : The Lilly Library, Indiana University. It was unbelievable : 10 years before Prof. H.J. Muller predict Kostov's death and he try to escape him. On 30th October 1939 Prof. H.J. Muller send letter with this advise : " ...I hope you will have no difficulty in arranging to get your things and to leave before the international situation gets still worse, but I do not think you will be at all safe in Bulgaria and if I were in your situation I would attempt to get some sort of invitation from some institution in America... ".

15. J. Huxley, *Heredity Fast and West, Lysenko and World Science*, New York, 1949.

16. C. Zirkle, " The Theoretical Basis on Michurinian Genetics ", *Journal of Heredity*, 10 (1949), 277-278. Here C. Zirkle translated an article by Prof. Karel Hruby - Czechoslovakia, for Lysenko's opinion ; Conway Zirkle, *Death of a science in Russia*, in C. Zirkle (ed.), University of Pennsylvania Press, 1949. Here is some for : *The arrest of N.I. Vavilov*, 1940, 47-48 ; 80-89.

17. J.D. Bernal, *The Social Function of Science*, London, 1939 (1964), 237.

18. A.E. Murneek, R.O. White, *Vernalization and Photoperiodism*, Symposium, Waltham Mass., 1948.

19. P.S. Hudson, R.H. Richens, *The New Genetics in the Soviet Union*, Cambridge, May 1946.

20. E.S. Levina, *Vavilov, Lysenko, Timofeeff-Ressovsky...*, Moskva, 1995 (In Russian).

21. R.B. Goldschmidt, " Heredity and its Variability ", T.D. Lysenko, Translated by Dobzhansky, *Physiological Zoology*, vol. 10, London/Chicago, 1946, 332-334.

L.R. Graham[22], 1993 ; Mark Adams[23], 1981 ; Th. Dobzhansky[24], 1946-1952 ; D. Joravsky[25], 1965-1970 ; and R.C. Cook[26], 1949.

In the *Science Citation Index*[27] from 1955 to 1964, there are 39 sources referring to N.I. Vavilov's name in Latin languages. After 1970, the citations increased tremendously, in the Slavic publications as well as in the Latin. The main topic of these citations is his role in Russian science, and his life sacrifice for genetics.

Outlined here are a few controversial moments from Vavilov's scientific presence, which are necessary for the clarification of his biography :

1. The puzzling problem of his death has not been resolved yet.
2. Unanswered questions : Why and for what reasons does Vavilov favor Lysenko as the author of a great " Discovery " during the 6th Congress ?
3. Vavilov's role as leader of the Russian delegation of Geneticists at the 6th Congress in Ithaca (1932) has not been summarized.
4. The common fate of all geneticists in the communist block countries and their fate in the next few decades has not been summarized. It was the beginning of Stalin's model of communism in Czechoslovakia, Poland, East Germany, Romania, Bulgaria, China, and Hungary. That conflicts front-line has not been delineated, and the number of the victims has not been calculated. It is important today to compile an encyclopaedia of all those victims. According to V. Soyfer[28], there are more than three thousand Russian victims alone. And, excepting numbers from China, there are most probably another thousand victims. As far as China is concerned, we can only guess, but it is plausible even a larger number of censored scientists exists than in the USSR. We do not have data from Mongolia, Vietnam, and South Korea ; nor is there data from Albania or Yugoslavia.
5. A statistical analysis of the participation of scientists from the USSR, China, East Germany, Romania, Czechoslovakia, Bulgaria, Poland, and Lithuania at the 6th Genetic Congress in 1932 is necessary. This provides a starting point to study and analyze the 7th, 8th, and successive genetic congresses. This historical analysis is required in the history of science for the detailed

22. L.R. Graham, *Science in Russia and the Soviet Union - a short History*, Cambridge, 1993 (and the all literature here is important for our report) ; *Science and Philosophy in the Soviet Union*, New York, 1972.

23. M. Adams, *The Evolution of Theodosius Dobzhansky*, Princeton University Press, 1994.

24. T. Dobzhansky, " N.I. Vavilov - A Martyr of Genetics ", *Journal of Heredity* (August 1947).

25. R.C. Cook, " Walpurgis week in the Soviet Union ", *The Scientific Monthly* (June 1949), 367-372.

26. M.C. Leikind, " The Genetics Controversy in the USSR - a Bibliographic Survey ", *Journal of Heredity*, vol. 40, 7 (July 1949), 203-208.

27. [SCI] Science Citation Index 1955-1964, Philadelphia : [ISI] Institute for Scientific Information, Part 9, Column : n° 79640-79641.

28. V.N. Soyfer, *Vlast i Nauka*, Hermitage, Tenafly, New York, 1989.

clarification of the depth of the intentional regress of genetics during the half-a-century long communist period.

N.I. VAVILOV'S MYSTERIOUS DEATH

The question of Vavilov's death was raised in the international scientific community, after his obituary was published in 1945 in Nature magazine by S.C. Harland and C.D. Darlington[29]. Even after the disclosures made by A. Solzhenitsyn in 1964 and 1972[30], and M. Popovsky in 1965 and 1983[31], the problem was not solved, and is also apparent in the 1970 15th edition of The *New Encyclopaedia Britanica*[32], as well as in the 1970 3rd edition of *The Great Soviet Encyclopaedia*[33].

Karl Sax asked, in the December, 1945 issue of Science[34], " ...Where is Vavilov, one of Russia's greatest scientists, and one of the world's greatest geneticists ? ...We now have information from our National Academy of Sciences that Vavilov is dead. How did he die, and why ? ".

In that very same volume of *The Great Soviet Encyclopaedia*[35], is an article on the geneticist's brother, S.I. Vavilov. There is a startling coincidence about the dates of the two brothers' deaths. The day of death for the geneticist is recorded on January 26th, 1943, and his brother Sergei's, January 25th, 1951.

In 1977, I began corresponding with Yuri N. Vavilov, N.I. Vavilov's younger son. His older son, Oleg N. Vavilov, was assassinated by the KGB in 1946, immediately after the defense of his dissertation on the physics of cosmic rays for his Ph.D. candidacy.

In 1979, I was the director of a Youth Cultural Center that was supervised, and governed by the Central Committee of the Comsomol. I had an active daily interaction with all rank of leaders of the Communist Party.

By 1981, I had already published an article about the famous correspondence between N.I. Vavilov and the Bulgarian geneticist Doncho Kostov in an

29. S.C. Harland, C.D. Darlington, " Prof. N.I. Vavilov, Former Member of Royal Society, Obituaries ", *Nature*, n° 3969 (November 24, 1945), 621-622 ; S.C. Harland, C.D. Darlington, " Prof. N.I. Vavilov, Former Member of Royal Society, Obituaries ", *Nature*, n° 3973 (December 22, 1945), exist groundless article rejected Vavilov's death and the other information from the up cited obituary.

30. That information was provided to Solzhenitsyn by Zh.A. Medvedev - private correspondence with him, 1997.

31. M. Popovski, *N. Vavilov,* Unpublished manuscript, Moscow, 1965 ; Mark Popovski, *Delo Academika Vavilova*, Hermitage, Ann Arbor, MI 1983.

32. The article for " N.I. Vavilov ", *The New Encyclopaedia Britanica*, vol. 13, 15th edition, Chicago, 286.

33. " N.I. Vavilov ", *Bolshaia Sovetskaia Encyclopaedia*, 3rd ed., Moscow, 1970, 214-216.

34. K. Sax, " Soviet Biology ", *Science*, vol. 102, n° 2660 (October 16, 1945) ; (December 21, 1945), 649.

35. " N.I. Vavilov ", *Bolshaia Sovetskaia Encyclopaedia*, 3rd ed., Moscow, 1970, 214-216.

issue in Orbita[36], in Bulgaria. At that time I happened to travel with a group of journalists from the Bulgarian Telegraph Agency (BTA). My article led to a conversation, with the journalists, who had been educated in the USSR, were honouring the appropriate censorship in Bulgaria as they had in the USSR.

They gave me some friendly advice, so I would be aware of the permissible boundaries and limitations regarding Vavilov. Then they told me a very unpleasant, and outrageous version of the scientist's death.

At Saratov prison in January, 1943, the storage of provisions had been places several kilometres away from the prison to prevent the food from being stolen. The storage place was a gully where the potatoes were covered to keep them from freezing. Every two or three days, a group of about 100 prisoners were obligated to dig out, and transport enough potatoes to feed the prisoners, as well as the guards.

During the evening roll-call on January 24th, the 100 prisoners for the following day were announced. Vavilov was chosen.

This duty was particularly unpleasant for the guards, as January is extremely cold with strong icy winds blowing the sleet across the barren fields of Saratov. About 25 security guards surrounded the group of prisoners. Most frequently, security consisted of predominantly young soldiers of the Che-Ka guard group, headed by a sergeant. Each one of them was armed with an automatic weapon, so it was possible to shoot the whole group if anyone attempted to escape. There had been a few such attempts, but the weapons were too cold to be effective, so each one of the soldiers had two or three well-trained dogs. The dogs had been preferred over the guns.

The prisoner's clothing was much poorer, all torn and patched, and gloves with holes or rags on their hands. The most precious part of a prisoner's clothing was a sash, made of thick shoe leather, about a meter long, which was tied around the neck. This thick shawl protected them from the winds. But this shawl was a prisoner's last chance of survival in case of falling down, tripping or slipping due to the cold or weakness, because the guards would then release the dogs.

On the morning of January 25, 1943, someone, another prisoner, or maybe one of the guards, stole Vavilov's shawl, so he was compelled to take his place among the 100 without it. On the way back from this, his last provision expedition, he slipped and fell down. The dogs were released, and behind the convoy of prisoners and guards, Vavilov's body turned into prey for the guard's curs, their privilege : the " party dose ", a blood lunch. The remains probably remained in the field, food for the wild dogs and wolves, until spring, and most likely scattered around the Saratov steppe. A similar fate as had befallen mil-

36. I. Azmanov, " Korespondentziyata mezhdu Acad. N.I. Vavilov i Acad. D. Zostov " (photo 48), *Orbita* (28 November, 1981), 13.

lions of Russians, as well as Germans, on the Russian steppe during World War II.

On January 26, he was removed from the registers. A death certificate was issued, but did not describe these real events.

During this time, I personally received a copy of M. Popovsky's unpublished manuscript on Vavilov[37]. The version of Vavilov's death he described was completely different from the jail administration's death certificate for Vavilov, which was death caused by bronchopneumonia.

Was it not possible to have the actual death truly documented in the death certificate ?

I asked the journalists how they learned this version, and they answered that they heard it from a witness, a young soldier among the security guards, at the time a Che-Kaist, who by 1979, had become a prominent Russian journalist at the Telegraph Agency of the Soviet Union (TASS) a colleague of his Bulgarian counterparts at the BTA. I did not show my curiosity to learn his name : that could have been dangerous.

In 1982, with Dr. Yuri N. Vavilov in Moscow, I shared this version of his father's death with him, which he had known for a long time. He could neither reject it nor criticize it, but he appeared depressed after hearing the details again.

Mark Popovsky wrote some additional material 1983[38], including some details on Sergei Vavilov's visit to the Saratov prison, attempting to find out more in connection with his brother's death.

WHY DID VAVILOV FAVOUR LYSENKO AT THE 6th CONGRESS IN 1932 ?

The second question to be considered arose from the resentment with which Robert C. Cook began his article, and memoir, in the June, 1949, issue of *The Scientific Monthly*, " Walpurgis Week in the Soviet Union "[39], by accusing Vavilov of unjustifiably favouring Lysenko during the 6th Congress. Cook believed all the immoral misfortunes against Soviet geneticists and scientists arose from that partiality. A month later R.C. Cook[40], again accused Vavilov of causing all the misfortunes that befell the Russian biologists by compromising in order to get Lenin's mandate concerning the organisation and management of the Soviet genetics[41]. As far as the mandate given to Vavilov by Lenin at

37. M. Popovski, *N. Vavilov*, Unpublished manuscript, Moscow, 1965.

38. M. Popovski, *Delo Academika Vavilova*, Hermitage, Ann Arbor, MI 1983.

39. R.C. Cook, " Walpurgis week in the Soviet Union ", *The Scientific Monthly* (June 1949), 397.

40. I. Azmanov, " Korespondentziyata mezhdu Acad. N.I. Vavilov i Acad. D. Zostov " (photo 48), *Orbita* (28 November), 1981.

41. R.C. Cook, " Lysenko's Marxist Genetics - Science or Religion ? ", *Journal of Heredity*, vol. 40, n° 7 (July 1949), 169-202.

their meeting on June 30, 1921 (reported in Lenin's *V.I. Lenin-Biographical Chronicles*[42], but about which there are no details), R. Cook had the right to accuse Vavilov. After that meeting with Lenin, Vavilov was the head of Soviet biological sciences, and he received his first visa to travel in the USA.

In 1948, a collection, edited by A.E. Murneek and R.O. Whyte, was published in Walthom, Massachusetts, called *Vernalization and Photoperiodism*[43]. This collection finally introduced and confirmed that the *jarovization*, *jarovizacija*, or *yarovization*, translated into English as vernalization, is a " biological discovery ".

In 1995, The Timeline Book of Science, by George Ochoa and Melinda Corey[44], pointed out that this discovery was made by Lysenko in 1930.

Presently, in many health food stores, California, you can buy wheat grass juice. This juice, made of newly-sprouted wheat seeds, is produced by a process identical to yarovization, or vernalisation. But is this a re-creation of " Lysenko's Discovery " or not ?

Despite the vast amount of literature about the simplicity of Lysenko's scientific documents, and his elementary way of thinking (which was partly a result of the 50-year scandalous development of genetics in the USSR), historically vernalisation is associated with his name.

In 1946, Th. Dobzhansky translated Lysenko's book[45] from the Russian and published it in New York. In 1950, in London, England, James Fyfe published another book, *Lysenko is Right*[46].

The most interesting argument directed against Lysenko was presented in 1946 in Richard Goldschmidt's review in *Physiological Zoology*[47] of Dobzhansky's translation, and described Lysenko's role as a non-professional, Goldschmidt stated that he, along with professor Erwin Baur, visited the USSR in 1929, and was introduced to Lysenko's method of yarovization. In Leningrad, they were especially impressed by Vavilov's exceptional enthusiasm, as Goldschmidt greatly respected Vavilov, as well as his colleagues Koltzov and Serebrovski. Goldschmidt considered Lysenko an illiterate and unrefined person, a dilettante, and incapable of self-criticism, and reprimanded him for not presenting any data for the applications of yarovization. Goldschmidt believed Dobzhansky had accurately presented Lysenko's apparent amateurishness in his translation, so did not analyze it any further.

42. V.I. Lenin, *Biohronica*, vol. 10, Moscow, 1979, 628.

43. A.E. Murneek, R.O. White, *Vernalization and Photoperiodism*, Symposium, Mass. (USA) 1948.

44. G. Ochoa, M. Corey, *The Timeline Book of Science*, New York, 1995, 267.

45. T.D. Lysenko, *Heredity and its Variability*, Translated by Theodosius Dobzhansky, King's Crown Press, 1946.

46. J. Fyfe, *Lysenko is Right*, London, 1950.

47. T.D. Lysenko, " Heredity and its Variability ", Translated by Dobzhansky, *Physiological Zoology*, vol. 19, London/Chicago, 1946, 332.

In the USSR, a well-known volume of the proceedings in Russian, was translated into English in 1949, *The Situation in Biological Science*[48]. A second volume, *Against Reactionary Mendelism-Morganism*[49] is a collection of articles edited by M.B. Mitin, N.I. Nuzhdin, A.I. Oparin, N.M. Sisakiyan, V.N. Stoletov ; and was published by A.N., USSR, in 1950.

On December 27, 1951, a meeting of the American Association for the Advancement of Science was held in Philadelphia, including a symposium, *The Soviet Science*[50], under the direction of C. Zirkle, and H.A. Meyerhoff. The materials from that symposium have been published two editions, in 1952 and 1953. The main reporters of the Lysenko scandal were Th. Dobzhansky, J.S. Joffe, L. Volin, and C. Zirkle.

In D. Joravsky's 1970 book, *The Lysenko Affair*[51], it appeared as if the question was clarified. But, in 1995 we still see Lysenko among the great inventors of mankind. There is something wrong, but what is it ?

Lysenko's standing came down to his non-professional status, the modification of his theoretical attempts at analogy, and the metamorphosis of Lamarkism into political partiality towards Stalin, " The Sun ".

In the October, 1987, *Nature*[52], London dedicated the entire issue to Soviet science, and again, a 1935 photograph showed Stalin upright, greeting Lysenko, " Bravo, Comrade Lysenko, bravo ".

Vavilov's character never showed this attitude ; never for Lenin, never for Stalin. This is exactly the type of affectation that Stalin wanted from Vavilov — symbols and actions working towards worship of Stalin, of which there are thousands of examples after 1941. Once used to such a model, Soviet and Russian societies now have a troubled endurance because of the absence of a worshipped leader. In his 1989 text, *Power and Science*[53], V.N. Soyfer pointed out that when wheat seeds are moistened during yarovization, mold occurs. Soyfer mentioned the misconduct of the phytopathologist, M.S. Dunin from April 8, 1937. Dunin criticized the geneticists who rejected Lysenko's, and this outlined Dunin's desired position : phytopathology is in agreement with yarovization.

48. " The Situation in Biological Science ", *Proceedings of the Lenin Academy of Agricultural Sciences of the USSR* (Session July 31-August 7, 1948), Verbatim Report, Moscow, 1949. Here : 121-122 in the speech by N.I. Noujdin is cited parts from the article by Konstantinov, Lisitsin and Kostov concerning the viruses without any argumentation, only irony that it is a small problem.

49. *Protiv Reaktzionnogo Mendelizma - Morganizma*, Leningrad, 1950.

50. *Soviet Science*, A symposium presented on december 27, 1951, at the Philadelphia meeting of the American Association for the Advancement of Science, arranged by : Conway Zirkle, H.A. Meyerhoff, edited by Ruth C. Christman, Publication of the AAAS, Washington DC, 1952. Here we have an important article by W. Horsley Gantt, *Russian Physiology and Pathology*, 8-39, the point is over the human medicine and over russian contribution to the world nevrophysiology from Sechenov to Pavlov, it not exist here point about plant pathology.

51. D. Joravsky, *The Lysenko Affair*, (Cambridge (Mass.), 1970.

52. *Nature*, vol. 329, n° 6142 (29 October-4 November 1987), 800.

53. V.N. Soyfer, *Vlast i Nauka*, Hermitage, Tenafly, New York (USA), 1989.

Clarification of this position can be made in two areas.

On July 9-10th, 1936, a work group, composed of P. Konstantinov, P.I. Lisitzin, and D. Kostov[54], visited Lysenko's Odessa Institute, and inquired into his work. The behavior of the phytopathologist Dunin resulted, a year later in 1937, in the publication of the work group's findings in 1937 in the magazine *Selektzia i semenovodstvo*[55]. Acad. P. Konstantinov wrote : " With the wheat, the yarovization increases the frequency of the cases of spreading cockle/smut/bunt. Caused by *Tilletia tritici* ". There is a definition in all editions of *The New Century Dictionary* between 1927-1940, by H.G. Emery and K.G. Brewster[56] : bunt (bunt), n. [Origin uncertain.] A disease of wheat which destroys the kernels, due to the fungus *Tilletia tritici*, also, the fungus itself. - bunt'ed, a. Of wheat, affected with bunt.

By 1980, a more accurate explanation was available in the *New World Dictionary*[57], Editor-in-Chief, David B. Guralnik : bunt (bunt) n. [< earlier dial., a puffball] a disease that destroys the grain of wheat and other grasses, caused by various fungi (genus *Tilletia*).

In their joint work[58], Konstantinov, Lisitzin, Kostov stated that Lysenko did not recognize viruses as agents that cause disease on plants, especially potatoes. In the books and publications of Lysenko, there were no experiments, observations, or explanations about fungi attacks on wheat yarovization treatment. After 1940, Lysenko insisted that if mold appeared during yarovization, the wheat must be sown immediately. But by this time it is too late, since the crops will definitely die from the fungi.

While in Leningrad, Kostov, knowing the ancient tradition of Bulgarian agriculture, attempted to repeat, in the winter and spring of 1933, the experiments incompetently described by Lysenko.

On July 15, 1933, Kostov and Vavilov went around the yarovization-produced experimental crops near Leningrad, and in agreement with the physiologist attending the seeded fields, they concluded that the negative growth was a result of the occurrence of mold. This was repeated in *Zemedelie magazine*[59]. Kostov never called yarovization a " discovery ".

G. Proichev was director of the Russian Agricultural High School in Bulgaria, as well as director of the experimental station had studied agronomy in

---

54. P.N. Konstantinov, P.I. Lisicyn, D. Kostov , " Neskolko slov o rabotah Odeskogo instituts selekzii i genetiki ", *Sozialisticheskaia rekonstruktzia seluskago hoziyaistva*, n° 11 (1936), 121-130.

55. P.N. Konstantinov, " Utochnit yarovizatziyu ", *Selektzia i semenovodstvo*, n° 4 (1937), 12-17.

56. *The New Century Dictionary* , in H.G. Emery, K.G. Brewster (eds), 1927-1940, 183.

57. *New World Dictionary*, David B. Guralnik (ed. in chief), 1980, 188.

58. P.N. Konstantinov, P.I. Lisicyn, D. Kostov , " Neskolko slov o rabotah Odeskogo instituts selekzii i genetiki ", *Sozialisticheskaia rekonstruktzia seluskago hoziyaistva*, n° 11 (1936), 121-130.

59. D. Kostov, *Zemedelie*, n° 7 (1933), 122.

Belgium. He independently repeated Lysenko's proposals in 1934 and 1935, with no positive results[60].

In the 1966 Bulgarian translation of his book *People Are Not Angels*[61] Solzhenitsyn's antithesis, Ivan Stadnjuk, stated in 1936, yarovization seed rot due to mold left huge territories in the Ukraine and Moldavia without seed stores, which doomed millions of people to starvation.

E.A. Murneek and R.O. White[62] cited a Soviet data collector, M.A. Oljhovikov, for the number of acres with vernalized seeds for six years :

1932 - 43,000
1933 - 200,000
1934 - 600,000
1935 - 2,100,000
1936 - 7,000,000
1937 - 10,000,000

Only seed producers who had not used the yarovization process obtained crops.

In the pre-communist period, the agriculture in Russia was rather primitive. The seed problem was not resolved and the resultant shortage of bread was another side of the problem. With this feeble, traditional experiment, the collectivism ruined even the little seed that had existed. The decades after 1918 were truly horrible in the Soviet countryside.

Since ancient times, the Russian food supply included little agricultural or farming traditions, but consisted of fishing, and hunting wild animals on the steppe including bear, deer, rabbit, wild goat, and boar, as well as duck, swan, pheasant, and other wild birds, all of which are abundant throughout Russia. The hunting methods used were hunting ditches and traps. This was all there was on the table from Moldavia and Siberia, to the Ukraine, and Moscow and St. Petersburg. Hunting was chiefly done by bands of people with hounds.

Agriculture and gardening had not been developed. The myth about I. Michurin was a fraud. There was only success in the animal husbandry : moderate poultry ranching, and sheep and cattle for slaughter.

During the 18-19th centuries, clothing was predominantly leather. Fabric, as well as knitted clothing, was still a luxury for the lower class people. Even sleeping covers were made of skins.

There is disagreement with this position about the primitive state of Russian agricultural in the last centuries, as Russia did export wheat to Europe at the end of the 19th century when the railroad connecting Russia with Europe was

60. G. Proichev, *Proichev Papers*, Tz.D.A. NRB, Sofia.

61. I. Stadnjuk, *Horata ne sa angeli*, 1966 (Translation from Russian into Bulgarian).

62. A.E. Murneek, R.O. White, *Vernalization and Photoperiodism*, Symposium, Mass. (USA), 1948, 18.

built. But even in 1941, the Russian wheat was tainted with fungi, so Hitler imposed a quarantine on Russian wheat, prohibiting it in Germany from 1941-1945.

In support of this position, the opinion of P. Lohtin[63] from 1901 concerning the state of Russian agriculture can be cited. On p. 276, he said, "What is the present state of Russian agriculture — a pleasingly dark question." He reported on the systematically poor harvest, and the hungry years. He specified the following years : 1885, 1889, 1891, 1892, 1897-1899.

The Russian army was supplied with imported food. The king's castles in Moscow and St. Petersburg were so far removed from the Russian peasant, the distance between king and peasant was unfathomable. The real reason for the problem, was that the great Russian territories were deprived of the mountain river water needed to run the mills which produced the flour. The Dutch wind mills, introduced by the Jewish merchants during the 19th century, had another problem : the milling stones and disks could not be replaced after they broke. The second came from the lack of baking ovens. Those problems showed the insufficiency of the whole agricultural production process — from seed to bread.

In agreement with The Manifest by 1763, by the Russian Emperor of the Ukraine, 2, 101, 329 people were moved into the Russian Empire between 1770 and 1876 : 871, 411 Czechs and Moravs, 624, 163 Germans, and 605, 755 Bulgarians[64].

Memoirs of the Bulgarian peasantry from the Russo-Turkish War in 1877-79, and from the Red Army in 1944-1945 indicate significant setbacks in all aspects of agriculture. Bulgarians who returned from the USSR in the 1930s told stories of the radish, as the only plant known in Russian Agriculture. In Russian language the names of all farming plants and crops they are borrowing terms from an other languages and cultures.

Russian folklore is filled with stories about the radish plant, including a famous poem by Alexander Pushkin about the radish plant.

This depicts the magnitude of the scientific project that Prof. N.I. Vavilov assumed as he built the vanguard of a wide new scientific attitude for all of Russia. The most brilliant contribution to science and mankind was the creation of the World Bank for all farm plants. For this, Vavilov received respect from the whole scientific community of the world. But that idea, and the project was destroyed by the Stalin-Lysenko ignorance.

Vavilov's mistake about "Lysenko's Discovery" at the 6th Congress occurred because of the not-yet-developed knowledge about the defective phytopathology of the *Gramineae* farm crops. He understood that mistake in 1933,

63. P. Lohtin, 1901, 276.
64. V.G. Barski, *Po Sviatim mestam vostoka 1724-1747*, Petersburg, 1884-1887 (4 vols).

and started to do a wide scale investigation, which was dramatically, and brutally interrupted by Stalin's communist policy.

The manuscripts, *Po Sviatim Mestam Vostoka*[65], published at the end of the 19th century about the travels of Vasili Grigorievich Barski in 1724 through 1747 in Mediterrania discussed what had particularly impressed the traveller, including the total ignorance of Eastern Europe about Mediterranean agriculture, and its related trades. It was those customs that Barski recommended to the Russian public.

Domestic pottery was unknown in the Russian countryside, even by the beginning of the 20th century. Exceptions existed, but in general, ceramic pitchers, plates and pots ; and copper containers, barrels and kegs were unknown in ordinary Russian culture until the 50's. Even Khurushchov could not improve all the imperfections of this legacy.

There are still thousands of towns and villages in Chechnia, Yakutia, the Middle and Far East that have no electricity and are barely urbanized.

During Brezhnev's era, a group of Bulgarian writers was sent to different places in the USSR to write books on the success of Socialism there. One of those books was *The Unlit Yards* by J. Radichkov[66]. He tells, with great love, of those abandoned people in the unlit yards of Socialism. Even simple milk containers and cans hardly ever got to Yakutia. The most popular water container was the skin bag.

The yarovization game for Stalin was political blackmail, as well as a necessity, and not accidentally, the USSR (as well as today's Russia) even with its wide open countryside, bottom line, is a country closed to tourism. Regarding yarovization : What happens to the grain under the yarovization in the barns during February according to Lysenko's theory ? A look at the level of farming culture in the USSR in the early 1930s is revealing.

The wheat was mainly sown by hand. During the 1930s, there was no such thing as pure wheat seed (except in Vavilov's experimental fields). It was mixed with barley, rye, oats, and spelt. Due to the longer germination period of all but the rye seed, it dominated over the other grains. The rye flour was used to make black bread.

In addition, the seeds were mixed with the seeds of brambles, because the their branches were used to bury the crop seeds in the ground.

The ploughing was done with the help of horses and oxen, as there were not any tractors yet. The harvesting was also manual, as well as the threshing. Everything was very primitive.

Lysenko's process suggests that the moistening of the seeds should be started in February. The moistening continues for about a month, so that con-

65. V.G. Barski, *Po Sviatim mestam vostoka 1724-1747, op. cit.*
66. J. Radichkov, *Neosvetenite dvorove*, Sofia, 1981.

trolled germination takes place indoors, before the up-coming warm weather. Once the temperature is stable, the seeds can be sown before the frost ends in this more advanced stage of development, and as a result the crop matures at least a month earlier. Shortening of the growing cycle efficiently utilizes the huge Siberian fields, where the summer is short.

Vavilov[67] was attacked by Lysenko's apparently sound theory, and his half-page description of " Lysenko's Discovery " was included in one of his reports to the 6th Congress :

Proceedings of the sixth Lyssenko's discovery

" The remarkable discovery recently made by T.D. Lyssenko of Odessa opens enormous new possibilities to plant breeders and plant geneticists of mastering individual variation. He found simple physiological methods of shortening the period of growth, of transforming winter varieties into spring ones and late varieties into early ones by inducing processes of fermentation in seeds before sowing them. Lyssenko's methods make it possible to shift the phases of plant development by mere treatment of the seed itself. The essence of these methods, which are specific for different plants and different variety groups, consists in the action upon the seed of definite combinations of darkness (photoperiodism), temperature and humidity. This discovery enables us to utilize in our climate for breeding and genetic work tropical and sub-tropical varieties, which practically amounts to moving the southern flora northward. This creates the possibility of widening the scope of breeding and genetic work to an unprecedented extent, allowing the crossing of varieties requiring entirely different periods of vegetation. "

Vavilov's report, " The Process of Evolution in Cultivated Plants "[68] is one of the foundations of the Congress. In addition to discussing the geographical principles of evolution, and in the light of the naturally-formed centers where cultivated plants originated, Vavilov addresses his interest in the necessity of immune representatives for such cultivation.

Previous to 1932, Vavilov could not have known the phytopathological ramifications of " Lysenko's Discovery " as it still had not been examined, either theoretically or practically at that time. Goldschmidt confirmed that in 1929 Lysenko did not have any experimental results yet. All Lysenko had was a simple theory (which was not even his).

At that time, it was believed that each seed has its own immunity, and that was counted on for a successful cultivation and harvest. The cycle of transmitting the pathological fungus spores (*Claviceps purpurea, unique to Graminea*)

67. N.I. Vavilov, *Proceedings of the Sixth International Congress of Genetics*, vol. 1, 1932, 340.
68. N.I. Vavilov, " The process of evolution in cultivated plants ", *Proceedings of the Sixth International Congress of Genetics* (1932), 331-342.

to the seeds occurred when the fungi was spread to the seeds in storage when the infected harvest was stored in the same barn.

With the traditional sowing, the sun's rays act on the mold growth is limited. The moistening creates conditions for anticipating the spores' growth and this anticipation is faster than the seed germination. The grown germ is vulnerable to the strong virulence of the fast-growing spores and mold. That is how contamination easily occurred in the yarovized wheat.

When the seed is being shovelled and blended for yarovization, which is required in Lysenko's theory, it is contaminated ; with the rise in temperature, fermentation begins. The end result is the germ perishing.

Cultivation during the 1930s, from ploughing and sowing, to harvesting was completely natural, involving no technology. The harvesting was often slowed because of the summer rain and mud, sparse sowing, and for other reasons such as the absence of enough harvesters. This favored the formation of more fungi, and the possibility of contamination. The formation of more spores (which continues on to the next crop through contaminated harvested seeds) contributes to the failure of yarovization. The contaminated grain is dangerous because, when made into bread, it leads to illness and food poisoning. These poisonings occurred quite frequently during Stalin's era. The present-day yarovization technology is also deadly for crops.

The procedure, which Lysenko unsuccessfully modified, was neither his nor his father's discovery. The pre-scientific phase was associated with the work of the Bulgarian gardeners from the territories between Stara Planina and the Danube River. The method was seen after the 15th century, after seeds from the New World entered the Ottoman Empire when the Jews, chased out of Spain after Columbus' expedition, brought in not only corn, but potatoes, pepper, tobacco, pumpkins, and cucumbers as well.

Thus, only in Bulgarian does the word for corn, tzarevitza, have two philological meanings : the first, Tsar (King), and the second, " seeds that come from Tsarigrad " (King's Town, town of the Turkish Sultan, Istanbul, Sultan Town). Thus also, some of the Bulgarian people became Muslims.

The Sultan realized that corn was the best grain for cavalry rations, so he commandeered villages populated by Bulgarians to grow corn, mainly in Trakia, the agricultural region near the rivers, including Maritza, Tundja, Arda, Mesta, and Struma. These villages were privileged to be chosen.

These other plant cultures ware accepted quickly. The Bulgarian population in Macedonia, the Rodopi mountains, the valleys of Vardar, Struma, Mesta, Maritsa, and the Danube acquired the agricultural production technology within a few decades. The climate in Trakia and Macedonia is a little warmer than at the foot of Stara Planina (Balkan Mountain). The summer at the foot of Stara Planina is one month longer and so the winter continues for two months.

Between the 16ᵗʰ and 17ᵗʰ centuries, it was the gardeners from the region of Gorna Oriahovitsa who first started using the heat from decomposing and fermenting manure, and covering it with *yashmak* and *jamluk* (glasses) in order to overcome the cold and produce early shoots.

This degree of technology was well-known to the previous generation of Bulgarian gardeners but the terminology is Turkish because, at the time, the Turkish administration was a major client of this production. There are no Spanish or Jewish influences on farming terminology despite the intercession established by the Jews from Spain to settle in the Bulgarian territories. The new American plant cultures still did not have names.

The old gardening technology that we are interested in is called *yaritmak-yarizmak*, which means " making overtaking ". The main feature, the wetting of the seeds, has the Turkish name of *yaritmak-yashlanmak*.

The gardeners used the Danube waterways to sell those early-harvest vegetables from Budapest and Vienna, to Braila and Odessa.

After 17ᵗʰ century, the colonies of Bulgarian gardeners in Europe were well known. Their procedures were recorded from Dresden to, Bessarabia and the Ukraine. All of them applied yaritmak-yarizmak.

In May, 1876, when Botev's revolutionaries took over the Austria-Hungarian ship, *Radetski*, they were provided with gardening inventory, *yashmaks*, *jamluks*. Thus Bulgarian gardening techniques were a great example and very popular during the past century.

Today's technology is known as hothouse agriculture.

The Irish physicist, John Tyndall[69], discovered the greenhouse effect in 1863, and made a theoretical description of his discovery, known also as the hothouse effect. But this pre-scientific effect had a practical application far before its discovery in the Balkan regions.

The Turkish word *yarizmak* was adopted in the Ukraine and modified by Lysenko to *yarovizatsiya*. This term was brought to the Ukraine by Bulgarian gardeners. The evolution of this three-century-old technology has not been discussed until now. The popular technology, on the other hand, had all the safety precautions in phytopathological, with which Lysenko was not acquainted, and so overlooked.

In 1932, the phytopathology of these cereals still had not been studied. The substances that could paralyze the germination of fungi spores were unknown, and the bacteria which attacked the starch stores in the seeds were also not yet known.

---

69. G. Ochoa, M. Corey, *The Timeline Book of Science*, New York, 1995, 176.

The Bulgarian scientist, D. Kostov, knew about the hothouse techniques, and of the complete existing history and modification that Lysenko suggested. This instigated his involvement.

D. Kostov started experiments in 1933 near Leningrad perceiving of Lysenko's professional incompetence himself. This was one reason why Vavilov had assigned Kostov to the work group, along with Konstantinov and Lisitsyn. The report by the three, as of 1936, was widely cited in the USA and the UK, but chronologically, the connection was not made with the facts of the actual observations.

Bringing yarovization into politics blocked all future publication about it in the USSR. Stalin's model blocked the scientific experimentation approach.

In 1939, after coming back to Bulgaria from the USSR, Dr. Kostov writes to Prof. H. Muller[70] about Vavilov's difficult situation, and the expected downfall of the " genius L. ", as he ironically referred to Lysenko.

After September, 1944, the Soviet Army entered Bulgaria, and the Stalin-Lysenko model was imposed as well. Kostov will perish in an attempt to oppose it.

In 1946, Prof. Kostov, together with his assistant D. Shishkov[71], came up with a new experimental verification for Lysenko's model and published an advance statement of intent to work on yarovization. The position of this publication, preceding the later-detailed data, was the cause for Kostov's assistant's murder by the Bulgarian KGB. As for Prof. Kostov, he died in 1949 under similar circumstances, and thus became another victim on the list of martyrs in science.

A few months before he died, D. Kostov received an invitation from Prof. T. Roemer in Germany to visit the institutes in Halle[72]. The question to be discussed was the scandal of Lysenko's yarovization. His trip was prevented by the KGB. The two advisors from the VCP (b) (the Communist Party of the Soviet Union) stationed at the Central Committee of the Bulgarian Communist Party (BCP), who worked with T. Pavlov, T. Zhivkov, Chr. Boev, and Grigor Shopov, were ultimately responsible for preventing the trip, and for Kostov's death. The head of this particular coercion was T. Tzhernokolev, member of the Bulgarian Politburo. The person responsible for his death from Moscow was M. Suslov.

70. C. Elof Axel, *Genes, Radiation and Society - The life and work of H.J. Muller*, Cornel Press, 1981, 150 ; Also " Muller to Kostov " (Letter by 30th October), *Muller Papers,* Bloomington (Indiana) 1939.

71. D. Shishkov, D. Kostov, " The influence of various contents of sand in the soil upon the development of diploid barley, diploid millet and tetraploid millet ", A preliminary report, *Bulletin de la chambre de culture nationale, série - Biologie, agriculture et silviculture,* t. 1, n° 2 (1947), 457-462.

72. Letter from Th. Roemer to D. Kostov (April, 1949), *Kostov Papers*, Bulgarian Academy of Science.

The trip to Germany would have been of great importance for D. Kostov who looked forward to a conversation with his most respected teacher, Prof. T. Roemer. (And it might also have been an opportunity for D. Kostov to save his own life by staying in the West.) He had been already advised by the future Nobel Prize winner Prof. H. Muller in 1939.

The August 11, 1949, edition of *The New York Times*[73], published an obituary announcing the death of Prof. D. Kostov. The September 1, 1949, *Science magazine*[74], reported that D. Kostov died on August 10, in his home. It ironically noted that he had been ill for a long time.

Between the 18-25th December, 1948, the Bulgarian Communist Party held the 5th Congress in Sofia. Three pages of the transcribed report of the 5th Congress[75] criticized Prof. Kostov for his relationship with chromosomal theory and classic genetics. This was a big accusation against Prof. Kostov because he opposed Lysenko's point. Critics saw the necessity of a change of his scientific opinions, or his death.

Soon after, in the spring of 1949, D. Kostov received from Prague, Mendel's prize[76], a special medal given to him for his contributions to genetics. Prof. Kostov was forced to return that medal to the Embassy of Czechoslovakia. 10 months after his refusal to change his scientific beliefs, Kostov was dead. That ten months was the most terrible in his life. They were not a proud time for the Bulgarian Academy. As in Vavilov's case, the real method of putting D. Kostov to death was different than the official diagnosis of *infarctus miocardi*[77]. D. Kostov died on August 9, in a public hospital. The scientist, in critical condition, was not given pure oxygen but an asphyxiating gas — the actual cause of death, poisoning of his lungs. And so Lysenko did not make a discovery. He himself could not even suggest a technology. Yarovization was not applicable, according to his model of the occurrence of phytopathological fungi. Today, nobody applies yarovization as a method or technique.

Vavilov, unaware of the phytopathological causes, affiliated himself and firmly defended it in his report during the 6th Congress. Even so, the agenda of the Congress demonstrated the presence of a well-defended direction, which shaped the very first outstanding achievements in the field of plant pathology, especially concerning grains.

The skill of *yarizmak* has two stages in the Bulgarian gardening tradition. The first is production of the healthy seedlings, and the second is production

73. *The New York Times* (August 11, 1949), 23.

74. *Science* (September 1, 1949), 244.

75. *Peti Congres na Bulgarskata komunisticheska Partiya*, 18-25 December 1948, stenograma, 565-567.

76. *Kostov Papers*, Sofia, Bulgarian Academy of Sciences.

77. Act of the death n° 509, August 11, 1949 Sofia, Raion " Vasil Levski " - Narodna Bolnitza Bucston Str. 6.

of the vegetables. The first stage involves dividing of one sprouting flat into 12 individual cells. This helps to protect the production of each of the seedlings from diseases. If the seedlings in one cell perish, seedlings in the rest of the cells still continue to grow and develop. Under one 12 separate sprouts are formed. If there are no divisions among the cells, then all the seedlings are doomed to perish, if one is diseased. This type of seedling production was invented in the pre-scientific period of gardening. As a rule, five years should pass before a *yarizmak* is put in the same place.

Yarizmak, yaturmak, yasharmak, yar-u, yashmak, and *yastuk* as well as all Turkish terminology used in Bulgarian gardening in the last century were all included in the Bulgarian dictionary by N. Gerov (1895-1908)[78]. These words were adopted into the Bulgarian language. Between 1936 and 1940, only the Bulgarians who were spies in Stalin's Russia were allowed to return to Bulgaria from the USSR. Grisha Philipov, a member of the last Zhivkov Communist Politburo (1980-1990), was a member of this group of immigrants who returned.

The history of the *kholhoses* (communist collective farms) has not been studied from this perspective. The Sofia Agronomic Institute professor in economics, D. Vulkov, had worked in those in the 1930s. The Comintern leader, K. Rakovski, also a Bulgarian, an owner of a large farm in Romanian Dobrudja until 1918, made an unsuccessful attempt to take the Bulgarian agricultural technology to the Ukraine in the 1930s.

In 1920, in Wisconsin, the Bulgarian phytopathologist, Dr. D. Atanasoff, published his research, *The Fusarium Blight (scab) of Wheat and Other Cereals*[79], and with this he joined the pioneer phytopathologists in the USA. The beginning of his research in the US was in 1917. In his dissertation, Dr. Atanasoff wrote about the poisonous bread, a significant disaster for the Russian bread industry. He cited an article by N. Naumov from 1916[80].

Prof. Atanasoff had his professorship at Sofia University revoked, and was fired from his position as Department Head of Phytopathology in 1944, after the communists took power. He was treated like a scientist in the USA, receiving his education. After 1944, he worked only as a gardener in his own yard near Sofia[81]. He died in 1979.

78. N. Gerov, 1895-1908, *Rechnik na Bulgarskiya ezik*, 1975-1978, vol. 1-6.

79. D. Atanasoff, *The Fusarium Blight (SCAB) of Wheat and other Cereals*, A Thesis submitted to the Graduate School of the University of Wisconsin in partial fulfilment of the requirements for the degree of Doctor of Philosophy. Date of Graduation 20 October 1920. Publication : *Journal of Agricultural Research*, vol. 20, n° 1 (1920), 1-32 + 4 plates.

80. *Idem*, 32.

81. T.I. Gabrovska, P. Kaitasova, " Vmesto vaspomenatelen list - 10 years after Prof. D. Atanasoff ", *Spisanie Sofia* (August, 1989), 19-20.

VAVILOV AND THE ENTIRE RUSSIAN DELEGATION OF GENETICISTS
AT THE 6th CONGRESS IN ITHACA, 1932.

Only five Russian delegates arrived in Ithaca : N.I. Vavilov., N.V. Timofeeff-Ressovsky, his wife, Helene Timofeeff-Ressovsky, S.M. Saenko, and N.A. Dobrovolskaia-Zavadskaia. However, the presence of the Russians at the 6th Congress was much greater, since the Congress volumes included many reports, and abstracts or data for participation in the Exhibition with representation of different hybrids, data tables, herbariums and live plants from the following Russian researchers, who did not arrive in USA (the Soviet governments does not issue them exit visas) : S. Zarapkin - Berlin ; A. Sapegin - Odessa ; E. Kharecko - Savitzkaya, L.V.F. Savitzky, M.V. Tschernoyarow, V. Zosimovic - Kiev ; V. Pissarev, G.A. Lewitsky, N. Kuleshov, H. Emme, S.M. Bukasov - Leningrad ; G. Meister-Saratov ; N. Koltzow, A.S. Serebrovski, M.S. Navaschin, I. Svetchnikova, D. Trankovski, N.P. Dubinin, S. Frolowa, G.D. Karpechenko - Moscow.

So, a total of 25 people, the five people who arrived and 20 who did not, represented Soviet Russia at the 6th Congress. Russian representation at the Congress could be extended to include the American scientists whose native language was Russian, and scientists whose second language was Russian. The scientists who later worked in Russian scientific institutes, or those who moved from the USSR to the USA, or other countries could also be included.

Those were : H. Muller (between 1933-37 he worked in Leningrad and Moscow), G.A. Lebedeff, S.H. Bostian, Ralf I. Kamenoff, Th. Dobzhansky (it is not clear whether by 1932 was a US citizen) - USA ; F. Grossman (a Russian Jew) - Germany ; Anastasia J. Romanoff nee Saenko : A. Marshak, a Russian Jew ; Carlos Offerman - Argentina (worked with H. Muller in the USA and USSR) ; and D. Kostov - Bulgaria (a geneticist who was a professor in the USSR between 1932 and 1939).

The scientists who spoke Russian were : B. Rosinski, Poland, and M. Demerc, USA (a Croatian). In all, there were eleven Czech and Polish scientists. The Russian participation at the 6th Congress had been planned at the 5th Congress in Germany, 1927, when a permanent executive committee was established for the 6th Congress ; the Russian representative was N. Koltzow. In 1930, a president, 18 vice-presidents, and the Executive Committee were elected for the Congress.

T. Morgan was elected president, and among the 18 vice-presidents were N. Vavilov from the USSR, and E. Malinowski from Poland. Member advisers of the Executive Committee selected from abroad were : A. Serebrovsky, Moscow, and J. Krizenecky, Brno, Czechoslovakia. H. Muller and M. Demerec were member of the Hundreds Committee.

On August, 1932, N. Vavilov was elected a member of the 8-person committee which was required to prepare the resolution addressed to the plenum session of the 7th Congress. In essence, from this position, Vavilov could invite the 7th Congress to be held in the USSR.

On August 24, Vavilov was elected a member of the 21st — the official governing board of the 6th Congress.

And the Polish representative from the Free University in Warsaw was Dr. M. Skalinska.

THE CALCULATION OF THE TOTAL NUMBER AND NAMES OF THE GENETICISTS FROM THE USSR AND ITS SATELLITE COUNTRIES FOR THE NEXT FEW DECADES.

Included in the Bulgarian material at the 6th Congress were the reports of M. Christov on male sterility in tobacco, and D. Kostov on triple hybrids in tobacco and wheat. Both of them were not present at the Congress.

Included in the Romanian material is the research of D. Constantinescu on one lethal factor in sheep. A. Aronesku was a participant in the Exhibition.

The Russian participation included interesting subjects : N. Dobrovolskaia-Zavadskaia came from the Radium Institute in Paris with two reports : The Morphologic Study of the Inheritance of Cancer Receptability in Mice. In combined research with A. Sturtevant, Th. Dobzhansky studied the dominant genes, and the structure of chromosomes. In two reports, N. Dubinin examined the general scheme of the mechanism of organic evolution, and a detailed investigation of alelomorphism of the centers of origin of cultivated plants in the Vavilov's theory. E. Kharecko-Savitzkaya participated with a study on chromosomal aberrations as a result of transgenesis. V. Savitzky presented the scientific information on heredity and changes in the beetroot. I. Sveshnikova reported on her research in intra-species hybrids in *Betula*.

H. Timofeeff-Ressovsky reported on her work in temperature change in coloring of different races of *Epilachna*. M. Tschernoyarov discusses the problems with meiosis under the chromosome theory of heredity. S. Zarapkin analyses the body of Drozophila. S. Frolowa demonstrated chromosomal lines from different varieties of *Drosophila*.

N. Dobrovolskaia-Zavadskaia, H. Emme, S. Frolowa, G. Karpechenko, N. Timofeeff-Ressovsky, A. Sapehin, I. Sveshnikova, M. Tschernoyarov, and N. Vavilov also participated at the exhibition by presenting hybrids.

In the corn exhibition at the 6th Congress, plants of considerable size, based on 8,000 samples, were shown from Vavilov's Institute. Cytoplasm male sterility hybrids were shown with successful results from Vavilov's Institute, and Cornell's agricultural experimental station.

N.V. Timofeeff-Ressovsky, together with S. Zarapkin, K. Zimmerman, and E. Tenbaum showed genetic-geographic research on representative *Coleoptera*.

H. Emme demonstrated the genetic status and phenotype in *Avena* and its hybrids. The collective membership of the USSR Institute of the plant industry participated in the common Exhibition about the *Triticum* genera and its relatives. Vavilov, together with Karpechenko, G. Meister and A. Sapehin, demonstrated wheat spikes, seeds, and pictures of *Aegilops* hybrids along with their mill house qualities.

The reports of Vavilov and N. Timofeeff-Resovsky among the plenary of the 6th Congress.

If G.A. Lewitsky had arrived in Ithaca he might have been the chairman of the Cytology II section on August 29th. But, the Soviet government did not give him an exit visa.

The photograph which shows the participants at the 6th Congress showed only 389 of the representatives. According to the official statistics, the participants numbered 856. More than half of them did not stand for the group picture. We do not even see Prof. H. Muller in the photo.

The Russian, Slavic and Chinese participants in the photo are : N. Vavilov (photo 148), A. Romanoff (photo 31), N. Dobrovolskaia-Zavadskaia (photo 32), Th. Dobzhansky (photo 35), R.J. Kamenoff (photo 39), B. Rosinski (photo 51), H. Timofeeff-Ressovsky (photo 73), S.M. Saenko (photo 82), R. Goldschmidt (photo 97), E. Chroboczek (photo 101), Jun-Kwei-Young (photo 105), Tch.H. Chung (photo 106), E.F. Grosman (photo 149), N. Timofeeff-Ressovsky (photo 154), G.A. Lebedeff (photo 239), M. Demerec (photo 291), A. Marshak (photo 312), and James I. Kendall (photo 339).

James I. Kendall, though in attendance, did not give a report. Between 1928 and 1932 he did experimental work with D. Kostov in Boston and Sofia[82]. In Sofia, he wrote his first doctoral dissertation. In 1932 it was suggested that Dr. Kendall be invited to work in the USSR, and he arrived on the day of the picture-taking for a conversation with Vavilov concerning this. A postcard from Vavilov to Kostov has survived about this meeting[83]. But Kendall did not travel to the USSR because he married a few months later. Probably today, he is the only living participant in this photo. He is over 90 years old, and lives in San Antonio, Texas.

Anastasia Romanoff has the same name, known from literature, as the princess of the Russian Emperor's family. Physically, she also had an amazing similarity to the princess. She was the wife of Prof. A. Romanoff, and co-author.

82. D. Kostoff, J.I. Kendall, " Studies on Certain Petunia Aberrants ", *Journal of Genetics*, vol. XXIV, n° 2 (1931), 165-178 ; J.I. Kendall, *American Men of Science, a biographical Directory, The Physical & Biological Sciences*, R.R. Bowker Co., 1966, 2746 ; J.I. Kendall, *Histological and Cytological Studies of Stems of Plants Injected with Certain Chemicals (a contribution to the Gall Problem)*, Inaugural Dissertation, Sofia, 1930.

83. Post card : N. Vavilov to D. Kostov, USA : " 18. IX. 1932, Dear Kostov, How are your experiments. I have seen Kendall. Best compliments. The Congress was very interesting. From Europe about 50 members. Yours N. Vavilov ".

ISKREN AZMANOV

One of their monographs is *The Avian Egg*[84]. S.M. Saenko is an unknown person in science. It is possible that he was a Russian diplomat, but he had the same family name as the maiden name of Anastasia Romanoff (Saenko), who was from the Ukraine.

Phytopathology and Lysenko's Yarovizatzia

Special attention should be paid to the Genetics and Phytopathology section of the 6th Congress, which included eleven reports. Seven of them were related to contributions connected to the research of the fungi diseases in *Triticum*, and all *Gramineae*. One of the reports was on *Tilletia tritici*, and another was on *Ustilago tritici*. They also discussed *Ustilago zeae*, *Puocinia sorghi*, *Puocinia graminis*, and *Puocinia glumarum*. A general evaluation was made about fungus in wheat, smut in maize, forms of bunt in corn and wheat, damages of stem rust, and resistance to it in wheat. Also, the reports on oat diseases : *Puocinia coronata*, *Ustilago avenae*, *Ustilago levis*, *Sphacelotheca sorghi*, and *Puocinia Triticina*.

Two of the reports were by W.H. Fuchs, and T. Roemer from Germany. Both of them were. from Halle-Saale, a city which later was included in East Germany.

The rest of the reports were done by the following American scientists : E. Stakman, M. Hoover, R. Garber, E. Gaines, F. Brigs, H. Hayes, and E. McFaden, who all studied the phytopathology of wheat.

Between 1910 and 1949, the knowledge of the pathogenic influence of the fungi diseases on crops was established. It was during this period that phytopathology became a necessary science. At the 1932 Congress, many problems about the biological cycle of all fungi, which are agents for many diseases in *Gramineae*, were not clear. At that time, it was not known that wheat disease agents were mainly spreading by the seeds.

In the USA, the role of phytopathology was not recognized until 1949, when the 98th president of AAAS, E. Stakman, was elected. He was a phytopathologist, and had been the president of the American Phytopathological Society since 1922[85].

From a general perspective, the history of science had not addressed this subject, and the history of phytopathology had not been developed in detail. As further proof that the phytopathological sciences had not been developed enough, it inspired criticism from Vavilov about the impossibility of Lysenko's methodology, which is noted in the 1951 book by G.S. Walker from the University of Wisconsin, *Genetics - XXth Century*, Chapter 23, " Genetics and Plant Pathology "[86]. It can be seen that the chronology in this analytical work added

84. A.L. Romanoff, A.J. Romanoff, *The Avian Egg*, New York, 1949, 1963.

85. J.J. Christensen, *The Scientific Monthly*, vol. 68, n° 1 (January, 1949), 31.

86. G.S. Walker, " Genetics and Plant Pathology ", *Genetics - 20th Century*, Chapter 23, 1951.

to observations about the 6th Congress. Even further, it gave a solid basis for additional chronologies about other fungi diseases in wheat with regards to yarovization.

E. Stakman's chronology of the achievements of plant pathology science in the February, 1949 issue of *The Scientific Monthly*[87] reported that *Erysiphe graminis* was only completely studied in 1939. And, despite the starting of Stakman's study on Puocinia graminis 1914, the study of the almost 200 races of graminis was not completed until as late as 1946.

The origin of the studies of the physiology and genetics of the fungi diseases occurring in wheat was during the pre-molecular phase of biology between the years 1939 and 1949. These studies resulted in the conviction that there was not enough knowledge in pathology to definitely clarify that the death of a whole crop could be caused by yarovization, rather than a trick of nature. At that time, inhibitors against fungi diseases (occurring at the moment of germination) were not yet discovered.

The Lysenko's instructions for the moistening and the shovelling of the wheat seeds in February and March was a great scientific crime[88].

In 1989, V. Soyfer described the behavior of the Soviet phytopathologist Dr. M. Dunin, Academician at VASHNIL and chairman of the Department of Phytopathology at Timiriasev Academy[89]. After 1937, Dunin supported, without reservation, " Lysenko's Discovery ". This evidence of the damages against not only genetics but phytopathology in Soviet science has not yet been analyzed.

If Prof. Dunin was really a plant pathologist, researcher, scientist, and specialist, he morally compromised his position. Otherwise, he just purposely avoided integrity in science.

Another example of the great damage done to the Soviet plant protection science in phytopathological ignorance was again by V. Soyfer in his 1989 book[90]. He reported on a case in 1973. The Academician, Dr. P. Lukianenko died from a heart attack. Prof. Lukianenko was studying *Bezotstaya*, and used Lysenko's theories of yarovization when planting vast fields of corn. The entire crop was infected by the fungi, and he had a heart attack when he found it, while examining a field of the crop. So, Soyer's book also showed that in 1973, phytopathological knowledge was not accepted in the Soviet Union. This was all the result of the Stalin-Lysenko, and Khruschov dogma.

The Bulgarian scientists Prof. D. Atanasoff, Prof. D. Kostov and G. Proichev, as early as 1933 expressed a negative opinion on Lysenko's yarovization. But they also were isolated, and unable to publish any advice.

87. E.C. Stakman, *The Scientific monthly*, vol. 68, n° 2 (February, 1949), 75-83.
88. T.D. Lysenko, *Agrobiologia*, Moskva, 1948, 30. Picture - shovelling wheat seeds.
89. V.N. Soyfer, *Vlast i Nauka*, Hermitage, Tenafly, New York (USA), 1989, 133, 149, 279.
90. *Idem*, 312.

THE GENETICISTS FROM THE USSR SATELLITE COUNTRIES
AT THE 6th CONGRESS

The Lysenko folly was enforced by Stalin's government with governmental, and Communist Party decrees. Those who did not agree were criticized, fired, convicted, and some of them died during this terror, or were even killed.

In Bulgaria in 1944 Prof. D. Atanasoff lost his professorship. The assistant, D. Shishkov, was killed in 1947. In 1949 Prof. D. Kostov died.

Information is not available about what happened to the following scientists from other USSR satellite countries participating in the 6th Congress :

East Germany : W.H. Fuchs, and T. Roemer, Halle-Saale.

Czechoslovakia : A. Brozek, J. Krizenecky, and V. Ruzichka.

Poland :   E. Malinowski, H. Bankowska, V. DeBaehr, B. Rozinski,
            E. Chroboczek, R. Muttkowski, Przyborawsky, M. Skalinska, and
            C. Yampolski.

Romania : Antonescu, A. Riescu, N. Saulescu, N. Todoreanu, and
          G. Constantinescu.

China :   H. Chang-Choy, James Hunter, S. Shen and Teh Ien Chand, Beijing ; S. Choy-Nankin, C. Heh, L. Ilik, T. Shen and C. Feng, Nanking ; C. Feng and Chia Cu Kuan, Ithaca, New York, USA ; Iun Kuei Iang, Columbus, Ohio, USA ; Librarian - no name mentioned. (The appointment of a librarian was probably a way to get the Congress materials for the Beijing Library by paying the congress taxes.)

In 1985, at the 18th Congress of the History of Science in Berkeley, California[91], at the same session as our report on D. Kostov, a scientific paper was published by Li Pei Shan from the Chinese Academy of Science. Li Pei-Shan spoke about a conference conducted in Kuinado, China, in 1956. He spoke of the triumph in acceptance of the Lysenko theory in China between 1949 and 1956. He also showed a second wave of acceptance of Lysenko's theory around 1960. He did not describe the physical demise among Chinese scientists, but did report about criticism of idealism and bourgeois attitudes against the scientists, of forbidding their lectures, and a harsh stop to scientific experiments.

There are no representatives from Hungary, Albania and Yugoslavia at the 6th Congress. The English translation of The Great Soviet Encyclopaedia[92], included an article about the term phytopathology. The main author was

91. Li Pei-Shan, " The Qindao Conference of 1956 on Genetics : The Historical Background and the Fundamental Experiences ", xviii[th] Congress of History of Sc. Berkeley, Abstracts book (1985), part - Bh.

92. Great Soviet Encyclopaedia, Translation of the Third Edition, vol. 27, N.Y., MacMillan, Inc., 569-570.

M. Dunin, the same Academician, from VASHNIL, who favored Lysenko. There were numerous negative comments about that article, about Prof. Dunin, and the history and theory of the problem.

The term phytopathology also does not exist in *The New Encyclopaedia Britanica*[93]. Under the subjects Agricultural Sciences and History of Agriculture[94] the information about pest and disease control in crops also does not include the concept of phytopathology. All agronomists know the importance of several sciences for the farming industry. Pest and disease control consists of some very important specific sciences, and they were already common knowledge. The main component of pest control is entomology, the science of insects. The other component, disease control, is an important, also systematically-based science, mycology — the science of the all fungi. There are also a few sciences related to plant pathology : microbiology (bacteriology and virology), nematology and limnology. Pest and disease control relates to our economical understanding of phytopathology. Phytopathology relates to our understanding of the process of biological disorders and how they function, the development of the removal of the abnormal from the healthy, and the damage to the plant organism.

Collier's Encyclopaedias from 1950-1962[95] also did not publish information on phytopathology.

Historically and functionally the concept of phytopathology has grown in its own individuality. This science was a new discovery for mankind, but had a long, pre-historical developmental period. The molecular model now opened up new frontiers — new ways of understanding nature. This report has taken great pains to represent the historical and bibliographical case for this void.

Summary

An in-depth study, built on a very solid basis, of N. Vavilov's role in the 6th Congress shows that he honourably represented his leadership in agronomic science in the USSR.

As with the reports from the Russian scientists who did not attend the Congress, the participants in the Exhibitions also showed considerable achievements from the USSR ; all told, by 25 Russian geneticists. Some of them died later (Vavilov, Meister, and Karpechenko), a few managed to save themselves by emigrating, and for others, there is no data.

Vavilov invited some of the participants of the 6th Congress to do research work in the USSR : J.I. Kendall, H. Muller, and C. Offerman. Muller and Offerman arrived in the USSR the following year. After April, 1932, the Bulgarian

---

93. *The New Encyclopaedia Britanica*, vol. 12, 15th ed., 168-194.
94. *Idem*, 168 and 172.
95. *Collier's Encyclopaedia, 1950 - 1962,* The Crowell-Collier Publishing Company.

geneticist D. Kostov was also in Leningrad. The three of them ratter suffered because of the Stalin-Lysenko policies.

In 1946, Herman Muller won the Nobel Prize. In 1943, Vavilov died as a martyr of science, and with this he shines as a victim of the policies of a dishonourable period in the history of civilization.

Despite his positive attitude toward Lysenko in 1932, Vavilov was very critical against yarovization. He sent an inspection group, Konstantinov, Lisitzin, and Kostov, to Lysenko's Institute. Together with their criticism, they also gave political credit to Lysenko and a chance for him to defend himself. This must be with any agreement with Vavilov. In 1936, everything depended on the politics of the Soviet Communist Party, and Stalin's model, and all the in-depth criticism of the three inspectors was blocked. Lysenko fought back with political slogans, and servility to Stalin. Dunin became a traitor to phytopathological science — something which Vavilov never did. His court process and file would be of further interest for discussion, but unfortunately it is still classified and a very secret file in Russia.

What happened to genetics in the USSR repeated itself in the area of nuclear physics. The study of the contradictions and problems among the nuclear physicists in the USSR, rests on the same model as with the failures of the Russian geneticists.

The downfall of the Soviet myth happened when the Chernobyl disaster occurred on April 26, 1986. The responsibility for this fell on the shoulders of Russian nuclear science. A comparative study is necessary on the character of Soviet nuclear science, starting with Kapica and Kurchatov, and reaching to Andrei Sacharov, and the shift manager at Chernobyl.

The political process in Lysenko's model could have had even greater scope. But even today, we do not know what the overall damages are from this model.

The history of science is obliged to study in detail the relationships, and the interconnections of political power and science in the USSR and its satellite countries. In a complete majority, the historians from the USSR and its satellite countries, including Bulgaria, would gladly raise their hands to hail the wisdom of T. Zhivkov, Stalin, Brejnev, and Gorbachev. So even now, a study this detailed is not possible in Bulgaria.

The structure of Lysenko's studies, built in Stalin's model, characterize the anti-scientific rule of communist society, which is in contradiction with the logic of knowledge and positive, experimental practical results. In this sense, every newly-studied detail will educate the future generations and help them from making similar mistakes.

ILLUSTRATIONS

Trofim Lysenko

Sovfot

Members of the 6th International Congress of Genetics at Ithaca

GROUP PHOTOGRAPH OF MEMBERS OF THE SIXTH INTERNATIONAL GENETICS CONGRESS AT ITHACA ARRANGED BY NUMBERS

1 F. A. E. Crew
2 F. B. Hutt
3 Katherine S. Brehme
4 Edward Wasp Wenstrup
5 Sara F. Passmore
6 T. L. S. Simpson
7 Florence L. Barrows
8 Helen Besley
9 Helen Houghtaling
10 Solomon Horowitz
11 G. L. Slate
12 W. H. Alderman
13 John T. Bregger
14 David H. Thompson
15 A. P. French
16 Glen Salisbury
17 E. E. Heizer
18 Kenneth N. Turk
19 Stuart N. Smith
20 Jack Schultz
21 Jack Stadler
22 A. C. Fraser
23 R. A. Emerson
24 P. Bussell
25 C. C. Hurst
26 L. C. Gowen
27 J. W. Gowen
28 E. W. Lindstrom
29 Anastasia J. Romanoff
30 N. Dobrovolskaia-Zavadskaia
31 Mrs. F. W. Herriott
32 George Haines
33 Th. Dobzhansky
34 L. C. A. Minns
35 Lillian Phelps
36 R. J. Kamenoff
37 Marcus M. Rhoades
38 Barbara McClintock
39 Virginia H. Rhoades
40 Harriet Smith
41 L. H. Newman
42 L. H. Cutler
43 W. W. Worzella
44 W. R. B. Robertson
45 F. A. Hays
46 John F. Hays
47 Mrs. F. A. Hays
48 Myron Gordon
49 H. H. Ellis
50 J. B. S. Haldane
51 E. B. Waldron
52 F. Gaines
53 Margaret Gaines
54 Mrs. J. Rheinheimer
55 J. Rheinheimer
56 G. J. Rieman
57 George Ereb

65 Matthew Fowlds
66 Curt Stern
67 Mildred Hoge Richards
68 C. D. Darlington
69 O. L. Mohr
70 Mrs. O. L. Mohr
71 Mrs. Barbara Davis
72 Mary Crawford
73 H. Timoféeff-Ressovsky
74 Mrs. Gertrude Lindegren
75 Carl C. Lindegren
76 F. S. Howlett
77 W. P. Spencer
78 Noel L. Bennion
79 C. L. Huskins
80 C. L. Glass
81 S. M. Saenko
82 Mrs. S. Belfield
83 Roy E. Gibson
84 A. Richards
85 H. H. Newman
86 H. H. Newman
87 C. R. Stockard
88 Luis H. Estabrook
89 Wogt
90 E. B. Merrell
91 E. B. Babcock
92 L. H. Snyder
93 Mrs. L. H. Snyder
94 Corrado Gini
95 A. Gandel
96 K. Goldschmidt
97 R. Goldschmidt
98 G. Kulkarni
99 C. Stuart Christian
100 E. Gordon Miles
101 L. Chroboczek
102 ... Ma
103 John H. Schaffner
104 Mrs. John H. Schaffner
105 Yun-Kuei Yang
106 O. H. Chung
107 E. A. Lods
108 W. H. Robertson
109 W. H. Sando
110 W. H. Stanton
111 G. A. Sprague
112 A. A. Bryan
113 Florence Stuck
114 Maurice Proulx
115 Mrs. H. V. Morgan
116 Mrs. Catharine V. Beers
118 Mary B. Stark
119 G. O. Hall
120 A. M. Maw
121 A. M. Maw
122 Maurice Proulx
123 L. Lush
124 D. C. Warren
125 H. B. Goodrich

130 C. K. Parris
131 F. D. Richey
132 R. A. Fisher
133 Alexander Weinstein
134 Daniel Raffel
135 Mrs. A. Vandel
136 H. H. Plant
137 Kurt Hubert
138 A. E. Brandt
139 P. W. Gregory
140 G. L. Stebbins, Jr.
141 A. P. Saunders
142 C. B. Stout
143 C. G. Bowers
144 H. O. Buchholz
145 H. O. Hetzer
146 N. I. Macklin
147 N. I. Vavilov
148 E. F. Grossman
149 D. L. Whitney
150 S. T. M. Forbes
151 T. L. N. Gerould
152 N. Timoféeff-Ressovsky
153 F. R. Immer
154 L. R. Powers
155 Jane Spier
157 Mstr. Bangson
158 I. P. Kelly
160 C. D. Gordon
161 Arthur B. Chapman
162 John H. Quisenberry
163 Walker M. Dawson
164 William Macoun
165 E. Summerhey
166 H. Nachtsheim
167 Harry Federley
168 Kristine Bonnevie
169 Mrs. Hansen
170 Mrs. Helen D. Hill
171 J. Ben Hill
172 I. Sanders
173 E. J. Gumbel
174 René Vandendries
175 A. Zulueta
176 Jacques Rousseau
177 E. N. Wentworth
178 E. Cole
179 F. B. Morrison
180 C. J. Lynch
181 Wilhelmina F. Dunning
182 A. Schmid
183 E. W. Sinnott
184 B. Ruggles Gates
185 H. H. Strandskov
186 Edward C. Colin
187 M. N. N. Weismann
188 Nathan Kaline

195 G. B. Durham
196 Reginald H. Painter
197 B. Nebel
198 Lillian Hollingshead Hill
199 Gabe Carter
200 Max M. Hoover
201 A. B. Nolla
202 V. W. Jackson
203 John T. Crofts
204 W. H. Longley
205 Franklin Shull
206 Patterson
207 F. E. Lutterfield
208 F. A. Varrelman
209 Herbert S. Warren
210 Virgene Warbritton
211 G. B. Davenport
212 H. S. MacDowell
213 M. East
214 Fred N. Briggs
215 J. Collins
216 Eleanor Carothers
217 P. W. Whiting
219 Ruth McArthur
220 E. K. Nabours
221 John L. Bittner
222 Wm. H. Gates
223 Mrs. Wm. M. Gates
224 Ruth Marshall
225 C. A. Harland
226 A. M. Banta
227 E. O. White
228 O. A. Brink
229 D. N. Shoemaker
230 Paul C. Warren
231 H. Humm
232 O. D. Smith
233 O. D. Smith
234 J. Hawryluk
235 F. Lebedeff
236 C. W. Metz
237 Ralph E. Cleland
238 Karl Sax
239 Dodge
240 B. L. Warwick
241 Mrs. Adeline Van Lone
242 E. Van Lone
243 Bowstead
244 J. G. Steele
245 E. Albrecht
246 D. Cooper
247 Ruth H. Lindsay
248 H. Senn
249 N. P. Neal
250 M. C. Parker
251 Henri Prat
252 L. C. Strong

260 H. D. King
261 L. F. Whitney
262 E. G. Ritzman
263 Paul Popenoe
264 George W. Castle
265 Mrs. F. S. Tulloss
266 Beatrice Johnson-Little
267 Robert Cook
268 Hugh C. McPhee
269 Elmer Roberts
270 B. P. Kaufmann
271 Burch H. Schneider
272 R. Watson
273 T. R. Livermore
274 R. B. Hinman
275 W. Neely
276 Arturo Roque
277 Carlos A. Krug
278 Trece Kemp
279 J. C. Thomas
280 W. F. Hanna
281 L. E. Kirk
282 O. McConkey
283 G. P. McRostie
284 Mary Eleanor Davis
285 Mary J. Brown
287 Martha H. Scott
288 Donald F. Jones
290 M. Demerec
291 Wiggans
292 A. M. Brunson
293 S. G. Smith
294 E. D. Goodale
295 E. B. Warfel
296 Mrs. B. P. Kaufmann
297 Ernest C. Diver
298 Paul C. Warren
299 Alan Deakin
300 J. H. Hersh
301 A. W. Whitaker
302 T. W. Whitaker
303 Ladley Husted
304 Wilbur M. Luce
305 Merle T. Jenkins
306 W. R. Singleton
307 T. L. Smith
308 H. M. Showalter
309 S. H. Yarnell
310 H. L. Ibsen
311 Albert Lorz
312 Alfred Marshak
313 P. C. Mangelsdorf
314 Edgar Anderson
315 Kenneth Kopf
316 Kenneth Kopf
317 W. J. Duchemin
318 W. E. Castle
319 C. C. Little
320 N. F. Waters
321 C. V. Green

325 A. E. Waller
326 Alan Boyden
328 A. H. Sturtevant
329 C. R. Plunkett
330 E. W. Erlanson
331 A. Senn
332 Eva M. Trully
333 S. H. Emerson
334 Ruth E. Lenderking
335 Emerson G. Knowles
336 Philippe L'Heritier
337 Charles Zeleny
338 M. R. Irwin
339 J. I. Kendall
340 G. D. Snell
341 H. Bentley Glass
342 E. M. Perry
343 Hally J. Sax
344 Mrs. B. O. Dodge
345 Wm. H. Brittingham
346 Wm. S. Ru
347 Atto L. Margolis
348 A. Dunn
349 George P. Child
350 L. H. Hamilton
351 M. H. Harmly
352 R. O. Earl
353 Grace White
354 M. A. Taylor
355 L. A. MacRae
356 T. J. Arnason
357 W. H. McGibbon
358 Howard B. Frost
359 Lloyd Ingersoll
360 Lambert
361 C. A. Coffman
362 J. Burnham
363 I. G. Maw
364 F. B. Meacham
365 I. B. Cotner
366 C. A. Derick
367 A. G. Whiteside
368 R. G. Sutherland
369 Edward N. Shrigley
370 H. J. Fitzpatrick
371 W. J. McGregor
372 M. L. Smith
373 W. K. Smith
374 P. B. Sawin
375 F. H. Clark
376 S. C. Reed
377 Everett B. Clark
378 R. Cumming Robb
379 F. A. Krantz
380 Elliot Clark
381 T. M. Currence
382 A. N. Wilcox
383 G. H. Rieman
384 Herbert P. Riley

Н.И. ВАВИЛОВ

ДОКУМЕНТЫ ✶ ФОТОГРАФИИ

L'ÉVOLUTION DE L'ÉVOLUTIONNISME : LA THÉORIE SYNERGIQUE

Denis BUICAN

Etudiant-chercheur, j'ai commencé, à partir de 1951, à pratiquer des essais expérimentaux de radiogénétique et électrogénétique dans les laboratoires de Roumanie. De telles recherches se déroulaient dans une quasi-clandestinité à cause des oukases des conseillers soviétiques du régime communiste asservis, dans l'affaire Lyssenko, à la boussole " déboussolée " du marxisme-léninisme, dont le grand pontife et inquisiteur était le " Coryphée de toutes les sciences ", Staline, suivi par ses épigones du monde communiste.

Expérimentant donc dans le domaine de la mutagenèse, j'ai pu observer au microscope une série d'aberrations chromosomiques et constater que les organismes issus d'un tel type de mutations n'étaient pas viables. Or, si les facteurs létaux se trouvaient connus depuis les observations de Lucien Cuénot (1905), aucune théorie n'avait stipulé, jusqu'à nous, que leur existence même implique une présélection génotypique et que, par conséquent, certains patrimoines génétiques sont éliminés *a priori* avant le processus de sélection naturelle phénotypique constaté par le darwinisme, le néodarwinisme et la théorie synthétique de l'évolution qui en dérive.

Ainsi, au cours de la première partie des années cinquante, encore jeune étudiant-chercheur, j'ai pu formuler au sein de différents cercles scientifiques (approuvé en cela par le professeur roumain le plus réputé de cette période : G. Ionescu-Sisesti, membre de l'Académie roumaine et fondateur, en 1927, du principal centre scientifique d'alors dans le pays, l'*Institut de Recherches agronomiques*) le concept d'une sélection multipolaire, notamment au niveau du génotype, et développer l'idée que non seulement les micromutations géniques, mais aussi les macromutations — " aberrations " chromosomiques parfois utiles — sont d'une grande importance évolutive.

De telles conceptions, jugées hétérodoxes par le " darwinisme créateur soviétique " de Lyssenko et ses " disciples " de Bucarest, ont entraîné la destruction de mon premier lieu de travail, à l'Institut de Recherches agronomiques, sur l'injonction d'une femme " savante " de l'époque, Alice Savulescu, académicienne communiste et épouse toute puissante de Traian Savulescu, président de l'Académie roumaine, qui a dirigé à partir de 1948 l'" épuration " de ses membres indésirables aux yeux de la dictature communiste. En effet, pour les dogmes marxistes-léninistes appliqués à la biologie par Lyssenko, l'" agrobiologiste " favori de Staline, les gènes qui composent les chromosomes n'existaient pas... et la génétique de G. Mendel, A. Weismann et T.H. Morgan constituait une " science bourgeoise-réactionnaire " ; donc, montrer l'influence évolutive des gènes et des chromosomes était interdit.

Malgré ces interdictions arbitraires et la destruction de mes laboratoires au cours de la période 1957-1962, j'ai persévéré et, dans mon livre[1] publié à Bucarest en 1969, après plus de cinq longues années de combat avec la censure, je me suis attaqué aux dogmes du lyssenkisme — ce que personne n'avait fait auparavant à l'intérieur du bloc communiste. Le professeur Paul Vayssière, du Muséum National d'Histoire Naturelle de Paris, écrivit dans un compte rendu de cet ouvrage présenté à l'Académie d'Agriculture de France : " Il ne s'agit pas d'un traité essayant de justifier les théories qui avaient pour but de révolutionner les Sciences Biologiques des nations soviétiques depuis une cinquantaine d'années et qui constituent une sorte de bréviaire génétique. Bien au contraire, les auteurs, pour la première fois en Roumanie, s'opposent aux théories qui ont été officialisées et développent méthodiquement les acquisitions obtenues par la science occidentale "[2].

Or, à cette époque et dans l'univers communiste, de telles publications étaient fort dangereuses pour leurs auteurs : ainsi, Jaurès Medvedev a été enfermé dans un asile psychiatrique de l'ancienne URSS quelques années plus tard (1970), après avoir fait publier aux Etats-Unis un livre critique sur l'affaire Lyssenko... Quant à notre ouvrage déjà cité, il avait tenté de remettre les pendules à l'heure en ce qui concernait non seulement l'histoire de la fausse science de Lyssenko, mais aussi les questions générales de biologie telles que l'évolutionnisme et la génétique. Ainsi, notre conception de la sélection multipolaire — à partir de micro- et macromutations — se trouve mise en évidence dans les pages consacrées aux niveaux d'intégration des systèmes vivants, dont les schémas (p. 81-82) furent exécutés selon mes indications par mon collaborateur pour cet ouvrage ; ces schémas furent d'ailleurs repris dans certains de mes livres parus plus tard en France[3], pour illustrer l'action de la sélection multipolaire dans le cadre de la théorie synergique de l'évolution. Cette dernière doit donc ses premières observations expérimentales à la période 1951-1956 ; certaines d'entre elles furent présentées dans une thèse soutenue

---

1. D. Buican, B. Stugren, *Biologie générale, génétique et amélioration* (en roumain), Bucarest, 1969.

2. P. Vayssière, " Un nouveau traité roumain de Biologie ", *Comptes rendus de l'Académie d'Agriculture de France*, 6 mai 1970, 493-495.

3. D. Buican, *L'Evolution*, Paris, 1955 ; *L'Evolution et les théories évolutionnistes*, Paris, 1997 ; *Dictionnaire de Biologie. Notions essentielles*, Paris, 1997.

en 1956[4], et nous avons depuis lors développé notre théorie dans plusieurs articles, études et livres, dont l'un s'est vu décerner un Grand Prix de l'Académie française[5].

La séléction multipolaire : l'évolution synergique, de l'atome à l'univers, depuis l'apparition de la vie jusqu'à la biosphère et, peut-être, au Biocosmos.

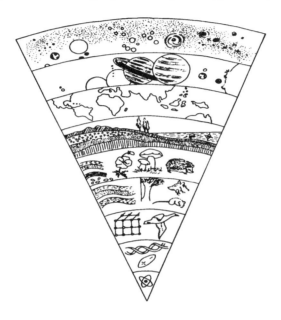

La sélection multipolaire part de la constatation scientifique que le tri sélectif se passe — outre le niveau illustré par le darwinisme classique — à d'autres étages d'intégration des systèmes vivants. En définitive, un être vivant représente un enchevêtrement de micro- et macrosystèmes. Parmi les microsystèmes du vivant, l'on peut citer : les molécules, dont s'occupe la biologie moléculaire, et les cellules, qui font l'objet de la génétique classique, rassemblées en des tissus et organes à l'intérieur des êtres vivants. Bien sûr, le niveau clef reste celui de l'organisme vivant — lui-même un carrefour entre les microsystèmes qui le composent et les macrosystèmes qui l'englobent dans leurs relations multiples. Parmi les macrosystèmes biologiques, il faut citer les populations et les espèces biologiques, les biocénoses — associations de plantes et d'animaux dans une cohabitation concurrentielle —, les écosystèmes — systèmes dont s'occupe l'écologie — et, enfin, la biosphère.

4. D. Buican, *L'Influence des facteurs radioélectriques sur la vie*, Thèse de diplôme d'ingénieur agronome, IANB, Bucarest.

5. D. Buican, *La Révolution de l'évolution*, Paris, 1989, 339.

La sélection multipolaire à plusieurs niveaux du vivant : de l'atome à l'Homme... et du génotype au phénotype.

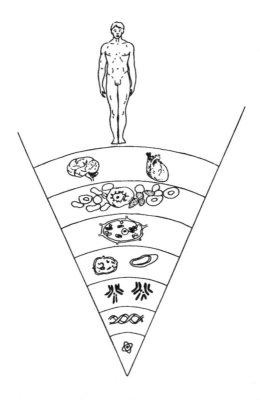

Le darwinisme comme la théorie synthétique qui en dérive s'occupent de la sélection naturelle au niveau des macrosystèmes biologiques, notamment, nous l'avons déjà écrit, au palier de l'individu dans le cadre d'une population intégrée à l'espèce biologique. Notre théorie synergique de l'évolution part des microphénomènes rencontrés au niveau des microsystèmes, c'est-à-dire au niveau de la génétique cellulaire classique et moléculaire.

En effet, la génétique actuelle prouve que l'homme est capable d'exercer une sélection artificielle au niveau moléculaire. Car le génie génétique peut introduire des gènes, voire des chromosomes, dans le patrimoine héréditaire, comme il peut les en soustraire. De telles manipulations sont devenues assez courantes dans la pratique des laboratoires, démontrant l'existence d'une sélection artificielle au niveau moléculaire et cellulaire. Une telle sélection génotypique — faite à l'intérieur même du patrimoine héréditaire — se rencontre depuis toujours dans la nature : il s'agit d'une sélection naturelle qui élimine — en raison des facteurs létaux — les génotypes des organismes incompatibles avec la survie, avant le processus classique de la sélection naturelle mis en évidence par Darwin.

En passant en revue la génétique classique à la lumière de notre théorie, l'on trouve toute une série de faits qui la confirment : nous avons déjà parlé de la létalité due à certaines combinaisons de gènes, phénomène qui élimine *a priori* les génotypes non viables, à laquelle il faut ajouter une sélection cellulaire limitant le phénomène de polyploïdie (c'est-à-dire le phénomène de multiplication des garnitures chromosomiques, qui ne peut aucunement se perpétuer à l'infini). La sélection multipolaire s'oppose également à certaines hybridations entre des espèces et des genres biologiques fort éloignés, en ne permettant pas la fécondation ou en provoquant une stérilité chez les descendants, comme c'est le cas par exemple dans les métissages entre l'âne et le cheval.

Les mutations, ces changements héréditaires fortuits, ces accidents susceptibles de toucher les gènes et les chromosomes, peuvent être favorables ou défavorables. Mais avant tout, elles peuvent être des accidents létaux qui éliminent les combinaisons mortelles des gènes avant la sélection naturelle classique ; donc, les mutations létales opèrent sur le palier de la sélection multipolaire, dans le sens de notre théorie synergique de l'évolution.

Un cas spécifique dans notre théorie est offert par la tératologie, discipline scientifique qui s'occupe des monstruosités. En effet, les êtres qui, par leurs tares génétiques, représentent de véritables " monstres ", sont pour ainsi dire nés morts, car d'emblée condamnés, avant l'intervention de toute sélection naturelle classique, et même dans les meilleures conditions possibles du milieu ambiant.

Nous avons parlé dans les lignes précédentes de micro- et de macrosystèmes du monde vivant. Prenons maintenant un exemple plus imagé. Ainsi, les différents étages, paliers et niveaux d'intégration des systèmes biologiques de plus en plus larges nous apparaissent comme une série de poupées gigognes, de poupées russes ou, ce qui revient au même, une série de sarcophages égyptiens contenus les uns dans les autres dans la chambre mortuaire du pharaon ou de la reine. Cette série de systèmes imbriqués à différents niveaux — molécule, cellule, organisme, espèce biologique et grands ordres de classification du vivant composant la biosphère — se construit d'une manière sélective.

Cette sélection que nous appelons multipolaire a lieu à chaque niveau d'intégration des systèmes vivants, mais, bien entendu, d'une manière appropriée à chacun de ces étages biologiques successifs. En effet, elle représente une théorie sélective généralisée dont la sélection naturelle classique reste un cas particulier et spécifique. Ainsi, la sélection multipolaire permet d'agencer une théorie globale de l'évolution qui n'abolit aucunement le darwinisme et la théorie synthétique de l'évolution, mais les complète en les plaçant dans un cadre explicatif plus large et plus adapté aux connaissances acquises par l'évolutionnisme actuel.

En un mot, notre théorie synergique de l'évolution — tout en englobant et dépassant le darwinisme classique et la théorie synthétique de l'évolution — s'enrichit des nouvelles données de la biologie cellulaire et moléculaire, dont le dernier fleuron reste le génie génétique. En même temps, cette théorie offre à la biologie pratique et à l'évolutionnisme un cadre flexible et adéquat au développement dynamique de la connaissance scientifique moderne.

Pour conclure, la théorie synergique de l'évolution prend comme point de départ la sélection multipolaire qui représente une théorie sélective généralisée, et dont la sélection naturelle du darwinisme reste un cas particulier, mais essentiel. A la différence, donc, du darwinisme et de la théorie synthétique qui en est issue, la sélection multipolaire ne s'exerce pas seulement au niveau du phénotype — comme la sélection naturelle, sexuelle et artificielle — mais aussi au niveau moléculaire et cellulaire du génotype ; cette sélection prend en considération non seulement les micromutations (géniques), mais également les macromutations (chromosomiques) qui, dans les cas de létalité, constituent une présélection génotypique s'exerçant sur le plan de la théorie synergique en rendant compte d'un orthodrome, c'est-à-dire d'une canalisation sélective initiale du processus évolutif.

Ainsi, la théorie synergique permet d'élaborer une conception globale et dynamique de l'évolution dans un cadre plus adéquat aux nouvelles acquisitions de la biologie contemporaine, tout en mettant en lumière le développement du vivant au connaissant dont s'occupe la biognoséologie ; de surcroît, elle offre une base théorique solide à la sélection artificielle — exercée aux niveaux moléculaire et cellulaire par le génie génétique — aboutissant aux biotechnologies actuelles.

BIBLIOGRAPHIE

D. Buican, " Le microphénomène et la philosophie de la biologie moderne ", *Scientia*, vol. 109, V-VI-VII-VIII (1974), 335-371.

D. Buican, " La présélection génotypique et le modèle évolutif ", *La Pensée et les Hommes*, 8 (1980), 205-209.

D. Buican, " Philosophy of History of Biology : Revolution of Evolution ", *VIIIth International Congress of Logic, Methodology and Philosophy of Sciences*, vol. 2, Section 9 (1987), 226-229.

D. Buican, *La Révolution de l'évolution*, Paris, 1989, 339. (Coll. Histoires) ; Bucarest, 1994.

D. Buican, *Biognoséologie. Evolution et révolution de la connaissance*, Paris, 1993 (publié, en même temps, en éd. bilingue, Bucarest, 1993).

D. Buican, *L'Evolution aujourd'hui*, Paris, 1995, 160.

D. Buican, *L'Evolution et les théories évolutionnistes*, Paris, 1997, 210.

C. Grimoult, *Histoire de l'évolutionnisme contemporain en France*, Thèse de Doctorat en cours de soutenance : Histoire des Sciences, Université de Paris X.

WHAT IS LIFE ? — A HISTORY OF CONCEPTIONS FROM MYTHS OF CREATION TO ARTIFICIAL LIFE

Jouko SEPPÄNEN

INTRODUCTION

This paper reviews major milestones in the evolution of conceptions about " living " as contrasted with " non-living ", a cardinal dichotomy which has intrigued mankind for millennia and received diverse expressions, interpretations and explanations in mythology, religion, philosophy and science. The evolution of life conceptions vividly exemplifies the principle of continued improvement, falsification and evolution of scientific theories (1963) as proposed by the Austrian-British philosopher Karl Popper (1902-1996) and the theory of paradigm shifts and scientific revolutions (1970) by the US philosopher and historian of science Thomas Kuhn (1922-1996). The following major paradigms are discussed :

- mythological
- philosophical
- biological
- physical and thermodynamical
- systems theoretical and
- computational.

The rich heritage of oral and spiritual tradition including myths of creation of various peoples bears witness to the fact that from unfathomable times man has wondered about his own existence and sought for an explanation of the purpose and origin of life and of the world. The myths were displaced by stories of creation of higher literary religions which in turn were contested by philosophical speculations only to be superseded by scientific explanations.

In the 19th century, physical, energetic and thermodynamic preconditions of life became understood. Yet the classical sciences failed to offer more than descriptive explanations. In the 20th century molecular biochemistry and theoretical biology were able to reveal and analyse subcellular biochemical processes, compounds and reactions and their controls in ever greater detail. But still, the first principles and the logic of the underlying machinery and its driving force remained mysteries until the missing links were filled in by system and information theory, cybernetics, non-equilibrium and complex dynamics and computer science. Today we understand the reasons why even modern natural sciences failed in explaining life adequately, namely : they followed the classical paradigm of analysis and reduction of phenomena into their basic elements. An atomistic approach based on isolated analyses does not work for complex systems such as living beings, cells or systems of chemical reactions where the whole is more than the sum of its parts. The fundamental principles of interdependence and integration and the consequent emergent qualities and functions resulting from appropriate complexity and architecture were simply lost and overshadowed by the quantity of detail.

A new paradigm for the study of complex phenomena emerged, however, in the mid-20th century with the invention of the computer and the subsequent development of systems theory, model thinking, information theory, cybernetics and computer science. Toward the end of the century a number of new fields arose — such as dynamical systems, irreversible and non-equilibrium dynamics, non-linear and complex systems, structural stability, synergetics, catastrophe theory, chaos and fractal theory, the theory of self-organisation etc. — which allowed to explain complex phenomena in both non-living and living nature.

Scientific knowledge and explanations are expected to be verifiable in terms of premises, experiments, observations, measurements or proofs which must be redemonstrable whenever suspected. In the case of complex phenomena, especially processes evolving over billions of years such as life on earth, this may be difficult or even impossible. Earlier steps of evolution are no longer available for inspection and analysis. The difficulties in obtaining proofs or explanation of certain questions leave room for unjustified speculations and beliefs to live on.

The computational paradigm does, however, offer new possibilities especially in the study of complex and evolving systems. By constructing computational models it is possible to make experiments with highly complex models and processes. By means of constructing precise mathematical and algorithmic models and by running simulations it is possible to observe their behaviour and evolution. These include models of biological, cognitive, linguistic, social and ecological systems. The computational paradigm is now bringing life, human and social sciences under the same conceptual and methodological framework as the exact and engineering sciences.

In a historical perspective, the complexity of living systems is so appalling that it is no wonder that their understanding has progressed so slowly. Over two thousand years of literary religions, philosophy and science have left the fundamental questions of life — its origin, the basic mechanism and its driving force behind it — unexplained. Scientific experiment, logical proof by valid methods of reasoning and realisation and demonstration by mathematical or computer models or engineering designs have proven more reliable methods of explanation, understanding and demonstration.

EVOLUTION OF PARADIGMS

Scientific conceptions change whenever better knowledge becomes available. Over time the conceptions about life and its origin have also changed and become more precise and reliable. However, because life is a highly complex phenomenon, it cannot be explained by any single principle or theory. Rather, an adequate explanation must necessarily involve a great many principles and theories across disciplines. In fact, the history exemplifies an evolution of ideas and theories akin to the evolution of life itself. The closer we come to the present time the more theories are seen as relevant to the explanation of various aspects of life. Moreover, life has no single root or beginning. Rather, it has not only a huge number of branches and leaves but also a huge root-stock, a tree of causes and effects which have led to and continue to direct its evolution. Moreover, the evolution of life is not only the result of variation and natural selection, but also the result of continuous emergence of new forms and functions and their falling together and interlocking into ever more complex systems and coevolving webs of systems.

Today it is, however, understood, as will be shown in the conclusions, that ultimately not more than a few fundamental preconditions and first principles are, after all, necessary and sufficient to explain how and why life at large is possible, where does it derive its driving force and what are the fundamental conditions for it to run, survive and evolve on the planet Earth or elsewhere.

In the history of ideas relevant to the explanation of various aspects of living systems it is possible to identify a number of stages and fields of science which involve very different conceptual frameworks, theories and paradigms.

The length of even a condensed list of subjects, fields and theories indicates that a great many ideas and principles have been proposed and formulated. In the course of history most of them have, however, been refuted while some have stood the time and offered basis for refinement and integration. Yet, many obsolete conceptions and beliefs continue to live unquestioned in religions, philosophy and even in science.

Because of the wide scope of the subject and lack of space many topics will have to be accounted for only briefly. Many points must also be left out, especially as we approach the front-line of science today. The presentation may also run the risk of becoming a chronology. Some interesting etymologies of life-related terms are also indicated.

RELIGIONS AND PHILOSOPHY

Many ancient conceptions about life and its origin are still extant in various traditions of folklore, religions, theologies and philosophical schools. They all share the characteristic of having survived nearly unchanged through ages in spite of developments in science and continue to dominate people's minds in many cultures irrespective of their mutual differences and evident internal and external contradictions.

About two and a half thousand years ago the Greek philosophers started to ponder questions of life, man and nature independent of myths and religions.

In the Middle Ages nature was understood as distinct domains or Kingdoms. The biblical myths and neo-Platonic conceptions about the creation of the world, life on Earth, man and soul were further refined by the scholastic philosophers and became part of the official church doctrine.

NATURAL PHILOSOPHY

The Renaissance and the New Time brought another departure from mythology and theology toward natural philosophy and empirical science. Specific phenomena of life, like motor functions, blood circulation, respiration, generation, spontaneous generation, embryo development and the study of tissue and micro-organisms by means of microscope, became subjects of investigation and experimentation.

CLASSICAL PHYSICS AND BIOLOGY

During the Enlightenment, comparative anatomy, classification of species, paleontology and theories of descent and evolution developed into major subjects of investigation. In the beginning of the 19th century the French naturalist Jean Baptiste Lamarck (1744-1829) coined the term *biology* (1802) identifying the field as an independent branch of natural science.

Toward the end of the century, discoveries in cytology, heredity, fertilisation and new methods in biochemistry and microscopy gave rise to cell theory and later to chromosome theory which subsequently allowed to observe and describe mitosis and meiosis. Earlier speculations were gradually superseded by descriptions of life processes in considerable detail on subcellular and later on biochemical and molecular levels. The fundamental questions concerning the physico-chemical and energetic basis and of the origin of life could not, however, be solved within biology. Their resolution required new results from classical physics, thermodynamics, chemical kinetics and molecular biochemistry in the 19th century.

Entropy and Free Energy

The study of the energetic efficiency of the steam engine, *i.e.* the transformation of heat into mechanical motion, led in the 19th century to the formulation of thermodynamics. The French engineer Sadi Carnot (1796-1832) investigated the cycling process of heat in the engine and noticed that some proportion of it was always lost. This observation was generalized by the Italian physicist Benito Clapeyron (1799-1864) who introduced the idea of an ideal or reversible process where all the heat spent on the engine would be transformed into useful mechanical work and the real or irreversible process which always involved some loss of heat. Comparing these it became possible to precisely define and calculate the efficiency of energy conversions.

Based on these results the German physicist Rudolf Clausius (1822-1888) introduced the concept of entropy, and formulated the second law of thermodynamics also called the *entropy law*. It became clear that all natural events involved energy conversion and that in any event wherever it was converted from one form into another, some proportion of it was inevitably lost in the form of dissipation and could not be recovered, while its total amount, according to the first law, was always conserved. The entropy law revealed that the laws of physics were not truly symmetric with respect to energy and time : physics was not totally reversible. The proportion of energy lost might vary from one case to another but was always inevitable. The entropy law turned out to be universally valid and was shown to concern living as well as non-living.

The entropy law also explained why heat never flows by itself from cooler to warmer but always in the opposite direction tending to spread and level out into the environment. All events in the nature and in the whole universe seemed to be on a " downhill " course. All processes were heading toward what came to be called the *thermal death* of the universe, a state where all energy potentials were eventually dispensed and any differences of form, order, structure or organisation evened out into a uniform thermodynamical equilibrium. According to this view, life on earth and possibly elsewhere in the universe was but a thin, local and temporary counterstream against the overall mainstream course of events toward decay and death. Moreover, tax had to be paid to entropy for making any use energy which was indispensable for the sustenance, survival and development of life.

This was a pessimistic prospect which raised sharply the question of how then was it possible at all that life could ever have come into existence, survived and even developed and flourished for billions of years ? Answers to these questions were to be found in the concepts of free energy, chemical thermodynamics, reaction kinetics and the logic of chain reactions and self-reproducing systems first in the 20th century.

The German physician, physiologist and physicist Herman von Helmholtz (1821-1894) formulated the law of conservation of energy precisely and, like

Mayer, understood that it was equally valid for electricity, chemistry and the living nature which received its energy from burning food like steam engines from burning coal. He was convinced that living beings possess no innate or vital force different from those driving the non-living nature. He tried also to prove this but was able to take only a first step.

In 1882 he defined the notion of *free energy* and derived an equation that relates the total energy of a system to the proportion of it that can be converted to forms of energy other than heat. By this result, Helmholtz anticipated chemical thermodynamics, *i.e.* extension of the concepts of free energy and entropy to chemistry and biochemistry. The thermodynamic criteria concerning the direction of chemical reactions were soon established and became crucial to understanding the reaction kinetics of the chemistry of life as formulated in the theories of autocatalytic and hypercyclic chemical reaction systems about a century later.

CHEMICAL THERMODYNAMICS

In the 20th century it was shown that free energy and entropy rather than heat are the prime determinants of the dynamics and thermodynamics of chemical reactions. In chemical reaction kinetics and the theory of dynamic chemical equilibrium the law of mass action was discovered. The mechanism and thermodynamics of catalysis were explained and extended to biochemical enzyme reactions.

In the mid 20th century chemical thermodynamics was further refined in the study of complex dynamical equilibrium and non-equilibrium systems which became known as *dissipative structures* and *non-equilibrium thermodynamics.* Toward the end of the century these theories were integrated into respective developments in non-linear physics, also known as *synergetics, complex dynamics* and the *theory of self-organizing systems.* In the 20th century the development of molecular biochemistry allowed to map the molecular structure of proteins, nucleic acids and other compounds and reactions but the logical machinery and mathematical theory of self-reproduction were to emerge only in the mid and late 20th century.

The Swiss-born Russian chemist Germain H. Hess (1802-1850) showed that the total energy of any reaction is independent of the *reaction path* (1831), *i.e.* of the intermediate states and partial products through which the reaction sequence proceeds. Moreover, he demonstrated that the change of amount of heat and the loss of energy for reasons of entropy are dependent only on the initial and *final* temperatures of the reaction and not on its pathway (1840). This result confirmed the validity of the entropy law in chemistry as anticipated by Mayer and von Helmholtz.

The US physical chemist Josiah W. Gibbs (1839-1903) perfected the results of Hess by deriving a general equation for chemical affinity which combined physical and chemical entropy in one formula. He also defined the thermody-namical condition which determines the reaction potential and the direction of flow of a given reaction (1873). This condition was a fundamental result in chemical kinetics and equilibrium and non-equilibrium dynamics, known today as the Gibbs' phase rule, the Gibbs' function or reaction pressure. The result turned out to be crucial also as the thermodynamic and energetic precon-dition of the basic machinery of life.

MOLECULAR BIOCHEMISTRY

The British physiologist and genetician John B. Haldane (1892-1964) showed that the laws of chemical thermodynamics (1924) were equally valid for biochemical enzyme reactions as for inorganic catalytic reactions. The Gibbs function was shown to be generally valid for inorganic, organic and bio-chemistry. Life processes did not contradict the entropy law although they were able to run apparently against the mainstream tendency of nature toward rest and decay. The result explained the energetic and entropy conditions of the chemistry of life but not the basic chemical and logical mechanisms underlying it. To solve these questions new advances were required in the analysis of the substance and topology of the pathways of the basic biochemical reactions related to energy and metabolism, the power houses of the chemistry of life.

Subsequently, the basic reaction cycles and pathways underlying the energy chemistry of life were explained on the molecular and reaction levels. The Ger-man-British biochemist Hans Krebs (1900-1981) resolved the pathway of ani-mal cell metabolism known as the tricarboxylic cycle, the citric acid cycle or the Krebs cycle (1937). Details were filled in by the German-US biochemist Fritz Lipman (1899-1986). The US biochemist Melvin Calvin (b. 1911) described the biosynthetic pathway of photosynthesis, the reaction cycle by which green plants use photons of sun light to convert water and carbon diox-ide into carbohydrates and oxygen (1949).

These results were significant steps toward understanding the physical and thermodynamical possibility and reaction kinetic conditions of the chemistry of life. They explained the basic energetics and thermodynamics on which life sustained but gave only little hint of how life on earth could have emerged and what were the basic mechanisms underlying self-reproduction. To put these questions into a historical perspective let us briefly review also he history of the ideas about the origins of life.

THE ORIGINS OF LIFE

We prefer to speak of the origins in plural rather than in singular since, as it will turn out, no single origin of life can be identified although various steps can be seen in some respects more significant than others. Before 1860 the question of the origin of life was primarily of religious and philosophical concern. The definite demonstration of non-generation of micro-organisms spontaneously by the French chemist Louis Pasteur (1822-1895) in 1860 and the formulation of the theory of evolution by the British naturalist Charles Darwin (1809-1882) at about the same time led to an impasse from which only two outcomes could be thought of : either a spontaneous generation of organisms simpler than microbes in a distant past and their subsequent evolution or an extraterrestrial origin of life on earth.

In the 20th century the hypothesis of the earthly origin of life was considered on a scientific basis. The Russian biochemist Alexandr I. Oparin (1894-1980) concluded that the theory of panspermia was no answer since it only pushed the question to some other heavenly body. Instead, he focused on metabolism and noted that in principle there was nothing that could not be explained in terms of physics and chemistry on earth and that biological evolution had been preceded by epochs of geological and chemical evolution (1922). By the time Oparin's book was translated into English (1934), the British physiologist and geneticist John Haldane (1892-1964) had independently considered the possibility of the earthly origin of life as a natural process (1929).

In the 1950s attempts were made to synthesise the basic biochemical compounds of life in vitro. The US physical chemist and nuclear physicist Harold C. Urey (1893-1981) put the question of the origin of life into the context of the origin of the Earth and of the Moon and their geological evolution (1952). He suggested that the early atmosphere contained hydrogen, ammonium, methane, water vapour, nitrogen and sulphides which were to be the prime constituents for the early chemistry of life. Their interaction under the severe geological conditions of volcanic activity, early ocean and atmospheric electricity could have preconditioned the emergence of life on earth.

In 1953, his student Stanley L. Miller (1930-) succeeded to synthesise several prebiotic compounds more complex than organic carbons, namely amino acids, the basic constituents of proteins and enzymes, in vitro from water, methane, ammonium and hydrogen under electric discharges. Meanwhile molecular chemistry had made advances and begun to reveal the chemical compositions and structures of proteins, nucleic acids and other basic biochemical compounds.

In 1957, the first international conference on the origin of life on the Earth was held in Moscow followed by a series of conferences elsewhere. Research projects were also started in many countries on the search for signs of extraterrestrial life or intelligence using radiotelescopes.

More recently, the Scottish chemist Graham Cairns-Smith (1982) suggested that life could have resulted from surface phenomena on early crystalline mineral clays (1982). Fine minerals and microcrystals rather than carbon compounds could possibly have catalysed the first metabolic reactions. Such mineral life could have started to replicate, begin to evolve and become integrated with energetic, protein, nucleic acid, etc., cycles until reaching a stage which he called the genetic take-over making genetic biological evolution possible.

Although intuitively plausible none of these hypotheses could be demonstrated. The genetic mechanisms of transcription and replication, protein synthesis, etc., pathways were known but no theory was available which could have explained the fundamental principles of how and why the basic machinery of the chemistry of life could have emerged and continued to keep running. Moreover, they were not able to explain the ability of living organisms or even complex non-living systems to maintain their dynamic equilibrium, coherence, continuity and identity under varying external conditions and disturbances from the hostile environment. Theories capable of answering these questions were, however, already becoming available in new fields other than natural or life sciences, namely systems theory, cybernetics and information theory and computer science.

SYSTEM AND INFORMATION SCIENCES

In the mid 20th century, despite notable advances in experimental, analytical and theoretical biology and other natural sciences, it had to be confessed that life was still a mystery. Classical and modern science had failed to provide the definitive answers to the fundamental questions of life. The deadlock had been realized by philosophers and scientists in the 1930s but it was the Austrian biologist Ludwig von Bertalanffy (1901-1972) who pronounced it clearly and showed the way out. He argued that the classical and modern sciences had failed and would continue to do so unless a new approach was adopted which would properly take into account the systemic nature and the dimension of complexity of living organisms. Convinced of this he formulated what is today known as the general systems theory (1940) anticipating the rise of a new paradigm in science and philosophy, the systems paradigm (Altmann and Koch 1998).

During the second World War the first electromechanical computers were built by the German electrical engineer Konrad Zuse (1910-1995) and the US electrical engineer Howard Aiken (1900-1973) and the first electronic computers by the Bulgarian-US physicist and mathematician John V. Atanasoff (b. 1903), the US electrical engineer John W. Mauchly (1907-1980) and others. The Hungarian-US physicist and mathematician John von Neumann (1903-1957) invented the principle of stored program-computer (1945), the idea on which modern computers are based. In the 1950s computers were used mostly in mathematics and physics but from the 1960s they were put to use in other fields of science and subsequently in all walks of life. The computer revolution also brought in a new conceptual framework and novel methodologies for all sciences.

The notion of information had been introduced in telecommunication technology by the Swedish-US telegraph and telephone engineer Harry Nyquist (1889-1976) in 1924. In the 1930s the German-US physicist and microbiologist Max Delbrück (1906-1981) introduced the notion of biological information. In the 1940s the Austrian physicist Erwin Schrödinger (1887-1961) wrote a small but influential book " What is Life ? " (1944) introducing the notion code of life.

In 1948 the US mathematician Claude Shannon (1916-) formulated the information theory which became the basis of the theory of representation and communication of information, also known as the statistical or combinatorial theory of information. The next year the US physicist and mathematician Norbert Wiener (1894-1964) formulated the theory of cybernetics, or communication and control in man, animal and the machine, as he phrased the idea in the title of his book (1949).

In 1953 the structure of the DNA molecule was analysed and described as a double helix by the British biochemist Francis Crick (b. 1916), his US colleague James Watson (1928-) and others. The next year the Russian-US physicist George Gamow (1904-1968) anticipated that it was the DNA that carried the code of life consisting of the four kinds of nucleic acid bases as its " code letters " whose order in sequences of three directed the selection of amino acids in the synthesis of proteins, an idea which was confirmed in 1960.

The development of systems theory, model thinking, information and communication theory, cybernetics and computer science offered the necessary conceptual tools and methods to study in precise terms complex systems and processes — not only in natural sciences and in engineering but also in life sciences. Various principles of systems and information theory became essential to understanding phenomena of control, self-regulation, integrity, coherence, equilibrium, growth, metamorphosis, self-organisation, development, etc., characteristic to living beings, species and ecologies.

The teleological problem could be explained in terms of the principle of feedback and learning mechanisms of cybernetics combined with results from non-equilibrium thermodynamics, complex dynamics and self-organisation. These allowed physical, chemical and biochemical reactions, reaction systems and life processes on the cellular and physiological levels and their evolution to be seen and explained in a unified initial-causal, system theoretical and mathematical conceptual framework.

Toward the end of the century classical systems theory and cybernetics were extended to non-linear and complex dynamics and the theory of self-organisation. From the 1970s onwards the catastrophe, chaos and fractal theory were developed which allowed mathematical explanation of non-linear phenomena like growth, metamorphosis and development, known today as the theory of self-organizing and evolving systems.

In living systems growth processes involve metabolism, catabolism, anabolism, cell division, etc., reaction pathways together with their complicated control loops. The theories of complex dynamical systems can explain how a system or individual may grow, undergo metamorphoses and structural changes and develop through self-organisation and how populations and species may evolve over time maintaining their relative dynamical equilibrium and identity. But even they are unable to explain the phenomenon of self-reproduction. Toward the end of the century logic, mathematics and computer science allowed to solve this most essential mechanism of life. Classical and modern systems theories were supplemented with the theories of automata, formal languages, algorithms and computations which again caused a paradigm shift first in logic, mathematics and computer science themselves and then in physics and chemistry followed by life, human and social sciences.

The computational paradigm of science was the result of the emergence of a number of new fields and theories the application of which to the classical and modern sciences gave birth to new multidisciplinary fields of research such as artificial intelligence, artificial life, computational cognition, computational linguistics, semiotics, memetics, virtual reality, etc., most of which fall beyond the focus of this paper although not of life as a systems phenomenon.

It is not possible nor necessary to review the history of system, information and computer sciences in this paper. The interested reader is referred to (Seppänen 1998). Instead, the rest of the paper will focus on the history of self-reproducing systems and the short history of the newly-conceived field of artificial life, and their roots which, too, derive from several disciplines.

SELF-REPRODUCING SYSTEMS

In classical and modern biology reproduction had been studied in the context of generation, regeneration and heredity. In the 20th century advances in analytical biochemistry, molecular biology and genetics reduced the study and explanation of cellular and subcellular processes to the molecular and reaction pathway levels.

But even modern biochemistry, molecular biology and theoretical biology were incapable of explaining the logic of reproduction, *i.e.* the abstract principles and mechanisms which underlie the biochemical reaction pathways and render self-reproduction possible at large.

The theory of self-reproducing systems was developed already in the 1940s, an early stage of computer science, but went for several decades almost unnoticed by theoretical biologists and molecular biochemists. Although highly complex in terms of compounds, reaction paths and kinetics, biochemical reactions and reaction systems can be classified into only a few basic types by their logic and topology, namely : transmuting, polymerizing, branching, cyclic and self-reproducing reaction systems. Moreover, the control mechanisms behind these types of reactions involve catalysis and inhibition, two fundamental principles of control — positive (exciting) and negative (inhibiting) feedback. But the most essential to explain and understand chemical self-reproducing are the notions of autocatalysis and autocatalytic cycles.

Historically, these ideas derive from different times and several disciplines. The idea of chain reaction arose in the 1910s from the study of fermentation, catalysis and chemical kinetics in the late 19th century and the analysis of explosion and polymerisation reactions in the beginning of the 20th century. In the 1930s the ideas of nuclear fission, chain reaction and the possibility of the atom bomb were conceived almost simultaneously with the discovery of the fusion chain reaction taking place in the Sun. In the 1960s the idea of a cyclic chain reaction and autocatalytic hypercycles were formulated in the study of biochemical reaction systems.

CATALYSIS AND AUTOCATALYSIS

In 1887 the Swedish chemist Arrhenius had discovered inorganic catalysis and developed the theory of electrolytes. By the turn of the 20th century chemistry had matured enough to consider questions of kinetics and the structure of various types of chemical reactions. The German-US biochemist Leonor Michaelis (1875-1949) and his Canadian colleague Maud L. Menten (1879-1960) derived an equation known as the enzyme mechanism or Michaelis-Menten equation (1913). It described the rate of an enzyme-catalyzed reaction with respect to its substrate concentration. They also deduced that the catalyzed reaction was preceded by a reaction between the enzyme and its substrate to form the final complex whereby the enzyme was released again and remained intact, an idea which was confirmed 50 years later. In the general case, the catalyst may also occur as one of the products of the reaction or as an intermediate product which is subsequently consumed as a reagent. Thus, one chemical compound may assume one or more different roles — a reagent, a catalyst and/or a product — in a reaction or a reaction system.

The Polish chemist Jan Zawidski (1866-1928) discovered that in some reactions the product of the reaction was the same as its catalyst and called the situation autocatalysis, also self-catalysis. In a self-catalysing reaction, the concentration of the catalyst increases at each reaction by one molecule. These ideas led to the conception of more complex types of autocatalytic mechanisms such as linear polymerisation, branching chain reaction and cyclic chain reactions.

In analogy to self-catalysis, the Hungarian-British physical chemist Michael Polanyi (1891-1976) noticed that in some reactions the product acted against the reaction. The rate of reaction decreased and was finally caused to stop by the presence of increasing concentration of a product of the reaction itself which played the role of self-inhibition. In terms of cybernetics, autocatalytic and autoinhibiting reactions are examples of self-regulating reaction systems which involve positive and negative feedback control (Lat. *contra* + *rolare*), respectively, present in every reaction. In different types of more complex reaction systems these mechanisms can lead to unpredictable developments.

REACTION CHAINS AND CHAIN REACTIONS

In 1913 the German chemist Max Bodenstein (1871-1942) investigated the effect of light on the formation of hydrogen chlorine (HCl) from its elements and observed that a single photon could trigger a sequence of millions of reactions. Each reaction excited by one photon occurred in separation but emitted a new photon which triggered the next reaction etc. To generalise the principle he introduced the notion of chain reaction and postulated a mechanism of repeated action of separate reactions.

LINEAR POLYMERIZING CHAIN REACTIONS

In 1921 the German organic chemist Hermann Staudinger (1881-1965) questioned the generally accepted view that rubber and other non-crystalline materials of high-molecular mass were merely disorderly aggregates of small molecules. Rather, he claimed them to be long chain-like molecules held together by ordinary chemical bonds (1947). The result was soon confirmed and laid foundation for macromolecular chemistry and the study of natural and synthetic polymers. Already in 1936 he had also anticipated that genes, too, are chain-like macromolecules with definite structure which determines their function in heredity, an idea which was confirmed two decades later.

In 1953 the German organic chemist Karl Ziegler (1898-1973) discovered by chance the catalytic mechanism of linear polythene synthesis from ethylene monomers in the presence of an organometallic catalyst at low pressure. The growth of the polymer chain occurred by appending ethylene monomers to the end of the chain under the influence of the catalyst. For this result he shared the 1963 Nobel Prize in chemistry with his Italian colleague Giulio Natta (1903-1978).

BRANCHING CHAIN REACTIONS AND EXPLOSIONS

Linear chain reaction and polymerisation are simple mechanisms of catalytic reactions where the amount of catalyst remains unchanged whereas in autocatalytic reactions the catalyst itself is also reproduced. Thus, autocatalysis accelerates the chain reaction since the catalyst is reduplicated by one molecule at each reaction instance but is not consumed in the reactions they catalyse. Moreover, some reactions like nuclear reactions may produce more than one catalytic element giving rise to a tree-like process known as branching chain reaction which self-reproduces exponentially and results in an explosion. Indeed, historically, the idea of a branching chain reactions was conceived and pioneered in inorganic chemistry in the 1920s in the context of analysis of combustibles and explosives. In the 1930s analogous reactions were discovered in nuclear physics and in astrophysics.

The Russian physical chemist Nikolai N. Semenov (1896-1986) showed that combustion and violent explosions could be explained by assuming a chain reaction which proceeded in a tree-like fashion and called it branching chain reaction (1934). Each reaction initiated two or more new branches into the repetitively catalysed reaction pathway resulting in an exponential reaction rate which was manifested as an explosion.

In 1938 the Austrian-born Swedish physicist Ilse Meitner (1878-1968) and her nephew and colleague British-Austrian physicist Otto Frisch (1904-1979) realised the possibility of a nuclear bomb based on a chain reaction triggered by the fission of a uranium atom whereby neutrons are released to trigger further fission's. At that time both Meitner and Frisch were subject to persecution by the Nazi regime in Germany and were forced to leave the country. Keeping the idea secret they informed only their US colleagues and subsequently the US government, which was to lead into a flurry of research to develop the first atom bomb. Frisch also coined the term nuclear fission.

The same year (1938), the German physicist Carl Weizsäcker (1912-) independently suggested that energy in the Sun and stars is generated by a catalytic cycle of nuclear fusion reactions. The next year, the German-US physicist Hans Bethe (1906-) explained stellar energy production as a reaction cycle whereby four hydrogen nuclei are converted into one helium atom and radiation, a fusion chain reaction known as the Bethe-Weizsäcker cycle or carbon cycle and more popularly as the hydrogen bomb.

CYCLIC CHAIN REACTIONS

The Norwegian-born US theoretical chemist Lars Onsager (1903-1976) showed how a cyclic chain reaction consisting of three reactions, one feeding the next in a triangular cycle, can arise from three independent reversible reactions when appropriate energy is induced into one of the reactions in the form of a quantum of radiation (1931). Moreover, if the inflow of energy into the system is continuous the reaction wheel continues to rotate like a water-wheel as long as input reagents and free energy to run the system are available.

A wheel-like reaction system produces at each cycle one set of its output compounds and can be called a reproducing system. In the case of a catalysed cyclic chain reaction it may well occur that one or more of the output compounds of the system are equivalent to some of the catalysts of the reaction cycle itself, *i.e.* an autocatalytic reaction which is the key to understanding the logic of self-reproduction of entire reaction systems. Namely, it is logically possible that a reaction cycle or system of cycles reproduces not only one or a few of its own components and catalysts but all the necessary constituents to reproduce itself as a whole. In such a case we have a self-reproducing or auto-catalytic cycle or system of cycles.

The simplest types of autocatalytic cycles are single-loop autocatalytic cycles and cross-catalytic or mutually catalysing cycles. A single-loop autocat-alytic cycle is capable of producing all of its components by itself whereas in a cross-catalytic cycle two systems complement each other so that all compo-nents of both are reproduced. Clearly, it is logically possible that more than two systems mutually complement each other's reproduction. Moreover, it should be noted that such a system does not need be fully self-reproducing. It may well be only partially self-reproducing if the missing non-reproduced compounds are available from the environment as fuel or nutritive.

In the 1970s the Russian-born Belgian theoretical chemist Ilya Prigogine (1917-) analysed a model of an autocatalysing chemical reaction system which he called brussellator demonstrating and quantifying it experimentally. Later other autocatalytic cycles and pathways have been described. The mechanisms underlying the mutual catalysis and synthesis of proteins from amino acids under the control of nucleotides (DNA and RNA) and the syntheses and replica-tion of nucleic acids catalysed by proteins offer examples of mutual autocatal-yses.

HYPERCYCLES

In the 1970s the biocatalytic reaction cycles of reproduction in the real cell were analysed and formal models developed in order to explain their logic in terms of reaction system topology and catalytic mechanisms. These studies were made by molecular chemists independently and uninformed of the results achieved earlier in computer science.

The German physical chemist Manfred Eigen (1927-) proposed a model for a class of reaction systems which reproduce their own constituting compounds, *i.e.* a self-reproducing set of autocatalytic cycles calling them hypercycles (1971, 1979). The model was aimed at explaining the logical structure of the reaction cycles involving nucleic acids and proteins as a cycle of cycles. He was motivated by the question of what would be the simplest possible system which could occur, survive, self-reproduce and begin to develop in terms of reaction kinetics in the natural environment. He also tried to answer the key question of how the very " right kind " of molecules and reactions could have come together to form the first hypercyclic system, *i.e.* the emergence of chem-ical life.

The hypercycle model accounted for the chemical and thermodynamic con-straints of reaction kinetics as well as the logical possibility of emergence of such a system by chance, its survival, self-reproduction and evolution as a population of chemical reaction systems. However, it did not answer where, when or under what conditions this event and the subsequent evolution could have occurred. Also the character and order of intermediate steps of chemical evolution remained open since much of the evidence of intermediate steps have disappeared. Chemical archaeology and palaeontology of the early molecular life is bound to confine to materials available as viral, bacterial and multicellular fossils and as extant molecular machineries of cell chemistry in the living species.

AUTOCATALYTIC POLYMER SETS

In the 1980s the US molecular biologist Stuart A. Kaufmann (1986) proposed an other model of chemical life which he called autocatalytic polymer sets. In this model two catalytic reactions, one cleaving and the other joining, were combined and together with a few other compounds and reactions constituted a mutual feedback system which again was able to self-reproduce.

In principle, autocatalytic cycles and explosions are instances of positive feedback in open branching process structures. In closed-loop control negative feedback leads to a dynamic equilibrium whereas positive feedback leads to non-equilibrium and collapse, explosion or, as in the case of living systems, to self-reproducing, growing, self-organising and developing systems. In this respect life, too, can be seen as a bomb, although a relatively slow one compared with simpler inorganic chemical or nuclear bombs, for reasons of their highly complex and open structure, slow transportation of chemical by circulation and diffusion and complex interlocking of the nearly dynamical equilibrium reaction pathways.

Under appropriate structural and functional conditions positive feedback in a robust closed-loop architecture's can lead to continuous growth and recursive development of the system rather than to a transient explosion and collapse.

THEORY OF SELF-REPRODUCING SYSTEMS

The discoveries made in chemistry and physics demonstrated that isolated, branching and cyclic chain reactions and reaction systems were found not only in the living but also in the non-living nature. A general theory was emerging to explain how nuclear, chemical, biochemical, cellular and multicellular systems are able to procreate by making copies of themselves by themselves.

Without the mechanism of self-reproduction life as we know it would never have emerged on earth since any non-self-reproducing life-like formation would have become extinct in one generation. Although life is characterisable by many attributes and functionalities other than self-reproduction such as metabolism, locomotion, various internal and external controls, senses, learning, etc., the mechanism of self-reproduction remains the most fundamental and indispensable precondition for the emergence and survival of life.

In the 1940s the idea of cellular automata and self-reproducing systems were conceived and considered in terms of logic and their relevance to biology was demonstrated. In the 1960s the ideas were developed and published. In the 1970s they were popularised along with the spreading of personal computers and the game called " Life " developed by US mathematician John Conway and publicized by the US mathematician and science writer Martin Gardner. The idea of self-reproduction was formulated into a general theory of autopoietic systems in which the principles was extended to analogous processes in social, economic and cultural systems.

CELLULAR AUTOMATA

The idea of a self-reproducing machine was first conceived in 1929 by the British crystallographer John D. Bernal (1901-1971). It took, however, two decades before it was considered theoretically and as an engineering challenge. The logical possibility of self-reproduction was solved mathematically in the theory of self-reproducing automata formulated by the Hungarian-US mathematician and computer scientist John von Neumann (1903-1957) in 1949. Later other kinds of models in terms of automata, algorithms, functional programs, computer viruses etc. were developed. These ideas and results allowed the logic of self-replication to be formalized and then applied to biochemistry, genetics and other fields.

In 1949 von Neumann held at the University of Illinois a series of lectures with the title Theory and Organization of Complicated Automata asking whether it would be possible to design and construct a machine that would assemble machines similar to itself, *i.e.* a self-assembling or self-reproducing machine. He first tried to configure a kinematics model of a machine assembling machines of its own kind from ready-made parts but failed because the design turned out to be exceedingly complex as a mechanical contrivance.

Then, his colleague Polish-US mathematician Stanislaw Ulam (1909-1984) suggested him to analyse the problem first in terms of logic, specifically as logic machines which he called cellular automata. Ulam's cellular automata were logical configurations in computer memory represented by analogous dot configurations on a square grid and their transitions whereby new dots were born, survived or died depending on the occupancy of their neighbouring squares. As a result deterministic but astonishing developments of dot patterns followed some of which turned out to be capable of self-reproduction.

The idea of an automaton had been proposed in 1936 by the US electrical engineer Stephen C. Kleene (b. 1909). The notion of a cellular automaton had also been anticipated by the German electrical engineer Konrad Zuse (1910-

1995) who designed and built the first programmable electric computer during the second World War (1941).

With cellular automata von Neumann succeeded to demonstrate that self-reproduction was indeed logically possible. His lecture notes General and Logical Theory of Automata (1951) were posthumously edited and published as Theory of Self-Reproducing Automata (1966). Von Neumann realized also that there was a lower bound to the complexity of machines capable of self-reproduction. His solution involved 29 logical states, which is not the simplest possible but still simple compared with the natural mechanism of self-reproduction of the living cell.

In operations research and economics von Neumann is known as the founder of the theory of games (1944) together with the US mathematical economist Oscar Morgenstern (1902-1977). Therefore, it is not far-fetched that he also speculated with a scenario of self-reproducing automata encountering each other whereby conflicts and collisions would arise and lead to struggle for survival in the memory of the computer, a computational metaphor of the real game of life and evolution (*cf.* Gr. *gamete*, wife, *gametes*, husband, *gamos*, marriage), the oldest game of life.

In computer engineering von Neumann invented the principle of stored-program memory (1946), the idea to store both program and data in the same memory which made the modern universal computer possible. This idea, too, is relevant to living systems since it allows us to see the real world as a memory made out of elementary particles, atoms, molecules, quantum states, events, and interactions, *i.e.* as a quantum computer, and the nature and anything that happens in it, including the processes of life and evolution, as computations of programs written in the same language as the data they process, *i.e.* atoms and molecules.

Von Neumann is known also for his works in mathematics and mathematical physics as well as for his role in the Manhattan project under which the first atom bomb was developed. It is paradoxical that both life and the most serious threat to it involve the same principles and theories of self-reproduction, games and computations.

AUTOPOIETIC SYSTEMS

In the 1970s the Chilean biologist and computer scientist Fransisco Varela (b. 1946) together with his colleagues neuroscientist Humberto Maturana and computer scientist Ricardo Uribe developed a general theory of self-reproduction which they called autopoiesis (1974) (Gr. *auto*, self + *poiein*, create, compose, lat. *poema*, poem, *cf.* Finn. *poikia*, give birth, *poika*, son). They defined an autopoietic system as any system capable of maintaining its functions and of self-reproduction irrespective of its other characteristics. Thus, hypercyclic and autocatalytic reaction systems, self-reproducing cellular automata, recursive functions, computer viruses, etc. were examples of different kinds of auto-poietic systems. Analogous processes could be seen to occur on other levels of systems such as neural systems, thinking, natural language and communica-tion, social and economic systems as well as political, religious, philosophical and scientific ideas and ideologies. Today, we are witnessing the emergence of a new sphere of autopoietic systems, the world wide web and artificial virtual realities, worlds and cultures.

ARTIFICIAL LIFE

In 1987 the US anthropologist and computer scientist Christopher G. Langton (1989) coined the term artificial life (AL), more popularly also A-life, and organised the first workshop on the subject in Los Alamos, where the first atom bomb had been developed. The term was derived in analogy to another field of applied computer science, artificial intelligence (AI), which had been defined and founded about 30 years before (1956) by the US mathemati-cian and computer scientist John McCarthy (1927-) together with Claude Shannon.

The task of AL was to study natural and artificial lifelike systems and behav-iour by means of theoretical analyses, simulations and realisations of man-made engineering designs and constructions such as computer programs, agents, robots, etc. The aim of AL was to complement the traditional bio-sciences which were concerned with the analysis of life-as-we-know-it and to put it into a new and wider perspective of life-as-it-could-be.

Since then AL has established itself as a multidisciplinary field with regular international conferences and has shown its potential not only as a branch of science and engineering but also of art and a flourishing business in the enter-tainment industry. In science AL has became an umbrella for many earlier iso-lated multidisciplinary developments intersecting life sciences, mathematics, computer science and engineering such as robotics, biomechanics, prosthetics, biotronics, biocybernetics, genetic engineering, genetic algorithms, evolution-ary computing, metabolism, neural computing and extending to sociology, ecology, ethology, semiotics, cognitive science, philosophy life and mind, vir-tual realities, etc.

These developments are blurring old distinctions between mathematical, natural, life, human and social sciences and cultural studies as well as between the classical, modern and post-modern science — a characteristic of the emerg-ing new paradigm of postdisciplinary science. Moreover, they are upsetting our conceptions about life, mind and consciousness by placing the fundamental questions of philosophy — the differences between living and non-living, mind and matter, natural and artificial, etc. — into a new perspective.

Philosophically and conceptually, artificial lifelike systems are based on the principles of systems theory, analogy, model theory, functionalism and the theory of metaphor which allow to identify the essential, common and dissimilar features between different kinds of systems — living and non-living, natural and artificial, physical and logical, real and symbolic, bodily and mental, material and spiritual etc. The new paradigm of science promises to answer many fundamental questions of philosophy, many long-standing open questions of science and to bridge many of the prevailing gaps of understanding and initial-causal explanation created by the compartmentalisation and inability of the classical and modern sciences to deal with the dimension of complexity.

CONCLUSIONS

Life and mind are the most complex natural phenomena known to man, so complex that no single principle or theory is able to explain more than perhaps one or a few aspects of many. This is the reason for the multitude of various isms in the traditions of religions, philosophy and science. During the past two thousand years the conceptions of life have evolved from myths of creation and philosophical speculation to scientific explanations ranging from descriptive, empirical and analytical to the theoretical, systems theoretical and computational paradigms. Classical physics was able to explain the energetic and entropy conditions of life but not its systemic, control, self-organizing, growth or developmental aspects which required the results of systems theory, cybernetics and complex dynamics. These, in their turn, failed to explain the logical and computational principles underlying the prime mover of life — the architecture and energetics of self-reproduction.

The logical and computational mechanisms of self-reproduction are a striking example of the principle of emergence — the becoming into being of a new quality, function or ability as if out of nothing and by itself as the result of accumulation of an appropriate level and kind of complexity and architecture in a system — a phenomenon known as the system effect, synergy or emergence — the becoming into being of a new whole capable of accomplishing something that was only potentially possible before.

Life and the entire biological and cultural evolution can be seen as processes of potentially unending emergence of ever new forms, structures, functions, behaviours, abilities and faculties which continue to accumulate around the self-reproducing engine run by the minimum principle, the phase rule and free energy. In the geological and biological time scales autocatalytic cycles and their associated reaction pathways have become interlocked into progressively complex and varied configurations depending on the different and continuously changing and coevolving environmental conditions and effects. The availability and flow of energy into and through the fundamental engine of life and its accumulation into its various forms of chemical, biochemical, subcellular and cellular mechanisms and pathways have given rise to the emergence of ever higher levels and more complex forms, structures and functions and systems on the neural, mental, social and cultural including technological levels.

At certain stages of chemical and biological evolution other important mechanisms — such as the genetic code, sex, various catabolic, metabolic, endocrine and immunological mechanisms, pathways and organs — have similarly emerged as results of blind mutation, variation and recombination as results of replication errors and other external and internal effects and become incorporated into the living systems to be passed on in their genetic code and the self-replication mechanism. The fundamental chemical engine of life has proven — during the past four billion years — powerful enough to support the entire chemical, biological and cultural evolution's and to cause further levels and evolving and coevolving systems to emerge. At the turn of our millennium we can already observe the emergence of the next stage of evolution — the digital space anticipating computational culture and machine evolution and coevolution with the human civilisation.

To conclude, the fundamental physical and thermodynamical conditions under which life became possible, runs, survives and evolves and coevolves are the same as those of any phenomenon in nature, living or non-living, namely :

1. the minimum principle (the principle of least resistance, anything that happens the way of least effort in terms of relaxation of energy potentials in the nature and the entire universe) ;

2. the energy law (the law of conservation of energy, according to which it can become converted from one form into other but not created or destroyed) ;

3. the entropy law (the law of dissipation, according to which at any event whatever happens in the nature and the entire universe free energy is slightly dissipated into lower forms).

Although the overall trend in nature and the entire universe tends toward decay and death it is still possible that locally and temporally processes opposite to the mainstream occur provided that certain conditions as to the architecture and energetics of the machinery are met. As peculiar to and determining of the most essential qualities of living systems — natural or artificial — as contrasted with the non-living, suffice one first principle and two conditions, namely :

4. the logical possibility of a chemical mechanism of self-reproduction (an autocatalytic self-reproducing hypercyclic chemical reaction system, the wheel or engine of life) ;

5. the phase rule (Gibbs' function) of chemical thermodynamics (which guarantees that the wheel is energetically and thermodynamically able turn and the engine to run) ;

6. availability of free energy and matter, *i.e.* fuel and raw materials for the wheel to continue to turn and the engine to run, self-reproduce and evolve.

The logic of the basic mechanism underlying and supporting all life is the chemical wheel which complying with the minimum principle and the energy and entropy laws is able *rotate* (Lat. *rota*, wheel, chariot, *rotare*, turn round, whirl, revolve, *cf.* Skr. *rta*, wheel, Finn. *rata*, orbit, Germ. *rad*), as conditioned by the Gibb's function of chemical thermodynamics and the energy condition of availability of free energy which constitute the necessary and sufficient conditions for life to run and to explain its running and the driving force behind it. For plants and lower organisms free energy and nutritive are available in the form of photons and inorganic compounds in the soil, water and air and for animals including man in the form of chemical potential energy accumulated in other species.

The logical possibility and conception by " chance ", or rather, by necessity, of the first chemical self-reproducing reaction system nearly four billion years ago was sufficient for life to emerge, start to run and survive, proliferate, evolve and coevolve on earth and to continue to do so as long as its conditions prevail on the planet. Moreover, they allow, at least in principle, the possibility of realisation by design other forms of life — chemical or non-chemical — by man. Clearly, the fundamental conditions and mechanisms do not explain the innumerable features, functions, abilities and faculties found in various living species which have emerged during the course of evolution, but still remain the main preconditions and first principles for their emergence. Other systemic principles are available to explain the emergence and functioning of mechanisms such as sexual reproduction, metabolism, the immunological system, the sensory and the nervous system, various control systems, learning, symbioses, ethology, etc., as well as brain and mind, mental functions, awareness, consciousness, art and culture, etc., characteristic to various species. These phenomena are, however, explainable by secondary, tertiary or higher order of principles and add-on features to the basic machinery.

From the philosophy of computing point of view, ultimately, life can be seen as a quantum chemical computation being executed in and by the nature as a special class of Turing machines, the self-reproducing automata. In terms of the computational view life is an initial-causal, parallel, recursive, self-reproducing, constructive, evolving, coevolving, learning and communicating computation which has led to the emergence of physical, chemical, biological, cognitive and cultural levels of computations. Thus, the missing link in the scientific explanation of life has been filled in by the theory of computation.

The computational paradigm of science has revolutionised our conception of life and is at the threshold of revolutionising our conceptions of mind, intelligence and consciousness. The computational view allows us to see the phenomena of nature, life, mind and culture in a unified conceptual and theoretical framework incorporating all levels of organisational and functional complexity, behaviour, action, interaction and play of energy with matter from the level of quantum events to cosmology and from atoms, molecules, reaction systems, self-reproducing cycles and living beings to mind, languages and culture. The latter include our creative thought, conceptions, discoveries and inventions as well as their realisations as cultural artefacts including spiritual culture as folklore, mythology, religions, philosophy, arts and science and culture including technology — tools, machines, computers, artificial life, machine intelligence, machine consciousness, etc. — as quantum computations of the nature rather than merely as man-made models and theories about nature, life and man himself.

ACKNOWLEDGEMENTS

I am grateful to Heikki Collan, Peter Engelhardt, Christoffer Gefwert, Erkki Kurenniemi, Timo Kuntsi, Tapio Luukkanen and Tarkko Oksala for reading the manuscript and noteworthy remarks.

LITERATURE

1. G. Altmann, W.A. Koch (eds), *Systems — New Paradigms for the Human Sciences*, Berlin, 1998.

2. F. Capra, *The Web of Life. A New Scientific Understanding of Living Systems*, New York, 1996.

3. S.J. Dick, *The Biological Universe. The Twentieth-Century Extraterrestrial Life Debate and the Limits of Science*, Cambridge, 1996.

4. E. Hyvönen, J. Seppänen (eds), *Keinoelämä — Artificial Life. Tekniikkaa, luonnontiedettä, filosofiaa ja taidetta*, Espoo, 1995.

5. S. Linnaluoto, J. Seppänen (eds), " SETI — Search for Extraterrestrial Intelligence ", *International Interdisciplinary Seminar* (Star Days, 6-7 March 1993, Heureka, Vantaa, Finland, Espoo, 1993).

6. T. Kuhn, *The Structure of Scientific Revolutions*, Chicago, 1970.

7. L. Margulis , D. Sagan , *What is Life ?*, New York, 1995.

8. A.L. McAlester, *The History of Life*, NJ, 1977.

9. M.P. Murphy, L.A.J. O'Neill (eds), *What is Life ? The Next Fifty Years*, Cambridge, 1995.

10. J. von Neumann, *Theory of Self-Reproducing Automata*, Urbana, 1966.

11. K.R. Popper, *Conjectures and Refutations : The Growth of Scientific Knowledge*, New York, 1963.

12. E. Schrödinger, *What is Life ?*, Cambridge, 1944.

13. J. Seppänen, " Systems Ideology in Human and Social Sciences ", in Altmann and Koch (eds), *History and Philosophy of System and Model Thinking, Information Theory and Cybernetics* (1998).

ULTIMA VERBA

Denis THIEFFRY

At first sight, this volume of the proceedings of the 20th International Congress of History of Science certainly looks somewhat eclectic. At the same time, the quality of individual papers is clearly uneven. However, the volume as a whole constitutes a colourful patchwork, attesting to the diversity and vitality of the field of history of biology across several continents.

Indeed, from my point of view, the most striking feature of this volume is the diversity of the contributions included. Written in three different languages (English, French and Spanish), the 30 papers were contributed by scholars from 15 different countries (Belgium, Brazil, Finland, France, Germany, India, Japan, Mexico, the Netherlands, Poland, Portugal, Russia, Spain, Switzerland, and United States).

Even more striking is the variety in terms of both topics, which range from 19th century Botany to Artificial Life, and historiographical approaches. Personally, I find the contributions of scholars from Eastern Europe and Latin America of particular interest, as they explore largely uncharted areas. For example, the reader of this volume is invited to learn about the management of public health during the cholera epidemics in 19th century Mexico, the work of Renaissance Polish naturalists, the dramatic fate of Russian geneticists under Stalinist rule, and the more recent academic development of biochemistry in Portugal.

Looking to the future, I sincerely hope that the publication of these proceedings will encourage further investigations and interactions in the field of history of science around the world !

CONTRIBUTORS

Isabel AMARAL
Universidade Nova de Lisboa
Monte da Caparica (Portugal)

Bernard ANDRIEU
Bassussarry (France)

Iskren AZMANOV
University of California
Santa Barbara, CA (USA)

Christian BANGE
Université Claude Bernard - Lyon I
Villeurbanne (France)

Denis BUICAN
Universié Paris X - Nanterre
Nanterre (France)

Luzia Aurelia CASTAÑEDA
PUC/SP
São Paulo (Brazil)

Claude DEBRU
Université Louis Pasteur
Strasbourg (France)

Maria Elice DE BRZEZINSKI PRESTES
Universidade de São Paulo
São Paulo (Brazil)

Ella DE JONG
Laren (Netherlands)

Jean-Claude DUPONT
Université de Picardie
Amiens (France)

Marcelo FRIAS NUÑEZ
Centro de Estudios Historicos - CSIC
Madrid (Spain)

Alberto GOMIS
Universidad de Alcála de Henares
Alcála de Henares (Spain)

Antonio GONZÁLEZ BUENO
Universidad Complutense de Madrid
Madrid (Spain)

Mirko D. GRMEK†
Paris (France)

Edward JEANFILS
Liège (Belgique)

Alison KLAIRMONT LINGO
Dominican College of San Rafael
San Rafael, CA (USA)

Piotr KÖHLER
The Jagiellonian University
Krakow (Poland)

Henk KUBBINGA
Université de Groningue
Groningue (Pays-Bas)

Ulrike LEITNER
Berlin-Brandenburg Academy of
Science
Berlin (Germany)

Vera Cecilia MACHLINE
Pontificia Universidade Católica
São Paulo (Brazil)

Zuraya MONROY-NASR
Universidad Nacional Autónoma de
México
Mexico (Mexico)

Mimi MULDER
Laren (Netherlands)

Antonio Manuel NUNES DOS SANTOS
Universidade Nova de Lisboa
Monte da Caparica (Portugal)

Mariko OGAWA
Mie University
Tsu (Japan)

R.E. PINTO
Universidade de Lisboa
Lisboa (Portugal)

M.J. RATCLIFF
Université de Genève
Genève (Suisse)

Juan RIERA
Universitad de Valladolid
Valladolid (Spain)

Martha Eugenia RODRÍGUEZ
Universidad Nacional Autónoma de
México
Mexico (Mexico)

Ana Cecilia RODRÍGUEZ DE ROMO
Universidad Nacional Autónoma
de México
Mexico (Mexico)

Jouko SEPPÄNEN
Helsinki University of Technology
Espoo (Finland)

Alexei N. SHAMIN
Institute of Bioorganic Chemistry
Moscow (Russia)

Andrei M. STOTCHIK
Sechenov Moscow Medical Academy
Moscow (Russia)

Laura SUÁREZ Y LÓPEZ GUAZO
Universidad Nacional Autónoma de
México
Mexico (Mexico)

Jean THÉODORIDÈS†
Paris (France)

Denis THIEFFRY
Max-Planck-Institut für Wissenschafts-
geschichte
Berlin (Germany)

Arsampalai VASANTHA
Jawaharlal Nehru University
New Delhi (India)

Alicja ZEMANEK
The Jagiellonian University
Krakow (Poland)